中国手工纸文库

Library of Chinese Handmade Paper

国家出版基金项目
NATIONAL PUBLICATION FOUNDATION

中国手工纸文库

Library of Chinese Handmade Paper

汤书昆
总主编

云南卷

Yunnan

汤书昆　陈　彪
主编

中国科学技术大学出版社
University of Science and Technology of China Press

图书在版编目（CIP）数据

中国手工纸文库．云南卷／汤书昆，陈彪主编．—合肥：中国科学技术大学出版社，2019.1
国家出版基金项目
“十三五”国家重点出版物出版规划项目
ISBN 978-7-312-03151-9

Ⅰ．中…　Ⅱ．①汤…　②陈…　Ⅲ．手工—造纸—介绍—云南省　Ⅳ．TS756

中国版本图书馆CIP数据核字（2012）第315184号

中国手工纸文库

云南卷

出品人　伍传平
责任编辑　李雅清
艺术指导　吕敬人

书籍设计　敬人书籍设计　吕旻+黄晓飞
出版发行　中国科学技术大学出版社
地址　安徽省合肥市金寨路96号
邮编　230026

印　刷　北京雅昌艺术印刷有限公司
经　销　全国新华书店
开　本　635 mm×965 mm　1/16
印　张　34.25
字　数　1 100千
版　次　2019年1月第1版
印　次　2019年1月第1次印刷
定　价　1800.00元

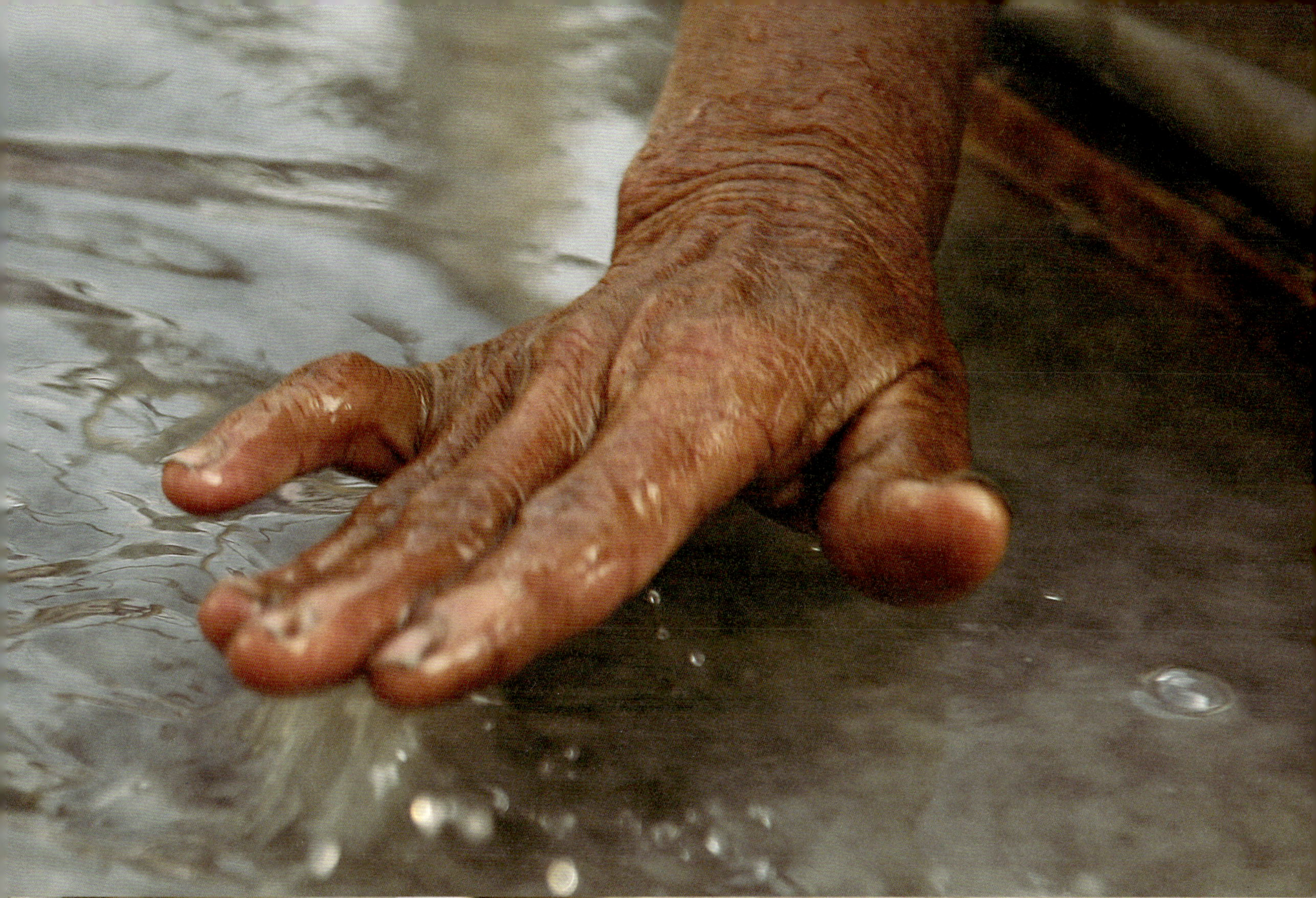

总 序

造纸技艺是人类文明的重要成就。正是在这一伟大发明的推动下，我们的社会才得以在一个相当长的历史阶段获得比人类使用口语的表达与交流更便于传承的介质。纸为这个世界创造了五彩缤纷的文化记录，使一代代的后来者能够通过纸介质上绘制的图画与符号、书写的文字与数字，了解历史，学习历代文明积累的知识，从而担负起由传承而创新的文化使命。

中国是手工造纸的发源地。不仅人类文明中最早的造纸技艺发源自中国，而且中华大地上遍布着手工造纸的作坊。中国是全世界手工纸制作技艺提炼最精纯与丰富的文明体之一，可以说，在使用手工技艺完成植物纤维制浆成纸的历史中，中国一直是人类造纸技艺与文化的主要精神家园。下图是中国早期造纸技艺刚刚萌芽阶段实物样本的一件遗存——西汉放马滩古纸。

西汉放马滩古纸残片
纸上绘制的是地图
1986年出土于甘肃省天水市
现藏于甘肃省博物馆

Map drawn on paper from Fangmatan Shoals in the Western Han Dynasty
Unearthed in Tianshui City, Gansu Province in 1986
Kept by Gansu Provincial Museum

Preface

Papermaking illuminates human culture by endowing the human race with a more traceable medium than oral tradition. Thanks to cultural heritage preserved in the form of images, symbols, words and figures on paper, human beings have accumulated knowledge of history and culture, and then undertaken the mission of culture transmission and innovation.

Handmade paper originated in China, one of the largest cultural communities enjoying advanced handmade paper skills in abundance. China witnessed the earliest papermaking efforts in human history and embraced papermaking mills all over the country. In the history of handmade paper involving vegetable fiber pulping skills, China has always been the dominant centre. The picture illustrates ancient paper from Fangmatan Shoals in the Western Han Dynasty, which is one of the earliest paper samples unearthed in China.

一 本项目的缘起

从2002年开始，我有较多的机缘前往东邻日本，在文化与学术交流考察的同时，多次在东京的书店街——神田神保町的旧书店里，发现日本学术界整理出版的传统手工制作和纸（日本纸的简称）的研究典籍，先后购得近20种，内容包括日本全国的手工造纸调查研究，县（相当于中国的省）一级的调查分析，更小地域和造纸家族的案例实证研究，以及日、中、韩等东亚国家手工造纸的比较研究等。如：每日新闻社主持编撰的《手漉和纸大鉴》五大本，日本东京每日新闻社昭和四十九年（1974年）五月出版，共印1 000套；久米康生著的《手漉和纸精髓》，日本东京讲谈社昭和五十年（1975年）九月出版，共印1 500本；菅野新一编的《白石纸》，日本东京美术出版社昭和四十年（1965年）十一月出版等。这些出版物多出自几十年前的日本昭和年间（1926~1988年），不仅图文并茂，而且几乎都附有系列的实物纸样，有些还有较为规范的手工纸性能、应用效果对比等技术分析数据。我阅后耳目一新，觉得这种出版物形态既有非常直观的阅读效果，又散发出很强的艺术气息。

1. Origin of the Study

Since 2002, I have been invited to Japan several times for cultural and academic communication. I have taken those opportunities to hunt for books on traditional Japanese handmade paper studies, mainly from old bookstores in Kanda Jinbo-cho, Tokyo. The books I bought cover about 20 different categories, typified by surveys on handmade paper at the national, provincial, or even lower levels, case studies of the papermaking families, as well as comparative studies of East Asian countries like Japan, Korea and China. The books include five volumes of *Tesukiwashi Taikan* ("*A Collection of Traditional Handmade Japanese Papers*") compiled and published by Mainichi Shimbun in Tokyo in May of 1974, which released 1 000 sets, *The Essence of Japanese Paper* by Kume Yasuo, which published 1 500 copies in September of 1975 by Kodansha in Tokyo, Japan, *Shiraishi Paper* by Kanno Shinichi, published by Fine Arts Publishing House in Tokyo in November of 1965. The books which were mostly published between 1926 and 1988 among the Showa reigning years, are delicately illustrated with pictures and series of paper samples, some even with data analysis on performance comparison. I was extremely impressed by the intuitive and aesthetic nature of the books.

我几乎立刻想起在中国看到的手工造纸技艺及相关的研究成果，在我们这个世界手工造纸的发源国，似乎尚未看到这种表达丰富且叙述格局如此完整出色的研究成果。中国辽阔地域上的手工造纸技艺与文化遗存现状，研究界尚较少给予关注。除了若干名纸业态，如安徽省的泾县宣纸、四川省的夹江竹纸、浙江省的富阳竹纸与温州皮纸、云南省的香格里拉东巴纸与河北省的迁安桑皮纸等，大多数中国手工造纸的当代研究与传播基本上处于寂寂无闻的状态。

此后，我不断与国内一些从事非物质文化遗产及传统工艺研究的同仁交流，他们一致认为在当代中国工业化、城镇化大规模推进的背景下，如果不能在我们这一代人手中进行手工造纸技艺与文化的整体性记录、整理与传播，传统手工造纸这一中国文明的结晶很可能会在未来的时空中失去系统记忆，那真是一种令人难安的结局。但是，这种愿景宏大的文化工程又该如何着手？我们一时觉得难觅头绪。

《手漉和纸精髓》
附实物纸样的内文页
A page from *The Essence of Japanese Paper* with a sample

《白石纸》
随书的宣传夹页
A folder page from *Shiraishi Paper*

The books reminded me of handmade paper in China, and I felt a great sadness that as the country of origin for handmade paper, China has failed to present such distinguished studies excelling both in presentation and research design, owing to the indifference to both papermaking skills and our cultural heritage. Most handmade papermaking mills remain unknown to academia and the media, but there are some famous paper brands, including Xuan paper in Jing County of Anhui Province, Jiajiang Bamboo paper in Sichuan Province, Fuyang Bamboo paper and Wenzhou Bast paper in Zhejiang Province, Dongba paper in Shangri-la County of Yunnan Province, and Qian'an Bast paper in Hebei Province.

Constant discussion with fellow colleagues in the field of intangible cultural heritage and traditional craft studies lead to a consensus that if we fail to record, clarify, and transmit handmade paper skills in this age featured by a prevailing trend of industrialization and urbanization in China, regret at the loss will be irreparable. However, a workable research plan on such a grand cultural project eluded us.

2004年，中国科学技术大学人文与社会科学学院获准建设国家“985工程”的“科技史与科技文明哲学社会科学创新基地”，经基地学术委员会讨论，“中国手工纸研究与性能分析”作为一项建设性工作由基地立项支持，并成立了手工纸分析测试实验室和手工纸研究所。这一特别的机缘促成了我们对中国手工纸研究的正式启动。

2007年，中华人民共和国新闻出版总署的“十一五”国家重点图书出版规划开始申报。中国科学技术大学出版社时任社长郝诗仙此前知晓我们正在从事的中国手工纸研究工作，于是建议正式形成出版中国手工纸研究系列成果的计划。在这一年中，我们经过国际国内的预调研及内部研讨设计，完成了《中国手工纸文库》的撰写框架设计，以及对中国手工造纸现存业态进行全国范围调查记录的田野工作计划，作为国家“十一五”规划重点图书上报并获立项批准。于是，仿佛在不经意间，一项日后令我们常有难履使命之忧的工程便正式展开了。

In 2004, the Philosophy and Social Sciences Innovation Platform of History of Science and S&T Civilization of USTC was approved and supported by the National “985 Project”. The academic committee members of the Platform all agreed to support a new project, “Studies and Performance Analysis of Chinese Handmade Paper”. Thus, the Handmade Paper Analyzing and Testing Laboratory, and the Handmade Paper Institute were set up. Hence, the journey of Chinese handmade paper studies officially set off.

In 2007, the General Administration of Press and Publication of the People’s Republic of China initiated the application of key books that will be funded by the National “Eleventh Five-Year Plan”. The former President of USTC Press, Mr. Hao Shixian, advocated that our handmade paper studies could take the opportunity to work on research designs. We immediately constructed a framework for a series of books, *Library of Chinese Handmade Paper*, and drew up the fieldwork plans aiming to study the current status of handmade paper all over China, through arduous pre-research and discussion. Our application was successfully approved and listed in the National “Eleventh Five-Year Plan” key books, and then our promising yet difficult journey began.

2008年1月，《中国手工纸文库》项目组经过精心的准备，派出第一个田野调查组（一行7人）前往云南省的滇西北地区进行田野调查，这是计划中全中国手工造纸田野考察的第一站。按照项目设计，将会有很多批次的调查组走向全中国手工造纸现场，采集能获取的中国手工造纸的完整技艺与文化信息及实物标本。

2009年，国家出版基金首次评审重点支持的出版项目时，将《中国手工纸文库》列入首批国家重要出版物的资助计划，于是我们的中国手工纸研究设计方案与工作规划发育成为国家层面传统技艺与文化研究所关注及期待的对象。

二
对项目架构设计的说明

作为纸质媒介出版物的《中国手工纸文库》，将汇集文字记录与描述、摄影图片记录、样纸纤维形态及透光成像采集、实验

调查组成员在香格里拉县白地村调查
2008年1月

Visiting Baidi Village, Shangri-la County in January 2008

The seven members of the research group—*Library of Chinese Handmade Paper*—embarked on our initial, well-prepared fieldwork journey to the northwest area of Yunnan Province in January of 2008. After that, based on our research design, many investigation groups would visit various handmade papermaking mills all over China, aiming to record and collect every possible papermaking skill and sample.

In 2009, the National Publishing Fund announced the funded book list gaining its key support. Luckily, *Library of Chinese Handmade Paper* was included. Therefore, the Chinese handmade paper research plan we proposed was promoted to the national level, invariably attracting attention and expectation from the field of traditional crafts and culture studies.

2. Description of Project Structure

Library of Chinese Handmade Paper compiles with many forms of ideography language: detailed descriptions and records, photographs, illustrations of paper fiber structure and transmittance images, data analysis, distribution of the papermaking sites, guide map to the papermaking sites, and sample paper, etc. Through such complicated and diverse presentation forms, we intend to display the techniques and culture of handmade paper in China thoroughly and vividly. In the field of intangible cultural heritage, our way of presenting Chinese handmade paper was rather rare. If

分析数据表达、造纸地分布与到达图导引、实物纸样随文印证等多种表意语言形式，希望通过这种高度复合的叙述形态，多角度地描述中国手工造纸的技艺与文化活态。在中国手工造纸这一经典非物质文化遗产样式上，《中国手工纸文库》的这种表达方式尚属稀见。如果所有设想最终能够实现，其表达技艺与文化活态的语言方式或许会为中国非物质文化遗产研究界和保护界开辟一条新的途径。

项目无疑是围绕纸质媒介出版物《中国手工纸文库》这一中心目标而展开的，但承担这一工作的项目团队已经意识到，由于采用复合度很强且极丰富的记录与刻画形态，当项目工程顺利完成后，必然会形成非常有价值的中国手工纸研究与保护的其他重要后续工作空间，以及相应的资源平台。我们预期，中国（计划覆盖34个省、市、自治区与特别行政区）当代整体的手工造纸业态按照上述记录与表述方式完成后，会留下与《中国手工纸文库》伴生的中国手工造纸图像库、中国手工纸技术分析数据库、中国手工纸实物纸样库，以及中国手工纸的影像资源汇集等。基

we could eventually achieve our goal, this new form of presentation may open up a brand-new perspective to research and preservation of Chinese intangible cultural heritage.

Undoubtedly, the *Library of Chinese Handmade Paper* Project developed with a focus on paper-based media. However, the team members realized that due to complicated and diverse ways of recording and displaying, there will be valuable follow-up work for further research and preservation of Chinese handmade paper and other related resource platforms after the completion of the project. We expect that when contemporary handmade paper industry in China, consisting of 34 provinces, cities, autonomous regions and special administrative regions as planned, is recorded and displayed in the above mentioned way, a Chinese handmade paper image library, paper technique data library, and paper samples library will come into being, aside from the *Library of Chinese Handmade Paper*. Because of the richness of these byproducts, we should not overlook these possible follow-up developments. Moving forward, the innovation and development of Chinese handmade paper may offer more opportunities to researchers who are interested in the techniques and culture of Chinese handmade paper.

于这些伴生的集成资源的丰富性，并且这些资源集成均为首次，其后续的价值延展空间也不容小视。中国手工造纸传承与发展的创新拓展或许会给有志于继续关注中国手工造纸技艺与文化的同仁提供更多元的机遇。

毫无疑问，《中国手工纸文库》工作团队整体上都非常认同这一工作的历史价值与现实意义。这种认同给了我们持续的动力与激情，但在实际的推进中，确实有若干挑战使大家深感困惑。

三
我们的困惑和愿景

困惑一：

中国当代手工造纸的范围与边界在国家层面完全不清晰，因此无法在项目的田野工作完成前了解到中国到底有多少当代手工造纸地点，有多少种手工纸产品；同时也基本无法获知大多数省级区域

Unquestionably, the whole team acknowledges the value and significance of the project, which has continuously supplied the team with motivation and passion. However, the presence of some problems have challenged us in implementing the project.

3. Our Confusions and Expectations

Problem One:
From the nationwide point of view, the scope of Chinese contemporary handmade papermaking sites is so obscure that it was impossible to know the extent of manufacturing sites and product types of present handmade paper before the fieldwork plan of the project was drawn up. At the same time, it is difficult to get information on the location of handmade paper industries and its survival and subsisting situation at the provincial level. Based on the field work and literature of South China, including Yunnan, Guizhou, Guangxi, Sichuan, Guangdong, Hainan, Zhejiang and Anhui etc., carried out between 2008 and 2016, the ability to provide the information mentioned above is rather difficult. Accordingly, it placed the planning of the project's fieldwork into an obscure unplanned route, which also led to uncertainty in the planning of *Library of Chinese Handmade Paper* and that of each volume.

手工造纸分布地点的情况与存活、存续状况。从调查组2008~2016年所集中进行的中国南方地区（云南、贵州、广西、四川、广东、海南、浙江、安徽等）的田野与文献工作来看，能够提供上述信息支持的现状令人失望。这导致了项目组的田野工作规划处于“摸着石头过河”的情境，也带来了《中国手工纸文库》整体设计及分卷方案等工作的不确定性。

困惑二：

中国正高速工业化与城市（镇）化，手工造纸作为一种传统的手工技艺，面临着经济效益、环境保护、集成运营、技术进步、消费转移等重要产业与社会变迁的压力。调查组在已展开了九年的田野调查工作中发现，除了泾县、夹江、富阳等为数不多的手工造纸业态聚集地，多数乡土性手工造纸业态都处于生存的“孤岛”困境中。令人深感无奈的现状包括：大批造纸点在调查组到达时已经停止生产多年，有些在调查组到达时刚刚停止生产，有些在调查组补充回访时刚停止生产，仅一位老人或一对老纸工夫妇在造纸而无传承人……中国手工造纸的业

贵州省仁怀市五马镇
取缔手工造纸作坊的横幅
2009年4月

Banner of a handmade papermaking mill in Wuma Town, Renhuai City, Guizhou Province, saying "Handmade papermaking mills should be closed as encouraged by the local government". April, 2009

Problem Two:
China is currently under the process of rapid industrialization and urbanization. As a traditional manual skill, the industry of handmade paper is being confronted with pressures such as economic benefits, environmental protection, integrated operation, technological progress, consumption transfer, and many other important changes in industry and society. During nine years of field work, the project team found out that most handmade papermaking mills are on the verge of extinction, except a few gathering places of handmade paper production like Jingxian, Jiajiang, Fuyang, etc. Some handmade papermaking mills stopped production long before the team arrived or had just recently ceased production; others stopped production when the team paid a second visit to the mill. In some mills, only one old papermaker or an elderly couple were working, without any inheritor to learn their skills. The whole picture of this industry is in great transition, which left our field work and sample collection scrambling with hasty and frequent changes.

态正陷于剧烈的演化阶段。这使得项目组的田野调查与实物采样工作处于非常紧迫且频繁的调整之中。

困惑三：

作为国家级重点出版物规划项目，《中国手工纸文库》在撰写开卷总序的时候，按照规范的说明要求，应该清楚地叙述分卷的标准与每一卷的覆盖范围，同时提供中国手工造纸业态及地点分布现状图等整体性信息。但由于前述的不确定性，开宗明义的工作只能等待田野调查全部完成或进行到尾声时再来弥补。当然，这样的流程一定程度上会带来阅读者系统认知的先期缺失，以及项目组工作推进中的迷茫。尽管如此，作为拓荒性的中国手工造纸整体研究与田野调查就在这样的现状下全力推进着！

当然，我们的团队对《中国手工纸文库》的未来仍然满怀信心与憧憬，期待着通过项目组与国际国内支持群体的协同合作，尽最大努力实现尽可能完善的田野调查与分析研究，从而在我们这一代人手中为中国最经典的非物质文化遗产样本之一——中国手工造纸技艺留下当代的全面记录与文化叙述，在中国非物质文化遗产基因库里绘制一份较为完整的当代手工纸文化记忆图谱。

汤书昆

2016年12月

Problem Three:

As a state-level key publication project, the preface of *Library of Chinese Handmade Paper* should clarify the standard and the scope of each volume according to the research plan. At the same time, general information such as the map with locations of Chinese handmade paper industry should be provided. However, due to the uncertainty mentioned above, those tasks cannot be fulfilled, until all the field surveys have been completed or almost completed. Certainly, such a process will give rise to the obvious loss of readers' systematic comprehension and the team members' confusion during the following phases. Nevertheless, the pioneer research and field work of Chinese handmade paper has set out on the first step.

There is no doubt that, with confidence and anticipation, our team will make great efforts to perfect the field research and analysis as much as possible, counting on cooperation within the team, as well as help from domestic and international communities. It is our goal to keep a comprehensive record, a cultural narration of Chinese handmade paper craft as one sample of most classic intangible cultural heritage, to draw a comparatively complete map of contemporary handmade paper in the Chinese intangible cultural heritage gene library.

Tang Shukun

December, 2016

在七彩云南生机勃郁的土地上，

我们收获了第一批的中国纸乡经历。

Vigorous land of Yunnan witnessed our initial accomplishments in the handmade paper studies.

编撰说明

1

《中国手工纸文库·云南卷》按滇西北、滇西南、滇东南、滇东北四个区域划分一级手工造纸地域，形成“章”的类目单元，如第二章“滇西北地区”。章之下的二级类目以县为单元划分，形成“节”的类目，如第二章第一节“香格里拉纳西族东巴纸”。

2

本卷各节的标准撰写格式通常分为七个部分：“××××纸的基础信息及其分布”“××××纸生产的人文地理环境”“××××纸的历史与传承”“××××纸的生产工艺与技术分析”“××××纸的用途与销售情况”“××××纸的相关民俗与文化事象”“××××纸的保护现状与发展思考”。如遇某一部分田野调查和文献资料均未能采集到信息，将按照实事求是原则略去标准撰写格式的相应部分。

3

本卷设专节记述的手工纸种类标准是：其一，项目组进行田野调查时仍在生产的手工纸种类；其二，项目组田野调查时虽已不再生产，但保留着较完整的生产环境与设备，造纸技师仍能演示或讲述完整技艺和相关知识的手工纸种类。

Introduction to the Writing Norms

1. In *Library of Chinese Handmade Paper: Yunnan*, handmade papermaking sites are categorized in four major regions, i.e. Northwest Area of Yunnan Province, Southwest Area of Yunnan Province, Southeast Area of Yunnan Province, and Northeast Area of Yunnan Province, with each area covering a whole chapter, e.g. “Chapter II Northwest Area of Yunnan Province”. Each chapter consists of sections covering introductions to handmade paper of different counties. For instance, first section of the second chapter is “Dongba Paper by the Naxi Ethnic Group in Shangri-la County”.

2. Each section of a chapter consists of seven sub-sections introducing various aspects of each kind of handmade paper, namely, Basic Information and Distribution, the Cultural and Geographic Environment, History and Inheritance, Papermaking Technique and Technical Analysis, Uses and Sales, Folk Customs and Culture, Preservation and Development. Omission is also acceptable if our fieldwork efforts and literature review fail to collect certain information.

3. The handmade paper included in each section of the book conforms to the following standards: firstly, it was still under production when the research group did their fieldwork. Secondly, the papermaking equipments and major sites were well preserved, and the handmade papermakers were still able to demonstrate the papermaking skills and relevant knowledge, in case of ceased production.

4. Many handmade papermaking sites in Yunnan Province are inhabited by multiple minority groups. Accordingly, their official names include all the group names, e.g. Menglian Dai-Lahu-Wa Autonomous County, which is complicated. In this book, for the purpose of brevity, we employ a concise naming mode: the paper name, the ethnic group the papermaker belongs to, and the

4

云南省的很多手工造纸地为少数民族聚居区域，县名按中国地名使用规范应标注出全称，考虑到多民族地区的县名构成往往较复杂，如“孟连傣族拉祜族佤族自治县”，为兼顾地名的使用规范与简洁，本卷所有“节”的标题及“节”下一级类目的标题均直接标示为“××（县域）（+民族）+纸名”，而不出现多民族县名全称及“县”这一称谓，如“耿马傣族白绵纸”（耿马县的全称应为“耿马傣族佤族自治县”）。

5

本卷造纸点地理分布不以测绘地图背景标示方式，而以示意图标示方式呈现。全卷绘制一张云南省田野调查涉及造纸点在市州所辖各县分布的示意总图，标示出各造纸点在云南省的分布现状。每一节绘制三幅示意图，一幅以县为单位，绘制造纸点在市州的分布位置示意；一幅为从县城到造纸点的路线示意图；一幅为现存活态造纸点和历史造纸点在县境内的位置示意图。在标示地名时，均统一标示出县城与乡镇两级，乡镇下则直接标注造纸点所在村，而不再作行政村、自然村、村民组之区别。第一章中的调查地示意图也参照上述原则绘制。所有示意图上的行政区划名称，以及正文中全部涉及的行政区划名称，均依据调查组田野调查当时的名称，以尊重调查时的真实区划名称信息。

6

本卷对造纸点的地理分布按“造纸点”和“历史造纸点”两类区别标示。其中，历史造纸点选择的时间上限项目组划定为民国元年（1911年），而下限原则上为20世纪末已不再生产且基本业态已完全终止，1911年以前有记述的造纸点不进行示意图标示。因云南省域历代造纸信息多样性、多变性突出，本卷示意图上的历史造纸点原则上以调查组通过田野工作和文献研究所掌握的信息为标示依据。

county name. For instance, Baimian paper by the Dai Ethnic Group in Gengma Dai-Wa Autonomous County is named “Baimian Paper by the Dai Ethnic Group in Gengma County”, in which irrelevant information is omitted.

5. In the volume, we draw illustrations instead of authentic maps to show the distribution of local papermaking sites. One illustration shows the location of papermaking sites, and the counties and cities they are affiliated to, based on our field investigation. In each section of the volume, we draw three other illustrations: the first one shows the location of each papermaking county in a specific city; the second one draws roadmap from county centre to the papermaking sites; the third one shows the distribution of papermaking sites still in production or in history in a county. We provide county name, town name and the village name of each site, but do not distinguish the administrative village, natural village or village group. For all the illustrations in the first chapter of the volume, we also observe the previously mentioned rules. All the names in the volume are the ones in use when we made the field investigation, reflecting the real situation of the time.

6. In the distribution map of the papermaking sites, we include both papermaking sites and the historical ones, which refer to papermaking sites that were active from the year of 1911 to the end of the 20th century, and were no longer involved in papermaking. Papermaking sites before the year of 1911 are excluded from the maps. The papermaking sites marked in our maps are based on our fieldworks and literature review.

7. For each type of paper included in *Library of Chinese Handmade Paper: Yunnan*, we attach a piece of paper sample (a full page, 1/2 or 1/4 of a page, or even smaller if we do not have sufficient samples available) to the section. For some sections no sample is attached due to the shortage of sample paper (e.g. the papermakers had ceased production).

7

本卷原则上每一个所调查的造纸村落的代表性纸种均在书中相应章节附调查组实地采集的实物纸样。采样足量的造纸点代表性纸种于书中均附全页纸样，不足量的则附1/2、1/4或更小规格的纸样，个别因停产等原因导致采样严重不足的则不附实物纸样。

8

本卷对所采集纸样进行的测试参考了宣纸的技术测试分析标准（GB/T 18739－2008），并根据云南地域手工纸的特色做了调适，实测或计算了所有满足测试分析足量需求已采样手工纸的厚度、定量、紧度、抗张力、抗张强度、白度、纤维长度和纤维宽度共8个指标。由于所测云南省手工纸样的生产标准化程度不同，因而所测数据与机制纸或宣纸的标准性存在一定差距。

(1) **厚度**▶所测纸的厚度指标是指纸在两块测量板间受一定压力时直接测量得到的厚度。以单层测量的结果表示纸的厚度，以mm为单位。
所用仪器▶长春市月明小型试验机有限公司ZUD-4型纸张电动厚度仪。

(2) **定量**▶所测纸的定量指标是指单位面积纸的质量，通过测定试样的面积及其质量计算定量，以g/m^{2}为单位。
所用仪器▶美国奥豪斯ARZ-140型电子天平。

(3) **紧度**▶所测纸的紧度指标是指单位体积纸的质量，由同一试样的定量和厚度计算而得，以g/cm^{3}为单位。

(4) **抗张力**▶所测纸的抗张力指标是指在标准实验方法规定的条件下，纸断裂前所能承受的最大张力，分纵向、横向测试，若测试纸样无法判断纵横向，则视为一个方向测试，以N为单位。
所用仪器▶杭州品享科技有限公司PN-TT300型电脑抗张试验机。

(5) **抗张强度**▶所测纸的抗张强度指标一般用在抗张强度试验仪上所测出的抗张力除以试样宽度来表示，也称为纸的绝对抗张强度，以kN/m为单位。

8. All the paper samples in the book are tested based on the technical test and analysis standards of Xuan Paper in China (GB/T 18739-2008), with modifications adopted according to the specific features of the handmade paper in Yunnan Province. Eight indicators of the samples are tested and analyzed, including thickness, mass per unit area, tightness, resistance force, tensile strength, whiteness, fiber length and width. Handmade paper samples we test stick to various production standards. Therefore, the statistical data we obtain may vary from those of machine-made paper and Xuan paper.

(1) Thickness ▶ the values obtained by using two measuring boards pressing the paper. In the measuring process, the result of a single layer represents the thickness of the paper, and its measurement unit is mm. The measuring instrument employed was an electric one (specification: ZUD-4) produced by Yueming Small Testing Instrument Co., Ltd., Changchun City.

(2) Mass per unit area ▶ the values obtained by measuring the sample mass divided by area, with the measurement unit g/m^2. Electronic balance we employed is ARZ-140 Adventurer (Ohaus Corp in Florham Park, NJ, USA).

(3) Tightness ▶ mass per unit volume, obtained by measuring the mass per unit area and thickness, with the measurement unit g/cm^3.

(4) Resistance force ▶ the maximum tension that the sample paper can withstand without tearing apart, when tested by the standard experimental methods. Both longitudinal and horizontal directions of the paper should be covered in test, or only one if the direction cannot be ascertained, with the measurement unit N. Testing instrument (specification: PN-TT300) employed is produced by Pinxiang Technology Co., Ltd., Hangzhou City.

(5) Tensile strength ▶ the values obtained by measuring the sample maximum resistance force against the constant loading, then divided the maximum force by the sample width, with the measurement unit kN/m.

In this volume, constant loading method was employed to measure the maximum tension the material can withstand without tearing apart. The formula is:

本卷采用的是恒速加荷法，其原理是抗张强度试验仪在恒速加荷的条件下，把规定尺寸的纸样拉伸至撕裂，测其抗张力，计算出抗张强度。公式如下：

$$S=F/W$$

公式中，S为试样的抗张强度（kN/m），F为试样的抗张力（N），W为试样宽度（出于测试仪器的要求，为定值15 mm）。

（6） 白度 ▸ 所测纸的白度是指被测物体的表面在可见光区域内相对于完全白（标准白）物体漫反射辐射能的大小的比值，以%为单位，即白色的程度。所测纸的白度指标是指在D65光源、漫射/垂射照明观测条件下，纸对主波长475 nm蓝光的漫反射因数，表示白度测定结果。所用仪器 ▸ 杭州品享科技有限公司PN-48A型白度测定仪。

（7） 纤维长度/宽度 ▸ 所测纸的纤维长度/宽度指从所测纸里取样，测其纸浆中纤维的自身长度/宽度，分别以mm和μm为单位。测试时，取少量纸样，用水湿润，并用Herzberg试剂染色，制成显微镜试片，置于显微分析仪下，采用10倍及20倍物镜进行观测，并显示相应纤维形态图各一张。

所用仪器 ▸ 珠海华伦造纸科技有限公司XWY-V1型纤维测量仪。

9

本卷对每一种调查采集的纸样均采用透光摄影的方式制作成图像，显示透光环境下的纸样纤维纹理影像，作为实物纸样的另一种表达方式。其制作过程为：先使用计算机液晶显示器，显示纯白影像作为拍摄手工纸纹理透光影像的背景底，然后将纸样平铺在显示器上进行拍摄，拍摄相机为佳能5D。

10

本卷引述的历史与当代文献均一一注释，所引文献原则上要求为一手文献来源，并按统一标准注释，如“郭大烈.纳西族传统文化及其保护[J].云南社会科学，2001(6)：52-55”“袁翰青.中国化学史论文集[M].北京：三联书店，1956：116”。所引

$$S=F/W$$

S stands for tensile strength (kN/m), F is resistance force (N) and W represents sample width (as required by the testing instrument, width adopted here is 15 mm).

(6) Whiteness ▸ degree of whiteness, represented by percentage (%), which is the ratio obtained by comparing the radiation diffusion value of the test object in visible region to that of the completely white (standard white) object. Whiteness test in our study employed D65 light source, with dominant wavelength 475 nm of blue light, under the circumstances of diffuse reflection or vertical reflection, and the whiteness testing instrument (specification: PN-48A) is produced by Pinxiang Technology Co., Ltd., Hangzhou City.

(7) Fiber length and width ▸ Fiber length (mm) and width (μm) of sample paper were tested. By dying the moist paper sample with Herzberg reagent, the specimen was made and the fiber pictures were taken through ten times and twenty times lens of the microscope.

We used the fiber testing instrument (specification: XWY-V1) produced by Hualun Papermaking Co., Ltd., Zhuhai City.

9. Each sample paper included in *Library of Chinese Handmade Paper: Yunnan* was photographed against a luminous background, which vividly demonstrated the fiber veins of the samples. Each piece of sample paper was spread flat-out on the LCD monitor giving white light, and photographs were taken with Canon 5D camera.

10. All the quoted literature are original sources and documented as the footnotes. For instance, “Guo Dalie. *Traditional Culture of the Naxi Ethnic Group and Its Protection* [J]. Social Sciences in Yunnan, 2001(6): 52-55” and “Yuan Hanqing. *Proceedings of History of Chemistry in China* [M]. Beijing: Joint Publishing, 1956: 116”. Sources of information based on our fieldworks are also identified, e.g., “He Zhiben, an old Dongba man introduced that...” “Bayumengga, a papermaker, recalled that...” “In January of 2008, the villagers of the papermaking site told the research

述的田野调查信息原则上要标示出信息源，如“老东巴和志本介绍……”“据造纸户巴玉勐嘎回忆……”“2008年1月调查组入村调查时造纸村民反映……”等。

11

本卷所使用的摄影图片主体部分为调查组成员在实地调查时所拍摄，也有项目组成员在既往田野工作中积累的图片，另有少量属撰稿过程中所采用的非项目组成员的摄影作品。由于项目组成员在完成本卷过程中形成的图片属集体著作权，且在过程中多位成员轮流拍摄或并行拍摄为工作常态，因而对图片均不标示作者。项目组成员既往积累的图片，以及非项目组成员拍摄的图片在后记中特别说明，并承认其个人图片著作权。

12

考虑到本卷中文简体版的国际交流需要，编著者对本卷重要或提要性内容同步给出英文表述，以便英文读者结合照片和实物纸样领略本卷的基本语义。对于文中一些晦涩的古代文献，英文翻译采用意译的方式进行解读。英文内容包括：总序、编撰说明、目录、概述、图目、表目、术语、后记，以及所有章节的标题、图题、表题与实物纸样名。“云南省手工造纸概述”是本卷正文第一章，为保持与后续各章节体例一致，除保留章节标题英文名及图表标题英文名外，全章的英文译文作为附录出现。

13

《中国手工纸文库·云南卷》的术语收集了本卷中与手工纸有关的地理名、纸品名、原料与相关植物名、工艺技术和工具设备、历史文化5类术语。术语选择遵循文化、民族、工艺、材料、历史特色表达优先，核心内容与关键概念表达优先的原则，力求简洁精练。各个类别的术语按术语的汉语拼音先后顺序排列。每条中文术语后都给以英文直译，可以作中英文对照表使用。因本卷涉及术语很多且在文中多处出现，随文中因语境之异也具有一定的使用多样性与复杂性，因此术语一律不标注出现的页码。

team members that...".

11. The majority of photographs included in the book were taken by the research team members when they were doing fieldworks of the research. Others were taken by our researchers in even earlier fieldwork errands, or by the photographers who were not involved in our research. We do not give the names of the photographers in the book, because almost all our researchers are involved in the task. Yet, as we have claimed in the epilogue, we officially admit the copyright of all the photographers, including those who are not our research team members.

12. For the purpose of international academic exchange, English version of some important chapters is provided, namely, Preface, Introduction to the Writing Norms, Contents, Introduction, Figures, Tables, Terminology, Epilogue, and all the titles, and paper simple names. Among them, "Introduction to Handmade Paper in Yunnan Province" is the first chapter of the book, and its translation is appended in the appendix part.

13. Terminology of Yunnan Volume is appended in *Library of Chinese Handmade Paper: Yunnan*, which covers Places, Paper names, Raw materials and plants, Skills and tools, History and culture, relevant to the handmade paper research in the volume. We highlight cultural and national factors, as well as unique techniques, materials, and historic features, and make key contents and core concepts our priority in the winnowing process to avoid a lengthy list. All the terms are listed in each category following the alphabetical order of the Chinese character. As a glossary of terms, both Chinese and English versions are listed for reference. Different contexts may endow each term with various implications, so page number or numbers are not provided if the term appears repeatedly in the book.

目 录
Contents

第一章
云南省手工造纸概述

Chapter I
Introduction to Handmade Paper in Yunnan Province

第一节 云南省手工造纸业的历史沿革

Section 1 History of Handmade Paper in Yunnan Province

云南省是中国西南边疆的一个多民族省份，拥有25个人口在4 000人以上的少数民族。云南省多民族手工造纸的发展受其特殊地理位置、自然环境和社会发展状况影响，具有经典的文化多样性和复杂性。云南省处于汉地、藏地和东南亚等多种文化交汇叠合的地带，其独特的地形地貌和交通条件又沉淀和封存了不同时期文化交融的痕迹。目前仍保留着多种类的传统造纸作坊和手工造纸工艺，成为传统手工造纸技艺多文化源头的活态样本。

云南省手工纸的历史，与其多民族文化一样，丰富而悠久。虽然学术界已对云南省手工纸起源进行了一定的探讨，但涉及云南省手工纸历史的关键性定论仍未能完整形成。通常认为，云南省手工造纸至少可以追溯到大理国时期（937～1254年）。然而，在漫长的历史长河中，对于云南地区造纸技艺演变发展的状况，目前却缺乏细致深入的研究性叙述。本项目组在查证所能获取的相关文献与地方史料的基础上，结合田野调查判断，初步梳理了古代云南省造纸技艺发展历史的大致脉络，以冀拓展相关领域的研究视域。

一 元代及元以前云南省手工纸的发展脉络钩沉

1 Development of Handmade Paper in Yunnan Province before and in the Yuan Dynasty

云南地域的手工纸文献，目前所能获知的确切记载是在元代。据项目组所做的文献调查，在元代之前仅有零星的记载，信息量极少，但可以推论的是元代以前，云南的造纸业应有所发育，并已掌握若干重要技术。至元代有确切记载的信息逐渐增多，明清以后记述的内容也更加全面而肯定。表1.1是元代及元以前与手工纸有关的部分史料。

表1.1 元代及元以前云南省手工纸的部分史料
Table 1.1 Part of the literature on handmade paper in Yunnan Province before and in the Yuan Dynasty

序号	文献涉及时间	史料记载或实物的内容	出 处
1	三国	"都护李严与闿书六纸，解喻利害，闿但答一纸。"	晋 陈寿《三国志·蜀书·吕凯》

序号	文献涉及时间	史料记载或实物的内容	出处
2	三国	“诸葛亮乃为夷作图谱。”	晋 常璩《华阳国志·南中志》
3	晋	“云南郡山，山有神，处石室称黄石公，祀之必用纸一百张、笔一双、墨一丸……”	宋 李昉，等《太平御览·九州要记》
4	南诏	“南诏及大将军清平官书用黄麻纸。”	唐 李肇《翰林志》
5	南诏	“南诏及清平官书用黄麻纸。”	宋 王应麟《玉海》卷六十四
6	五代	“其纸厚硬如皮，笔力遒健……有彩笺一轴。”	宋 王溥《五代会要·南诏蛮》
7	宋	“其人皆有礼仪，擎诵佛书，碧纸金银字相间。”	宋 范成大《桂海虞衡志·志蛮篇》
8	宋	“西南夷大率椎髻跣足，或衣斑花布，或披毡而背刀带弩。其髻以白纸缚之，云犹为诸葛武侯制服也。” “蛮马之来，他货亦至，蛮之所赍，麝香、胡羊、长鸣鸡、披毡、云南刀及诸药物。吾商贾所赍，锦缯、豹皮、文书及诸奇巧之物。”	宋 周去非《岭外代答》
9	元	丽江路土产“金、马、猎犬、纸……”。	元 孛兰肸，等《元一统志》卷七

就目前掌握的史料看，有关云南省手工纸的使用记载，最早是在三国时期（220～280年），表明此时云南已有纸的使用。但从纸张的使用者而言，无论是蜀国中都护李严与建宁太守雍闿，还是诸葛亮，都是社会的上层，多为中原系统的治理者。这一时期，云南手工造纸有较大可能是由中原输入的。尽管有专家认为在“诸葛亮乃为夷作图谱”的记载中，“图谱”是否为纸质尚待进一步考证[1]，然而，这说明当时治理者有可能将纸当作文化传播的载体。在开发西南的过程中，也确实很有可能已将手工纸和造纸术引入西南，纸的传入对西南知识文化的提升有着重要的意义。

[1] 李晓岑，朱霞.云南少数民族手工造纸[M].昆明：云南美术出版社，1999：4-5.

从晋代开始，云南地区纸的流通和应用与当地的祭祀文化和书法艺术发展产生了更多的良性互动。晋时《九州要记》中有“祀之必用纸一百张、笔一双、墨一丸”[2]的记载，这至少明确地反映了两个方面的内容：一是“祀之必用纸”，表明当时纸在祭祀中的使用已经十分普遍；二是“用纸一百张”，表明当时祭祀用纸量相当可观。另外，云南滇东地区的“爨碑”也充分说明，早在两晋时期，这里的书法已经达到较高的水平。被列入全国首批重点保护文物的东晋安帝乙巳年（405年）刻《晋故振威将军建宁太守爨府君墓碑》

[2] [宋]李昉，等.太平御览[M]//四库全书·子部·类书类：卷四十四.

就是其中的代表。祭祀和书法从两个侧面告诉我们，晋代云南地区纸张的使用已经有了一定的广泛度。

南诏国时期是云南历史上一个十分重要的发展阶段，与中原的唐王朝相始终。此时云南地域的经济、文化均有较大发展，洱海、滇池地区进入了农牧业空前繁荣的阶段，商业、流通业相当发达。这一时期的手工纸也具有较高水平，并广泛应用于书写和日常生活中。唐代李肇《翰林志》等史料记载，南诏时期“南诏及大将军清平官书用黄麻纸”[3]。五代时期，南诏一带使用的纸张“厚硬如皮，笔力遒健……有彩笺一轴”[4]。“厚硬如皮”的特点与目前仍在生产的纳西族东巴纸、傣族双层白绵纸的特征或有相似之处。但在当时更大的可能是一种原始纸，与同时期属于中原系统的薄纸有显著区别。此时彩笺已经出现，说明这一时期云南地区使用的手工纸种类较为丰富。

[3] [唐]李肇.翰林志[M].台北：艺文印书馆，1964:3.

[4] [宋]王溥.五代会要：卷三十·南诏蛮[M].上海：上海古籍出版社，2006:478.

《南诏野史》记述：南诏皮罗阁要统一六诏，建松明大楼，祭祖其上。使人谕五诏回乡祭祖，“不赴者罪”。各诏至，同登楼祭祖，祭后饮酒尽醉。“罗阁独下楼焚钱遽纵火。火发，兵围之，四诏皆焚死。罗阁遣使至四诏所，报焚钱失火，四诏被焚，状令各诏收骨。”[5]另外，《蛮书》《白古通记》《滇载记》等史书中都有类似的“火烧松明楼”的描述。这些史料也说明了纸钱在南诏祭祀礼仪中的普遍使用。

[5] [明]杨慎.南诏野史(1550)[M].原刊影印本//中国方志丛书：第一五〇号.台北：成文出版社，1968:29-31.

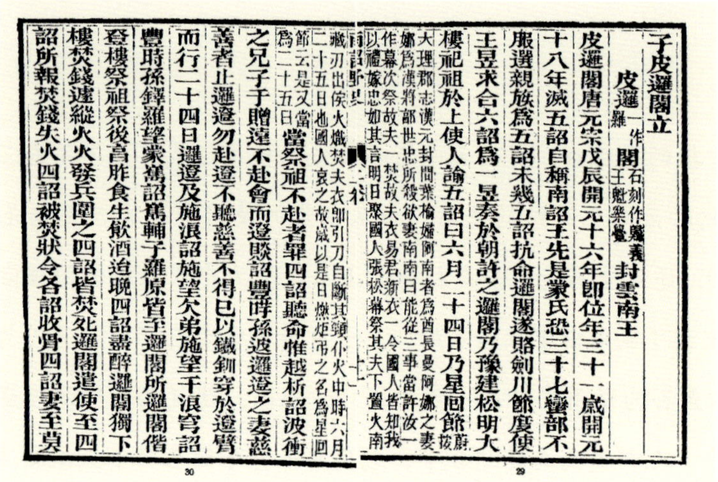
子皮邏閣立
皮邏一作羅閣 石刻作蹶義王魁樂覺 封雲南王
皮邏閣唐元宗戊辰開元十六年卽位年三十一歲開元
十八年滅五詔自稱南詔王先是蒙氏恐三十七蠻部不
服選親族爲五詔未幾五詔抗命邏閣遂賂劍川節度使
王昱求合六詔爲一昱奏於朝許之邏閣乃豫建松明大
樓祀祖於上使人諭五詔曰六月二十四日乃星回節 按蔚
大理郡志漢元封間葉榆孀婦阿南者爲酋長曼阿娜之妻
娜爲漢將部世忠所殺欲妻南南日能從三事當許汝一
作幕次祭故夫一焚故夫衣易君新衣一令國人皆知我
以禮嫁忠如其言明日聚國人張松幕祭其夫下置火南
藏刃出佚火熾焚夫衣卸引刀自斷其頸仆火中時六月
二十五日也國人哀之故歲以是日燃炬弔之名爲星回
節云是又當爲二十五日 當祭祖不赴者罪四詔聽命惟越析詔波衝
之兄子于贈遠不赴會而邆賧詔豐咩孫邆邏邆之妻慈
善者止邏邆勿赴邆不聽慈善不得已以鐵釧穿於邆臂
而行二十四日邏邆及施浪詔施望欠弟施望千浪穹詔
豐時孫鐸羅望蒙巂詔巂輔子羅原皆至邏閣所邏閣偕
登樓祭祖祭後賫胙食生歛酒迨晚四詔盡醉邏閣獨下
樓焚錢遽縱火火發兵圍之四詔皆焚死邏閣遣使至四
詔所報焚錢失火四詔被焚狀令各詔收骨四詔妻至莫
29 30

杨慎《南诏野史》中关于焚纸钱纵火的记载
An unofficial historical record of Nanzhao by Yang Shen, which relates the story of Emperor Piluoge

到了宋、元时期，雕版印刷技术迅速发展，造纸业也随之兴旺，宋代宋版书用纸，以川纸为第一。四川如此，与四川毗邻的云南在造纸技术上应当会受到这个全国中心的影响。宋时西南民族经济得到迅速发展，中原和少数民族地区的经济文化交流对手工纸发展有一定的促进。云南人和中原宋人贸易往来，文书是重要的交易物品。“蛮马之来，他货亦至，蛮之所赍，麝香、胡羊、长鸣鸡、披毡、云南刀及诸药物。吾商贾所赍，锦缯、豹皮、文书及诸奇巧之物。”[6]这里的文书应是以手工纸为基础的书籍文化用品。当时，云

[6] [宋]周去非.岭外代答[M].杨武泉校注本.北京：中华书局，1999:194.

[7]
[明]杨慎.南诏野史(1550)[M].原刊影印本//中国方志丛书:第一五〇号.台北:成文出版社,1968:92.

南地区统治者曾经“使人入宋，求大藏经一千四百六十五部，置五华楼”[7]。佛教经典在云南的传播也带动了当地手工纸制作并促进了印刷技术的发展。

[8]
[宋]范成大.桂海虞衡志·志蛮篇(1175)[M].齐治平校补.南宁:广西民族出版社,1984:49.

[9]
[宋]周去非.岭外代答[M].杨武泉校注本.北京:中华书局,1999:121.

白族人好佛，白族主政的大理国时期，南宋在今四川省汉源县和岜州横山寨设市买马，“其人皆有礼仪，擎诵佛书，碧纸金银字相间”[8]。白族的佛经，用的是“碧纸”，其纸“金银字相间”，应该是一种相当美观的加工色纸，可见当时的手工纸技艺已经达到相当高的水平。这个时期的手工纸除了作为印刷材料和书写工具以外，还广泛地渗入民众的日常生活之中。“西南夷大率椎髻跣足，或衣斑花布，或披毡而背刀带弩。其髻以白纸缚之，云犹为诸葛武侯制服也。”[9]可见，纸已成为民族日常生活装饰的一部分，成为部族习俗的象征，甚至是民族认同的符号。从其广泛的用途及使用数量，可推测其在本地生产的可能性较大。

[10]
[元]孛兰肦,等.元一统志[M].赵万里校辑本.上海:中华书局,1966:559.

[11]
《白族简史》编写组.白族简史[M].昆明:云南人民出版社,1988:121.

元代是云南地域手工纸发展的一个重要时期。据《元一统志》卷七记载，元代云南丽江路军民宣抚司下辖的通安州（今丽江一带）有“金、马、猎犬、纸……”生产[10]。这是云南在元代就拥有造纸业态的明确记载。大理白族自治州文管所保存的佛塔出土经卷中有《大通方广经》残卷，卷末有“玄化寺内造镇”“造经施主三宝弟子×××修”等字样。另一《大通方广经》残卷上有“至正二十六年太岁丙”等字。据此推测，很可能元代至正二十六年（1366年）在鹤庆的玄化寺已成批制造经卷。元中央政权建立之后，洱海与内地的经济文化交流日渐增多。大理领主段氏和高氏所印造的两部大藏经，皆出自浙江杭州，所用纸张是洱海地区白族人民生产的优质皮纸[11]。

二 明代以来云南省手工纸的发展

2 Development of Handmade Paper in Yunnan Province since the Ming Dynasty

[12]
张秀民.中国印刷史[M].上海:上海人民出版社,1989:538.

[13]
[清]倪蜕.滇小记·大理纸[M].清乾隆抄本.

[14]
[明]谢肇淛.五杂俎:卷十三[M].上海:中华书局,1959:381.

[15]
[明]谢肇淛.五杂俎:卷十二[M].上海:中华书局,1959:244.

据史料所证，明代云南造纸业比宋元时期更为发达。张秀民先生在《中国印刷史》中指出：明代纸的主要产地“为江西、浙江、福建，次为蜀、滇”[12]。云南手工纸以其优良品质赢得较高的声誉，比如大理所造的纸“光致莹洁，坚实精好”[13]。当时学者谢肇淛记载：“国初用薄绵纸，若楚滇所造者，其气色超元匹宋，成、弘以来，渐就苟简，至今而丑恶极矣！”[14]“楚、蜀、滇中绵纸莹薄，尤宜于收藏也。”[15]

除了质量上乘之外，明代云南手工造纸在地域上也有了很大的拓展。万历年间的《云南通志》记载了大理府、永昌府、蒙化府、临安府、顺宁州等四府一州产纸，其中蒙化府

[16]
[明]刘文征.滇志[M].昆明:云南教育出版社,1991:120.

产青纸。北胜州（今永胜）有“纸曰沧纸，坚白稍次叶榆（即大理），售殖无虚日”[16]。明代刘文征的天启《滇志·地理志》“物产”中记录，其时大理、临安、永昌、澄江、蒙化、景东六府和北胜州，皆为产纸之地，其中大理府为造纸业的中心。云南的手工造纸在这个时期逐渐兴盛起来，并主要由滇西向云南各地发展。

明代手工纸业经济成为地方重要的经济活动，史书关于造纸技艺的细节记载也日渐全面。

[17]
[明]谢肇淛.滇略·俗略[M].清末(1851～1911)抄本.南海孔氏岳雪楼本.

《滇略》记载：“纸出大理，蒸竹及榖皮为之，其水必用药师井者，良腻而不燥，谓之青抄，可以久藏，但差狭小耳。其用米粉抄者，鲜白有余而善腐蠹，字画易脱，若华亭粉笺，然其制稍长，滇无柬纸，以此代之。”[17]这是一条重要的造纸工艺技术史料。“青抄”，以清水所抄之纸也，是谓青纸。“米粉抄”，则是用米粉所抄之纸，则谓粉纸。这一记载对手工纸的特殊制作工艺做了精当的说明。

[18]
[清]崇谦,等.楚雄县志·人物志[M].原刊影印本//中国方志丛书:第三十九号.台北:成文出版社,1967:175.

清代崇谦等所修的《楚雄县志》记载，当地县丞杨绍先因“万历间，新平鲁奎山盗屡寇楚，率八哨乡团随官兵堵剿，且教哨民采岩竹抄纸以兴利”[18]。这不是孤例，不同时期的材料表明云南地方官绅也是推动地方造纸和手工纸经济发展的重要力量。只是杨绍先在哪里学的造纸术，至今没找到相关的资料记载。

[19]
[明]刘文征.滇志[M].昆明:云南教育出版社,1991:119.

明代景东府“物货之靛与纸，以供本地绰绰然，省城亦极称。景东青纸，青出于蓝，宜其多也”[19]。该地出产的手工纸已能供本地自足，产量自然不小。

[20]
[明]徐宏祖.徐霞客游记:卷九[M].西安:陕西旅游出版社,2004:282.

大理洱东是当时的造纸中心，还有叫小纸房和大纸房的地方，《徐霞客游记》记载：“遥望洱东北苍山西列十九峰……出寺即南向行三里过小纸房又南过大纸房。”[20]以造纸命名的地名流传，可见手工造纸业在当地的重要地位。

[21]
[明]谢肇淛.滇略·俗略[M].清末(1851～1911)抄本.南海孔氏岳雪楼本.

明代云南手工纸用途较前代广泛。谢肇淛《滇略》记载，云南地方有纸而不善做笔。手工纸在云南发展迅速，除了用作出版书籍、抄写制作经书之外，更多的是用于当地乡民生活中。在《滇略·杂物类》里“草纸”一节则记载：“草纸，出哨地；锡纸，城内有锤锡箔作冥楮者。”《滇略·俗略》记载：“元夕，家家燃灯，亦有鱼龙走马之鳌山诸戏，然皆染纸为之，无他奇巧。市上结彩为架，作松棚如小屋，然爇灯其中，游人歌舞达旦，然仅十三至十五而止。”[21]元夕盛况，自不待言，而灯、鱼、龙、走马及鳌山都用染纸，可见染纸非常普及。花爆烟火外壳，为手工纸所制。花爆烟火的普及，可见手工纸应用在当地已形成独特的民俗，浸润人们的日常生活，广泛而深远。

云南省手工纸的发展在清代达到高峰。《滇小记》记载：“云南省产纸之处甚多，皆楮为之。”[22]《宣威县志稿》记载：“宝山、凹瓦路……其纸坚韧易于印刷，刻书者多往定制。”[23]《新纂云南通志》记载：“鹤庆、腾越以构皮造出之绵白纸，用以印书，坚韧耐久。鹤庆造者销行尤广。顺宁之申文纸其细致在鹤庆之上。盐丰亦造大小白纸，镇雄及镇康，孟定坝摆夷，亦能用构皮造一种大白纸，较外国牛皮纸尤韧，力撕不破……镇康、摆夷所制之牛皮纸，或尚为南诏末遗制。至土纸则各县多有之。”[24]

[22] [清]倪蜕.滇小记·大理纸[M].清乾隆抄本.

[23] [清]刘沛霖，朱光鼎.宣威县志稿：卷七[M].原刊影印本//中国方志丛书：第三十四号.台北：成文出版社，1967：20.

[24] 周钟岳，等.新纂云南通志[M].李春龙、牛鸿斌点校本.昆明：云南人民出版社，2007：83.

在清代云南境内，关于造纸业，除了个别偏远地区（如泸水县）明确记载“造纸，无”之外，其他地方的乡土史志均有记载。可见，手工造纸的技术已经相当普遍。

清代以后，云南省手工造纸原料更加多元化。之前造纸多用构皮，如“朝俊提倡造纸，以楮皮为原料”[25]。楮皮就是构皮，“构，旧志一名榖，其皮可造纸”[26]。明代后期开始，以单一的竹纤维造纸的情况逐渐增多。这种方法由于可以提高造纸效率，因此逐渐向全国各地传播。值得注意的是，云南省因用竹普遍，到清末在一些地方出现了原料紧张的局面。民国云南省《马关县志》记载：“旧日天然竹林甚丰富，所产土纸除本县用外，多有输往他县者。近年天然竹林斩伐将尽，又不加人工种植，是以材料缺乏，纸价高昂，几不足供本县之用矣。旷山甚多，竹林不难培植，吾民曷速起而图之，其勿使此项工业之灭绝为幸也。”[27]

[25] [清]刘沛霖，朱光鼎.宣威县志稿：卷三[M].原刊影印本//中国方志丛书：第三十四号.台北：成文出版社，1967：37.

[26] [清]朱占科，周宗洛.顺宁府志（1904）[M].原刊影印本//中国方志丛书：第二五六号.台北：成文出版社，1975：295.

[27] 张自明，王富臣.马关县志（1932）[M].原刊影印本//中国方志丛书：第一四三号.台北：成文出版社，1967：986.

云南省各地手工纸种类记载也很普遍，当时鹤庆生产“白纸、草纸、锡箔纸”。《云南通志稿》“物产”里提到景东有青纸，同卷有大理所产纸张“有青纸、粉纸二色”的记载。“腾越州纸出小西练。有双抄纸，较为坚实。”[28]“凹瓦路，产绵纸线香。”[29]

不同种类和质量的手工纸，其用途是不同的，“鹤庆、腾越以构皮造出之绵白纸，用以印书，坚韧耐久。鹤庆造者销行尤广。”[30]新平县“西区界牌出有土纸，料用竹，质粗厚，戛洒出清水纸，料用构皮，质韧而色欠白，再加改良即可适用”[31]。顺宁“尚有白纸、草纸，除夕换春联、门丞，用色纸印就之种种号码，曰：‘大利市’”[32]。“草纸，出州南阿雄乡。”[33]“土纸以竹为原料，工简纸粗，不能供文房之用，但揩抹、包物并为冥财焚化，亦不可少也。”[34]清陈鼎的《滇游记》中记载一趣事：“彝人扑得大蜂，以长线系其腰，识以色纸，迎风放之。”[35]这说明至少在清末以前，云南彝族已使用经过加工的色纸。当时，还出现了纸毡、油纸、纸甲、纸衣等特殊用途的纸。清云南省《广西府志》记载：“弥勒物产亦多同府……寸金竹、纸毡”[36]。广西府在现今云南省的泸西、师宗、弥勒一带。该书未具体介绍纸毡用途，推测

[28] [清]阮元，王崧，李诚.云南通志稿：卷七十·食货志[M].清道光十五年（1835）刻本：18.

[29] [清]刘沛霖，朱光鼎.宣威县志稿：卷七[M].原刊影印本//中国方志丛书：第三十四号.台北：成文出版社，1967：39.

[30] 周钟岳，等.新纂云南通志[M].李春龙、牛鸿斌点校本.昆明：云南人民出版社，2007：84.

[31] 马太元.新平县志（1933）[M].原刊影印本//中国方志丛书：第四十四号.台北：成文出版社，1967：101.

[32] [清]刘沛霖，朱光鼎.宣威县志稿：卷二[M].原刊影印本//中国方志丛书：第三十四号.台北：成文出版社，1967：35.

[33] 李毓兰.镇南州志略[M].原刊影印本//中国方志丛书：第二六六号.台北：成文出版社，1975：273.

[34] 张自明，王富臣.马关县志（1932）[M].原刊影印本//中国方志丛书：第一四三号.台北：成文出版社，1967：985.

[35] 陈鼎.滇游记[M]//王云五.丛书集成初编·大理行记及其他五种.上海：商务印书馆，1936：11.

[36] [清]周采，李绶.广西府志（1739）[M].原刊影印本//中国方志丛书：第二七〇号.台北：成文出版社，1975：345.

与现在西双版纳曼召村的睡毯类似。

清代乾隆年间《福建通志》记载云南、福建等地有纸被[37]。《广西通志》卷二七八记载云南、广西有纸甲[38]。清冯苏所撰《滇考》中也记载："又疏能贪虐于朝，先是能镇云南省，久渐谋不轨。造纸甲极坚利，至百两一副者。"[39]纸甲显然是纸制品，不同制品对纸张的要求有很大的区别。除了日常生活和书写用纸之外，大理纸还作为宫廷贡纸，《养吉斋丛录》中记述各省进贡的纸种："供御之文房四事，别类称名，不可胜纪……纸之属，如宫廷贴用金云龙珠红福字绢笺……又回部各色纸，大理各色纸，此皆懋勤殿度藏中之别为一类者。"[40]说明清代大理纸为当时有名的加工纸，并进贡宫廷。

[37]
[清]沈廷芳.福建通志[M].清乾隆三十年(1765)刻印本.

[38]
[清]谢启昆,胡虔.广西通志[M].南宁:广西人民出版社,1988.

[39]
[清]冯苏.滇考[M].上海:上海古籍出版社,1987:312.

[40]
[清]吴振棫,童正伦.养吉斋丛录[M].北京:中华书局,2005:335.

手工造纸的兴盛所形成的手工纸行业在古代云南省地方经济中起着重要的作用。在大部分地域，手工纸业的生产依然是自给自足的。《宣威县志稿》记载："宝山、凹瓦路，两处其人多以农隙为之；产额及销场：年出二百余捆，不敷本境之用。"[41]"（宣威乡绅杨朝俊）生计甚丰，好植弱小。所居凹瓦路，在龙场之北，地狭而人众，无业者居多。朝俊提倡造纸，以楮皮为原料，制颇精洁。"[42]杨朝俊利用当地丰富的原材料，提倡造纸和制香，使家乡无业者靠着这两项技能得以温饱。其造纸用楮皮为原料，从"制颇精洁"可见纸的质量较高。大理县草纸厂设苍山西南数处。清道光年间，白井人季再思以造"马槽沟纸"（原料为"楮柘"，即构皮）闻名，其子孙数代都经营纸业，为云南省有名的造纸大户。

[41]
[清]刘沛霖,朱光鼐.宣威县志稿:卷七 [M].原刊影印本//中国方志丛书:第三十四号.台北:成文出版社,1967:605.

[42]
[清]刘沛霖,朱光鼐.宣威县志稿:卷十 [M].原刊影印本//中国方志丛书:第三十四号.台北:成文出版社,1967:867.

民国初，鹤庆手工纸生产盛况空前。鹤庆"鹤属工业大宗草纸、绵纸二种，产地在灵地坡、龙珠、厚本阱等处，以竹麻、柘皮（即构皮）为原料，用途甚广……每年生产草纸三千驮，绵纸一千余驮"[43]。马关县的"土纸以竹为原料……旧日天然竹林甚丰富，所产土纸除本县用外，多有输往他县者"[44]。

[43]
朱霞,李晓岑.白族的手工造纸[J].云南社会科学,1998(6):74-80.

[44]
张自明,王富臣.马关县志(1932)[M].原刊影印本//中国方志丛书:第一四三号.台北:成文出版社,1967:987.

在手工造纸技术和纸业经济发展的同时，纸在当地民俗和日常生活中也日益重要，清代史志所载云南省与纸相关的习俗逐渐增多，见表1.2。

表1.2 清代云南省与纸相关的民俗文献撮要
Table 1.2 Paper-related folk customs of Yunnan Province in the Qing Dynasty

序号	民俗	文献记载	文献来源
1	祭祀	每年二、十两月，民人有宗祠者，届期集合族人，宰猪羊致祭，宴会一日或两日始散。无宗祠者各携酒肉至郊外墓前祭拜，坟上挂以纸帛，名曰挂纸，均行一跪四拜礼。	马太元 新平县志（1933） 原刊影印本//中国方志丛书:第四十四号.台北:成文出版社,1967:128.
2	丧葬祭品	送葬之具有踊人、金山、银山、掉钱、手钱、狮、象、鹿、马、肩舆等名目，皆竹帛纸裱。	清 陈宗海，赵端礼 腾越厅志（1887） 原刊影印本//中国方志丛书:第四十二号.台北:成文出版社,1967:715.

序号	民俗	文献记载	文献来源
3	元夕门丞	元夕张灯。十六日取旧年春对及门丞之换下者，与新年内业经用过之纸扎废物焚而化之，在灯会谓之烧灯，在普通人家谓之烧门丞纸。中元裁冥衣市镪帛，为位以奉考妣，名曰接祖。既迎神思其笑语嗜好，奉之必虔必敬，通常均以十二晚接，十四日晡封楮钱、冥衣及锡箔金银，各书先祖名号于上，送于道，跪而焚之，新逝者接送皆先一日或于月朔，即行迎致送之夕，哭声载道。	清 刘沛霖，朱光鼎 宣威县志稿（1934） 原刊影印本//中国方志丛书：第三十四号.台北：成文出版社，1967：718.
4	中元节送神	七月十五日为中元节……俗尚剪纸衣粘于壁，至十五日焚楮镪时，并爇之。至十五日晡时乃送神，俗曰送祖，或焚纸衣、冥钱、楮锭。	清 袁嘉穀，许实 宜良县志（1921） 原刊影印本//中国方志丛书：第三十号.台北：成文出版社，1967：44.
		祭礼（七月）十五日送神于门外，以冥镪楮钱盛于纸袋中，外填写祖先名讳，焚之。	清 李毓兰，甘孟贤 镇南州志略（1892） 原刊影印本//中国方志丛书：第二六六号.台北：成文出版社，1975：144.
5	红白喜事	婚礼，男家先求庚帖。 丧礼，发引日剪纸扎。	清 袁嘉穀，许实 宜良县志（1921） 原刊影印本//中国方志丛书：第三十号.台北：成文出版社，1967：34-35.
6	中元祭祖	中元祭先于家庙，或焚纸衣楮镪，夜放河灯。	清 任中宜 平彝县志（1705） 原刊影印本//中国方志丛书：第二五一号.台北：成文出版社，1974：134.
		中元前二日，设酒馔、瓜果祀祖先于宗祠或焚冥衣楮镪。	殷成钧 泸水志（1932） 原刊影印本//中国方志丛书：第二六五号.台北：成文出版社，1975：159.
7	丧葬祭祀	亲始死，披发持瓶瓮恸哭，水滨掷铜钱纸，纸于水没，归浴尸，谓之买水。否则，邻里以为不孝。	清 林则徐，李希玲 广南府志（1905） 原刊影印本//中国方志丛书：第二十七号.台北：成文出版社，1967：48.
8	礼品用纸	男家有礼柬，内列金银首饰……纸烛元宝谢媒，银封等无不具备。	张维翰，童振藻 昆明市志（1924） 原刊影印本//中国方志丛书：第一四一号.台北：成文出版社，1967：69.

由表1.2中所列文献撮要可知，云南省先民在旧时的岁俗、祖先祭祀、节庆婚丧，乃至日常生活具体细节中，都离不开手工纸。可以说，手工纸已深深渗入清代云南人民生活的方方面面，有些已成为地域和民族文化的重要特征。

手工纸的普及产生了许多与纸有关的手工产业，西南地区明清时代的经书、方志等，很大一部分都是用白绵纸印刷或抄写的。一方面手工纸在印刷和文化的传播上依然占主导，另一方面地方社会与纸有关的手工产业日益增多，如镇南州“城市农末相兼，近来男子捶锡为箔，妇女黏箔于纸，制为冥镪，以供祈祷之用……锡纸，州人习以为业，专供祷祀之用”[45]。宣威县“纸扎业，城乡统计不下三四十户”，但“资本均甚微末”[46]。同时记载了“爆竹业，城中徐姓最著，土木人业此者尤多，两处统计约共二十余家”[47]。这

[45]
[清]李毓兰，甘孟贤.镇南州志略(1892)[M].原刊影印本//中国方志丛书：第二六六号.台北：成文出版社，1975：145.

[46+47]
[清]刘沛霖，朱光鼎.宣威县志稿：卷二 [M].原刊影印本//中国方志丛书：第三十四号.台北：成文出版社，1967：718，638.

些产业反映了造纸技术的兴盛和繁荣，但如果造纸单纯为满足地方较低水平的需求，那么造纸工匠会缺少树立更高改良目标的动力。这虽让传统工艺得到很好的传承，但势必使其发展缺乏后劲，禁锢了手工造纸的改良与发展。古人也意识到了这一点，如《楚雄县志》有如下记载："陶冶末石等手艺，只知守旧不知改良，故制造蠢窳，幸不为奇技淫巧，为地方素惑淫，祀半多男捶锡箔，女黏纸锞。"[48]造纸技术的改良进展缓慢，削弱了民族手工业的竞争力，难以对抗来自其他产地的竞争。尤其是当现代新技术来袭的时候，手工纸的制造技艺逐渐丧失优势。早在明代，史料就已记载云南省纸张韧性强但色泽差的特点，但几百年后仍有"滇中纸最坚与绢素敌，而色理疏漫苍杂远不如越中"[49]的评价。正因为如此，云南省手工造纸技术与产地在清代虽有很大发展，但整体上仍无法与相邻的四川区域相比，民国《云南通志》即记述本省用纸多仰给四川。据民国初年《路南县志》中"路南县调查输入货表"统计，"四川输入精制纸七百八十斤，曲靖输入粗制纸一千三百二十斤，共如上数"[50]。根据云南省《昆明市志》（1924年）的统计，当地"纸张业，计四五十户，多属单独经营，资本由伍佰元以至一万元不等，滇省产纸有限，所用纸张多由川、黔及外国运入"[51]。

[48] [清]崇谦.楚雄县志(1909)[M].原刊影印本//中国方志丛书：第三十九号.台北：成文出版社，1967:30.

[49] [清]陈元龙.格致镜原：卷三十七·文具类一[M].清康熙五十六年(1717)刻本.

[50] 马标，杨中润.路南县志(1917)[M].原刊影印本//中国方志丛书：第三十八号.台北：成文出版社，1967:49.

[51] 张维翰，童振藻.昆明市志(1924)[M].原刊影印本//中国方志丛书：第一四一号.台北：成文出版社，1967:143.

在历史上，云南省许多民族，如汉族、白族、纳西族、傣族、瑶族、哈尼族、藏族、彝族、苗族等都有造纸的记载，这对各民族的文化传承和发展起到了重要的作用。同时，也影响并丰富了西南各民族的手工纸文化。云南省各民族文化传承中形成了丰富多彩的手工造纸文化，这是中国手工纸文化大系统中的重要遗产和构成要素。

第二节 云南省手工纸的生产现状

Section 2 Current Status of Handmade Paper in Yunnan Province

在漫长的历史进程中，云南省各族人民创造出丰富多彩、形态各异的手工纸。从使用功能来看，有书写、绘画用纸，有生产、生活用纸，有节庆、游戏用纸，有宗教、丧葬、祭祀用纸，还有军事装备用纸等。手工纸已广泛运用到人们的日常生活中。

随着社会经济、技术、文化的不断发展，手工纸的应用领域随着机械造纸及其他替代品的蓬勃发展日渐萎缩，许多手工纸品类纷纷退出历史舞台。今天，手工造纸技艺已成为一份迫切需要保护的人类非物质文化遗产。

一 云南省手工造纸文化的民族多样性

1 Ethnic Diversity of Handmade Papermaking Cultures in Yunnan Province

云南省境内山高谷深、河流纵横，交通运输不便，造成了物资交流的困难。各族人民为了满足对纸张的需求，大多因地制宜、就地取材制作纸张。云南各地地理环境的差异性及民族习俗的不同，造就了云南手工纸的多样性与复杂性，也赋予纸张独特的民族个性与地域特征。

正是由于云南地形与地貌的闭塞性，加之区域文化及其使用习惯，减缓了机制纸大量涌入的速度，云南至今仍保留着较多传统的造纸作坊和古老的手工造纸工艺。云南手工造纸成为研究传统手工造纸技艺的“活化石”之一。

目前，云南手工造纸作坊在全省尚有多处。项目组的部分成员早在2003年1月就开始着手云南区域手工纸调查工作。从2008年1月至2013年7月，《中国手工纸文库》项目组又多次组队，深入云南各地进行系统调查。足迹所至，计12市（州）21县（区）25个造纸村落（见表1.3）。通过录音、文字、摄影、摄像等手段，记录了生动的云南手工造纸现状。

表1.3 项目组所调查的云南手工纸村落
Table 1.3 Yunnan handmade papermaking villages investigated in the project

序号	市（州）	县（区）	造纸村落（厂）	调查时间
1	丽江市	Ⓙ玉龙纳西族自治县	⑪大具乡 白麦行政村 肯配古自然村	2003-1 至 2011-8
		古城区	⑫中和村	2008-1
2	红河哈尼族彝族自治州	Ⓕ建水县	⑦坡头乡 太平行政村 太平自然村	2004-10 2008-2
3		Ⓖ屏边苗族自治县	⑧新现乡 底咪行政村 底咪自然村	2004-11 2008-2
4		Ⓗ元阳县	⑨嘎娘乡 吉居地行政村 纸厂自然村	2008-2
5	文山壮族苗族自治州	Ⓐ马关县	①南捞乡 塘房行政村 半坡自然村	2004-11 2008-2
6		Ⓑ麻栗坡县	②六河乡 银厂行政村	2008-2
7		Ⓒ西畴县	③法斗乡 坪寨行政村 上新寨自然村	2008-2 2010-12
8	曲靖市	Ⓓ罗平县	④板桥镇 募补行政村 募补自然村	2004-3 2008-1
9	楚雄彝族自治州	Ⓘ禄丰县	⑩川街乡 九渡行政村 大九渡自然村	2008-1
10	迪庆藏族自治州	Ⓚ香格里拉县	⑬三坝纳西族乡 白地行政村	2008-1
11	大理白族自治州	Ⓛ鹤庆县	⑭松桂镇 龙珠行政村	2008-1
12			⑮六合彝族乡 灵地行政村	
13		Ⓜ云龙县	⑯表村傈僳族乡 茂盛行政村 上沟自然村	2009-9 2013-7
14	保山市	Ⓝ腾冲县	⑰腾越镇 观音塘社区 玉泉宣纸厂	2008-1 2011-12
15			⑱界头乡 新庄行政村	
16			⑲界头乡 界头行政村	
17	临沧市	Ⓞ耿马傣族佤族自治县	⑳孟定镇 遮哈行政村 芒团自然村	2008-1
18	西双版纳傣族自治州	Ⓢ勐海县	㉔勐混镇 曼扫行政村 曼召自然村	2008-2
19		Ⓣ勐腊县	㉕尚勇镇（原磨憨镇）磨憨行政村 纳竜自然村	2009-8 2010-11
20	普洱市	Ⓟ澜沧拉祜族自治县	㉑上允镇 芒角行政村 芒京自然村 芒那自然村	2008-2 2013-7
21		Ⓠ孟连傣族拉祜族佤族自治县	㉒芒信镇 拉嘎行政村 芒井自然村	
22		Ⓡ景东彝族自治县	㉓大街乡 三营行政村	2011-8
23	昭通市	Ⓔ巧家县	⑤小河镇 ⑥东坪乡 新街行政村	2011-8 2013-7

据调查组掌握的手工造纸信息，在云南省境内的白族、傣族、苗族、瑶族、哈尼族、彝族、纳西族及汉族等民族至今还沿袭着传统的手工造纸技艺。丰富多彩的多民族文化，造就和传承了云南省丰富的手工造纸民族特性，这在中国手工造纸技艺文化中是一种相当突出的特质。

云南各地的手工造纸大多安排在农闲时间，或者上市交易以前。造纸的目的以上市交易来贴补家用为主，满足自身及周边亲友需求为辅。造纸生产单位多为一家一户的小作坊，个别造纸村落则保持着自给自足的生产方式。西双版纳傣族自治州勐腊县尚勇镇磨憨行政村纳竜自然村新苗寨的苗族造纸并不为销售，一般一个造纸户一年只造20多张纸，仅供自家及邻里使用。

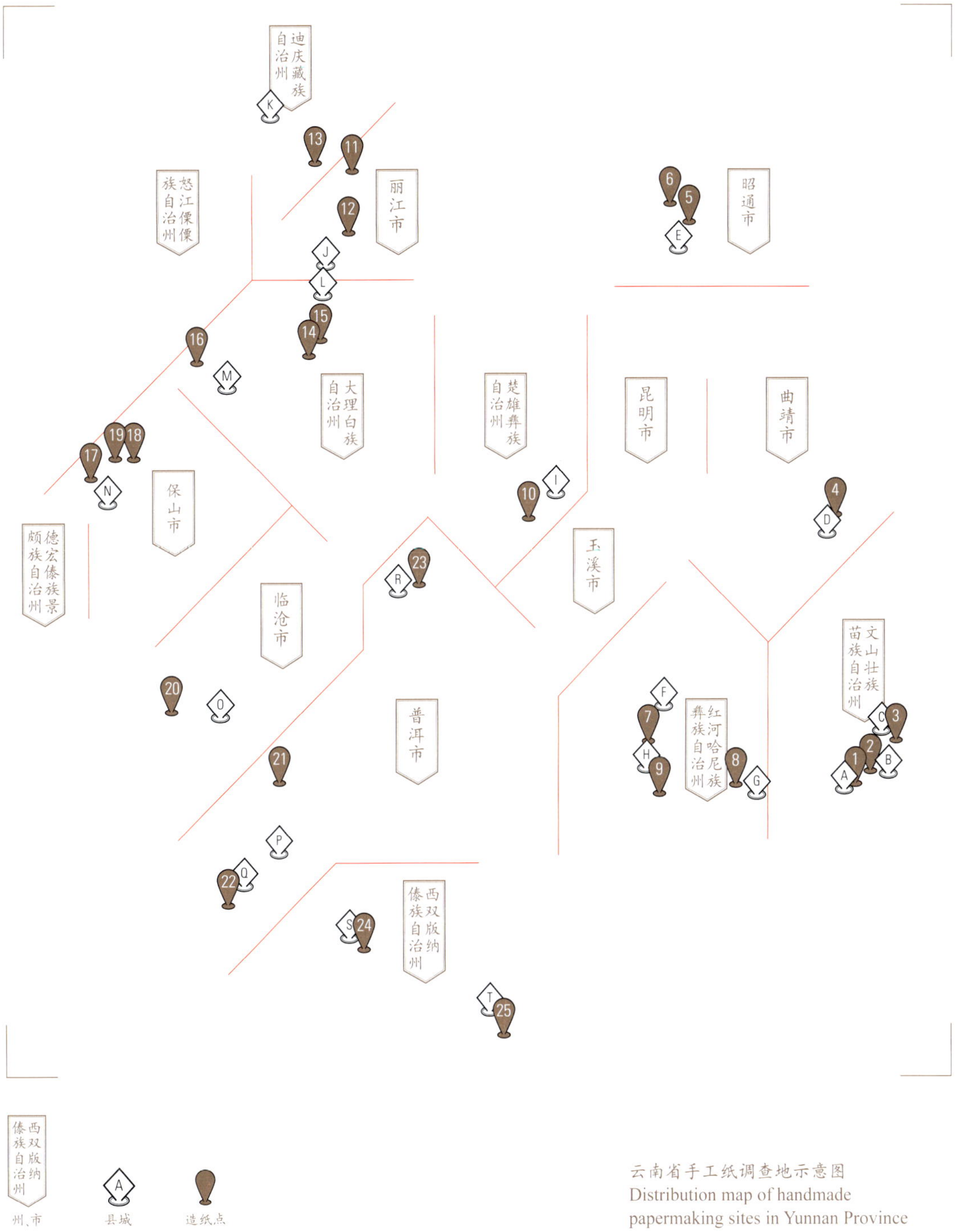

云南省手工纸调查地示意图
Distribution map of handmade papermaking sites in Yunnan Province

云南省手工造纸的成纸方法有浇纸法，也有抄纸法，而且这两种方法都有多种表现形式。浇纸法有以耿马傣族佤族自治县孟定镇芒团自然村为代表的傣族固定式纸帘的浇纸法，也有以纳西族东巴纸为代表的活帘浇纸法，还有勐腊县尚勇镇磨憨行政村纳竜自然村新苗寨的苗族人用瓢取纸浆一瓢一瓢直接浇在纸帘上的浇纸法。抄纸法的表现形式更是多种多样，既有原料没有经过蒸煮的生料法，也有经过蒸煮的熟料法；既有抬帘抄纸，也有吊帘抄纸；既有一帘一张，也有一帘多张。上述各类成纸方法，在云南省各地以其各自独立完整的形态延续着非物质文化遗产的活态传承，为我们呈现了一幅立体、生动的手工造纸技艺演变图景。

二
云南省造纸材料与工艺的多样性

2
Diverse Papermaking Materials and Processes

云南省手工造纸从原料来区分，目前主要有皮纸和竹纸两大类。皮纸的主要原料是构树皮、荛花枝干皮和滇结香皮。构皮纸是云南省至今使用范围最为广泛的手工纸，主要用于宗教写经、书法绘画、丧葬祭祀、捆扎包装、民俗与生活用具（如雨伞）的制作等。近年来，云南省普洱茶产业的兴起，带动了普洱茶包装用构皮制作的白绵纸的生产与销售，普洱茶包装用纸是目前构皮材料白绵纸销售的最大市场。荛花（澜沧荛花）多生长在金沙江河谷海拔2 000～2 500 m的多石灰岩石的贫瘠土地上，荛花资源十分有限，是纳西族东巴纸特有的原材料。滇结香皮为瑞香科结香属三桠树的韧皮纤维，是优质的造纸原料，腾冲县皮纸的原材料即为滇结香皮。

竹纸，以竹子为原料生产的纸。竹子在云南省分布较广，品种繁多，有毛竹、苦竹、甜竹、龙竹、兰竹、吊竹、鸡爪竹、齿兰竹、绵竹、灰竹、刺竹、华竹等。云南省当代手工竹纸用途相对较少，主要作为丧葬祭祀中的冥纸等。机制冥纸规模化生产以后，猛烈冲击着手工冥纸的市场。手工冥纸目前在中老年人群中还保持着一定的使用规模，随着这个群体人数日渐减少，手工冥纸销量将不可避免地日渐下滑。传统竹纸主销售渠道的收缩，使云南省手工竹纸生产业态日趋艰难。

云南省手工造纸技艺品类丰富，方法各异。在辅料使用方面，有用纸药和不用纸药的区别。纸药有杉松（亦称沙松，同为云南油松的俗称）根、仙人掌、杨桃藤、“棉花滑”、“藤子滑”等多种，体现了物为所用、就地取材的特点。在制料方面呈现以禄丰县九渡村为代表的生料造纸法与罗平县募补村为代表的熟料造纸法并存的局面；在打料方法上，有水碓、脚碓、手捶、牛碾等多种打料形式；从研光工具来看，有瓷碗、不锈钢碗、圆口铝盖、口盅、塑料梳子、鹅卵石、橡皮滚筒及胶皮棒等，工具各异；在晾晒工艺上，有室内阴干、太阳晒干、火墙炕干等。云南省的多民族手工造纸技艺如同一个馆藏丰富的手工造纸文化生态博物馆，是多民族非物质文化遗产活态传承的代表性样本。

第三节 云南省手工纸的保护与研究现状

Section 3
Preservation and Researches of Handmade Paper in Yunnan Province

杨建昆主编的《云南民族手工造纸地图》
A Guide to Handmade Paper in Yunnan by Yang Jiankun

云南省博物馆和云南文化遗产研究中心编印的《湄公河区域国家手工造纸国际学术研讨会论文集》
Proceedings of the International Seminar of Handmade Paper in Mekong Region by Yunnan Provincial Museum and Yunnan Cultural Heritage Research Centre

一 云南省手工纸文化遗产的保护状况

1 Current Status of Handmade Paper Cultural Heritage in Yunnan Province

云南省在中国较早地开展了保护与传承手工造纸技艺的工作。2000年5月，云南省人民代表大会审议通过了中国首个非物质文化遗产保护的地方性法规——《云南省民族民间传统文化保护条例》，这是中国第一次把民族民间文化纳入法律保护的范畴。2004年中华人民共和国文化部将云南省列入非物质文化遗产保护的3个国家级综合试点省区之一。

2006年，中国开始在全国范围内推动建设国家、省、市、县四级非物质文化遗产保护体系，提出非物质文化遗产生产性保护模式。同年，云南省傣族（云南省临沧市）、纳西族（云南省香格里拉县）手工造纸技艺入选第一批国家级非物质文化遗产名录。

二 云南省手工纸研究现状综述

2 Literature Review of Handmade Paper in Yunnan Province

(一) 云南省手工纸历史的调查和研究成果

1. 王诗文的《中国传统手工纸事典》[52]探讨了从古至今中国的手工纸发展，对手工纸

[52] 王诗文.中国传统手工纸事典[M].台北:财团法人树火纪念纸文化基金会,2001:14.

制作原料、方法、特性和用途等给予比较详尽的说明，其中包括云南省多地手工纸情况的介绍。

2. 王诗文的《云南少数民族古代造纸源流初探》[53]对云南省文化较发达的白、傣和纳西三个民族的古代造纸源流进行了初步探索。

3. 云南省造纸学会的《云南省造纸工业史》[54]从工业及手工业史的角度回顾了云南省手工纸一千余年的发展历程，讨论了云南省造纸工业的发展。

4. 王诗文的《云南手工纸的回顾与展望》[55]总结了云南手工纸发展和生产的若干特点。

5. 李晓岑、朱霞所著《科学和技艺的历程：云南民族科技》[56]和《云南少数民族手工造纸》[57]均辟专章考证云南手工纸历史，发掘了若干新史料。

6. 朱霞、李晓岑在《云南少数民族造纸技术的调查和研究》[58]和《关于亚洲传统造纸的发源地问题》[59]中探讨了亚洲传统造纸的起源，丰富了云南省手工纸历史的研究。他们认为亚洲传统造纸有不同的发源地，抄纸法源于中国内地，浇纸法可能源于印巴次大陆。

7. 杨郁生的《纸与古代云南文化》[60]，从文化学角度探讨了手工纸在云南古代制作甲马、绘画和印刷中的重要作用。

此外，潘吉星的《中国科学技术史 · 造纸与印刷》[61]、钱存训的《纸和印刷》[62]和张秉伦等人的《中国传统工艺全集·造纸与印刷》[63]等著作中也都曾专辟章节论述云南省手工造纸的历史和发展情况。学术界对云南省手工造纸的历史文化已经积累了系列研究成果。

（二）云南省手工纸现状、分布和工艺的研究

1. 对云南手工造纸工艺的调查和研究，始于民国初期。范金台于民国二十年（1931年）发表的油印本《云南鹤庆之造纸工业》[64]（云南工矿调查报告系列）中，对鹤庆县的手工造纸进行了第一次系统的调查，保存了很多重要的基础数据与信息。王诗文等人在20世纪50年代初期也进行了一定规模的调查，其成果在半个世纪之后才得以发表。

2. 20世纪80年代后，唐立研究了云南少数民族的造纸文化和技术，

[53]
王诗文.云南少数民族古代造纸源流初探[J].中国造纸，1995(4)：61-63.

[54]
云南省造纸学会.云南省造纸工业史[M].昆明：云南造纸学会，2002.

[55]
王诗文.云南手工纸的回顾与展望[C]//云南省博物馆，云南文化遗产研究中心.湄公河区域国家手工造纸国际学术研讨会论文集，2005：7-20.

[56]
李晓岑，朱霞.科学和技艺的历程：云南民族科技[M].昆明：云南教育出版社，2000.

[57]
李晓岑，朱霞.云南少数民族手工造纸[M].昆明：云南美术出版社，1999.

[58]
朱霞，李晓岑.云南少数民族造纸技术的调查和研究[J].民族研究，1999(1)：49-62.

[59]
李晓岑，朱霞.关于亚洲传统造纸的发源地问题[J].云南社会科学，2001(6)：61-65.

[60]
杨郁生.纸与古代云南文化[C]//云南省博物馆，云南文化遗产研究中心.湄公河区域国家手工造纸国际学术研讨会论文集，2005：41-46.

[61]
潘吉星.中国科学技术史：造纸与印刷[M].北京：科学出版社，1998.

[62]
钱存训.纸和印刷：第五卷第一分册 [M]//李约瑟.中国科学技术史.北京：科学出版社，1990.

[63]
张秉伦，樊嘉禄，方晓阳.中国传统工艺全集：造纸与印刷[M].郑州：大象出版社，2005.

[64]
范金台.云南鹤庆之造纸工业[M].油印本，1931.

[65] 唐立.云南物质文化:生活技术卷[M].昆明:云南教育出版社,2000.

并完成造纸图谱，主要成果汇集在《云南物质文化·生活技术卷》[65]中。

3. 2000年以后，手工纸调查与研究的成果日渐增多。

李晓岑及其研究小组曾从文献研究的角度发表了一组文章，探讨云南少数民族的造纸技术，引起了海内外关注。此后又陆续深入白族、纳西族、彝族、傣族、哈尼族和瑶族等少数民族地区，对现存的手工纸遗存进行了较细致的考察，陆续刊出系列成果。

[66] 朱霞,李晓岑.白族的手工造纸[J].云南社会科学,1998(6):74-80.

朱霞、李晓岑的《白族的手工造纸》[66]探讨了鹤庆白族白绵纸和竹纸的制作工艺，并就白族造纸的资源和保护问题提出建议。

[67] 和虹.浅探纳西东巴纸造纸技术[J].广西民族学院学报(自然科学版),2001(2):121-125.

和虹的《浅探纳西东巴纸造纸技术》[67]介绍了东巴纸的特点和生产历史，探讨纳西族造纸技术的渊源，说明东巴纸生产原料的特点及来源、东巴纸的生产工具和工艺。

[68] 李晓岑.纳西族的手工造纸[J].云南社会科学,2003(3):71-74.

李晓岑的《纳西族的手工造纸》[68]通过对云南省丽江市玉龙纳西族自治县大具乡、丽江市区大研镇和香格里拉县三坝乡的纳西族手工造纸工艺实地调查，认为纳西族的手工造纸既受到藏民族造纸中固定式纸帘造纸方法的影响，也受到我国常见的活动式纸帘造纸方法的影响，在中国造纸史上具有独特的价值。

[69] 朱霞.云南孟定傣族的传统手工造纸[J].广西民族学院学报(自然科学版),2003,9(1):41-45.

朱霞调查分析了耿马傣族佤族自治县孟定镇傣族的传统手工造纸[69]，指出这是我国罕见的一种浇纸法造纸，并提出了傣族手工纸的开发思路。

[70] 杨建昆.云南民族手工造纸地图[M].昆明:云南科技出版社,2005.

杨建昆在《云南民族手工造纸地图》[70]中概述了“纸、战争和佛教”“纸、传统和民族”及云南民族手工造纸的分布。这项调查性研究独辟蹊径，以较丰富的图片资料以及简明的文字介绍了云南省各地区各民族的手工造纸工艺文化。

[71] 黄盛茂.腾冲手工抄纸工艺调查报告[J].昆明冶金高等专科学校学报,2007,23(2):83.

黄盛茂[71]和黄晓赢[72]分别对腾冲县界头和观音塘两个村落的手工造纸进行了实地研究，记录了当地的造纸工艺流程，并就造纸业现状提出了相应的保护与发展措施。

[72] 黄晓赢.云南腾冲观音塘手工造纸调查[J].保山师范高等专科学校学报,2009(4):101-104.

[73] 樊嘉禄,张程.从纳西族东巴纸看传统造纸工艺的演进[J].纸和造纸,2009(3):61-64.

樊嘉禄和张程[73]认为，纳西族东巴纸的成纸工艺介于浇纸法和抄纸法之间，并非由纳西族的造纸技工吸收了浇纸法与抄纸法的优点所独创，而是从浇纸法过渡到抄纸法的中间形态的历史遗存。由此假说可以对造纸史上的工艺演进问题进行综合研究，得出若干结论。

2005年，云南省博物馆和云南文化遗产研究中心在昆明召开了“湄公河区域国家手工造纸国际学术研讨会”。与会专家对云南省少数民族的手工纸进行了多角度的探讨，产生

[74] 陈登宇.纳西族东巴纸新法探索[J].民族艺术研究,2004(6):71-78.

[75] 和虹.浅探纳西东巴纸造纸技术[J].广西民族学院学报(自然科学版),2001(2):121-125.

[76] 罗钰.云南少数民族手工造纸综述[C]//云南省博物馆,云南文化遗产研究中心.湄公河区域国家手工造纸国际学术研讨会论文集,2005:22-23.

[77] 木基元.云南省耿马傣族与丽江纳西族手工造纸的比较研究[C]//云南省博物馆,云南文化遗产研究中心.湄公河区域国家手工造纸国际学术研讨会论文集,2005:47-56.

[78] 罗钰.云南少数民族手工造纸综述[C]//云南省博物馆,云南文化遗产研究中心.湄公河区域国家手工造纸国际学术研讨会论文集,2005:22.

了若干有拓展性的技艺研究成果。陈登宇《纳西族东巴纸新法探索》[74],和虹《浅探纳西东巴纸造纸技术》[75],罗钰《云南少数民族手工造纸综述》[76],木基元《云南省耿马傣族与丽江纳西族手工造纸的比较研究》[77],代表了学术界对云南地区手工纸研究的新进展。

根据罗钰2005年的研究,截至2003年,云南省境内还存在着大约30个不同民族特色的手工造纸点。其分布如:大理白族自治州鹤庆县六合彝族乡、西双版纳傣族自治州勐海县勐混镇、临沧市耿马傣族佤族自治县孟定镇、文山壮族苗族自治州麻栗坡县六合乡、思茅市(今普洱市)景东彝族自治县大街乡、迪庆藏族自治州中甸县白地乡、丽江市玉龙纳西族自治县大具乡、红河哈尼族彝族自治州建水县坡头乡等[78]。随着现代生活和生产方式的演进,云南省手工造纸工艺和生产面临着强烈的挑战,不少地方性造纸工艺正处在逐渐消失及变异的过程中。因此,对这些地区手工造纸技艺及文化的调查和研究,对中国传统的非物质文化遗产的多样性保护已变得十分必要。

较为值得关注的云南手工造纸领域的一项新拓展,是云南少数民族手工造纸文化交流中心的建立。该中心是由一批云南少数民族手工造纸的研究者、生产者和文化传播者于2005年协同组建的,地点在昆明市。中心的相关基础成果之一,是主要发起人杨建昆著述的《云南民族手工造纸地图》一书。

该中心的另一延展性工作是2010年成立的昆明和然堂新型手工纸制作及研究机构,该机构的宗旨是利用若干现代要素促进云南传统少数民族手工造纸技艺与文化的传习和传播,强调手工造纸产品融入当代生活,其核心成员为来自鹤庆县灵地村白族白绵纸生产世家的高锦荣。

和然堂的制作模式面向整个云南地域,与一村一县的传统手工纸技艺传承固化方式有别,其生产的两段制颇有特色且因地制宜。整个制浆工序采用在原料及造纸村坊外包(包括:采料→泡料→蒸煮→漂洗→晒料),然后将晒干的浆料运到昆明;再由和然堂在昆明的作坊完成造纸工序(包括:捡料→浸泡→打浆→浇浆→匀浆→捞纸→晒纸→研光→揭纸→整理),形成了“和然堂”品牌手工纸系列探索,实际上也是对云南多民族手工纸技艺的系统性探索试验。

除了继续对有关造纸工艺与文献进行挖掘之外，当前国内外学术界对云南手工纸关注的重心，已表现出逐渐向定点深入调查、理化分析和保护性研究方面转移的趋势。这一趋势仍处于初级阶段。目前，系统的理化分析和保护性研究尚未见到，也没有发现有关云南省手工纸的数据库研究成果。因此，仍然难以从规范的科学研究层面反映云南省手工纸工艺的科学内涵和多样性特征。云南省手工纸保护与研究方面仍存在大量基础性工作有待推进。

云南山野风光
Natural scenery of Yunnan Province

和然堂

云南滇

结香纸

和然堂用云南产滇结香原料制作的手工结香纸

Jiexiang paper, handmade employing *Edgeworthia gardneri*, by Herantang

葛香纸

和然堂用云南产葛花藤原料制作的手工葛香纸
Gexiang paper, handmade employing vine of *Pueraria loabata*, by Herantang

第二章
滇西北地区

Chapter II
Northwest Area of
Yunnan Province

第一节
香格里拉纳西族东巴纸

云南省
Yunnan Province

迪庆藏族自治州
Diqing Tibetan Autonomous Prefecture

香格里拉县
Shangri-la County

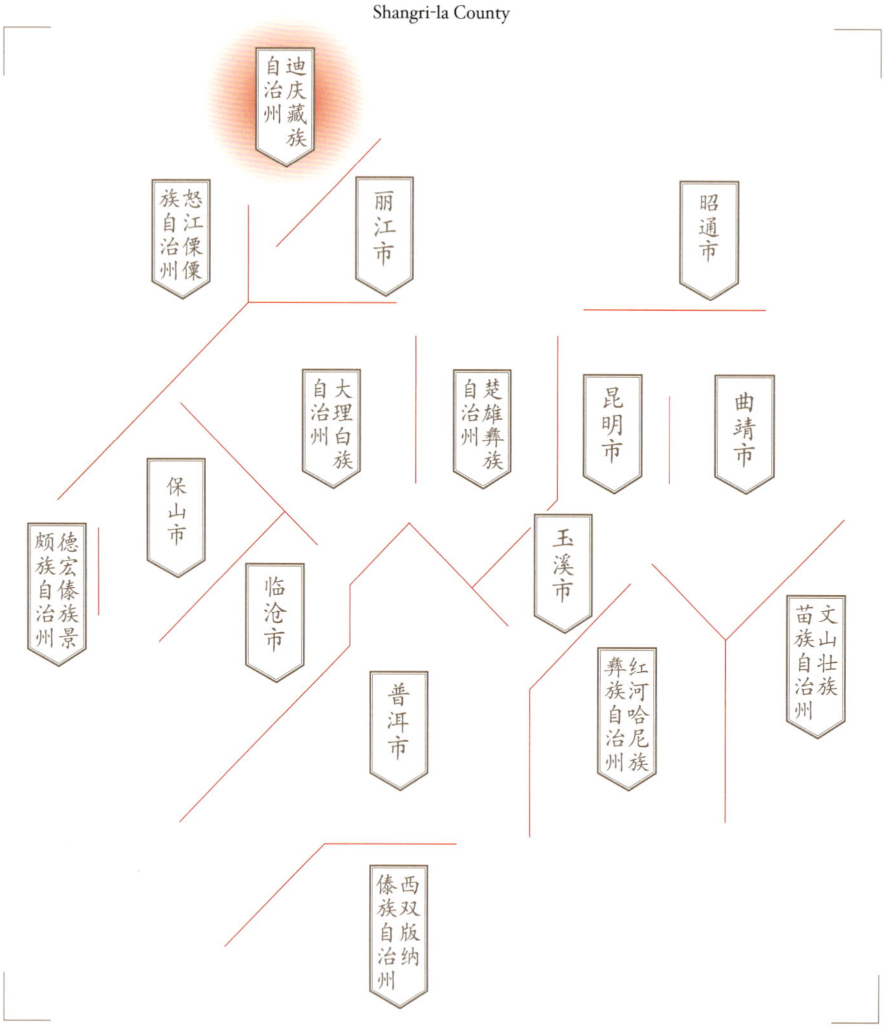

调查对象
三坝纳西族乡
白地行政村
纳西族东巴纸

Section 1
Dongba Paper by the Naxi Ethnic Group in Shangri-la County

Subject

Dongba Paper by the Naxi Ethnic Group in Baidi Administrative Village, Sanba Naxi Town

一
香格里拉纳西族东巴纸的基础信息及其分布

1
Basic Information and Distribution of Dongba Paper by the Naxi Ethnic Group in Shangri-la County

香格里拉县位于滇西北横断山区，隶属迪庆藏族自治州。英国作家詹姆斯·希尔顿（James Hilton，1900～1954）的小说《消失的地平线》（*Lost Horizon*）（1933年）所描绘的人间天堂“香巴拉（香格里拉）”使这里举世闻名。香格里拉县的纳西族人主要生活在境内的三坝纳西族乡，东巴纸生产则集中在三坝乡的白地行政村。

白地村是纳西族的精神圣地。著名的泉华景观白水台以鬼斧神工的碳酸钙地貌令世人惊叹，是传说中纳西族东巴教创教始祖丁巴什罗修行传道的地方，在纳西民族文化中具有极神圣的地位。

⊙1

白地村是东巴纸的著名产地，历史上与丽江市玉龙纳西族自治县大具乡的肯配古村、香格里拉县的上江乡及维西傈僳族自治县的塔城乡等地均有造东巴纸的记载。白地村和肯配古村在当代东巴纸的传承上，是最有代表性的两大制作中心。20世纪90年代以后，随着东巴文化研究的复兴和丽江旅游文化的蓬勃发展，丽江市古城区东河镇龙泉行政村中和自然村、维西塔城乡塔城村等地也成了东巴纸的生产地，但工艺和材料已融入不少新的内容。此外，作为纳西族人的另一聚居地，今四川省木里藏族自治县一带历史上也生产过东巴抄经纸。

东巴纸主要采用滇西北本地生长的瑞香科荛花树皮和构树皮两种原料制作，主要作为东巴经文抄写用纸和东巴们做法事时的法具制作用纸，属我国著名的少数民族宗教事务用纸。香格里拉县白地村东巴纸主要用瑞香科荛花树皮制作，是当代最经典的东巴纸代表样式。2006年，东巴纸被列入第一批国家级非物质文化遗产保护名录，白地村的老东巴和志本成为该保护项目的第一批国家级代表性传承人。

⊙2

⊙1 白水台泉华地貌景观
Baishuitai sinter geomorphologic landscape

⊙2 国家级非物质文化遗产代表性传承人和志本老东巴
He Zhiben, a representative inheritor of National Intangible Cultural Heritage of Dongba Culture

香格里拉纳西族东巴纸生产地分布示意图

路线图
香格里拉县城
↓
白地村
Road map from Shangri-la County centre to the papermaking site (Baidi Village)

Distribution map of the papermaking site of Dongba paper by the Naxi Ethnic Group in Shangri-la County

考察时间
2008年1月

Investigation Date
Jan. 2008

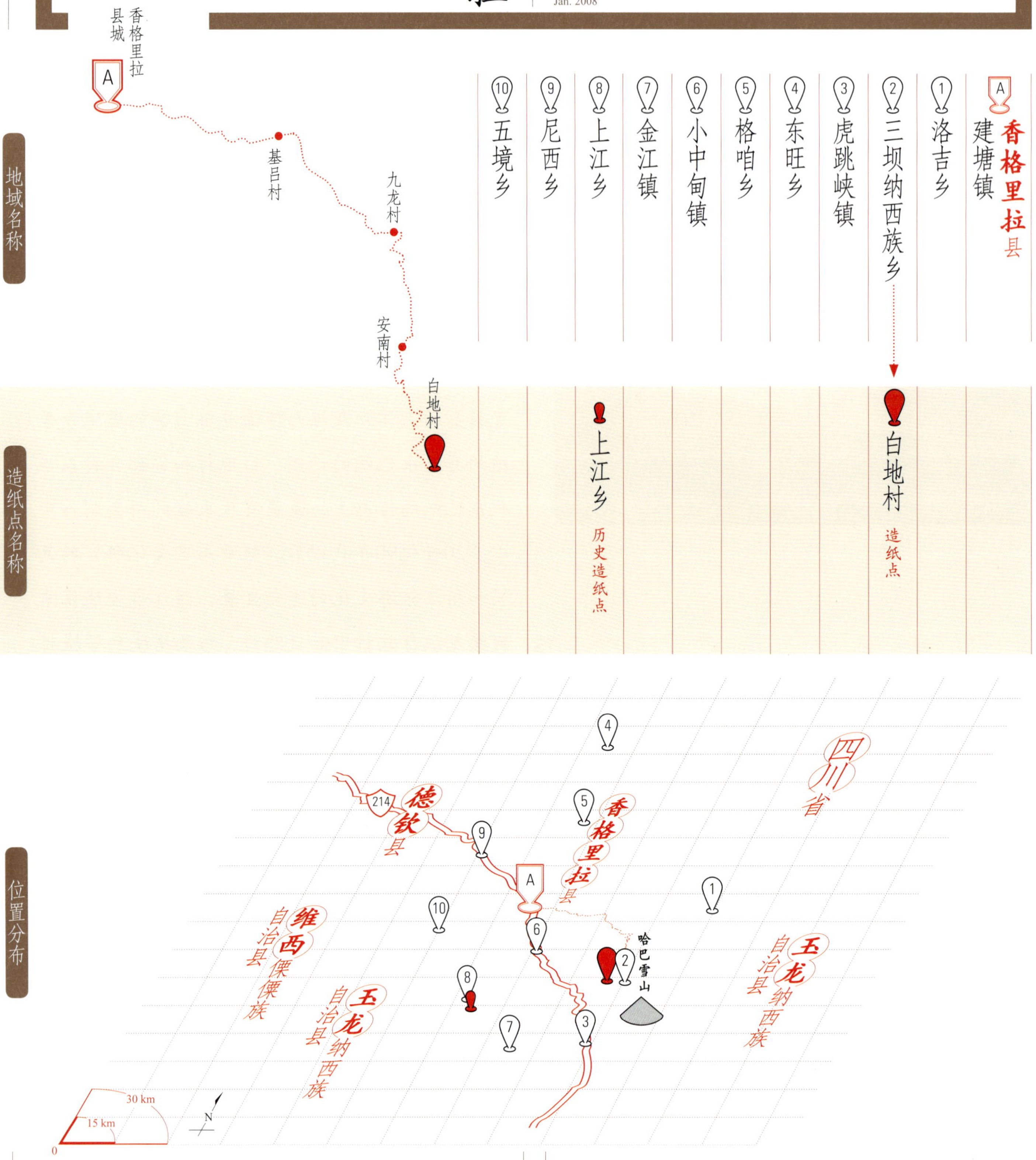

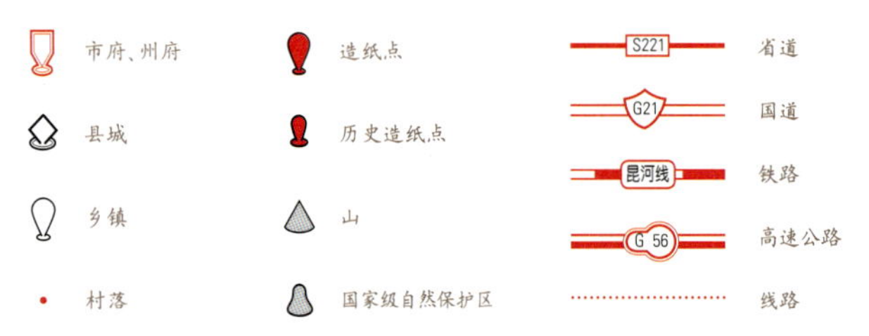

二 香格里拉纳西族东巴纸生产的人文地理环境

2 The Cultural and Geographic Environment of Dongba Paper by the Naxi Ethnic Group in Shangri-la County

香格里拉县位于云南省西北部，紧邻四川省甘孜藏族自治州乡城县、稻城县及云南省丽江市玉龙纳西族自治县。其前身是迪庆藏族自治州中甸县，2001年12月17日经中华人民共和国国务院批准更为今名。县域内的居民主要是藏族人，生产东巴纸的白地村则属香格里拉县三坝纳西族乡管辖。在整个香格里拉县，纳西族只聚居于三坝乡。据当代人口统计，纳西族有人口约30万人，主要分布在云南省，约有29万人，其中绝大部分定居在今丽江市；另有约8 000人分布在四川省，约1 200人分布在西藏自治区。纳西族活动范围分布于东经98°~102°、北纬26°~30°的滇康高原地区，即著名的横断山脉核心区域。

三坝纳西族乡地处北纬27°19′~27°43′，因东坝、白地、哈巴三块山区坝子而得名，境内最高点为著名的哈巴雪山主峰，海拔5 396 m。乡辖东坝、安南、白地、瓦刷、哈巴、江边6个村委会，共75个村民组，其中纳西族占总人口的62%。三坝其地唐代属吐蕃（藏民族古称谓）神川都督府辖区，宋代为纳西先民磨些酋长占据，遂成纳西之地。

纳西族古称“磨些”“磨些蛮”，主要是古代生活在黄河上游（今青海、甘肃一带）的羌族人后裔。羌人在由青甘高原南下的历程中，不断与川滇土著民族发生血缘与文化融合，逐渐形成纳西民族。汉代末年，纳西先民即已游徙到今川西地区，以擅盐铁资源开发经营之利被记入史书。唐代，纳西民族已散居在今日金沙江两岸，并建立起名为“越析诏”的地方性民族政权，与当时由白族为主建立的强大地方政权南诏形成协作性抗衡。南宋宝祐元年（1253年），元世祖忽必烈率蒙古大军远征大理国（南诏国的后续地方政权）时，面对金沙江天险无法渡过，后经纳西族首领木氏家族献渡江之策并帮助蒙古军“革囊渡江”而一举攻破大理，实现了由云南迂回夹击南宋政权的战略部署。忽必烈为表示对木氏家族的感谢，封木氏为丽江土司（土知府），世袭延续，历经元、明、清三代计470余年（1253～1723年）。直到清雍正年间，中央政府实施"改土归流"政策，才正式结束木氏土司政权。按照今天的行政区划分，属于香格里拉县的三坝纳西族乡，古代当为纳西政权的传统属地，这由白水台为东巴文化发源地可得到印证。

纳西族是一个以辉煌的文化创造受到世人敬重和称赞的民族，其民族文化发育过程中一直处于重要文化圈的交流核心点上。据云南省社会科学院民族文化研究者郭大烈分析，蜀汉时期诸葛亮南征，唐、南诏和吐蕃三个政权逐鹿，明代藏传佛教南传与云南汉传佛教北传，这些都有纳西先民的参与[1]。

纳西民族的文化创造中，最为世所重的是纳西文字和东巴经，它们都与东巴纸密不可分。

纳西象形文字以图画象形表意，有1 400多个单体字，可以构成非常丰富的语言表达，是目前世界上传承使用的唯一活态象形文字，珍稀度与代表性均十分突出，而这一文字书写的标准用纸正是东巴纸。由于纳西象形文字目前仍在使用，因此当代纳西族学者为使世界各地关注者和本民族学习者能更系统便利地使用这一古老文字，已从20世纪后半叶开始，集数十年的努力，编写了一些有代表性的工具书，如《纳西象形文字谱》[2]（收基本字1 340个）与《纳西族象形文字汉英日对照》[3]（收常用字1 000个）。

东巴经是纳西族的传统信仰东巴教的经书，通常用纳西象形文字书写于东巴纸上。东巴经主要用于东巴教的法事活动，由东巴教祭司——东巴来实施。由于东巴象形文字往往只有东巴祭司才掌握，因而抄写东巴教典籍的工作基本上也是东巴们的专有权利。东巴经文已随纳西民族走过了漫长的岁月，但至今仍然有大量典藏与活态传承，这在世界民族宗教文化史上是有着重要价值的。

据纳西文化研究者考证，世界各地现存万余卷东巴经，其中经中国台湾著名文化学

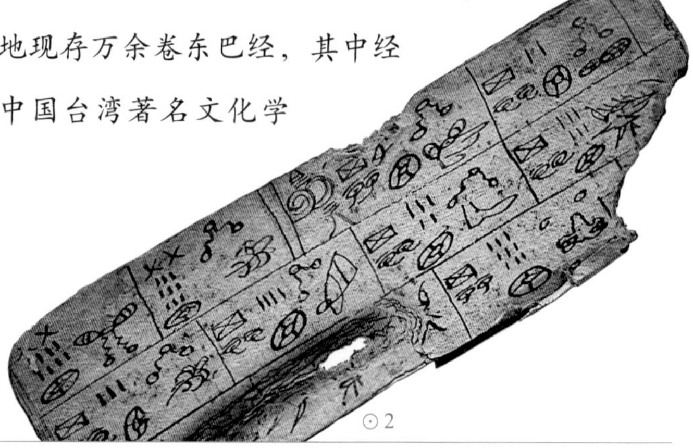

⊙2

⊙1

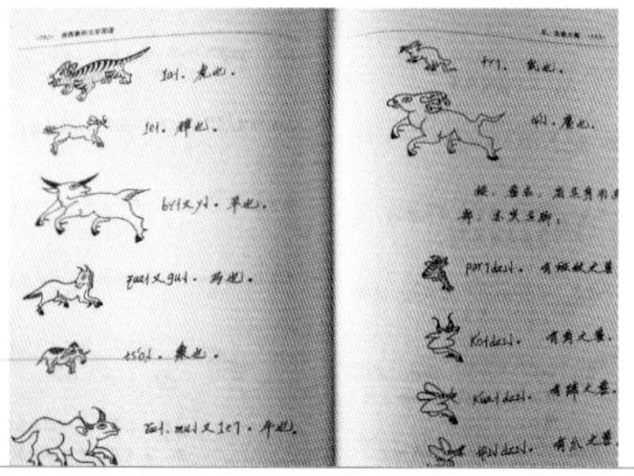

⊙3

⊙1
写在东巴纸上的纳西象形文字
Hieroglyphs of the Naxi Ethnic Group written on Dongba paper

⊙2
纳西东巴残经
Broken Dongba scriptures of the Naxi Ethnic Group

⊙3
《纳西象形文字谱》书影
Hieroglyphs Guidebook of the Naxi Ethnic Group

[1] 郭大烈.纳西族传统文化及其保护[J].云南社会科学，2001(6)：52-55.

[2] 方国瑜.纳西象形文字谱[M].昆明：云南人民出版社，2005.

[3] 郭大烈，郑卫东.纳西族象形文字汉英日对照[M].昆明：云南民族出版社，1997.

者李霖灿研究，最早的一卷为清康熙七年（1668年）抄写本。当然，现存实物传承的上限年代并不意味着东巴经的历史只有这么长。

东巴祭司做法事的主要内容为祭祀仪式。通常是集唱诵、舞蹈（类似巫师的舞）、纸扎纸绘道具于一体的形态。

⊙4

⊙5

白地村位于哈巴雪山的东麓，与东巴纸的另一著名产地玉龙纳西族自治县大具乡肯配古村隔金沙江遥遥相望。白地村是一个纳西族聚居的行政村，设有村民委员会，辖15个村民组。据2008年三坝乡统计数据显示，全村共有858户约3 570人，面积8.26 km²，年平均气温13 ℃，年降水量约800 mm，平均海拔2 280 m。耕地面积约3.19×10^6 m²，林地面积约6.14×10^6 m²，村民通常以种植谷子和小麦等农作物为主。人均纯收入偏低，据2008年统计为年均1 882元，是一个典型的偏远山区贫困村。

白地村西北距香格里拉县城101 km，东南距虎跳峡口约80 km，距三坝纳西族乡政府驻地4 km。白地村深藏于横断山脉的崇山峻岭中，交通不便。调查组2008年1月由丽江市虎跳峡镇入村考察时，仅有一条山区旅游公路由丽江虎跳峡蜿蜒经过村庄并通往香格里拉县城，且道路时常因塌方、雨雪而中断。调查组入村时，大雪已将白地村通往县城的道路基本阻断，第二天调查组的车开出虎跳峡后，新的降雪很快又将虎跳峡镇通往村庄的路完全阻断。据虎跳峡镇居民及白地村村民介绍，大雪有时导致白地村1～2个月陷入断路“冬藏”的状态。

虽然偏僻，但白地村在纳西民族文化中的神圣地位仍未被动摇。它作为东巴教创教始祖丁巴什罗的修行圣地，有着中国最著名的泉华景观——被称为“仙人遗田”的白水台，是东巴造纸最具代表性的村落；东巴文化园正在山村里大

⊙6

⊙4/5 东巴做法事时的动态仪式 Pictures of a Dongba religious ceremony

⊙6 白地村东巴文化园一角 A section of Dongba Cultural Park in Baidi Village

规模地建设；原生性保存较好的东巴文化聚而未散，如东巴文字与绘画、纳西民族服饰、东巴宗教仪式等，在村民生活中依然常见。

农历二月初八，一年一度的“朝白水”活动是白地村的一大盛事。光绪年间编纂的《中甸府志》（稿本）中记载：“不计百里而来，进酒献茶，不约千人而聚。”现在，每到这一天，周边的纳西族百姓依然会朝圣般地会集到圣地白水台，载歌载舞，野餐游会，并向神灵和创教始祖丁巴什罗祈求来年平安、五谷丰登。

⊙1
丽江市虎跳峡镇通往白地村的山区公路
Country road to Baidi Village from Hutiaoxia Town of Lijiang City

三 香格里拉纳西族东巴纸的历史与传承

3 History and Inheritance of Dongba Paper by the Naxi Ethnic Group in Shangri-la County

关于纳西族的造纸历史，目前国际国内研究界有多种说法，且各自都有一定的文献与民族口传历史依据，简述如下：

1.

推定纳西族造纸时间（主要指东巴纸）上限的一种流行观点认为，纳西族造东巴纸不会早于宋代。根据目前学术界的研究，纳西象形文字约起源于唐宋时期，而象形文字在纳西语中发音为“森究鲁究”，意思是刻在木头或石头上的文字。从词本义可见，纳西象形文字在早期是以木头或石头为书写载体的，专门用于抄经的东巴纸在象形文字诞生之初应该尚未产生，而其他民族的纸质书写材料在纳西民族中亦未流行。在纳西族民间传说中，东巴教创教始祖丁巴什罗创造象形文字时，所使用的正是“粗糙的树皮”[4]，而丁巴什罗从藏地学佛归来到白水台创教的时间约为公元11世纪中叶的北宋时期。

2.

纳西族造纸可能源于晚唐五代时期。宋代典籍《五代会要·南诏蛮》记载：“续有转牒，称督爽大长和国宰相布燮等上大唐皇帝舅奏疏一封，自鹤拓发递……差人转送黎州。其纸厚硬如皮，笔力遒健。”[5]这些记述是早期的云南丽江一带手工纸的记载，南诏国地域包括今天纳西之地，且古纳西人“磨些蛮”正是南诏政权的主要构成部族之一。因此，也有若干研究者如李晓岑、陈登宇等认为，这种“厚硬如皮”的纸是受藏族造纸影响的南诏古纸，东巴纸正是传承这一脉发展起来的[6]。

[4] 李群育.新编丽江风物志[M].昆明：云南人民出版社，1999.

[5] [宋]王溥.五代会要：卷三十·南诏蛮[M].上海：上海古籍出版社，2006：478.

[6] 李晓岑.纳西族的手工造纸[J].云南社会科学，2003（3）：71-74.

3.

元代纳西族造纸业的存在已有明确记载。《元一统志》记载，元代通安州（今丽江一带）“土产”一条中有“纸”列其中，虽然无法证明其就是当今意义上的纳西民族所造的东巴经文纸，但元代纳西族已经开始造纸却是很有可能的。当然，南宋末年忽必烈率蒙古军经四川攻占云南，以及元初在丽江大兴儒学、汉学及蜀地文化流入滇西北，蜀地造纸工匠与蜀纸技艺南传的可能性也是有的。

4.

明代，木氏土司大兴文化事业，并且对藏汉民族文化采取积极的学习态度。明万历三十六年（1608年）至天启三年（1623年），木增土司主持刻印刊行了丽江版藏文佛经大典《甘珠尔》，今天拉萨大昭寺中仍珍藏着木增当年赠送该寺的《甘珠尔》朱印版108卷，其用纸便是藏纸，一种从原料到质感均与东巴抄经纸相似的纸品，这至少说明当年藏纸产品已为纳西民族规模性地使用[7]。

《读书》杂志1981年第11期曾发表过题为《丽江木土司著作雕印本》的文章，据该文作者回忆，1965年冬在昆明翠湖图书馆曾见到明代嘉靖年间至崇祯年间的数种丽江本地刻木氏著述雕版书籍，其所用纸是一种特制的黄皮纸，与典型的云南皮纸完全不同，或许，这种质感特别的黄皮纸与东巴纸有着待进一步考证的联系。

⊙1

⊙1 调查组成员采访老东巴和志本（左一）
Visiting He Zhiben (the 1st person on the left side), a representative inheritor of National Intangible Cultural Heritage of Dongba Culture

当然，清代康熙初年已有东巴抄经存世，而且批量采用的正是正宗的东巴纸，因而从较保守的推断来说，明代后期木氏土司大规模雕版印刷经典与各类著述而形成所谓的“木土司雕版”时，东巴纸极有可能已经诞生，因为该历史时期距东巴教创立已近600年。

香格里拉县东巴纸，今天实际上主要指三坝纳西族乡白地村的东巴纸，虽然在民间传承中会涉及祖上从香格里拉县的上江乡学习造纸技术，而上江是藏族与纳西族混居之地，或许暗示了白地村东巴纸在技艺上融入了藏纸的微毒性材料和浇纸法工艺这些特殊的文化基因，但白地村作为东巴造纸代表性样本的独立性却是鲜明的。

明代中后期纳西土司木高曾在圣地白水台源头的石壁上题过一首诗：“五百年前一行僧，曾居佛地守弘能。云波雪浪三千垄，玉埂银丘数万塍。曲曲同流尘不染，层层琼涌水常凝。长江永作心田玉，羡此高人了上乘。”清晰地描述了丁巴什罗从藏区学佛归来，在白水台创教的生涯。

2008年1月，调查组进入云山深处的白地村，对白地村东巴造纸的历史与传承进行了深入调研，并重点访问了老东巴和志本（1926年出生）及其家人，以及香格里拉县政协副主席、曾任三坝纳西族乡文化站站长的和尚礼。

据和志本回忆，他祖上也是从香格里拉县的上江乡一带学会造纸技术的，这是祖辈相传的源

[7] 王尧.藏文大藏经：丽江-理塘版甘珠尔经述略[J].中央民族学院学报，1986（3）：71-77.

头，但到底是什么年代哪一辈去学的，已无从考证。和志本能梳理出的造纸传承脉络是：第一代和科塔传给第二代和昂哥（和科塔的儿子）；和昂哥没有儿子，传给了第三代侄孙和东恒；和东恒（和志本的舅舅）是当地知名的大东巴，因无子女，传给了和志本，这是第四代；和志本将造纸技术传给了三个儿子和永新、和永才、和永红以及和尚礼的两个侄子和继伟、和继红，这便是第五代了。2008年调查时，和永新54岁、和永才52岁、和永红41岁、和继伟38岁、和继红32岁，都处于精力旺盛的中青年阶段。

从和志本的家传谱系可见，白地村至少在清代后期就在造东巴纸了。据和志本讲述，他们家至少有150年的造纸传承史。另一个特别值得关注的文化事象是：东巴纸的传承以往通常是与东巴祭司的职业身份传承共同进行的。“东巴”一词的译意“山乡诵经者”，非常形象地刻画了其身份：集诵经作法、用纳西象形文字抄写经文、制造与使用东巴纸为一体的民间文化领袖。

20世纪50年代初，东巴教被认为是巫教，是在传播封建迷信，这导致东巴们的法事活动受到限制与禁止，东巴文化的传承一度中断。存世的东巴经卷被大量烧毁，以抄经为主要用途的东巴纸也完全停止生产，和志本一家人一度成为单纯的农民。

20世纪80年代开始，随着政府对宗教事权的重新认可，东巴教在纳西民族文化中开始复苏。1983年，和志本在时任乡文化站站长和尚礼的协助下，重拾造纸与东巴祭司之业，并成为纳西民族地区第一位恢复东巴纸生产的造纸户。据2008年1月本调查组及2006年9月中国社会科学院云南地区手工造纸传统知识保护项目调查组的调研信息显示，21世纪初，白地村的东巴纸生产以和志本所传的和永新三兄弟造纸坊及和继伟兄弟造纸坊为代表，除此之外，在白地行政村吾树湾、波湾、恩土湾自然村也都先后有农户造东巴纸。不过，白地村造东巴纸的农户几乎都是跟和志本学习的，所造东巴纸品质也没有和志本家传的一脉优良，白度及手感均达不到老东巴家的工艺水平，而且造纸的常态化与定点化程度低，因而缺乏影响力和品牌传播效果。

目前已知的白地村和志本家族
造纸传承关系示意图
Papermaker He Zhiben's family genealogy of papermaking inheritors in Baidi Village

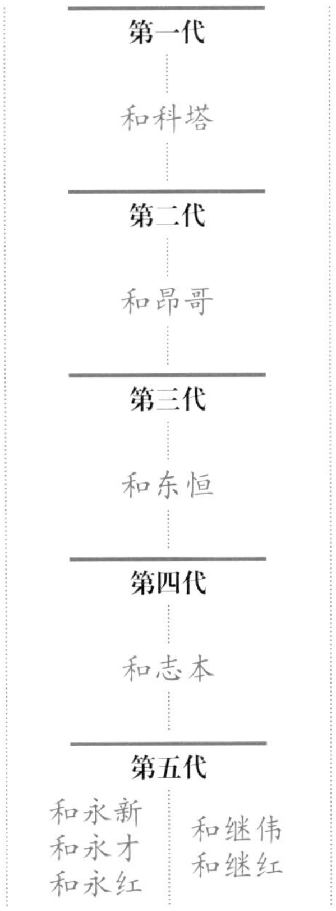

四 香格里拉纳西族东巴纸的生产工艺与技术分析

4 Papermaking Technique and Technical Analysis of Dongba Paper by the Naxi Ethnic Group in Shangri-la County

⊙1

⊙2

(一) 香格里拉纳西族东巴纸的生产原料与辅料

香格里拉县白地村生产东巴纸的原料为澜沧荛花树皮。澜沧荛花是一种多年生灌木，属于瑞香科荛花中的一种，在三坝纳西语中发音似“阿株”，丽江纳西语发音似“弯呆”，当地人也习称为构树，多生长在海拔2 000～2 500 m的金沙江河谷多石灰岩的山坡上。

白地村造纸的水源为山泉水和“自来水”，山泉水是指从高山上流下来的水，“自来水”与汉语中普遍使用的自来水概念不同，在白地村指的是河水。经检测，山泉水的pH为6.5，微量元素含量为 320 μg/g；“自来水”的pH为 6.3，微量元素含量为 213～330 μg/g。和志本认为“自来水”清澈，更适宜制作东巴纸。

(二) 香格里拉纳西族东巴纸的生产工艺流程

调查组通过对白地村的实地考察，并与和志本、和永新及和尚礼等人交流，记录白地村东巴纸的生产工艺流程为：

壹	贰	叁	肆	伍	陆	柒	捌	玖	拾	拾壹	拾贰
采料	剥皮	剥黑皮	晒干	浸泡	煮皮	漂洗	打料	浇纸	晒纸	砑纸	揭纸

⊙1/2 澜沧荛花 *Wikstroemia delavayi* Lecomte

壹 采料

1 ⊙3

每年5～6月，由造纸户或专门的采料农户，到附近山上选择生长了3年以上、表皮光滑粗壮的荛花植株砍伐。通常在距地面5～10 cm处截取，留下老桩，以待来年萌发新芽。

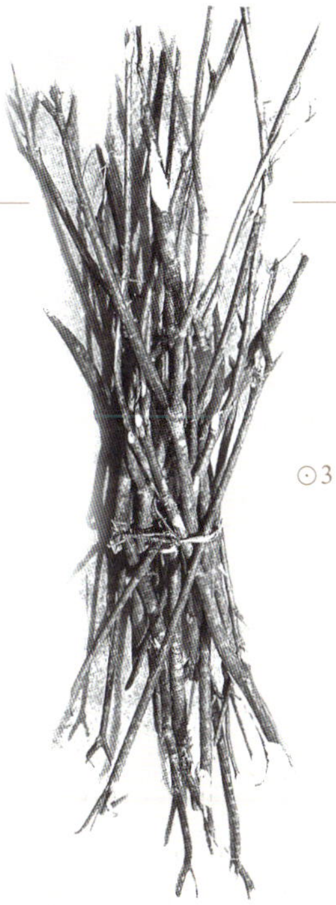

⊙3

贰 剥皮

2 ⊙4

砍下的枝条需趁新鲜及时剥皮，否则枝条水分挥发，树皮附着很紧，难以剥下，只能泡水后再剥，费工费时。

⊙4

叁 剥黑皮

3

将剥下的树皮再用小刀剥去黑褐色表皮，只留白色内皮。遇到较厚的内皮，需将其剥为两层，以便蒸煮。

⊙5

肆 晒干

4 ⊙5

将剥下的白皮自然晒干，天气晴好时晒1天即可。

伍 浸泡

5

把晒干的白皮放入水沟或木槽里用清水浸泡。一般浸泡1天即可泡软，也可泡4～5天，泡得越软，越容易在下一步煮皮工艺中将皮料煮熟。

陆 煮皮

6 ⊙6

将已泡软的皮料放入铝锅内，加入清水用柴火煮。待水沸腾时，凭经验加入一定量筛干净的灶灰，并不时用火钳搅拌。通常煮10小时后，皮料轻轻一拉即可拉断，且又稍稍有些韧性即可。如果灶灰加得多些，则煮皮时间可减少。

⊙6

⊙3 砍下的荛花枝条 Lopped *Wikstroemia delavayi* branches

⊙4 剥荛花树皮 Stripping *Wikstroemia delavayi* bark

⊙5 荛花白皮 Dried *Wikstroemia delavayi* bark

⊙6 煮皮 Boiling the bark

⊙7

柒 漂洗

7 ⊙7

用火钳将煮好的皮料从铝锅里捞出，放入水中漂洗，将灶灰洗净，并去除杂质。

捌 打料

8 ⊙8 ⊙9

把洗净的皮料放在平整的石板上，用木棰反复捶打，将皮料纤维打散，并随时拣除杂质。之后，按每团一张纸的用料量将打好的皮料搓揉成一个个料团，备用。

⊙8
⊙9

玖 浇纸

9 ⊙10 ⊙11 ⊙12

将安放着纸帘的帘框放入盛有半槽水的木槽中，然后取一料团剥散，置于纸帘框中；用手不停地搅拌水面，将料团充分打散，使纸料纤维均匀分布于水中、悬浮于纸帘框内，并拣除杂质；随即两手抓住帘框两侧，将帘框缓缓端离水面，搭放在木槽上。

⊙10

⊙11

⊙12

⊙7 捞出煮好的皮料 Lifting the boiled bark out of water

⊙8 打料 Beating the bark

⊙9 揉团 Balling up the bark

⊙10 放入料团 Adding in the papermaking material rolls

⊙11 搅拌 Stirring the water

⊙12 端帘出水 Lifting the papermaking screen out of water

拾 晒 纸

10 ⊙13～⊙17

短暂沥水后，用手从纸帘框底部将已铺上一层纸浆的纸帘，向上顶托，从框口取出，顺势将纸帘翻扣在晒纸板上，纸浆面贴于晒纸板，纸帘压于其上；接着用手挤压纸帘，使纸浆脱水，然后揭离纸帘，这时一张湿纸已粘贴到晒纸板上；再取纸帘横向分段压挤纸面，挤出多余水分，使其纤维结合更紧密。之后，将贴有湿纸的晒纸板靠在室外晾晒。

⊙13

⊙14

⊙15

⊙16

拾壹 砑 纸

11 ⊙18

纸晒到半干时，用砑纸棒在纸面上反复滚动、碾压，使纸面平实。砑纸时，不能把纸晒得过干，否则不易碾压。若因疏忽，纸晒干了却没有砑，可口中含水往纸面上喷，使纸润湿，再用砑纸棒将纸砑平。

拾贰 揭 纸

12

纸晒干后，用手轻轻一揭，便可将纸取下，干纸呈牙白色。

⊙17

⊙18

据和志本介绍，一般在开春后雨季前、阳光充足时造纸。雨季时原料容易沤坏，影响纸性，造出的纸颜色、光泽都不太好。

白地村一个纸工一天的造纸数量不仅取决于天气，还取决于他家的晒纸板数量，如果晒纸板占满了，必须等纸晒干，揭纸后再来造纸。一般一个纸工一天可造20～30张纸。

⊙13 顶托出框 Lifting the pulp out of the papermaking screen

⊙14 翻扣上板 Turning the papermaking screen upside down on the drying board

⊙15 挤压纸面 Pressing the paper

⊙16 横向压挤 Laterally pressing on the drying board

⊙17 晾晒 Drying the paper

⊙18 砑纸 Flattening the paper

(三) 香格里拉纳西族东巴纸生产使用的主要工具设备

壹 木棰、石板 1

打料工具，以前是用石臼、木臼舂捣打料。

⊙1 木槌和石板 Wooden mallet and slabstone for beating papermaking materials

贰 浇纸槽 2

木制，图为和永新造纸坊的纸槽，长66 cm、宽33 cm、高24 cm，木壁厚约2.2 cm。据说，旧时通常是在一根圆木上挖出纸槽，架放在两根木头支架上。

⊙2 浇纸槽侧面图 A side view of papermaking trough

叁 纸帘框 3

木制，在和永新造纸坊实测纸帘框长60 cm、宽25 cm、高16 cm，框内底部四周钉有内框条，用来安放纸帘。

⊙3 纸帘框 Frame for supporting the papermaking screen

肆 纸帘 4

竹制，表面较粗糙。

⊙4 纸帘 Papermaking screen

伍 砑纸棒 5

砑纸工具，用橡胶套在圆木棒上制成。白地村还有使用铁制的圆滚筒作为砑纸棒的。

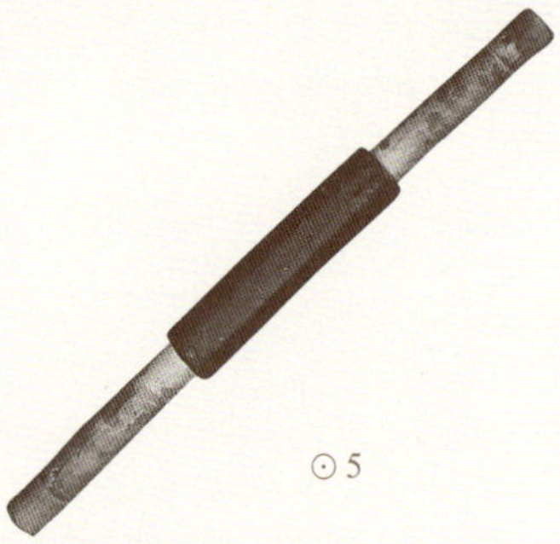

⊙5 橡胶砑纸棒 Flattening stick with rubber grip

陆 晒纸板 6

表面光洁的长方形木板，用于晒纸。

⊙6 晒纸板 Drying boards

(四)

香格里拉纳西族东巴纸的性能分析

中国科学技术大学手工纸实验室测试小组对香格里拉县白地村东巴纸所作的性能分析，包括厚度、定量、紧度、抗张力、抗张强度、白度、纤维长度和纤维宽度8个指标。每一指标重复测量若干次后求平均值，其中厚度抽取10个样本进行测试，定量抽取5个样本进行测试，拉力抽取20个样本进行测试，白度抽取10个样本进行测试，纤维长度测试了200根纤维，纤维宽度测试了300根纤维。表中列出各参数的最大、最小值及测量若干次所得到的平均值或者计算结果。《云南卷》后续各节的纸样测试均参照此方式进行。

对调查组所采集的白地村东巴纸进行测试分析，得到其相关性能参数，见表2.1。

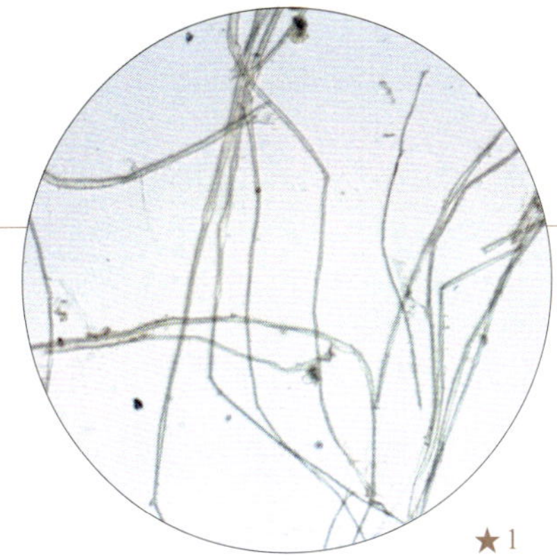

★1

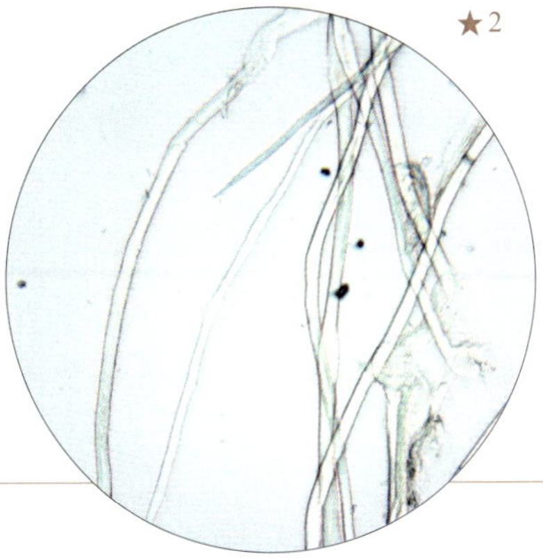

★2

表2.1 白地村东巴纸的相关性能参数
Table 2.1 Performance parameters of Dongba paper in Baidi Village

指标	单位	最大值	最小值	平均值
厚度	mm	0.367	0.184	0.301
定量	g/m^2	—	—	121.0
紧度	g/cm^3	—	—	0.402
抗张力	N	48.1	19.3	32.3
抗张强度	kN/m	—	—	2.153
白度	%	45.8	42.5	43.2
纤维长度	mm	3.16	0.72	1.62
纤维宽度	μm	13.0	4.1	8.2

由表2.1可知，所测白地村东巴纸最厚约是最薄的2倍，厚薄差异大，经计算，其相对标准偏差为11.9%。东巴纸的平均定量为121.0 g/m^2。所测东巴纸的紧度为0.402 g/cm^3。

白地村制作东巴纸采用浇纸法，没有明显的纵、横向。经计算，其抗张强度为2.153 kN/m，抗张强度值较大，这印证了东巴纸“厚硬如皮”的特点。

所测白地村东巴纸白度平均值为43.2%，白度最大值约是最小值的1.08倍，相对标准偏差为2.21%，差别较小。

所测白地村东巴纸纤维长度：最长3.16 mm，最短0.72 mm，平均1.62 mm；纤维宽度：最宽13.0 μm，最窄4.1 μm，平均8.2 μm。所测东巴纸在10倍、20倍物镜下观测的纤维形态分别见图★1、图★2。

★1 白地村东巴纸纤维形态图（10×）
Fibers of Dongba paper in Baidi Village (10× objective)

★2 白地村东巴纸纤维形态图（20×）
Fibers of Dongba paper in Baidi Village (20× objective)

五
香格里拉纳西族东巴纸的用途与销售情况

5
Uses and Sales of Dongba Paper by the Naxi Ethnic Group in Shangri-la County

东巴纸在纳西民族的文化认知中是颇具神奇色彩的，纳西人相信传说中东巴纸不怕风吹日晒、不怕虫蛀雨淋，纸张历久弥坚，字迹永不褪色。和志本老东巴回忆说，“文化大革命”开始后，东巴教经书受到被撕烂焚毁的直接威胁，他和一些东巴就把东巴经书埋到土洞里。当东巴宗教活动解禁，东巴们把经书从土洞里挖出来时，除了少量因长时间被水浸泡而略有损坏外，多数经书既不烂也不发霉。

（一）香格里拉纳西族东巴纸的基本用途

纳西族按传统工艺标准生产的东巴纸，用途实际上在白地村和大具乡等地都有着相似性，至于丽江市区旅游文化推广中的非标准材料与工艺的“东巴纸”，情况当然就相对复杂了。但名不副实的“东巴纸”在白地村是不生产的，因而在此不述及。

1. 抄写东巴经文

这是东巴纸的最主要用途。目前存于世界各地的东巴经文几乎都是以东巴纸为书写载体的，原材料也绝大部分是瑞香科荛花的树皮。关于纳西族抄写本民族宗教经典都会非常执着地认定这一种纸，调查组通过与和志本、和永新、陈登宇等人的交流，有了这一基本判断。

瑞香科的植物大部分都有毒性，荛花也不例外，其毒性特征与漆树很相似，在植株未被破坏前接触它不会受影响，但剥皮后树液渗出，有些人接触会出现毒性过敏反应，表现为皮肤起红斑、眼睛红肿、有强烈的瘙痒感，就像对漆树液的刺激反应一样，但也有人基本不受影响。和志本老东巴讲过一个真实的故事：村里一户农民看到他造东巴纸能额外增收，于是学习着像和志本家一样去剥荛花树皮造纸，结果纸造出来了，全家却因此中毒，买药治病的钱远远超过卖纸所得。和永新已造东巴纸多年，他也表示自己时常会有些微毒性的反应症状。

造东巴纸的各个环节，从剥树皮、刮皮、浸泡、煮皮、漂洗到打浆、浇纸，甚至到接触成品纸，都有过敏反应的传闻。白地村及丽江市区的一些被调查者普遍认为成品纸已没有什么毒性，但调查组采样回到中国科学技术大学手工纸研究所进行测试分析时，测试人员接触东巴纸后，仍有人皮肤立刻产生过敏反应。

纳西民族采用瑞香科荛花造东巴纸是根据当地的资源特色，经过不断筛选确定的，它除了纤维很适合造纸并在本地区有一定的储备量外，还有防虫蛀的功用，这对民族宗教中神圣的经书来说是一种特别的福音，是经典长久存世的一大保障。纳西族东巴造纸受藏族造纸影响很深，今天四川藏区德格印经院存有大量古代用狼毒草纸抄印的藏文经书及印经版，已经成为世界宗教文化中的一道风景。而藏族用同属瑞香科的狼毒草造藏经纸，其防虫功效与东巴纸是相同的。

⊙1

纳西民族选择用瑞香科荛花造东巴纸的另一个原因是为了追求纸的特别质感。通过观察和志本家造的东巴纸实物，发现确如造纸户所言及文献记述，用荛花树皮精造的东巴纸呈象牙白色，且厚硬挺括、不易潮软、质地坚韧、美观大方；而纳西民族用构皮等材料造出的纸色泽易偏黑，易吸水变软，易霉烂，用来抄写经文自然逊色很多。还有一个原因使东巴们对抄经纸有特别的期待，那就是传统的东巴抄经要用很硬的竹笔（类似藏区的抄经工具），纸偏软偏薄均不利于书写。

东巴经几乎都是用标准的东巴纸抄写的，这确有其内在匹配性。加之东巴纸的生产成本很高，在历史上一直产量很少，主要供东巴们抄写经文，因为这是民族文化中最重要的事务。有趣的是，位于香格里拉县城建塘镇附近的、藏传佛教在云南最大的寺庙松赞林寺里的活佛们，也会购买白地村东巴纸去抄经，当然他们抄写的是藏地佛经。

⊙1
调查组成员与和永新（左一）
Researchers communicating with He Yongxin (the 1st person on the left side)

⊙1

2. 制作东巴祭司的法事用品

东巴们在祭祀类仪式中，一直较普遍地使用东巴纸制作的法事配套用品，如各种纸质彩绘的人物及器物形象（用红、黄、黑、白、绿等颜料绘制而成）、东巴卷轴画、东巴祭司做法事时戴的五佛冠的衬底、神路图、东巴法牌等。白地村生产的东巴纸品质醇正，因而历史上一直是祭祀作法用纸最具影响的品牌产品之一。

3. 纳西族民间用于书写契约及记账

这是以往纳西族有钱家族的偏好，常购买白地村东巴纸写田契、地契及其他交易契约和记账，因为东巴纸抗虫蛀、防霉变、抗老化功能出众。但因其成本高，家境贫穷的百姓一般较少消费。据和志本介绍，民国年间放高利贷的商人时常会来白地村买纸。

4. 制作日常生活辅助品

东巴纸在纳西族民间生活中有多种用途，如制作头帕上的衬垫、小孩子的撑腰、成年人的鞋垫、风箱上的挡板等。然而这些用途主要是历史性习俗，与对东巴纸既韧又柔这种特别质地的创新利用相关，但正宗白地村东巴纸到底有多少用于普通生活物品，不得其详。

5. 书写象形文字与绘画

在传统用途里，这属于东巴们抄经与书画的交叉功能，因为东巴经文是用纳西族象形文字表达的，因而有时难以明确区分是宗教用途还是艺事用途，包括今天东巴们给来宾或友朋“书画”一幅东巴吉语或经文，其中没有法事活动的内涵诉求，自然也不宜归入东巴教的用途范畴。白地村的东巴纸通常尺寸小，目前还没有出现像丽江市区用混合材料制成东巴纸长卷来绘制现代艺术作品的现象。可以说，白地村的东巴纸文化还是相当原生态的。

（二）香格里拉纳西族东巴纸的销售状况

用瑞香科荛花造纸，实际并非性价比高的一种选择，但由于历史上东巴纸一直围绕着东巴抄经及法事用途来生产，而且造东巴纸的家族往往正是东巴祭司家族，其传承沿袭有很强的复合性与专有

⊙2

⊙1 松赞林寺 Songzanlin Temple

⊙2 和志本老东巴戴五佛冠旧照 An old photo of He Zhiben, wearing a Five-Buddha crown

性。因此，传统上东巴们生产销售东巴纸的价值溢出效应是一种很特别的文化产品消费模式。

首先，从原料上看，通常瑞香科荛花原料与东巴纸成品的产出重量比约为10∶3。如每砍伐1 000根1.5 cm直径的荛花枝干（荛花为高80～100 cm的直立灌木），可剥出约15 kg皮料。按照白地村造纸作坊正常的原材料利用率，1 kg干皮料最多产出20张成品纸，则1 000根荛花枝干剥皮后最多只能造300张左右60 cm×25 cm标准规格的东巴纸。据说这是中国原料与成品纸转换比率最低的手工纸之一。

其次，从单位时间造纸的数量看，由砍树枝、剥皮到造出成品纸，其间不停顿的话，需4～7天，这在手工造纸中属周期短的，但实际上白地村造东巴纸的工艺速度相当慢。白地村目前所生产的东巴纸几乎全是60 cm×25 cm一种规格，平均每人每天仅生产20～30张（按一套生产工具的使用计算），这在中国手工纸生产中又属产量极低的。

再从成本及销售价格看，据调查组访谈获知，在纳西民族过去以物易物的年代，通常一张东巴纸可换1升*带壳的稻米。2008年1月调查组入白地村考察时，一张东巴纸卖3.5～4元。白地村造纸户作坊中，和志本三个儿子的作坊2007年约造了1 800张纸，和尚礼两个侄子的作坊同年约造了700张纸，总共2 500张左右。即使按照4元/张计算，全部售出销售额仅10 000元，如果按人均计算，年收入仅为2 000元/人。加上燃料、采购皮料、人工等系列成本，这样的收入无疑是无法维持生计的。所以，对于跟和志本老东巴学会造纸的5位和氏后辈来说，造纸只是副业，他们主要的谋生方式是务农和狩猎。现在，和志本老东巴因年事已高，每天到村里的东巴文化园写东巴象形文字、画东巴画销售，每月收入约千元，这比造纸的子侄辈们的收入要高很多。

白地村作为东巴纸的主产地之一，所造的东巴纸目前实际销量较小，品种也单一。2007年所造约2 500张纸的销售情况大致为：丽江东巴博物院、丽江东巴研究院订购约2/3的纸，东巴文化园自销约600张，其余存在造纸户家中以待供应散客消费。

由于白地村的东巴纸目前主要供给东巴博物院和东巴研究院，因此按照抄写东巴经用途的大客户需求，只生产60 cm×25 cm规格的纸。这一规格是按东巴经书的标准尺寸裁切四开设计的，即1张东巴纸可裁出4张标准抄经纸。

白地村造纸户目前的生产经营模式基本上是以销定产，缺乏市场化的积极拓展空间，这与丽江市城区东巴旅游文化营销中杂牌“东巴纸”加工产品的热销形成了极大反差。

⊙3

⊙3 外国游人到和家纸坊购买东巴纸
Foreign visitors buying Dongba paper in He's papermaking mill

*量粮食的器具，容量为斗的1/10。

⊙1 香格里拉山野风光
Natural scenery of Shangri-la

六
香格里拉纳西族东巴纸的相关民俗与文化事象

6
Folk Customs and Culture of Dongba Paper by the Naxi Ethnic Group in Shangri-la County

东巴纸作为纳西族宗教文化载体，在民族层面的文化表现中有诸多习俗惯例是共通的，并非白地村独有。经调查组现场了解及后续研究，与东巴纸制造相关的特色习俗可归纳如下：

（一）东巴纸制造传承的习俗

东巴纸制造的传承是男性的天下，女性不允许涉足东巴纸生产，且男性也最好是东巴世家或东巴本人。和志本说，东巴纸的最重要用途是抄经和制作法牌，而这些都是东巴祭司作法与神灵沟通的媒介，在东巴文化及纳西民族信仰中极为神圣。因此，东巴家造的信仰用纸才是最圣洁的，最容易被神灵与祖先（东巴教有万物有灵的泛自然神观念）所接受，从而促进与山川草木无处不在的神灵和祖先自由沟通，并获得神灵与祖先的保佑和指教。如果不是东巴所造，其精神价值就逊色很多。以白地村来看，实际上也只是和志本一脉传承。和志本是目前白地村及三坝乡最知名的大东巴，而和志本上一代的造纸传人和东恒也是民国年间香格里拉著名的大东巴之一，再上溯两代的和科塔也是东巴祭司。和志本目前已选定大儿子和永新继承东巴职业，且和永新也是造东巴纸的主要传人。

在东巴文化中，造东巴纸的技艺实际上是作为东巴应该学习的法术，而非仅仅作为一种民生技艺来认知的。东巴的理想工作方式之一是从亲手采集原料造出圣洁的东巴纸开始的。

（二）在东巴纸上书写的竹笔和墨

在纳西民族传说中，东巴教创教始祖丁巴什罗创造纳西象形文字时，神灵派一只金色的鹿送来了竹笔，丁巴什罗是拿着坚硬的竹笔在“粗糙的树皮”上造出象形文字的，并用竹笔抄写了最古老的东巴经[8]。近千年过去了，纳西族象形文字

⊙2

⊙2 东巴法事仪式旧照
An old photo demonstrating Dongba religious ceremony

[8] 李群育.新编丽江风物志[M].昆明：云南人民出版社，1999.

⊙1

与东巴经都成了文化瑰宝，东巴们仍然使用金鹿送来的竹笔写绘祖先创造的象形文字，但不再是在“粗糙的树皮”上，而是在圣洁挺括的东巴纸上写东巴经文。

纳西族使用的竹笔是用竹片削制而成的，竹笔呈尖头状，中间用刀刻出一条中缝，以便蘸墨写经或者绘画。

东巴们抄写经文或绘制法牌、神路图时，使用的墨是用松烟调水制成的，也会加些胶和胆汁。松烟直接取自纳西农村烧柴灶的锅底烟灰。纳西人的墨是不用研磨的，因而不需要砚台，直接装在墨汁瓶里，随乡村诵经者——东巴们游走于香格里拉的山川之间。这些，就是纳西族东巴们的“文房四宝”——东巴纸、松烟墨、硬竹笔、墨汁瓶。

（三）与东巴纸相关的其他习俗

纳西民族的宗教文化中有三种与东巴纸相关的习俗：其一是只有家中长子才最适合正式继承祖先的技艺，主要是传承东巴经文的诵读抄写以及造东巴纸等。其二是东巴们抄写经文时，在家中只写喜乐吉祥及年节风俗的内容，如果涉及丧葬慰灵招魂内容，必须在外寻找合适的地方写，且东巴们的日常仪式多数涉及后者。据和志本回忆，作为长子，他少年时代跟随无子女的舅舅和东恒大东巴学习经文及造纸，曾在大雪天跟随舅舅到村外的山洞里学习抄写丧葬类经文，而且常在清晨带着干粮跟舅舅一起上山去砍澜沧荛花的树枝，直到黄昏才背着原料回村。其三是根据旧日的东巴仪俗，当一位东巴去世后，要把他生前所造的纸、抄写诵读的东巴经文烧掉若干，作为其走向神路的灵物。后继的东巴再根据习诵的记忆，抄写属于本人的随身经典。

⊙1
用竹笔抄经
Transcribing scriptures with bamboo pen

七

香格里拉纳西族东巴纸的保护现状与发展思考

7

Preservation and Development of Dongba Paper by the Naxi Ethnic Group in Shangri-la County

东巴纸及造纸技艺作为东巴文化的重要内容，已经在当代纳西民族生活中获得新的生机，但从香格里拉和丽江两个地区的现状来看，仍存在着较大差异，而且各自面临的发展问题也有所不同。

（一）香格里拉纳西族东巴纸的保护传承现状概述

香格里拉县的主体民族和文化属藏族系统，纳西族文化只聚集于三坝乡一个小区域，东巴造纸技艺又传承于白地一个行政村，且白地村深藏于横断山脉深处，交通至今仍相当不便。这一切与成为世界文化遗产和国际著名旅游区的丽江古城差别显著，而支撑要素的不同自然也影响到东巴造纸技艺传承保护状态的趋向。

1. 白地村实际上是当代东巴造纸技艺恢复的发源地，是东巴当代造纸文化的正宗，原生态保存状态最好

据目前东巴纸研究者的研究及调查组的访谈证实，1983年，由和志本在时任三坝乡文化站站长和尚礼等人的支持协助下，恢复了中断约30年的东巴纸生产，并造出首批标准的东巴抄经纸，使得这一传统技艺得到恢复。而丽江市玉龙纳西族自治县大具乡、丽江市区的当代东巴纸生产技艺复苏均在其后。

白地村的东巴纸生产技艺目前传承有序、脉络清晰，和志本已将技艺分别传给下一代的两支。而丽江系统东巴造纸技艺的传承脉络相对来说则不够清晰。

白地村目前所造东巴纸仍然用瑞香科荛花树皮为原料，这是传统东巴抄经纸的标准原料，而且生产工艺和工具辅料也与传统流程基本一致，其原生态的当代维系相当完好。相比之下，丽江系统的东巴纸生产已有若干材料与工艺的变化及拓展，如采用混合原料、加纸药等，以适应扩张

⊙2

⊙3

⊙2/3 丽江四方街销售的仿东巴纸品
Fake Dongba paper sold on the Sifang Street in Lijiang City

⊙1

性的文化消费需求。至于丽江旅游所带动的非正宗东巴纸产品，则属于另一个范畴的消费。

2006年，东巴纸生产技艺被列入第一批国家级非物质文化遗产保护名录，和志本是该技艺的第一批国家级代表性传承人，而丽江系统则没有能够被列入代表性传承对象的人选。因而可以认为，白地村的东巴造纸技艺代表了当代纳西族手工造纸的原生态标准，是该项国家级非物质文化遗产传承保护的优质样本，并且已使纳西民族文化的一项极为重要的传统业态成功获得新生并延续。

2. 对白地村的东巴造纸技艺传承与保护具有发展性的创举是东巴文化园的建设

白地村作为东巴教创教圣地，虽拥有白水台这样的神奇景观，但僻处深山，交通不方便，因而东巴纸的自主销售空间狭小，给造纸作坊的常态化运营带来压力。东巴文化园是由地方政府推动的项目，集观光与体验旅游、民族文化推介、民族技艺传习、食宿服务于一体，是香格里拉县重点打造的弘扬东巴文化的园区。和志本老东巴每天到文化园上班。这样的设计突出了东巴文化保护的活态传承与发展，将东巴造纸技艺和产品纳入当代形态的文化流通链中，吸引了一批外来观光者，也使得老东巴本人获得活态传承的公共平台。

3. 作为纳西民族手工造纸技艺目前唯一的国家级传承人，和志本老东巴对该技艺的传承做出了很大努力

白地村虽僻处深山，但2007年以后不断有海内外的慕名者来到和志本处求学问道，不仅有纳西本民族、汉藏民族人士，美国、日本、泰国等地人士也络绎不绝，最多的时候，和家住满了学习者。和志本对东巴文化的传承责任心和忧虑心很强，他本人的态度非常开放：“能教多少教多少，我只希望已经经历过灾难的东巴文化，不会彻底失传。”为此，和志本在家境并不宽裕的条件下，集全家财力投资筹建东巴文化传习馆（和志本也称其为东巴文化学校）。2009年12月10日，调查组获知和志本的东巴文化传习馆历经曲折终于开学，有10位热爱并有志传承东巴文化的学习者正式成为和志本的学生。

虽然东巴文化传习馆尚属草创，离真正非物质文化遗产标准层面的传习馆所还有距离，传习馆的家庭教室也因缺钱只盖了一半，但作为代表性传承人的努力，其成效与典范意义已经相当突出。东巴文化，包括造纸与写经技艺，不仅在本乡村原生态传习，并且正向白地村周边扩散。

（二）香格里拉纳西族东巴纸发展的若干思考

香格里拉白地村的东巴造纸作坊，目前承载

⊙1 东巴文化园内景 Dongba Cultural Park

着这一中国传统手工名纸技艺与文化的传承使命，虽然当代政府、民间组织和市场均对这一技艺的发展与应用给予了支持和促进，但其未来发展传承面临的挑战仍是相当直接和严峻的。

1. 造纸原料基地种植规划的制定与实施已成为当务之急

正宗的东巴造纸使用瑞香科荛花树皮，而且生产一张标准规格的东巴抄经纸需耗用3根以上的荛花枝干剥下的树皮，原料与成品转换比很低。瑞香科荛花主要散生于金沙江与澜沧江峡谷地带较高海拔的山坡上，生长缓慢，枝干低矮，出料率低。同时，横断山脉特别是两江峡谷，是水土流失严重、植被覆盖生态脆弱的区域，对荛花灌木丛的过度砍伐将直接危及河谷环境的安全。据调查组成员与和志本、和尚礼以及中国科学院昆明植物研究所专家的交流，散生于野外的荛花资源本非富集，随着山坡地的开发及林木砍伐等影响，不少山坡地已成为农田或种植的林地，野生荛花日益减少，即使东巴纸目前的小规模生产也已出现原料不足之困。

调查中，和志本、和尚礼就此提出了他们的保护性设想，即建立集中种植区以解决造纸原料不足的问题。具体方式是规划出适合荛花生长的区域，让每个造纸户在废弃的山场或田里移栽约$6.67\times10^{4}\ m^{2}$荛花，约3年就可以剥皮使用；如若能倡导每年轮砍利用枝条的方式，则会建立有序的原料供应机制。荛花的生命力强，移栽成活率很高，也可以用种子播种，但成材时间较长。无论是移栽还是播种，都需要相应的技术指导及资金支持，单靠造纸户自身的力量是很难支撑的。

所以，从原材料基地建设方面为东巴造纸打好基础，需要地方政府和非物质文化遗产保护机构出台相关政策，并以项目支持方式予以推动，中国科学院昆明植物研究所及云南省农林推广机构等可以作为技术支持指导方参与。

2. 东巴纸投入产出比低制约了市场发育，需要探索积极的商业应用模式

白地村所生产的东巴纸按照标准的材料与工艺，一个熟练纸工每天只能生产20～30张，每张纸在2008年初卖3.5～4元，全天的销售收入最高

⊙2

⊙3

⊙2/3 外国参观学习者 Visitors from abroad

只有120元，如果去除成本和劳务，再加上销售不畅可能造成的积压耗损，其劳动生产率与产品收益率都是偏低的。除了供给东巴文化研究机构用于抄写东巴经文和纳西象形文字，以及满足若干文化爱好者的消费外，要进入文化旅游消费市场成为大众消费品相当困难。除了生产效能低、原材料缺乏外，成品纸不能折叠，不能双面印刷等特性也使东巴纸难以获得流行纸品市场的青睐。

2008年丽江旅游文化市场上销售的东巴纸及纸工艺品，绝大多数不是以正宗的瑞香科荛花树皮为原料制成的纸，更非白地村的东巴纸，虽然丽江旅游文化的繁荣使得东巴纸艺术品旺销，但难免让人感觉到鱼目混珠的遗憾。

纯正传统的东巴纸面临着被市场追逐的替代性产品屏蔽而边缘化的境遇，这对品牌标准的维系、传承动力的保有均形成了很大压力。从积极保护东巴造纸技艺的立场出发，确实需要思考正宗的东巴纸面向文化市场的用途扩展，包括适度的材料与工艺变革等问题。例如，如何解决东巴纸双面印刷与适度折叠的需求，以使东巴纸成为印刷品与工艺品的适用载体；生产较丰富规格（包括较大尺幅）及多种颜色的东巴纸（白地村历史上有多类颜色纸的生产经验），提供给艺术家进行创作或制作丝网版画等用途；拓展东巴纸的国际市场，以政府推动的联营模式，建立以东巴文化为内涵支撑的纯东巴纸及纸制品营销网站或标准店，销售正宗的东巴纸产品等。

⊙1

⊙1 澜沧江 Lancang River

香格里拉纳西族东巴纸

Dongba Paper by the Naxi Ethnic Group in Shangri-la County

白地村东巴纸透光摄影图
A photo of Dongba paper in Baidi Village seen through the light

第二节

玉龙纳西族东巴纸

云南省
Yunnan Province

丽江市
Lijiang City

玉龙纳西族自治县
Yulong Naxi Autonomous County

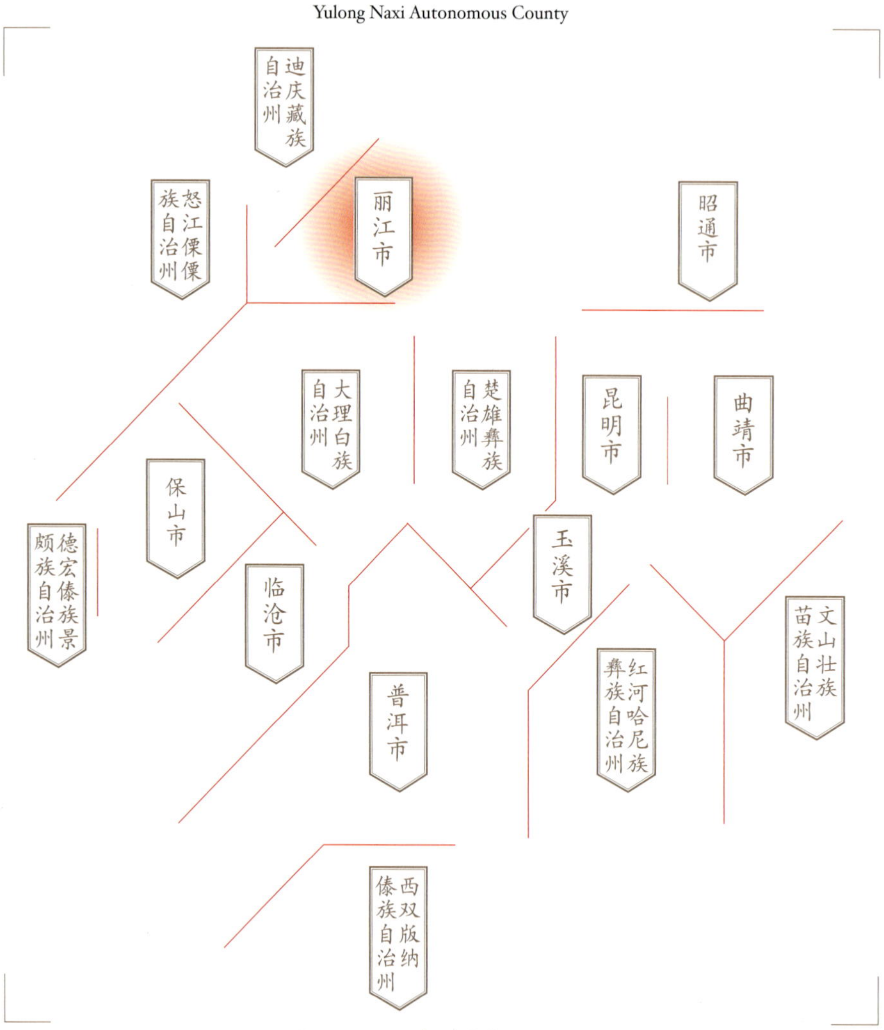

调查对象

大具乡白麦行政村肯配古自然村纳西族东巴纸

Section 2

Dongba Paper by the Naxi Ethnic Group in Yulong County

Subject

Dongba Paper by the Naxi Ethnic Group in Kenpeigu Natural Village, Baimai Administrative Village, Daju Town

一

玉龙纳西族东巴纸的基础信息及其分布

1

Basic Information and Distribution of Dongba Paper by the Naxi Ethnic Group in Yulong County

玉龙纳西族东巴纸的主要生产地在云南省丽江市玉龙纳西族自治县大具乡白麦行政村肯配古自然村。历史上，制造东巴纸在肯配古村曾是重要的经济来源。

东巴纸主要用于书写东巴经，同时也用于制作各种人物、器物、东巴法帽、法牌等东巴宗教仪式上的用品。纳西民族历史悠久、文化独特，民众普遍信仰东巴教。加之纳西族人通常认为，只有用东巴纸抄写的东巴经才是真正的东巴经，足见东巴纸与纳西族文化的密切关系。

肯配古村的东巴纸与白地村制作原料相同，主要用瑞香科荛花树皮，原料有微毒，植物纤维品质高，柔韧性与挺括性俱佳，通常成品纸呈现美观的牙白色。东巴纸以抗虫、耐久藏而闻名。因此，旧时纳西族东巴经和契约等都用东巴纸来书写，它是一种使用面很广的民族文化载体。

东巴纸直接与东巴文化的传承相联系，东巴纸及其制作工艺和世界知名的东巴象形文字一样，已经成为“活的文物”。随着丽江区域成为世界级文化遗产保护地和国际旅游目的地，旅游业的繁荣促成玉龙地域内的丽江区域涌现出若干围绕旅游文化产品制作的新造纸作坊，如玉龙大具乡的小米地村、丽江古城区束河镇中和村等。

⊙1

⊙1
用东巴纸制作的东巴法帽
Dongba Five-Buddha crown made of Dongba paper

路线图
玉龙县城
↓
肯配古村+小米地村

Road map from Yulong County centre to the papermaking sites (Kenpeigu Village and Xiaomidi Village)

玉龙纳西族东巴纸生产地分布示意图

Distribution map of the papermaking sites of Dongba paper by the Naxi Ethnic Group in Yulong County

考察时间
2003年1月至2011年8月

Investigation Date
Jan. 2003 to Aug. 2011

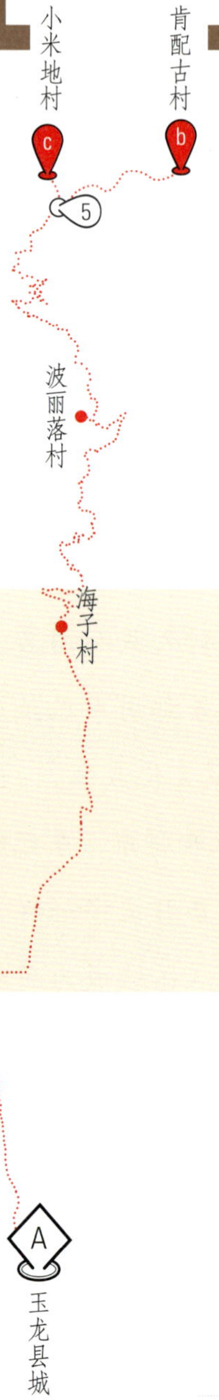

地域名称

- A 玉龙纳西族自治县
- B 丽江古城区
- 1 奉科乡
- 2 宝山乡
- 3 鸣音乡
- 4 大东乡
- 5 大具乡
- 6 金安乡
- 7 金山白族乡
- 8 金江白族乡
- 9 白沙乡
- 10 七河乡
- 11 黄山镇
- 12 拉市乡
- 13 龙蟠乡
- 14 太安乡
- 15 石鼓镇
- 16 九河白族乡
- 17 石头白族乡
- 18 黎明傈僳族乡
- 19 巨甸镇
- 20 塔城乡
- 21 鲁甸乡

造纸点名称

- a 中和村 造纸点（丽江古城区）
- b 肯配古村 造纸点（大具乡）
- c 小米地村 造纸点（大具乡）

位置分布

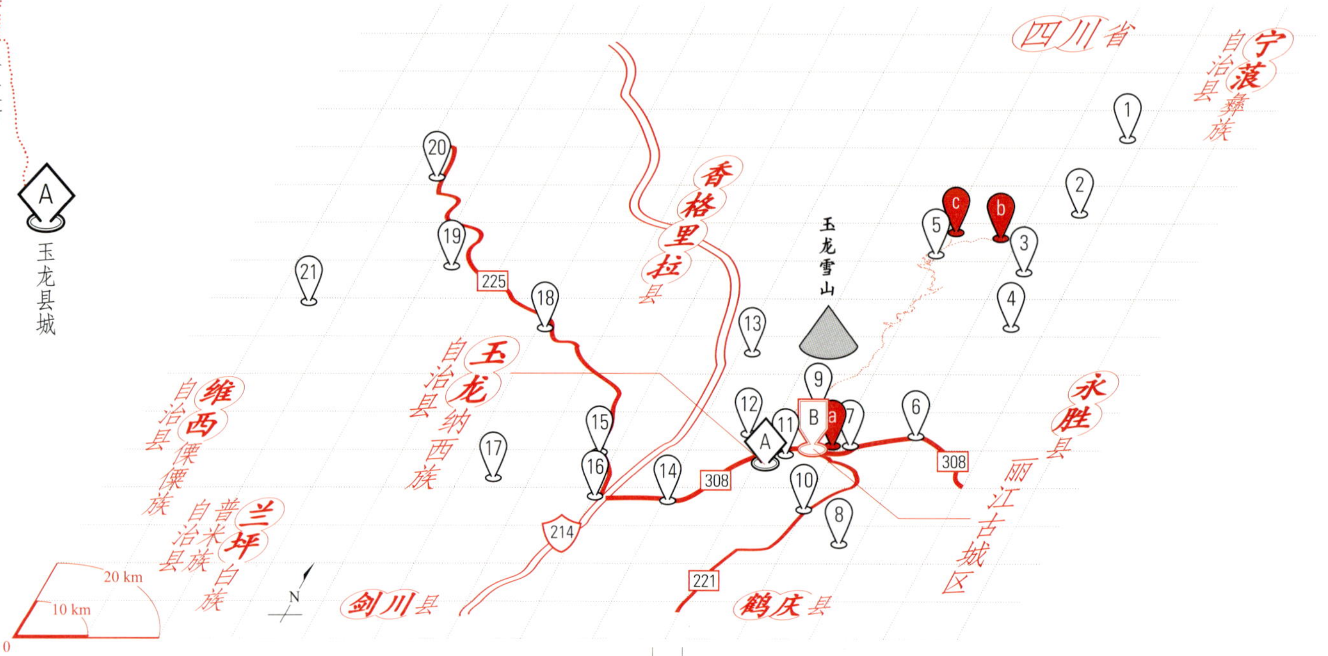

图例		
市府、州府	造纸点	S221 省道
县城	历史造纸点	G21 国道
乡镇	山	昆河线 铁路
村落	国家级自然保护区	G56 高速公路
		线路

二
玉龙纳西族东巴纸生产的人文地理环境

2
The Cultural and Geographic Environment of Dongba Paper by the Naxi Ethnic Group in Yulong County

云南的纳西民族活动范围集中在滇西横断山区，即东经98°～102°，北纬26°～30°的区间，主要包括今丽江市所辖各县、迪庆藏族自治州的香格里拉县，以及四川西南部的木里藏族自治县。该地域林立的高大山脉与湍急的江河平行南下，形成地形高度复杂、山川壮丽的地理风貌。

纳西先民隋唐时称“磨些”，其居住地本在藏汉两大文化区之间，公元7～8世纪，吐蕃控制了滇西北，藏传文化影响力大增。元明之际，先有忽必烈大军南渡金沙江而来，后有丽江木氏土司倾心学习汉地文化，使中原汉族文化流行于纳西区域。

丽江古城是著名的世界文化遗产，屹立于丽江坝子北端的玉龙雪山，曾被南诏王朝御封为北岳。丽江地区位于滇、川、藏交通要地，是著名的茶马古道重镇，也是滇、川、藏土特产品交易的集散中心。

大具乡位于云南省丽江市玉龙纳西族自治县北部，玉龙雪山北麓，紧邻金沙江，调查时的数据为总面积450.3 km^2，总人口9 775人，以种植业为主。境内山峦起伏、沟壑纵横，由干热河谷区、坝区、半山区、山区构成。最高海拔为5 596 m，最低海拔为1 650 m，年平均气温17 ℃，最高气温33.7 ℃，最低气温0 ℃。年降水量600～900 mm，霜期30天左右；立体气候明显，具有较为独特的自然条件和气候条件。

丽江系统东巴纸的主要生产地大具乡肯配古村，平均海拔2 645 m，属典型的高寒山区。乡政府驻地距玉龙县城87 km，距丽江市区84 km，距著名的虎跳峡旅游景区5 km。

⊙1

⊙2

⊙3

在大具乡政府西南，有大具东巴文化广场，广场占地面积约2 400 m^2，是大具乡乡民的文化活动中心。文化广场主要有“三观台”“北牌坊”和石虎雕塑群等文化景观群，“三观台”以“打鼓对石鼓”的历史典故为延伸，以东巴鼓为载体，东巴八卦图为内涵，展现东巴的传统文化。东巴文化广场南望玉龙雪山，西望哈巴雪山，北望遥远的纳西族祖先安放魂灵的贡嘎雪山，表达了当代设计者们独特的人文地理情感寄托。

⊙4

三
玉龙纳西族东巴纸的历史与传承

3
History and Inheritance of Dongba Paper by the Naxi Ethnic Group in Yulong County

纳西族东巴造纸文化的产生，是中国西南浇纸工艺技术与当地独特而丰富的瑞香科荛花资源，以及东巴教的法事活动相互融合的结果。在纳西族历史上，造纸技工的另一身份一般为东巴教的祭司，非东巴祭司的造纸人在纳西民族文化里不容易受到尊重。因贫困而被迫造纸以换粮、换钱或茶盐，被视为穷苦之人迫于生计而采取的生存方式，往往也不被纳西传统文化所认可。这同许多造纸区的从业习惯和文化是很不相同的。

⊙5

从2003年1月至2011年8月，调查组成员多次进入大具乡一带调查，先后访谈了造纸户和圣文及其继承者——儿子和志国等人，较细致地调查了肯配古村的造纸历史和现状。该村地处

⊙1 玉龙纳西族自治县大具乡的壮丽景色 Landscape of Daju Town in Yulong Naxi Autonomous County

⊙2 虎跳峡景区 Landscape of Hutiaoxia Scenic Spot

⊙3 肯配古村 Kenpeigu Village

⊙4 东巴文化广场一角 A section of the Dongba Cultural Park

⊙5 东巴纸丽江系统著名传人和圣文 He Shengwen, the famous inheritor of Dongba papermaking skills in Lijiang system

交通闭塞的高寒山区，造纸曾经是一种传统的谋生技艺，这与香格里拉县白地村造纸与东巴技艺一并传习的情况有所不同。据和圣文及和志国等村民的乡土口传历史记忆，在造纸鼎盛的20世纪30年代，全村有一半以上的家庭从事造纸，造东巴纸在当地生产活动中的地位可见一斑。

20世纪50年代，东巴教曾被视为封建迷信而受到抑制，东巴纸的销售陷入困境，有数十年完全中断，以至于没有再传承此技艺者。

20世纪90年代开始，随着东巴文化研究，特别是东巴象形文字开始引起国际关注，设于丽江市区的东巴文化研究所迫切需要获得新生产的东巴纸。在技艺普遍中断、业态几乎完全消失的状况下，经过多方寻觅，该研究所找到肯配古村的和圣文，和圣文认为他有能力恢复东巴纸的传统生产技艺。经多方调研和试制，和圣文生产出23张用村民称为“山棉树皮”（应为荛花树皮）的原料制成的纸，经东巴文化研究所认可，从此成为政府文化机构定点生产的东巴纸。

⊙1

当然，在和圣文试制成功东巴纸之前，香格里拉县白地村的老东巴和志本已经恢复了东巴纸的生产，因为和志本老东巴原是香格里拉系统东巴纸技艺的传人，自身掌握着这项技艺的全部知识并有多年生产经验，从技艺角度的恢复并不困难。学术界有一种较为流行的说法是：当代东巴纸生产技艺恢复的多种尝试都受到和志本技艺知识扩散的影响。

至于大具乡肯配古村造东巴纸的历史到底有多久，目前尚未找寻到明确的传承记述。调查组2011年8月采访和志国时获知的传说信息是：东巴造纸技艺是由刺他（纳西语音译）传给儿子英若（纳西语音译），传到和志国是第18代。按照这一说法，其造纸历史至少可以上溯到明末清初，至于中间每一代的传承情况及传人，和志国就说不清楚了。

从肯配古村当代的技艺传习情况看，基本可以确认是和圣文恢复了当代丽江系统的东巴纸制造。但当代的传习不固守男性传承传统，和圣文将此技艺传给儿子和志国与女儿和志秀，和志秀出嫁后不再造纸，目前的传承人是和志国。调查组2011年8月从和志国处了解到，父亲和圣文去世后，他已处于不常态生产的状态。

相关的另一项造纸信息是：大具乡小米地村有造纸户杨素，2002年也生产出了东巴纸，然其技艺传承并非来自丽江系统，而是来自于香格里拉系统的三坝乡，杨素的妻子由三坝乡嫁入小米地村，且杨妻的家族在三坝乡有着造纸技艺的传习。

⊙1
肯配古村造纸人的日常生活场景
A papermaking family enjoying dinner in Kenpeigu Village

四
玉龙纳西族东巴纸的生产工艺与技术分析

4
Papermaking Technique and Technical Analysis of Dongba Paper by the Naxi Ethnic Group in Yulong County

(一)
玉龙纳西族东巴纸的生产原料与辅料

1. 荛花

玉龙肯配古村的东巴纸生产原料是澜沧荛花树皮，在大具乡一带也叫“山棉树”，当地纳西语中称为“弯呆”，意为长在高山上的荛花。

2. 草木灰

纳西人俗称“灶灰”，用梨树木柴烧成。造纸户认为草木灰可以使原材料更容易被煮烂，而且具有一定的漂白和减低荛花毒性的作用。

⊙2

⊙3

3. 纸药

当地用肯配古村附近山上生长的一种野生植物的根茎制作纸药。使用时须把根茎部分捶烂，然后加水在锅里熬5～6小时，加水量根据经验，由熬制的溶液浓度而定。对肯配古村东巴纸是否使用纸药的问题，调查组对几家曾经造纸的农户进行调研，他们普遍认为东巴纸制作不需要纸药，而一直传习生产的造纸户和志国则告诉调查组成员需要加纸药。

⊙2 荛花植株 *Wikstroemia delavayi*

⊙3 荛花树皮 *Wikstroemia delavayi bark*

4. 水

肯配古村造纸使用河水，造纸户普遍认为越清澈的水造出的纸质量越好，肯配古村的河水非常清澈。

（二）玉龙纳西族东巴纸的生产工艺流程

根据调查组在玉龙肯配古村和圣文与和志国家的实地调查记录，肯配古村生产东巴纸的工艺流程为：

壹	贰	叁	肆	伍	陆	柒	捌	玖	拾	拾壹	拾贰	拾叁	拾肆	拾伍
采料	剥皮	晒皮	浸泡	煮料	洗涤	舂料	揉团	入槽	浇纸	压纸	晒纸	捶打	砑光	揭纸

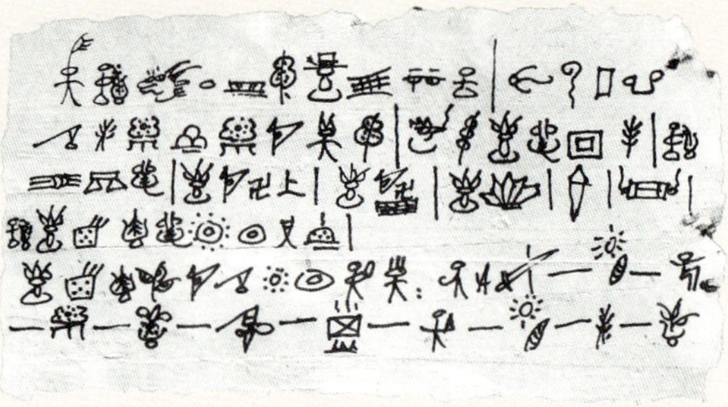

⊙1

壹 采料

1 ⊙2

采料的最佳时间是每年4～6月，此时荛花树皮水分充足，更易于剥取。采料时，尽量选择较粗的枝条。

⊙2

⊙1 和志国用纳西象形文字书写的造纸工艺流程
Papermaking procedures, written in Naxi Hieroglyphs by He Zhiguo

⊙2 砍荛花枝条
Lopping *Wikstroemia delavayi* branches

贰 剥皮

2

将荛花枝条运回家后及时剥皮。

叁 晒皮

3

把剥下的树皮放在太阳下自然晒干，晒干的韧皮部分呈白色。如果天气不好，树皮被阴干会降低所造纸的白度。

肆 浸泡

4 ⊙3

把晒干的树皮放入木槽中并用清水浸泡。一般浸泡1天即可，也可泡4～5天，浸泡时间越长，树皮越软，越容易煮烂。树皮泡软后，剔除表层黑皮和杂质，只留白色韧皮，然后洗净备用。暂时不用的皮料可晒干保存。

⊙3

伍 煮料

5

将浸泡后的皮料放入铁锅，加入草木灰和清水，一锅可煮干皮料约3 kg，需草木灰约1.5 kg，加入的水量至少要能浸没皮料。煮料时不断用夹子翻动，直至皮料煮烂为止，一般煮10小时左右。

陆 洗涤

6

把煮好的料捞出，用清水洗涤，反复几遍，直至将料中的草木灰洗净，同时把夹杂的杂质清除。

柒 舂料

7 ⊙4

将洗净的皮料放入舂料桶中，手持舂料棒上下舂捣，将皮料舂细舂融，一般舂十几分钟即可，舂料的粗细程度凭造纸人的经验来控制。

⊙4

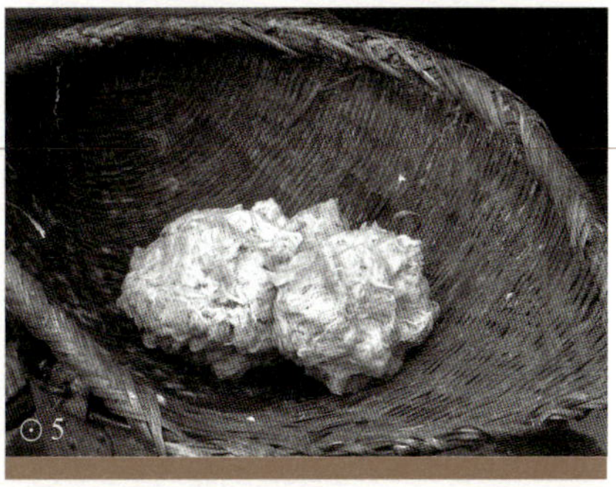

⊙5

捌 揉团

8 ⊙5

将舂好的皮料揉成团备用。1 kg干料舂好后可揉成12个料团，可造12张规格为60 cm×20 cm的纸。

⊙3 浸泡 Soaking the bark

⊙4 舂料 Beating the bark

⊙5 料团 Papermaking material rolls

玖 入槽

9 ⊙6 ⊙7

将安好纸帘的浇纸框放入浇纸槽里，倒入清水，加入纸药，然后将料团剥散放入浇纸框内。

⊙6

⊙7

拾 浇纸

10 ⊙8 ⊙9 ⊙10

用手搅拌、拍打水面，将料团打散，使纸料纤维均匀地悬浮于浇纸框内，随时拣除杂质，将浇纸框缓缓端离水面，搭放在浇纸槽上。

⊙8

⊙9

⊙10

拾壹 压纸

11 ⊙11 ⊙12

短暂沥水后，将纸帘从浇纸框底部向上顶托并取出，就势翻扣在晒纸板上，双手挤压纸帘，使纸张脱水。揭下纸帘后用纸帘横向压挤纸面，挤出多余水分，使纤维结合更紧密。

⊙11

⊙12

⊙6 加水 Adding water to the papermaking pulp

⊙7 加入纸药 Adding in papermaking mucilage

⊙8 搅拌 Stirring the water

⊙9 拍浆 Patting the pulp

⊙10 端帘出水 Lifting the papermaking screen out of water

⊙11 压纸 Pressing the paper

⊙12 揭帘 Taking off the papermaking screen

⊙13

拾贰
晒　纸
12 ⊙13

将贴有湿纸的晒纸板置于太阳下晒干。

拾叁
捶　打
13 ⊙14

在纸晒晾到半干的时候，用布包捶打，将纸面压实压平。

拾肆
砑　光
14

用砑纸石砑磨纸面，使纸张表面光滑平实。

拾伍
揭　纸
15

纸晒干后，将纸揭离晒纸板。

⊙14

(三)
玉龙纳西族东巴纸
生产使用的主要工具设备

壹
浇纸槽
1

取整棵树的一段，在其上挖制而成，调查组实测和志国造纸坊的浇纸槽内部长160 cm，宽42 cm。

⊙15

⊙13 晒纸
Drying the paper

⊙14 用布包捶打纸张表面
Flattening the paper with a cloth bag

⊙15 和志国使用的浇纸槽
Papermaking trough used by He Zhiguo

贰 浇纸框和纸帘 2

分别为木制和竹制。实测和志国造纸坊的浇纸框内部长64 cm，宽24 cm，纸帘长62 cm，宽22 cm。

⊙16

叁 晒纸板 3

松木板，用于贴纸晾晒。实测和志国造纸坊的晒纸板长约100 cm，宽约30 cm。

肆 舂料桶 4

用木质坚硬的一段树木挖制而成。实测和志国造纸坊的舂料桶高50 cm，沿口外径34 cm，内径26 cm。

⊙17

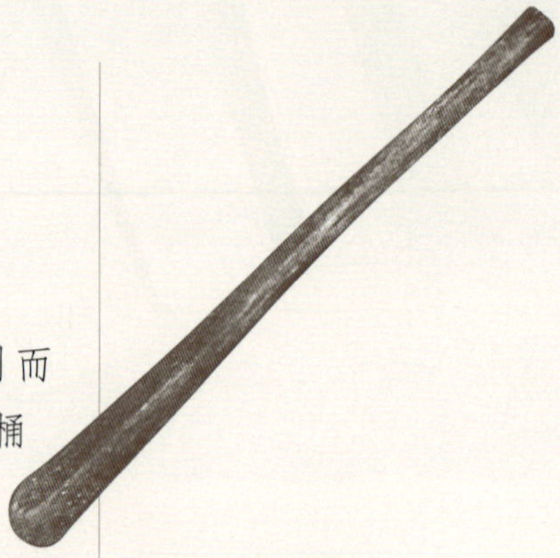

⊙18

伍 舂料棒 5

木制，用于将料舂碎。实测和志国造纸坊的舂料棒长84 cm。

陆 砑纸石 6

表面光滑的鹅卵石，用于把纸面砑光砑实。

⊙19

柒 铁 锅 7

用于煮料。实测和志国造纸坊的铁锅沿口直径62 cm，高30 cm。

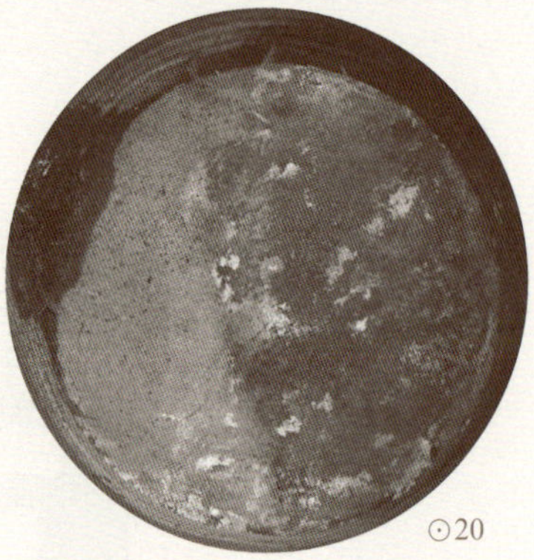

⊙20

捌 布 包 8

用布扎成的圆饼状布包，用于捶纸，使纸均匀地贴在晒纸板上。

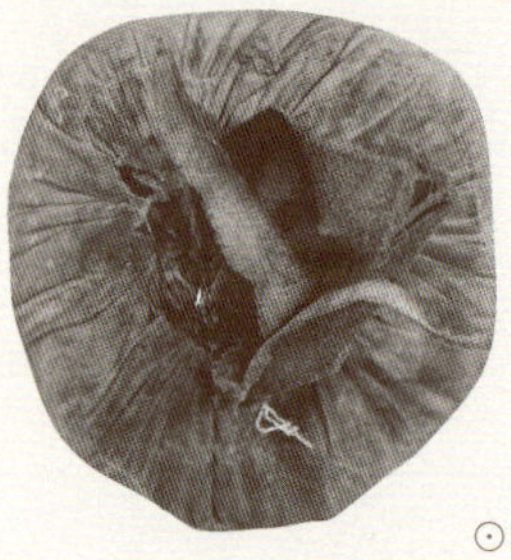

⊙21

⊙16 浇纸框与纸帘 Papermaking frame and its screen

⊙17 舂料桶 Vessel for beating papermaking materials

⊙18 舂料棒 Beating stick

⊙19 砑纸石 Slabstone for flattening the paper

⊙20 铁锅 Wok for boiling the bark

⊙21 布包 Cloth bag for flattening the paper

（四）

玉龙纳西族东巴纸的性能分析

对玉龙肯配古村生产的东巴纸作测试分析，得到其相关性能参数，见表2.2。

由表2.2可知，所测肯配古村生产的东巴纸最厚约是最薄的1.60倍，厚薄不太均匀，经计算，其相对标准偏差为15.0%，具有较大偏差。东巴纸的平均定量为114.4 g/m^2，定量非常大，主要是东巴纸很厚所致。所测东巴纸紧度为0.209 g/cm^3。

表2.2 肯配古村东巴纸的相关性能参数
Table 2.2 Performance parameters of Dongba paper in Kenpeigu Village

指标	单位	最大值	最小值	平均值
厚度	mm	0.733	0.457	0.547
定量	g/m^2	—	—	114.4
紧度	g/cm^3	—	—	0.209
抗张力	N	71.4	34.0	54.8
抗张强度	kN/m	—	—	3.653
白度	%	50.1	43.2	47.0
纤维长度	mm	12.2	2.78	7.04
纤维宽度	μm	25.2	9.1	14.3

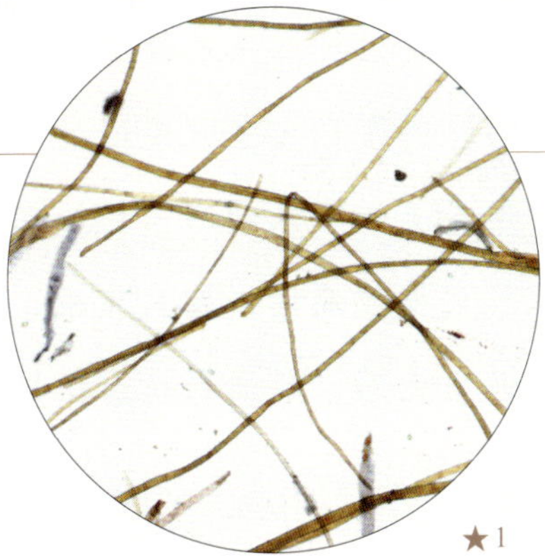

★1

★2

肯配古村东巴纸同样是采用浇纸法所造，没有明显纵、横向。经计算，其抗张强度为3.653 kN/m，抗张强度值较大。

所测肯配古村东巴纸白度平均值为47.0%，白度最大值约是最小值的1.16倍，相对标准偏差为6.28%，有一定差异。

所测肯配古村东巴纸的纤维长度：最长12.2 mm，最短2.78 mm，平均7.04 mm；纤维宽度：最宽25.2 μm，最窄9.1 μm，平均14.3 μm。所测东巴纸在10倍、20倍物镜下观测的纤维形态分别见图★1、图★2。

★1
肯配古村东巴纸纤维形态图（10×）
Fibers of Dongba paper in Kenpeigu Village (10× objective)

★2
肯配古村东巴纸纤维形态图（20×）
Fibers of Dongba paper in Kenpeigu Village (20× objective)

五 玉龙纳西族东巴纸的用途与销售情况

5 Uses and Sales of Dongba Paper by the Naxi Ethnic Group in Yulong County

（一）玉龙纳西族东巴纸的用途

东巴纸作为东巴文字的载体，因其独特的造纸方式，成为现代文明的活化石，深藏于玉龙大具乡及香格里拉白地村一带。

玉龙纳西族东巴纸的主要用途如下：

1. 书写东巴经文

这与香格里拉白地村的东巴纸主要用途一致，而且肯配古村和圣文最初应丽江市东巴文化研究所之需研制的纸也是供抄写东巴经文所用。被称为“文字活化石”的东巴文字就是通过东巴经书得以流传的，现在流传下来的旧东巴经书因东巴长年累月在家居火塘边诵读，烟火熏染，因此都有着或多或少的历史感，与用新东巴纸抄写经文时的牙白色有所不同。

东巴经里往往还记载着一个个民族故事，而不仅仅是抄写的经文。经书会以东巴文的形式或借用东巴图来叙述故事。

2. 抄写民族民间的重要文书、历书等

除了大部分与香格里拉白地村的东巴纸功用相同之外，大具乡一带较有特色的东巴纸用途是抄录历书。古代，人们通过对天象的观察来确定季节时日，这是生产生活的需要，也是从事宗教活动的需求。随着纳西象形文字的产生，东巴们用象形文字把天象与地象逐步记录下来，形成纳

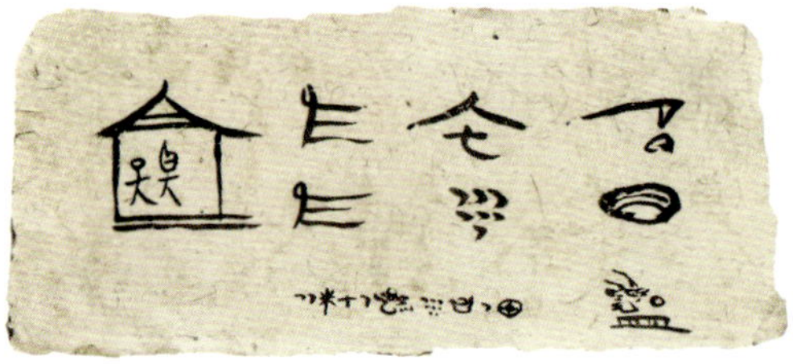

⊙1

⊙2

⊙3

⊙1 用新生产的东巴纸抄写的东巴文『家和万事兴』
"If a family is harmonious, then all will be well" written in Dongba Hieroglyphs on a piece of newly produced Dongba paper

⊙2 大具乡的东巴经中用图画表达的故事
Illustrations of a story in Dongba scriptures in Daju Town

⊙3 大具乡已经保存了三代的东巴经
Dongba scriptures kept for three generations in Daju Town

西历法，于是就有了东巴万年历。和学珍是近代大具乡著名的大东巴之一，他年轻时到白地村一带拜师，潜心学习东巴文化，回乡后一直从事东巴之业，造诣很高，广受乡人推崇。和学珍东巴的“镇山之宝”就是一本120多页的东巴万年历。调查中得知，大具乡一带很多人曾得以目睹这本万年历。据说有位日本游人看到后想以高价买走，被和学珍拒绝了。乡间传说，老东巴死前留下遗嘱，一定要把东巴万年历和他一起殉葬。在他去世时，家人遵从遗愿，在他的墓旁烧掉了东巴万年历的手稿。庆幸的是，当时任大具乡文化站站长的李成伟在得到老人生前允许后把它拍摄了下来，后来请年轻东巴根据影印件重新在东巴纸上抄录了该万年历。

玉龙大具乡包括肯配古村在内所生产的东巴纸的其他用途，大体上与香格里拉白地村相似，此处不再赘述。

（二）玉龙纳西族东巴纸的销售情况

生产东巴纸所需的工具通常是乡民自己制作的，原料可以在山上采集，所以固定的材料与工具成本不高。主要成本还是人工工时费，因为生产工艺比较原始，正常的生产量是每人每天能造纸20张左右。调查组从若干造纸人与乡土文化研究者处得知：1949年前，大具乡每个村都有3～5户人家造东巴纸，一般都是他们为自己从事东巴法事活动或抄写经文、文书所用，多了便卖给附近村庄的东巴。由于造纸工艺原始、生产量低，在21世纪初当地乡土社会开放度渐高的情况下，乡土性的东巴宗教文化用纸呈现萎缩态势，造纸的人已越来越少。2011年8月调查组再次入乡调研时，整个大具乡只有两三户人家传习造纸技艺，且已很少生产。自和圣文等老一代肯配古村的代表性造纸人去世后，掌握一些造纸技艺的人几乎都搬家到丽江城区，包括和圣文的儿子和志国、小米地村杨素的女儿等。因为丽江城区旅游业比较发达，相对来说能带动东巴纸的销量，如果只在偏僻的本乡本村造纸，是较难有销量的。

就目前丽江市区市场的销售情况来看，东巴纸销售一直很旺，名气也越来越大，但东巴纸大品牌下的品种十分复杂，较大数量是混合材料纸或非瑞香科荛花材料生产的纸。以2011年8月的市场价格看，规格为60 cm×20 cm的较正宗东巴纸最高已经可以卖到20元/张。如果以这个价格计算，1人1年中用1个月来造纸，收入为12 000元（1个月按30天计算，每人每天造纸20张，单价20元），按每天人工费50元、原材料成本500元来

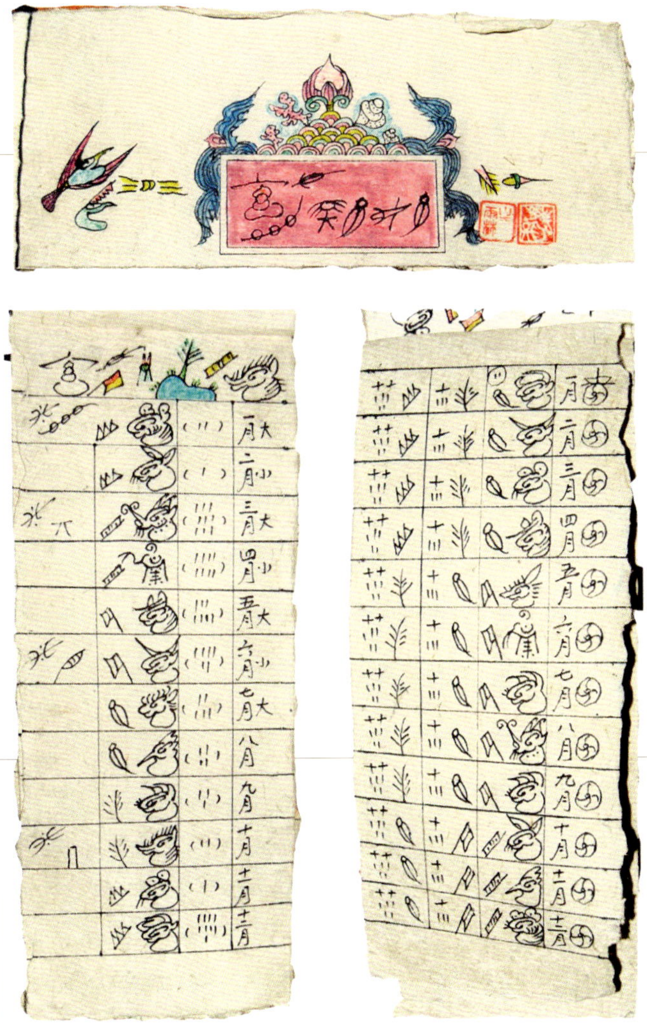

⊙4 大具乡东巴万年历的抄写件 Transcriptions of Dongba calendar in Daju Town

计算，纯利润为10 000元。当然，这只是一个按简单逻辑推断的计算方式。同年9月，当调查组成员电话咨询和志本造纸坊时，得知三坝乡白地村纯正材料与工艺且尺寸相似的东巴纸售价为8元/张。正是因为丽江市旅游文化市场不断繁荣，丽江城区的东巴纸市场才会涌现出大量的伪东巴纸及不纯粹的东巴纸。

六 玉龙纳西族东巴纸的相关民俗与文化事象

6 Folk Customs and Culture of Dongba Paper by the Naxi Ethnic Group in Yulong County

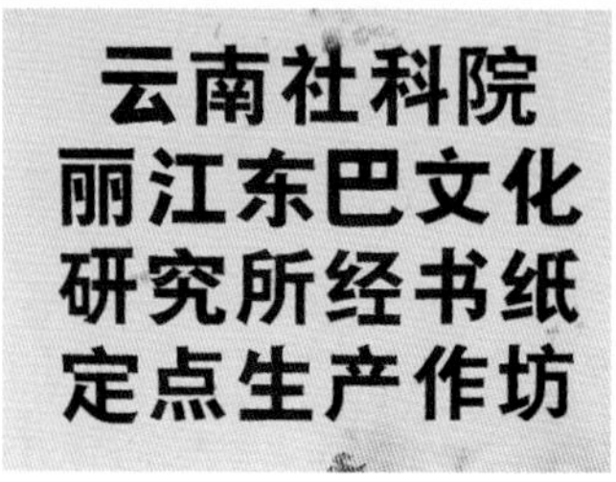

⊙1

（一）当代大具乡东巴造纸与和圣文的故事

东巴纸这种记录了东巴经文、承担着传承纳西族文明的技艺及生产业态，在20世纪中叶一度绝迹。1978年东巴文化被重新认识，从1990年开始，丽江市政府与文化机构就曾多次组织人员寻访并试图恢复东巴纸生产工艺，东巴文化研究所找到了和圣文。和圣文居住的肯配古村附近生长着一种乡间习称为“山棉树”的植物，其树皮是造东巴纸的绝好材料。自古以来，凭借这个得天独厚的条件，肯配古村成为纳西族东巴纸的主要产地之一。和圣文接下恢复东巴抄经纸生产的任务后，随即赶回肯配古村，并向懂得造纸的岳父求教，希望能获传造纸技艺。但其岳父认为造纸是穷人的谋生之道，不愿女儿女婿受穷受累，以“干这个赚不到钱、一辈子受穷”为由拒绝传授。和圣文一边软磨硬泡，一边自己摸索，顶住了来自家庭的压力，经历了一次次失败。第一年，和圣文共生产出23张东巴纸。这23张东巴纸送往丽江后，得到了专家和老东巴们的首肯，失传已久

⊙1
和圣文造纸坊的定点生产牌
License of He Shengwen's family papermaking mill

的丽江系统东巴造纸技艺得以恢复并传承。

肯配古村的老人为调查组成员描述了和圣文生前的一个典型形象：穿着土布衣服和胶鞋，好像刚刚从田里回来。

（二）大具乡的若干造纸习俗

在当代，大具乡造纸技艺的传承没有性别限制。但据调查了解，历史上大具乡一带东巴造纸技艺的传习通常只传男性，而且传承严格地限于东巴家族之间，只有继承东巴职业要当祭司的人才能获得包括造纸技艺在内的东巴诸艺的传承资格。女性不仅不能成为传人，而且在实际造纸过程中不插手重要工艺程序，一般只承担辅助工作。

另一项当地的造纸习俗，在调查中乡民的叙述有所分歧：对于造纸人在造纸之前是否有祭祀仪式，多数造纸人认为旧日在砍树枝之前需要祭祀，如敬茶、敬酒（向上下左右四个方向用手指弹茶、酒），但也有人说没有仪式和祭祀活动。

⊙2

⊙2 大具乡风光 Landscape of Daju Town

七 丽江系统东巴纸的保护现状与发展思考

7 Preservation and Development of Dongba Paper in Lijiang Area

（一）丽江系统东巴纸的发展现状

玉龙纳西族自治县大具乡的小米地自然村，丽江市古城区束河镇龙泉行政村中和自然村等地造纸坊均是围绕丽江旅游文化市场需求而产生的。大具乡小米地村杨素家于2002年恢复造纸，其造纸技术源自香格里拉县三坝乡。杨素家的造纸原料除荛花外还添加了一些回收纸，所造纸主要提供给丽江城内四方街等处的旅游文化市场，杨素的女儿则在丽江古城进行造纸工艺的展演。

束河镇中和自然村造纸人是丽江博物馆馆员陈登宇。陈氏的“云南丽江纳西手工东巴纸坊”主要根据旅游文化市场的需求生产，属于利用东巴文化元素制作的纸旅游文化产品。陈登宇所造的纸一般不零售，而是供给特定客户与商家。陈氏有一定的研究积累，在传统的造纸工艺上做了一些改进，如：用石灰代替草木灰，原料由纯荛花改为构皮或加一些麻，用机器打料，研光工具改用橡皮滚筒，晾晒用铁板代替木板等。陈氏所制的纸根据客户或市场拓展需要来决定尺寸，大尺寸的已造出5 m长纸。2008年1月调查组曾专程前往陈登宇在中和村的造纸作坊进行流程考察与工艺访谈。

大具乡肯配古村和圣文、和志国造纸坊一开始是为东巴文化研究机构定制，因而其工艺及材料在丽江系统的东巴纸生产中相对更加传统。和圣文去世后，和志国已将活动重心向丽江城区转移，其技艺传习处于演化过程中。

为了可持续性保护和传承东巴纸这一文化遗产，地方政府和有关单位都付出了很多努力。云南省社会科学院丽江东巴文化研究所以稳定订购

⊙1

⊙1
陈登宇所造的大尺寸纸
Large size paper made by Chen Dengyu

的方式主动为造纸人解决市场问题，并在技术上给予指导，这对丽江系统东巴纸技艺的恢复及业态发育，起到了重要的促进作用。另一方面，中国科学院昆明植物研究所在人工培育造纸原料方面也展开了系列基础性工作。例如，以大具乡为基地对荛花植株的研究及人工种植的若干实验，其初步成果为纯正东巴纸生产提供了扎实的生产技术支持。

从具有国际性的丽江旅游市场上的销售情况看，东巴纸销售一直很旺，品牌名气也越来越大，以至于诸多并不在丽江和香格里拉东巴纸原产地生产的其他纸类都在打着东巴纸的品牌销售，导致目前东巴纸市场严重混乱。

（二）丽江系统东巴纸的发展思考

从促进丽江系统东巴纸良性发展的角度，除了与香格里拉系统东巴纸的共同性问题外，调查组结合现场考察与业态研究，认为有以下几项挑战及措施值得关注：

⊙2

1. 东巴纸的品牌管理与保护体系面临巨大压力

由于东巴纸的品牌价值已有较好的积累，而市场消费者对藏于深山中的东巴纸标准产地与产品了解很少（如香格里拉白地村、玉龙肯配古村交通便利性均较差），因而为各类伪东巴纸和混合材料东巴纸提供了较大的借品牌行销空间。

产生这种状况，有两个突出原因：其一，仅用野生荛花及标准浇纸工艺造东巴纸速度慢、成本高，不容易激励造纸户以此谋生并扩大生产，而且旅游市场对高成本纸的接受度也偏低；其二，用传统工艺和野生荛花制作的东巴纸相对脆硬，不能折叠，不适合双面书写，且纸的白度不够高，因而对制作普通游客所需的纸制纪念品或旅游产品有一定障碍。

2. 通过积极的保护思路或措施改变东巴纸品牌的市场混乱现状

首先，由地方政府或区域权威的文化旅游部门牵头，制定正宗东巴纸与东巴文化概念纸品的区别标准，正式发布以广而告之，类似于当代宣纸与各类仿宣书画纸的区隔模式，使东巴纸的品牌在市场流通中的信誉得到维护，同时又以制度化的形态为东巴文化旅游纸制品的需求留出合理空间。

其次，突破瑞香科荛花的人工连片种植技术。目前中国科学院昆明植物研究所的相关研究小组已在大具乡和三坝乡开展了若干前期工作，而技术上的完善与政府引导性推广政策的制定属迫切需求，否则东巴纸原料的难以为继将迫使东巴纸生产的标准进一步扭曲变形，从而损害东巴造纸技艺的健康传习与生产性保护。

再次，思考东巴纸高端用途的拓展路径及适度调整工艺，也是生产性保护很难回避的问题。标准的东巴纸市场需要类似书画印制（如版画）、精致的纸工艺品、书籍装饰设计用纸、新宗教文化用品等方面消费需求的开发与培育。

⊙2
荛花枝干与荛花树苗
Wikstroemia delavayi branches and saplings

玉龙纳西族东巴纸

Dongba Paper by the Naxi Ethnic Group in Yulong County

肯配古村东巴纸透光摄影图
A photo of Dongba paper in Kenpeigu Village seen through the light

第三节

鹤庆白族白绵纸

云南省
Yunnan Province

大理白族自治州
Dali Bai Autonomous Prefecture

鹤庆县
Heqing County

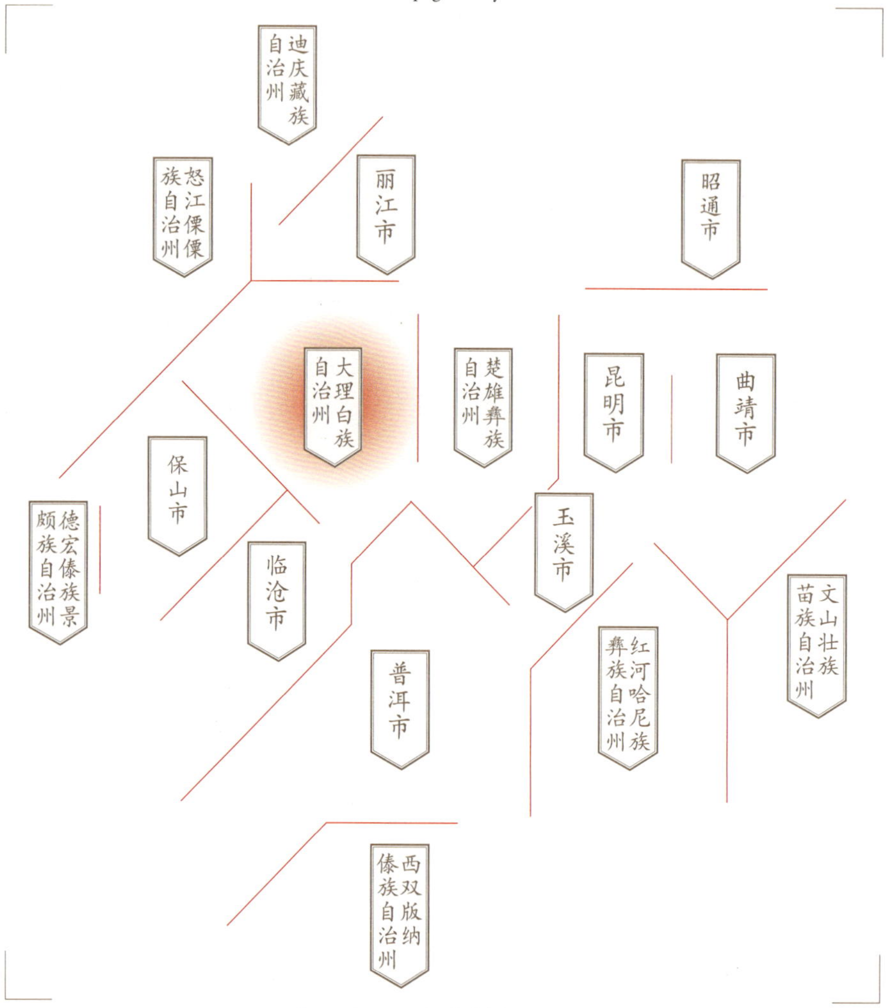

调查对象

松桂镇龙珠行政村
六合彝族乡灵地行政村
白族白绵纸

Section 3

Baimian Paper by the Bai Ethnic Group in Heqing County

Subject

Baimian Paper by the Bai Ethnic Group in Lingdi Administrative Village of Liuhe Yi Town, Longzhu Administrative Village of Songgui Town

一
鹤庆白族白绵纸的基础信息及其分布

1
Basic Information and Distribution of Baimian Paper by the Bai Ethnic Group in Heqing County

鹤庆县的白绵纸，主要包括松桂镇龙珠行政村生产的白绵纸和六合彝族乡灵地行政村生产的白绵纸，造纸户以白族为主，亦有少量汉族。龙珠村与灵地村生产的白绵纸主要原料均为构树皮，所产白绵纸轻盈、柔软、光滑，利于运笔，吸墨吸水性强，是中国白绵纸体系中的优质样本。现代中国科技史专家袁翰青曾把鹤庆的手工纸列为6种中国有名的手工纸之一[9]，龙珠村与灵地村的白绵纸是其核心组成部分。

2008年初调查组入村考察时，龙珠村仍有20多户人家生产白绵纸，其规模较大，分布于上登、下登、秦家、施家、地基明、军营等自然村与村民组。其中除军营村是汉族外，其他全是白族村落。灵地村最多时全村有近300户造白绵纸，调查时有20多户长年坚持生产。除灵地村外，六合彝族乡内的松园、大甸等村庄也有从事白绵纸生产的手工造纸户，但聚集度和生产规模远不及灵地村。

⊙1
龙珠村景
Landscape of Longzhu Village

[9] 袁翰青.中国化学史论文集[M].北京:三联书店,1956:116.

路线图
鹤庆县城
↓
龙珠村＋灵地村

Road map from Heqing County centre to the papermaking sites (Longzhu Village and Lingdi Village)

鹤庆白族白绵纸生产地分布示意图

Distribution map of the papermaking sites of Baimian paper by the Bai Ethnic Group in Heqing County

考察时间
2008年1月

Investigation Date
Jan. 2008

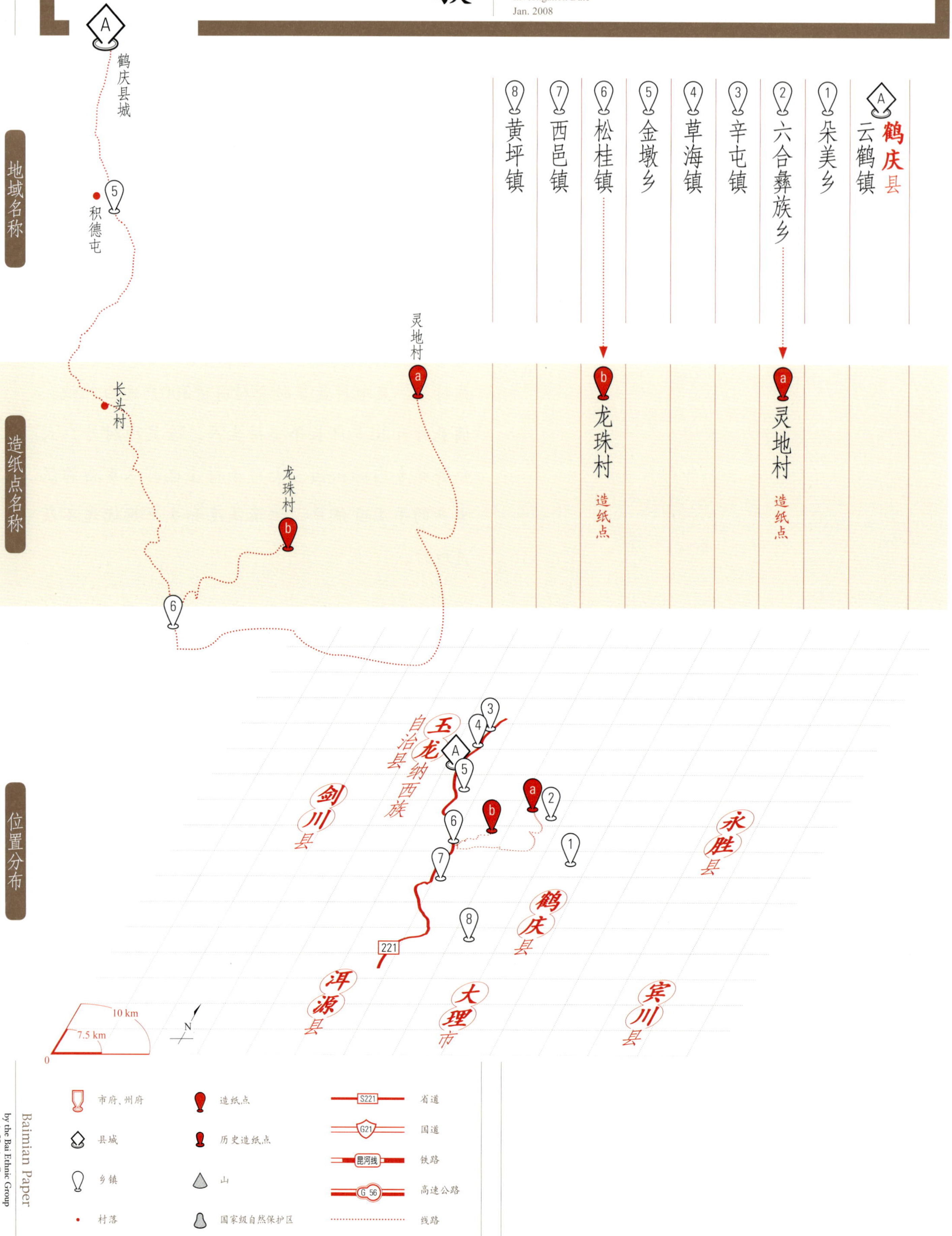

二 鹤庆白族白绵纸生产的人文地理环境

2 The Cultural and Geographic Environment of Baimian Paper by the Bai Ethnic Group in Heqing County

鹤庆县位于大理白族自治州北部，地理坐标为东经100° 01′ ～100° 29′ 、北纬25° 57′ ～26° 42′ 。境内山地、丘陵、小盆地、河谷等多种地貌兼具，但以山地为主。地势西北高、东南低，最高海拔3 925 m，最低海拔1 162 m。境内为冬干夏湿的高原季风气候，年均降水量959 mm，年均气温13.5 ℃，年均日照2 293.6小时。

鹤庆历史悠久，文化底蕴厚重。新石器时代该地已有人类活动遗迹。汉以前属昆明、越西部落，是“西南夷”的一部分。汉至唐初，分属益州、永昌、云南、东河阳等郡的叶榆县。南诏时期始建郡，称谋统郡。大理国时期称谋统府。南宋宝祐元年（1253年），忽必烈攻占大理后设鹤州。元代至元八年（1271年）置鹤庆路，县名由此始。明代洪武年间设鹤庆军民府。清乾隆三十五年（1770年）撤府为州。1913年改州为县至今。

鹤庆县特殊的地理环境，悬殊的地貌差异，形成了上百个泉潭溶洞，造就了以母屯村为中心的天然草海湿地；同时鹤庆还是动植物资源丰富、适宜人居生活之地。因此，鹤庆县又有“泉潭之乡”“鱼米之乡”“中国名兰之乡”等多种美誉。

鹤庆县域总面积2 395 km^2，其中生产手工纸的地点主要分布于县城南面的松桂镇与六合彝族乡。据2007年末统计资料显示，鹤庆县辖6个镇、3个乡，境内居住着汉、白、彝、苗、回、傈僳等民族，总人口27.13万人，其中白族15.80万人，占总人口数的58.24%，而造纸户也主要是白族乡民。

龙珠村位于松桂镇东北8 km处的漾弓江畔，漾弓江流经龙珠村境内长达13 km，并将该村分为东、西两个部分。2008年初，龙珠行政村有14个自然村，23个村民组，968户，4 409人。全村面积22.21 km^2，平均海拔1 800 m，年平均气温20 ℃，年降水量870 mm。全村耕地约2.02×10^6 m^2，林地约1.97×10^7 m^2，主要种植玉米、水稻、小麦等农作物和蚕桑、板栗等经济作物。

⊙1 鹤庆县漾弓江的风雨桥 Wind-Rain Bridge over the Yanggong River in Heqing County

⊙2 松桂镇龙珠村远眺图 An overlook of Longzhu Village in Songgui Town

灵地行政村地处六合彝族乡西，有16个村民组，共445户，1 965人，其中白族1 888人、彝族54人，其他各民族23人。全村面积15.04 km^2，平均海拔2 040 m，年平均气温14.3 ℃，年降水量950 mm。全村耕地约9.05×10^5 m^2，林地约1.10×10^7 m^2，主要种植水稻、蚕桑、梨等作物。

三 鹤庆白族白绵纸的历史与传承

3 History and Inheritance of Baimian Paper by the Bai Ethnic Group in Heqing County

鹤庆白族白绵纸在历史上久负盛名。鹤庆县龙珠、灵地等地的造纸技艺声名远播，是云南多个造纸区域技艺传习的来源地。这一点从现存史料和调查组2008年入村的调研资料中可见一斑。

当代学术界根据出土文物和佛教经卷考证，认为鹤庆县域造纸起源可以上溯至唐宋。如20世纪50年代，在云南大理白族自治州凤仪镇北汤天村董氏宗祠发现的南诏、大理国时期的唐宋佛教经卷，有些已被研究者论证是用鹤庆产的白绵纸抄写的。宋代建造的洱源县火焰山塔出土的中草药包裹纸，也被认为是鹤庆产的白绵纸。元仁宗延祐五年（1318年），昆明官渡子君的僧人释自周，在主持大德寺并兼管报国寺期间，曾刻印《大华严方广普贤灭罪称赞佛名宝忏》，所用纸张被认为是鹤庆产白绵纸，并经过“入潢”加工[10]。

明清时期，有关大理造纸的典籍和民间资料较为丰富。如明景泰《云南图经志书》、正德《云南志》、嘉靖《大理府志·物产》、万历《云南通志》等书中，记录有大理造纸的一系列珍贵史料；清代编纂的康熙《云南通志》《滇海虞衡志》《滇系》《养吉丛录》等书中也有大理造纸的若干记述。

明《滇略·俗略》中说：“纸出大理，蒸竹及榖皮为之……”[11]说明明代大理地区就生产竹纸、构皮纸。明天启《滇志》卷三记载：“纸曰沧纸，坚白稍次叶榆（即大理），售殖无虚日。”[12]明清时期《滇小记·大理纸》记载：“云南产纸之处甚多，皆以楮为之，惟大理纸光致莹洁，坚实精好，盖水孕苍山，得川原之灵气为多，用为簾帏幄帐，清风素影，令人飘然有尘外之想。明时

[10] 李国文.古老的记忆:云南民族古籍[M].昆明:云南教育出版社,2000:143.

[11] [明]谢肇淛.滇略·俗略[M].清末(1851~1911)抄本.南海孔氏岳雪楼本.

[12] [明]刘文征. 滇志[M].昆明:云南教育出版社,1991:120.

进本亦用此纸，并以造笺。”[13]

民国时期，记录鹤庆造纸的史料则更为详细。如朱霞等转引1920年《鹤庆劝学所造报地志资料》（抄本）记载：“鹤属工业大宗有草纸、绵纸二种，产地在灵地坡、龙珠、厚本阱等处，以竹麻、柘皮（即构皮）为原料，用途甚广，销迤西一带。每年生产草纸三千驮（每驮50～60 kg），绵纸一千多驮。”[14]《新纂云南通志》卷一四二“工业考”记载：“本省用纸多仰给四川。鹤庆、腾越以构皮造出之绵白纸，用以印书，坚韧耐久。鹤庆造者销行尤广。”[15]

作为鹤庆两大造纸中心，灵地村僻处深山，交通十分不便，而龙珠村历史上曾是古代云南茶马古道的经歇之地。调查组成员与村里的老人交流时，老人们提到民国年间龙珠村是极其热闹的传统产品交易与中转中心，马帮休歇时，从马背上卸下的茶叶和盐能塞满整条街。

⊙2

调查时，松桂镇龙珠村有900多户，据村委会主任、造纸户张国弟介绍，最多时有500多户从事造纸，除麦地自然村、落果自然村外，其余自然村都造白绵纸，但调查组入村调查时仅剩20多户。灵地村有400多户村民，2004年时仍有230多户从事造纸，调查时亦仅有20多户。从鹤庆造纸的悠久历史，以及龙珠村、灵地村的造纸规模不难看出，传统的手工造纸技艺已经成为一种文化，渗透到村庄的血脉之中。

⊙1

据2008年1月调查组实地入村调查，龙珠村、灵地村的造纸传统主要是以户为单位，但近年来

[13] [清]倪蜕.滇小记·大理纸[M].清乾隆抄本.

[14] 朱霞，李晓岑.白族的手工造纸[J].云南社会科学，1998(6)：75.

[15] 周钟岳，等.新纂云南通志[M].李春龙，牛鸿斌点校本.昆明：云南人民出版社，2007：83.

⊙3

⊙1/3 龙珠村茶马古道中转站遗迹
Historical remains of an inn on Tea-Horse Ancient Road in Longzhu Village

亦有小型工厂式的造纸作坊。如张国弟从16岁开始学习造纸，其造纸作坊至调查时至少已延续了4代，2003年成立龙珠白族传统手工造纸厂，其作坊也由家庭式转变为小型工厂式，目前共有6个纸槽，15个工人。而灵地村苏松林、高家华等造纸户还是传统的家庭作坊。据苏松林介绍，他家先后约10代均有人从事造纸，至今家中还保留着他爷爷于20世纪40年代抄造的白绵纸。

调查组从张国弟处了解到，其纸坊的抄造技术近年亦有所改进，由传统的一帘一纸、一帘二纸改进为一帘三纸；此外，还有从贵州省仁怀市所请的师傅带来的用无挡板纸帘架抄纸的技术（本地帘架均有挡板）。据造纸师傅介绍，有挡板的可靠挡板的阻力把纸浆摇匀，无挡板的只需轻轻一摇即可。二者手法不同，抄纸工学技术时，学什么方法，以后就用这一方法。

从鹤庆县造纸户的交流协作来看，由于存在小地域的同业竞争，各造纸作坊之间或许存在某些工艺壁垒，但造纸户对新工艺的吸收与接纳、对新技术的追求却不保守。这也许正是龙珠与灵地白族的造纸技艺历久弥新的关键之一。

鹤庆白族的造纸技艺声名显赫，其影响范围也是云南省其他手工造纸区域所不及的。如始于道光年间的大理白族自治州云龙县的老末造纸，据了解其技术就是鹤庆一位袁姓纸工带入的。民国时期漾濞县的一位县长也曾亲自带队来鹤庆取经。此外，见于记载的还有从丽江、云县等地前来鹤庆学习白绵纸制造技术的。可见，鹤庆造纸户在秉承传统手工造纸技艺的同时，对造纸技艺的传播是开放、积极的，客观上促进了云南各民族造纸业的发展。

⊙1

⊙2

⊙1
龙珠村村口小溪旁的造纸作坊
A papermaking mill alongside a stream in Longzhu Village

⊙2
调查组成员与张国弟（右一）交流
Researchers communicating with Zhang Guodi (the 1st person on the right side)

四 鹤庆龙珠村白族白绵纸的生产工艺与技术分析

4 Papermaking Technique and Technical Analysis of Baimian Paper by the Bai Ethnic Group in Longzhu Village of Heqing County

(一) 鹤庆龙珠村白族白绵纸的生产原料与辅料

鹤庆龙珠村制作白绵纸的传统原料为构树皮，现在除使用构树皮外，还有添加山草、回收纸、工业木浆作为造纸原料的，且回收纸以机制纸边料居多，手工纸边料少。

龙珠村造纸户所用构树皮有本地与异地之分。本地构皮主要产自县内中江、六合、朵美以及紧邻的丽江市永胜县一带的野生构树，六合也有少量人工种植的构树。一般三年砍两次，多在春季砍。当地的白族村民从山上砍下构树枝剥皮晒干后，人背马驮到集市上出售，由大商贩收购，再销往各造纸地区。异地构皮则是从西双版纳州勐腊县磨憨口岸的边境贸易区购买的老挝产的。这得益于2003年中国科学院昆明植物研究所的杨建昆组织云南少数民族手工造纸专业户代表到泰国清迈学习造纸技术及相关的手工纸产品制作工艺，并考察手工纸原料资源、手工纸产品市

⊙3

⊙5

⊙4

⊙3 构树 Paper mulberry tree

⊙4 运构树皮 Carrying paper mulberry bark

⊙5 构树皮原料交易现场 Paper mulberry bark trading at a local fair

⊙1 密林 Woods

场。张国弟作为造纸户代表到泰国清迈考察时，了解到老挝构皮资源丰富，2006年，张国弟开始从老挝购进构皮。

据张国弟统计，本地构皮4 200元/吨，老挝构皮含运费4 800元/吨，但老挝构皮产纸率高达70%，本地的仅为38%左右，用老挝构皮造纸性价比更高。张国弟认为，从老挝开拓的原料渠道，对当地造纸业是一种积极的促进，否则，本地构皮可能会涨到5 000元/吨，高昂的原料价格会直接降低造纸利润，进而影响造纸户的生产积极性。

龙珠村造纸所用辅料包括石灰、灶灰、次氯酸钠（或漂白粉）、杉松树根、仙人掌、聚丙烯酰胺。传统的纸药为野生杉松树根，在采取时，挖其偏根，留其主根。后由于造纸户无序采挖，连主根也被挖掉，使得杉松树数量急剧减少，纸药短缺。1998年村民开始改用仙人掌作纸药。2004年一些造纸户向贵州学习，使用聚丙烯酰胺。调查时，聚丙烯酰胺已成为当地的主要纸药。

⊙2

⊙3

龙珠村造纸用水是雨水和漾弓江地表水。当地人认为漾弓江地表水水质好，更利于造出好纸。因此龙珠村的白绵纸，历史上也曾叫做“漾弓纸”。经检测，其pH为6.4，呈弱酸性，微量元素含量为220 μg/g。

龙珠村造纸户普遍认为该地区白绵纸以地基明自然村杨金甲造得最好。据调查，除了技术过人外，他还拥有一泓清泉，很适合造纸。据说当年杨金甲的先辈选择在这里安家，便是看中了这眼泉水。

⊙4

⊙5

⊙2 仙人掌 Cactus

⊙3 杉松树根 Roots of cedar pine

⊙4 地基明村造纸用的泉水 A spring for papermaking in Dijiming Village

⊙5 杨金甲所造的白绵纸 Baimian paper by Yang Jinjia

（二）鹤庆龙珠村白族白绵纸的生产工艺流程

2008年1月，调查组对龙珠村白绵纸生产工艺进行了调查，记录其造纸工艺流程为：

壹	贰	叁	肆	伍	陆	柒	捌	玖	拾	拾壹	拾贰	拾叁	拾肆	拾伍	拾陆
浸泡	浆构皮	蒸料	洗涤	压榨	抹灰	二次蒸料	二次洗涤	漂白	制浆	打槽	加纸药	捞纸	榨水	晾纸	揭纸

壹 浸泡 1

将市集上买来的成捆构皮解开，浸泡在水中使构皮变软。浸泡时间的长短视季节不同而有所区别，一般冬季5～7天，夏季2～3天。

⊙1

贰 浆构皮 2

将浸泡好的构皮捆成小捆，用铁钩将其钩放浸入石灰浆中，随即捞出置于石甑的甑桥上，堆放发酵半个月左右，使石灰浆充分渗透到构皮里。

叁 蒸料 3

发酵后，通过石甑的注水口往甑桥下的大铁锅中注入清水，并用塑料布、泥巴封住甑顶，蒸9～12小时，待构皮呈黄褐色即可。

⊙2

肆 洗涤 4

用铁钩将蒸好的构皮放入清水中，反复搓洗，除去大部分石灰、黄褐色外皮及杂质，再次放入甑中，放满清水浸泡1天。用棍棒搅拌清洗后，把水放出，再换新水浸泡1天。如此反复十余次，持续20天左右，可将料中的石灰洗净。

⊙1 浸泡构树皮 Soaking paper mulberry bark
⊙2 石甑 Stone utensil

伍
压　　榨
5

将构皮从甑中捞出，放到木榨上压榨，经过3次松榨、加码、紧榨，约需1小时。然后静置整晚，榨去构皮中的大部分水分。

陆
抹　　灰
6

松榨，把压榨后的构皮均匀地抹上灶灰，并用稻草扎成捆，一捆质量约0.75 kg。

柒
二　次　蒸　料
7

把抹好灰的构皮再次放入石甑中，顶部撒上灶灰，蒸煮3个昼夜，待甑顶上的灶灰呈黄色，构皮呈灰白色即可。

捌
二　次　洗　涤
8 ⊙3

将皮料钩出，放入水池或流水中，洗去灶灰，并拣除杂质，然后用手拧干待进一步加工。

⊙3

玖
漂　　白
9 ⊙4

将皮料再次放入水池，加适量清水，以次氯酸钠溶液漂白。一般100 kg构皮用15 kg次氯酸钠溶液。

⊙4

拾
制　　浆
10 ⊙5

用脚碓将纸料舂细，一人舂碓，一人翻料，一般15分钟左右可以舂好一团料。现在改用机器打浆，约15分钟即可打好一槽纸料，可捞7 000张纸，提高了生产效率。

⊙5

⊙3 二次洗涤后的皮料 Washing the papermaking materials for the second time

⊙4 漂白 Bleaching the papermaking materials

⊙5 打浆机 Machine for beating the papermaking materials

拾壹 打槽

11 ⊙6

将打好的纸料放入捞纸槽中，加入清水，用拱耙搅打，将皮料纤维打散后，静置沉淀，从捞纸槽底部的孔洞将槽中的水排去。

⊙6

拾贰 加纸药

12

在捞纸槽中再次加入清水，用拱耙打槽，然后加入纸药，再次打槽，使构皮纤维均匀分布于水中。一般来说每抄2把（700张）纸需用5桶纸药。

拾叁 捞纸

13 ⊙7 ⊙8 ⊙9

采用吊帘式单人捞纸法。捞纸时，借助吊绳，双手平抬起帘架，往前送，借势将前端插入纸浆中，随即往回带，将底边浸入纸浆中，抬起，再往前送，抬帘，前后摇荡2～3次，使纸浆均匀分布于纸帘上。然后将帘架架于支杆上，一手将纸帘从帘架上提起，转身，将纸帘扣在底部放有稻草及覆有废旧纸帘的纸垛上，揭帘，提帘，一张湿纸便留在了纸垛上。一般捞600～700张湿纸作为一个垛块。放稻草及废旧纸帘的目的是为了承托，便于湿纸块里的水沥掉。捞纸过程中，吊帘浸入水中的分寸及前后振荡力度的把握是决定一张纸品质优劣的关键，技艺难度较大。

⊙7

⊙8
⊙9

⊙10

调查中发现，纸工若没有捞完一个垛块，中途需休息，常常在停工前，保持扣最后那张纸时连纸带帘覆于湿纸垛上的状态，以保持水分；继续捞纸时，通常在湿纸垛的纸帘上均匀地浇上纸药，便可揭帘续捞。

据纸工介绍，浇纸药的目的，一是为了揭起纸帘时更方便且不会带起、撕破纸；其二是避免与续捞的那张纸之间起泡，以提高纸质；其三是便于日后纸张的揭晒分离。

⊙6 打槽 Beating the papermaking materials

⊙7/9 捞纸 Scooping and lifting the papermaking screen out of water

⊙10 浇纸药 Adding in papermaking mucilage

拾肆
榨　水
14　⊙11 ⊙12

用木榨压榨一昼夜，榨除纸垛中的水分，使纸垛呈半干状态，此时纸垛只有原厚度的1/3左右。现在多改用钢栓或千斤顶压榨。

⊙11
⊙12

拾伍
晾　纸
15　⊙13

松榨，把纸垛抬到晾纸墙旁，置于纸架上，用手将纸从纸垛右上角往左下角一张张揭开，用棕刷将纸刷贴于墙上。每80～90张纸贴成一列，每2张纸之间错开1 cm左右，自然晾干。一个熟练工人一天可刷晾约2 000张纸。造纸户以前用火墙将纸烘干，为降低成本，现在多采取自然晾干法。

拾陆
揭　纸
16　⊙14

纸晾干后，先由下往上将一列纸的右上角全部撕开，然后从右上角开始逐一将纸撕下。揭纸时，一张纸撕下后，两手需分别捏住纸的上端两角，将其与下一张纸的上边两角对齐，右手顺势捏住下一张的纸角，将纸撕下，当纸的左上角撕离墙面时，迅速用左手捏住。以此逐张将纸揭下，稍加整理，一叠纸即可理整齐。

⊙13

⊙14

⊙11 千斤顶压榨 Pressing the paper with lifting jack

⊙12 榨干的纸垛 Paper after being pressed

⊙13 晾纸 Drying the paper

⊙14 揭纸 Peeling the paper down

(三)

鹤庆龙珠村白族白绵纸生产使用的主要工具设备

壹 纸帘 1

以前龙珠村生产白绵纸主要采用一帘一纸的纸帘，也有小尺寸的用一帘二纸。近年出现了从贵州引入的一帘三纸的纸帘，调查时一帘三纸的纸帘已成为最常用的纸帘。

⊙1

贰 帘架 2

用于承托纸帘。传统帘架上有挡板，后从贵州引入无挡板的帘架。

⊙2

叁 晾纸墙 3

一排排修建整齐用于将纸自然晾干的专用墙面，以提高晾纸效率，是调查组在云南其他地方没有见到的。

⊙3

⊙4

⊙1 一帘三纸的纸帘 A papermaking screen which can make three pieces of paper

⊙2 帘架 Frame supporting the papermaking screen

⊙3/4 晾纸墙 Drying walls

(四)

鹤庆龙珠村白族白绵纸的性能分析

所测鹤庆龙珠村白绵纸为2007年所造，相关性能参数见表2.3。

由表2.3可知，所测龙珠村白绵纸最厚约是最薄的2.53倍，厚薄差异大，经计算，其相对标准偏差为38.0%，具有较大偏差，这应与所测白绵纸较薄，且对纸张使用要求不太高有关。龙珠村白绵纸的平均定量为28.5 g/m^2，定量较小，主要与纸较薄有关。所测白绵纸紧度为0.246 g/cm^3。

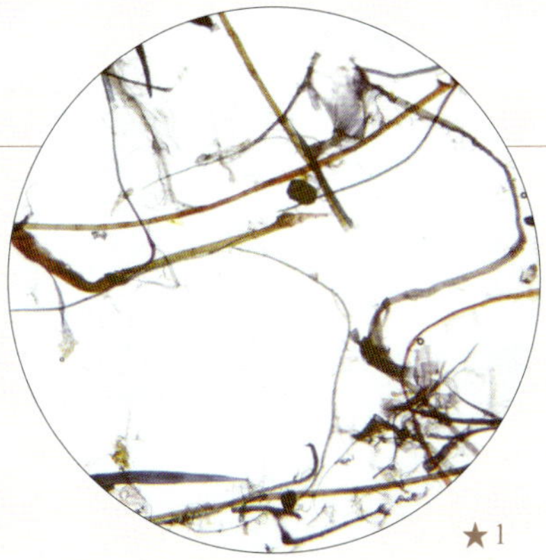

★1

★2

表2.3 龙珠村白绵纸的相关性能参数
Table 2.3 Performance parameters of Baimian paper in Longzhu Village

指标		单位	最大值	最小值	平均值
厚度		mm	0.192	0.076	0.116
定量		g/m^2	—	—	28.5
紧度		g/cm^3	—	—	0.246
抗张力	纵向	N	15.8	10.6	13.4
	横向	N	14.0	10.4	11.5
抗张强度		kN/m	—	—	0.830
白度		%	57.5	55.9	56.6
纤维长度		mm	6.42	2.38	4.34
纤维宽度		μm	21.8	8.6	12.6

龙珠村白绵纸纵、横向抗张力有一定区别，经计算，其抗张强度为0.830 kN/m，抗张强度值较小。

所测龙珠村白绵纸白度平均值为56.6%，白度最大值约是最小值的1.03倍，相对标准偏差为5.21%，白度较高且差异相对较小。这应与龙珠村白绵纸经过蒸煮、漂白有关。

所测龙珠村白绵纸纤维长度：最长6.42 mm，最短2.38 mm，平均4.34 mm；纤维宽度：最宽21.8 μm，最窄8.6 μm，平均12.6 μm。在10倍、20倍物镜下观测的纤维形态分别见图★1、图★2。

★1 龙珠村白绵纸纤维形态图（10×）
Fibers of Baimian paper in Longzhu Village (10× objective)

★2 龙珠村白绵纸纤维形态图（20×）
Fibers of Baimian paper in Longzhu Village (20× objective)

五
鹤庆灵地村白族白绵纸的生产工艺与技术分析

5
Papermaking Technique and Technical Analysis of Baimian Paper by the Bai Ethnic Group in Lingdi Village of Heqing County

⊙1

(一)
鹤庆灵地村白族白绵纸的生产原料与辅料

灵地村白绵纸的生产原料、辅料基本上和龙珠村相同。灵地村所用构树皮大多从附近乡镇的集市或村民手中购得。

(二)
鹤庆灵地村白族白绵纸的生产工艺流程

2008年1月，调查组对灵地村白绵纸生产工艺进行了调查，记录其造纸工艺流程为：

壹	贰	叁	肆	伍	陆	柒	捌	玖	拾	拾壹	拾贰
浸泡	蒸料	洗涤	漂白	二次洗涤	舂碓	加纸药	捞纸	榨水	晾纸	揭纸	包装

壹
浸泡
1

将买来的干构皮放在清水中浸泡3～5天。

贰
蒸料
2 ⊙2

将浸泡好的构皮堆放在石甑的甑桥上，然后在构皮上浇淋氢氧化钠溶液，再往石甑里加水，燃柴蒸料。蒸料约需15小时，一个石甑可装750 kg干构皮。

⊙2

⊙1 背运构皮 Carrying paper mulberry bark
⊙2 蒸料 Steaming the bark

叁

洗　涤

3　⊙3

将蒸好的构皮钩出来整齐地码放在水池中，浸泡、搓洗、换水，把碱液洗净。

⊙3

肆

漂　白

4　⊙4

将洗好的构皮再次放入水池中，加入次氯酸钠漂白12小时左右。

⊙4

⊙5
⊙6

伍

二次洗涤

5　⊙5 ⊙6

将漂白过的构皮在清水中反复搓洗，前后共换3～4次水，尽可能洗去次氯酸钠。然后将构皮放在簸箕里，置于流水中，反复揉，最后将水挤干。

⊙3 洗涤 Washing the bark

⊙4 漂白构皮料 Bleaching the bark

⊙5 皮料 Paper mulberry bark

⊙6 搓洗皮料 Rubbing and washing the bark

陆 舂碓

6 ⊙7 ⊙8

用脚碓将洗好的构皮纤维打散、舂融。调查时发现，村中也有不少造纸户用机器打料，每打半小时料，可抄1 500张纸。

⊙7

⊙8

⊙9

柒 加纸药

7 ⊙9 ⊙10

将舂碓后的皮料放入捞纸槽中，加入清水，搅拌后再加入仙人掌或杉松树根的汁液。近年来也有造纸户使用聚丙烯酰胺。然后再次搅拌使纸药均匀地分布于纸槽中。

⊙10

捌 捞纸

8 ⊙11

把纸帘放在帘架上，左右两侧用压首方（当地称挡板为压首方）固定，将帘架下的推杆往前一推，双手平抬起帘架。先将插台端（前端挡板）没入纸浆中，随即翘起，往回带，顺势将帘架尾端没入纸浆中；翘起，再向前送，平端帘架，然后前后振荡3次。再将插台端沉入纸浆中，以获得一边较厚的“纸头子”；立即抬起，从尾端沥去多余纸浆，勾回推杆，将帘架搭在推杆上。然后揭起纸帘，转身将纸帘上的湿纸扣在纸垛上，随即拨动计数器。纸工高家华认为抄纸时，前后振荡3次所得到的纸光滑漂亮。

⊙11

⊙7/8 舂碓演示 Pestle for beating the papermaking materials

⊙9 仙人掌 Cactus

⊙10 杉松树根 Roots of cedar pine

⊙11 捞纸 Scooping and lifting the papermaking screen out of water

⊙14

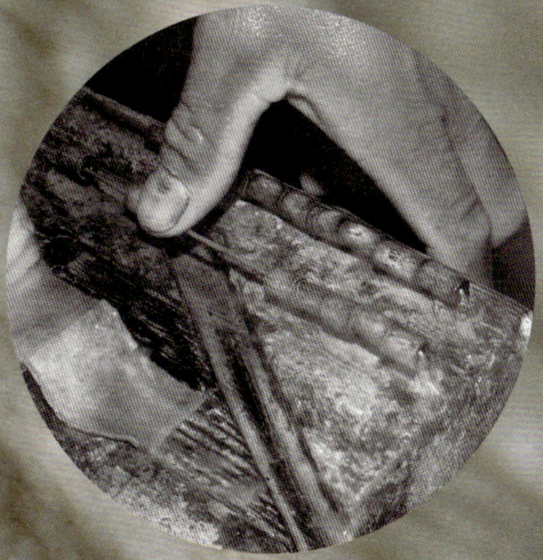

⊙12
⊙13

计数器由两排小珠子组成，采用十进制计数，靠近人的一排，为个位，另一排为十位，珠子由右往左拨动。有趣的是，每抄好100张纸，当地纸工还会用一片小绿叶将纸分隔计数。

⊙12/13 拨动计数器
Paper counting apparatus in use

⊙14 小绿叶计数
Paper count marked by green leaves

玖
榨　水
9 ⊙15

先在湿纸垛上压木板，后压以重石，沥去部分水后，再用木榨榨，也有使用千斤顶来压榨的。压榨后的纸垛高度只有原来的1/3左右。

⊙15

⊙16

拾
晾　纸
10 ⊙16

榨水后，将纸垛抬靠到纸架上，把纸逐张揭开，用棕刷刷贴于晾纸墙上，多张叠成一列晾晒，每两张纸间错开2 cm左右。

拾壹
揭　纸
11 ⊙17 ⊙18

待纸晾干后，由外往内先将一叠纸的右上角逐一撕开，然后从最外面一张纸的右上角开始用力，将纸撕下。第一张纸撕下后，两手分别捏住纸的上端两角，将这张纸与下一张纸的上边两角对齐，右手捏住上下两张纸，再从右上角开始用力撕。当第二张纸的左上角撕离墙面时，迅速用左手捏住，注意此时之前捏在手中的纸张不能离手。以此逐张将纸撕下，稍加整理，一叠纸即可理整齐。

⊙18

⊙17

拾贰
包　装
12

将理齐的纸按照规格要求折叠、包装。

⊙15 榨水 Pressing the paper
⊙16 将纸垛立于纸架上 Piling up paper
⊙17/18 揭纸 Peeling the paper down

（三）

鹤庆灵地村白族白绵纸生产使用的主要工具设备

壹 石甑 1

由石头砌成，当地所用石甑通常上口直径2 m，下口直径1.5 m左右。

贰 捞纸槽 2

实测高家华家造纸坊的捞纸槽长205 cm，宽120 cm，高86 cm，各造纸户捞纸槽大小不完全一致。

叁 纸帘 3

调查时已多使用一帘二纸或一帘三纸的纸帘，传统是一帘一纸，长、宽各约52 cm。纸帘主要从贵州、浙江等地商人处购买。

肆 木榨 4

木制，利用杠杆原理将湿纸垛中的水分榨干。

⊙ 19

⊙ 20

伍 火炕 5

传统用火炕将纸炕干，现在普遍采用将纸叠贴于墙面自然晾干的方式，较少使用火炕。

调查组还了解到，灵地村有一家小型机械造纸企业，制作50%构皮和50%木浆的机制白绵纸，机械化正影响着传统的手工造纸业。灵地村有非常传统的手工造纸方法，也有近年工艺与材料有所变化的手工造纸方法，还有机械制纸法，三种工艺形态并存，呈现出一幅鲜明的业态演化图。

⊙ 19 木榨 Wooden presser

⊙ 20 火炕 Drying walls

（四）

鹤庆灵地村白族白绵纸的性能分析

所测鹤庆灵地村白绵纸的相关性能参数见表2.4。

表2.4 灵地村白绵纸的相关性能参数
Table 2.4 Performance parameters of Baimian paper in Lingdi Village

指标		单位	最大值	最小值	平均值
厚度		mm	0.122	0.069	0.097
定量		g/m^2	—	—	28.4
紧度		g/cm^3	—	—	0.293
抗张力	纵向	N	20.7	12.5	16.7
	横向	N	10.4	5.5	8.4
抗张强度		kN/m	—	—	0.837
白度		%	63.6	61.6	62.8
纤维长度		mm	7.21	2.56	4.65
纤维宽度		μm	23.2	9.1	13.3

由表2.4可知，所测灵地村白绵纸最厚约是最薄的1.77倍，厚薄差异大，经计算，其相对标准偏差为21.9%，具有较大偏差。白绵纸的平均定量为28.4 g/m^2，定量较小，主要与灵地白绵纸很薄有关。所测白绵纸紧度为0.293 g/cm^3。

灵地村白绵纸的纵、横向抗张力有明显区别，纵向抗张力约是横向的2倍。经计算，其抗张强度为0.837 kN/m，抗张强度值较小。

所测灵地村白绵纸白度平均值为62.8%，白度最大值约是最小值的1.03倍，相对标准偏差为9.75%。在云南手工纸中灵地村白绵纸的白度是相当高的，这与白绵纸经过蒸煮、漂白有关。

所测灵地村白绵纸纤维长度：最长7.21 mm，最短2.56 mm，平均4.65 mm；纤维宽度：最宽23.2 μm，最窄9.1 μm，平均13.3 μm。所测白绵纸在10倍、20倍物镜下观测的纤维形态分别见图★1、图★2。

★1
灵地村白绵纸纤维形态图（10×）
Fibers of Baimian paper in Lingdi Village (10× objective)

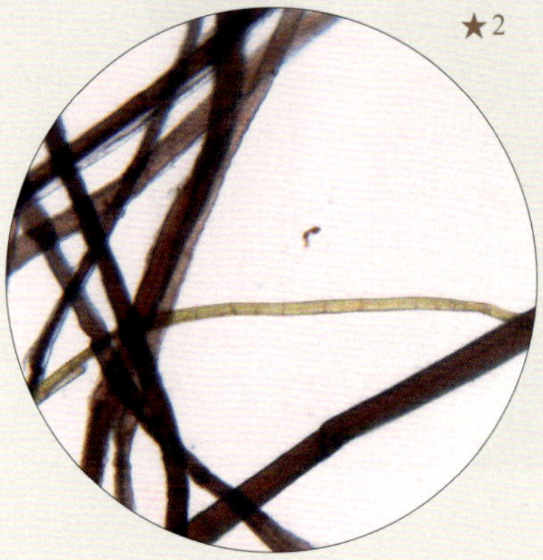

★2
灵地村白绵纸纤维形态图（20×）
Fibers of Baimian paper in Lingdi Village (20× objective)

性能分析

六
鹤庆白族白绵纸的用途与销售情况

6
Uses and Sales of Baimian Paper by the Bai Ethnic Group in Heqing County

⊙ 1

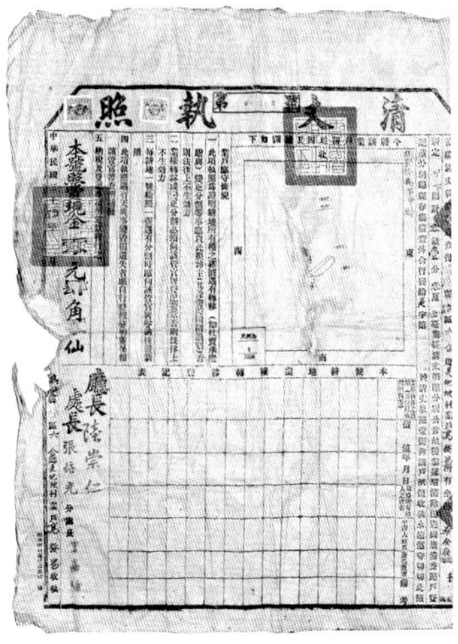

⊙ 2

⊙ 1
用鹤庆白绵纸抄写的经书
Scriptures transcribed on Baimian paper in Heqing County

⊙ 2
用龙珠村白绵纸印刷的资料
Information printed on Baimian paper in Longzhu Village

（一）鹤庆白绵纸的用途

鹤庆白绵纸，历史上因其雪白如棉而得名。其纸薄如蝉翼，韧似锦绫，质软防蛀，通透性好，吸水、吸油性强，用途很广。

1. 抄印经卷

佛教在云南省少数民族地区传播日久，信徒众多，大理的鸡足山、苍山的崇圣三塔寺是其著名的圣地。而在此地流通、典藏的佛教经卷中，有相当一部分是用鹤庆白绵纸抄写刻印的。如20世纪50年代在大理白族自治州风仪镇北汤天村董氏宗祠里发现了3 000多册经卷，其中的《护国司南抄》（894年）、《保安八年写经》（1052年）等，有学者考证是用该地白绵纸抄写的；现藏云南省图书馆的元代刻经，有些为当时大理领主段氏和高氏用本地纸印造；20世纪80年代在大理旧城下关佛塔清理中，发现有元至正二十六年（1366年）在鹤庆玄化寺使用本地纸抄写的经卷。

2. 书画记事

鹤庆白绵纸被誉为“清风素影，令人有飘然尘外之想”，案置此纸令书画家心旷神怡。除了在刊印经书的过程中刻印插图外，此纸亦较多地用于书法绘画。调查时张国弟介绍说，近年有大学老师向他订购大尺幅的纸张，用于书画创作。另外，鹤庆白绵纸虫不蛀、易书写、保存久的优良质地，使之成为书写文献、志书、契约的上好纸品。大理与鹤庆流传下来的乡邦文献资料，有相当一部分是用鹤庆白绵纸书写的。

3. 民俗活动用纸

在云南省少数民族地区，风俗习惯无疑是本民族地区的突出表征。在这些表征的载体中，自然少不了白绵纸的身影，如糊窗子、灯笼，剪鞋样，扎纸花，做风筝、脸谱面具、不倒翁、蝴蝶等，以及祭祀活动中都有用到。

4. 包装、捆扎用纸

鹤庆白绵纸良好的通透性和韧性，使其成为理想的包扎用纸，火焰山塔曾出土古代中草药包裹用纸，现代则广泛用于云南普洱茶的包装、银行的纸钞捆扎以及日常生活中的小食品包装等。今天，普洱茶包装用纸是鹤庆白绵纸的一项大宗用途。

5. 清洁机器

鹤庆白绵纸具有质软绵柔、吸水和吸油性强的特性，对清洁保养机器有很好的效果。这一功用是近年来由工业用户及云南省的烟厂所拓展的新用途，据张国弟介绍，昆明市的一些工厂订购此纸擦拭机器，用量较多。

鹤庆白绵纸鲜为人知的一类用途是用来兑石灰浆，建寺院、立佛像，据说它可增加石灰浆的拉力。

（二）鹤庆白绵纸的销售情况

鹤庆造纸业到民国时已发展成为当地的重要手工业，产品除供应本地外，主要销往曲靖、昭通、宣威、大理、会泽、东川等地的茶厂和烟厂，以及印度、缅甸等国。销售方式是大作坊直接与厂方签订供销合同，小作坊则直销或通过大作坊代销；另一个渠道是由中间商收购，再销往外地。

据张国弟等造纸户介绍，1985年左右，龙珠村约有8个白绵纸家庭作坊；2000年开始，龙珠村有人建小型白绵纸厂；2005年后，随着普洱茶热不断升温，白绵纸厂增加至13家，另有几

⊙ 3

⊙ 1

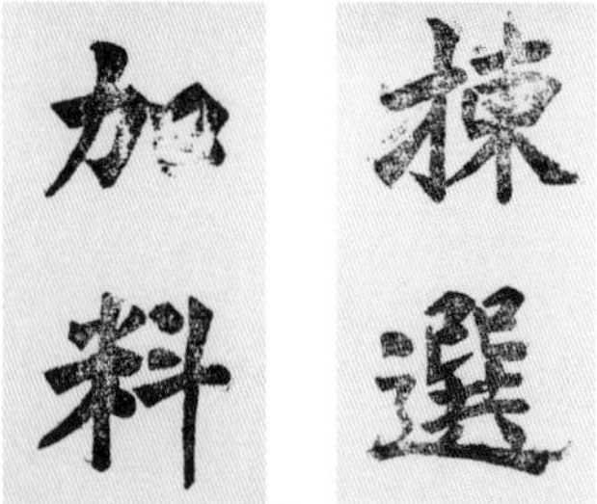

⊙ 2

⊙ 4

⊙ 1 / 2
纸坊的纸品印章与印记
Seals and marks on paper in the papermaking mill

⊙ 3 / 4
张国弟家造纸作坊内景
Zhang Guodi's papermaking mill

户家庭作坊。但是2009年由于市场不景气，规格为45 cm×45 cm的白绵纸价格由原来0.15元/张大幅降至0.08元/张，导致不少白绵纸厂亏本，当年就有6家白绵纸厂关闭。

灵地村以前几乎每个自然村都造白绵纸。1985年左右，造纸户数约占总户数的2/3。但2008年1月调查时，仅有20余家长年生产白绵纸的作坊，其中大作坊有3个，每个大作坊有20～30人，有10多个捞纸槽；小作坊一般2～3人，仅1个捞纸槽，白绵纸生产急剧萎缩。

鹤庆白绵纸的基本规格为正方形，常见的有33 cm×33 cm、45 cm×45 cm、50 cm×50 cm等规格产品，其中规格为45 cm×45 cm的白绵纸是最常见的品种，调查时售价为0.15元/张，其余一般是有订单才生产。造纸户也可根据客户的要求定制其他规格的纸张，如张国弟的作坊特别加工的80 cm×80 cm用于书画的白绵纸，售价为1.5元/张。

张国弟的白绵纸厂，调查时有15个工人，其中有6个是抄纸工，他们基本上是六合彝族乡人，也有从贵州请来的抄纸师傅。抄纸工一般按量计酬，平均每天抄2 400张纸，日薪36元。年产白绵纸350万张，销售额68万元，利润15万元。从张国弟白绵纸厂的生产经营情况可见，较大的手工纸厂集中度高，对大客户来说有产量保证。此外，由于张国弟有较好的销售渠道，利润也比较可观。

⊙7

苏松林的作坊2007年销售额约3.5万元，利润1万多元。纸张的销量相比以往不够景气，有时候要交给张国弟经销。

造纸一直是龙珠村、灵地村赖以生存的重要经济来源，也是传统意义上解决农村闲置劳动力最便捷的途径。21世纪初，造纸业不景气，年轻人大多外出务工，即便如此，调查时龙珠村仍有13家白绵纸厂长年生产白绵纸，每个作坊有约10个纸工，此外还有近10户家庭小作坊，吸纳劳动力近200人。

⊙5
⊙6

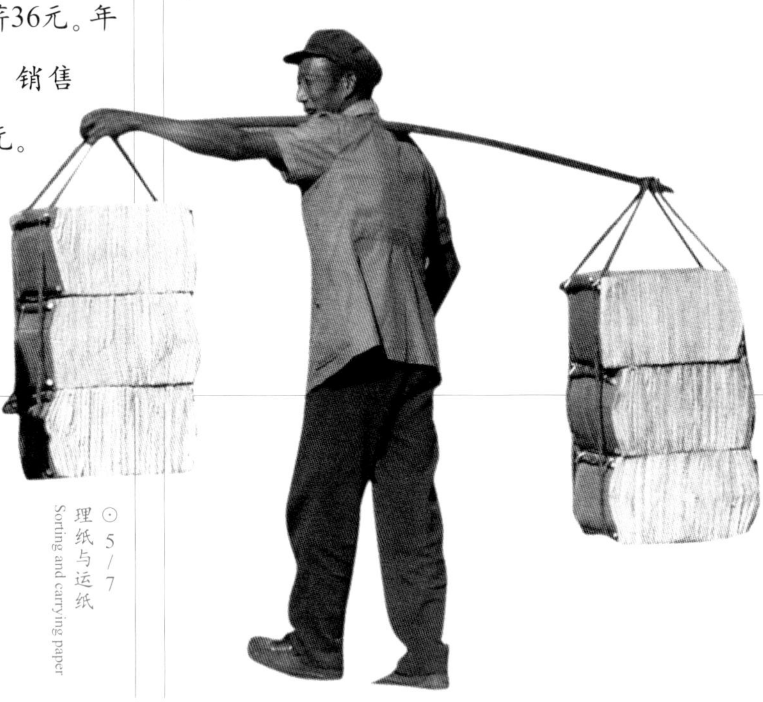

⊙5/7 理纸与运纸
Sorting and carrying paper

七 鹤庆白族白绵纸的相关民俗与文化事象

7 Folk Customs and Culture of Baimian Paper by the Bai Ethnic Group in Heqing County

（一）开工起火选日子

春节过后，新开工时，需选好日子，一般初六、初八较多。只要避开初一、初三、初七、十五等几个当地认为不宜开工的日子皆可。据当地人介绍，鹤庆古时属大理国，信奉佛教，每月初一、十五要吃素，因此不宜进行庆祭活动；当地有说法“初三息五”，即如果初三动工，初五就要休息，这样工作不能正常进行；且有“七不出门，八不回家”之说，因此一般也不选择初七开工。

起火时，有些地方会请造纸师傅吃饭，但各村不同。

（二）停工宴请造纸师傅

一般农历腊月二十六停工，纸厂老板需请造纸师傅吃饭，并为他们准备年货。吃饭时，双方交流来年造纸情况，如不再请那么多师傅，或造纸师傅要辞工，都会在此时提出来。

（三）纸钱有讲究

灵地村白绵纸的一个传统用途是制作纸钱。纸钱分白钱和黄钱两种。一张白绵纸上按特定规格，打上5行2列共10个钱眼，即制成白钱；将白绵纸染黄后打上同样钱眼的为黄钱。白钱祭鬼，黄钱祭神。人过世以及清明节、中元节等都要烧纸钱，且白钱比黄钱多。

20世纪70年代末，当地逐渐改用龙珠村生产的竹纸作纸钱，而现在主要用机制的纸钱。

（四）男女有分工

鹤庆生产白绵纸，有较明显的工作分工，一般来说，劳动强度大的，如抄纸、压榨等工作由男性来做，揭纸、晒纸由女性来做。

八
鹤庆白族白绵纸的保护现状与发展思考

8
Preservation and Development of Baimian Paper by the Bai Ethnic Group in Heqing County

（一）鹤庆白族白绵纸的保护现状

1. 规划造纸原料资源，恢复造纸原料生态

造纸所需的构皮、杉松根等林业植物原料，鉴于以往滇西北山区野生资源丰富，在小手工业生产环境下，可随意砍伐而不至于短缺。但长期大量的资源消耗，野生植物的再生复原较为吃力，加上城市（镇）化、工业化需求造成植被退化、资源枯萎，若干原料已无法保障正常生产。如杉松树根，1998年以前还是纸药的重要辅料，野生的较多，民间习俗也能注意保护，做到只挖边根，不挖主根；后来再生跟不上需求，主根也挖，导致短时期已无法满足当地造纸的基本需求了。

类似的事件在造纸史上也是有先例的，如唐代著名的浙江剡溪藤纸的衰灭，便缘于名纸供不应求导致藤资源枯竭。

这也是鹤庆白绵纸开始流行用化学纸药的一大因素，而化学纸药的使用使人们对作为普洱茶包装纸的鹤庆白绵纸产生了药性残留质疑。21世纪初，鹤庆县林业管理部门开始对林区实施规划管理，有偿使用、计划砍伐，对非耕地区域实施人工种植构树等措施，对当地的生态和手工造纸资源保护起到了一定的作用。

2. 保护民间工艺，推广民族文化旅游品牌

鹤庆有着千年历史，造就了众多人文景观。除了广为人知的白族手工造纸外，还有用金、银、铜等打造首饰与器皿的民间技艺。2007年鹤庆县已完成新华村旅游开发总体规划设计，它是集民间工艺、民风民俗、田园风光、旅游购物于一体的省级民族旅游村，被文化部命名为“中国民间工艺之乡”。旅游村聘请了鹤庆白族民间各类手工工艺师，以旅游开发的形式来促进手工造纸和其他传统工艺的恢复和发展。龙珠村的造纸户桑旺辉就是旅游村规划聘请的传统手工艺传承和展示园的造纸师傅。

⊙ 1

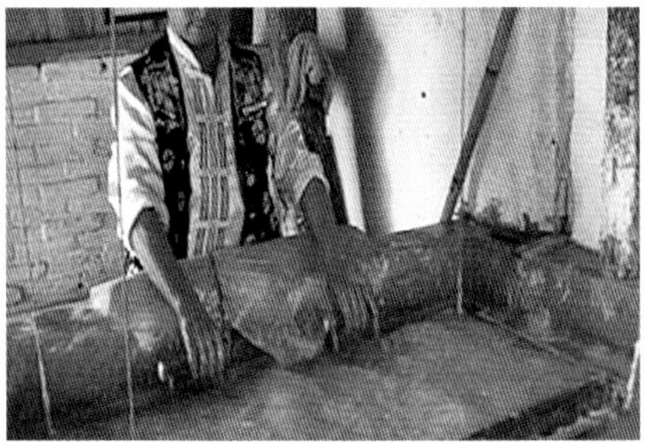
⊙ 2

⊙ 1 新华村风光 Scenery of Xinhua Village

⊙ 2 新华村的手工造纸 Handmade paper in Xinhua Village

3. 做大作坊和市场，保持手工造纸的活力

面对白绵纸行业激烈的市场竞争，鹤庆的造纸作坊已在自发探索市场化拓展中转型。如灵地村的造纸户高李全，已从纯手工白绵纸转做50%构皮、50%木浆的混合机制纸，生产能力和经济效益有较大幅度的提高。但这带来的是工艺业态的较大变化，这对传统手工造纸的传承保护来说，或许是我们不希望看到的结果。

在鹤庆另有十多家较大规模的纯手工造纸作坊，在坚守传统造纸技艺的基础上，关注市场与社会文化新需求，积极调整适应。如龙珠村张国弟的作坊，已从家庭式作坊发展为15人的微小型手工纸厂，他主动跑市场、签订单、代理销售，目前全年产能饱满，产销两旺。

4. 降成本、提工效，维系小造纸作坊生存

造纸是龙珠、灵地村民家庭经济收入的重要来源，其投入产出比大小决定着造纸营生能否延续。较之于有一定规模的作坊而言，龙珠村和灵地村小作坊的境况显得比较艰难。但小纸坊主也有自身的生存之道。首先是开源节流，如远赴周边县区和国外采购原料，回收边角料和废纸等。其次是降低成本，如针对不同客户群的需求，抄造纯构皮纸、构皮加回收纸或加山草纸等；在规格上抄造出不同尺幅的纸张。再次是改进工艺，提高功效，如由以前的一帘一纸，改为现在的一帘二纸或三纸。可以说，鹤庆小纸坊也在竭尽全力，维系身处窘境中的传统手工造纸技艺的延续，但这些在经济与市场压力下的变通，也对白族传统造纸的纯粹性产生了一定冲击。

（二）鹤庆白族白绵纸的发展思考

1. 将分散的家庭小作坊联合，培养成规模化的造纸企业或联盟

鹤庆得天独厚的地理条件以及产品品牌，成就了这片土地上村民的造纸技艺及业态。虽然也形成了十多家有一定规模的作坊，但与规模经营还有显著差距，大量原生态的家庭小造纸作坊势单力薄，在现代经济业态冲击下经营与传承显得吃力。在当代市场流通贸易格局中，高成本、低售价、低销量、低效益对农村小手工艺业态往往

⊙1

⊙2

⊙1/2
回收纸边角料
Recycling of redundant papermaking mateirals

是挥之不去的阴影。鹤庆县的造纸业亟须谋取共识，整合量大面散的手工造纸资源，通过合资入股、政府引导性投资入股、对外招商引资等途径，实现家庭作坊向企业规模经营模式的转型。

2. 提高纸张性能，研发新产品，积极拓展生存空间

鹤庆手工白绵纸的发展空间日益受到机制纸与外地高档纸的挤压。如普洱茶包装用纸易受茶销量掣肘，也因卫生指标问题受到机制纸的冲击；捆钞用纸日益受到现钞流通量下降的影响；祭祀用纸则更难与机制或半机制纸竞争。从鹤庆白绵纸的性能优势及持续传承着眼，造纸艺人不宜单纯降低原料成本来应对挑战，还应有提高纸张性能和开发新产品等开拓创新性思路，以此培育新的利润增长点、保持传承延续经典造纸技艺的动力。如进一步优化纸张的书写性能，使纸张在书画、刊印经卷、复制古籍善本上提高竞争力；研制仿古纸，为博物馆、纪念馆、展览馆、寺庙、古建筑等提供修复文物和装饰用纸；研制精密仪器仪表的擦拭用纸及适合高级工艺制品、仪器的软包装用纸等。

3. 由生产销售原生性白绵纸，转变为兼顾开发销售纸制品及加工纸

鹤庆地处由大理通往丽江、香格里拉的世界级黄金旅游线上，鹤庆的白族手工造纸业态与技艺又早已名声在外，鹤庆造纸人除了在原生性白绵纸上努力拓展新应用空间外，也有很好的基础条件去结合丰富的旅游资源，在纸质旅游纪念品、加工纸等延伸产业链上做文章。如与旅游部门合作，开发生产色笺、蜡笺、研花笺及各种天然的染色纸和印花装饰纸，制作供题字用的册页，用手工纸印制导游图、景点门票、贺卡、礼单、书签等纪念品；与民间艺人合作，生产手工纸帽、雨伞、风筝、玩具、面具、模型等工艺品。这些纸制品是诸多旅游景区普通商品无法比拟的特色产品，从成功经验看，紧邻的丽江系统东巴纸的延生业态已具相当规模，而老挝琅勃拉邦的纸品夜市更是享誉国际，这些都可以成为很好的借鉴。

鹤庆龙珠村白族白绵纸

Baimian Paper
by the Bai Ethnic Group
in Longzhu Village of Heqing County

龙珠村白绵纸透光摄影图
A photo of Baimian paper in Longzhu Village seen through the light

111

鹤庆灵地村白族白绵纸

Baimian Paper by the Bai Ethnic Group in Lingdi Village of Heqing County

灵地村白绵纸透光摄影图

A photo of Baimian paper in Lingdi Village seen through the light

第四节

鹤庆白族竹纸

云南省
Yunnan Province

大理白族自治州
Dali Bai Autonomous Prefecture

鹤庆县
Heqing County

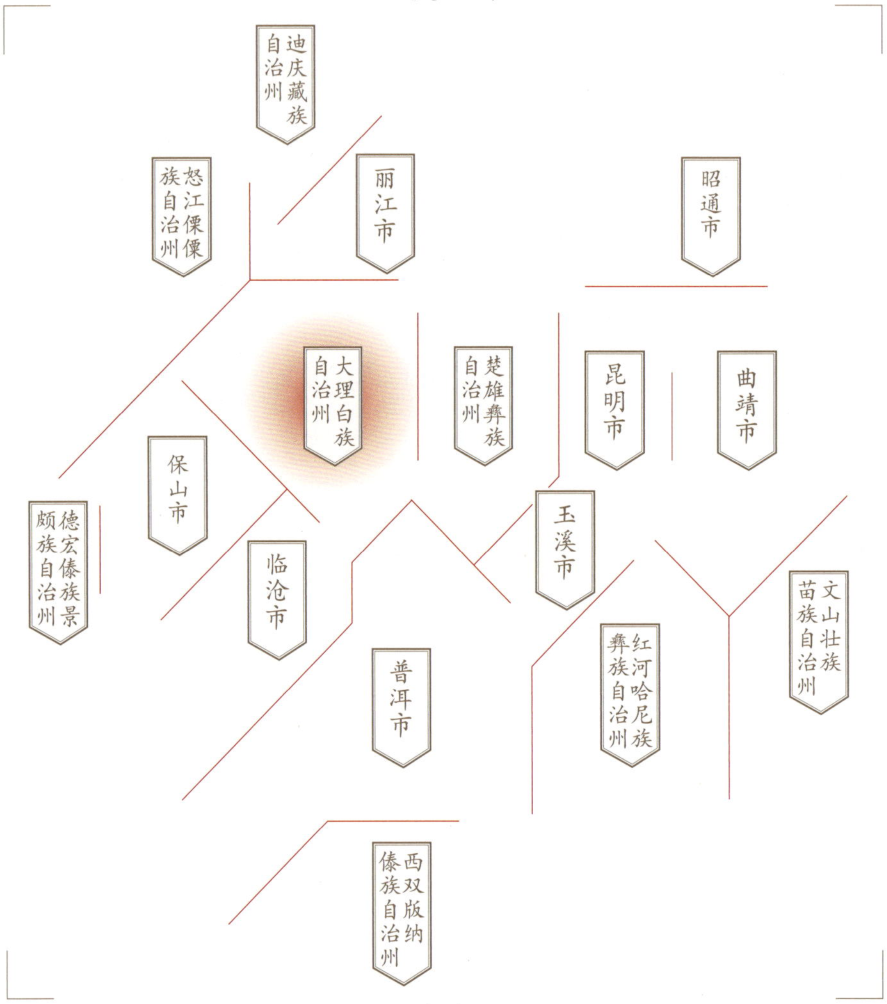

调查对象

松桂镇龙珠行政村白族竹纸

Section 4

Bamboo Paper by the Bai Ethnic Group in Heqing County

Subject

Bamboo Paper by the Bai Ethnic Group in Longzhu Administrative Village, Songgui Town

一 鹤庆白族竹纸的基础信息及其分布

1 Basic Information and Distribution of Bamboo Paper by the Bai Ethnic Group in Heqing County

鹤庆自古以来就是白族竹纸的生产中心，鹤庆县域的竹纸传统产地主要是松桂镇龙珠村、勤劳村、大石村和金墩乡，目前除龙珠村外，其余基本不再生产。生产原料为当地野生的箭竹、苦竹及山竹，纸质匀细、光洁、柔软。相对于白绵纸，龙珠村竹纸在当地更为人称道。历史上，龙珠人用竹子生产的永红纸和红青梅纸曾经誉满省内外，成为传统名纸。

龙珠村在1985年前后有近500户造竹纸，至2008年1月调查组入村考察时仍有50余户，规模化地分布于军营、上登、下登、秦家、施家等自然村与村民组，其中军营村的竹纸造纸户较多。而2012年调查组成员对张国弟进行电话回访得知，村中现仅有2户人家坚持在造竹纸。

⊙1

二 鹤庆白族竹纸生产的人文地理环境

2 The Cultural and Geographic Environment of Bamboo Paper by the Bai Ethnic Group in Heqing County

鹤庆的松桂镇龙珠村既是传统手工白绵纸产地，也是竹纸的制作地，人文地理环境相同，此处不再详述。

⊙1 龙珠村漾弓江风光 Scenery of Yanggong River in Longzhu Village

路线图
鹤庆县城
↓
龙珠村
Road map from Heqing County centre to the papermaking site (Longzhu Village)

鹤庆白族竹纸生产地分布示意图

Distribution map of the papermaking site of Bamboo paper by the Bai Ethnic Group in Heqing County

考察时间
2008年1月

Investigation Date
Jan. 2008

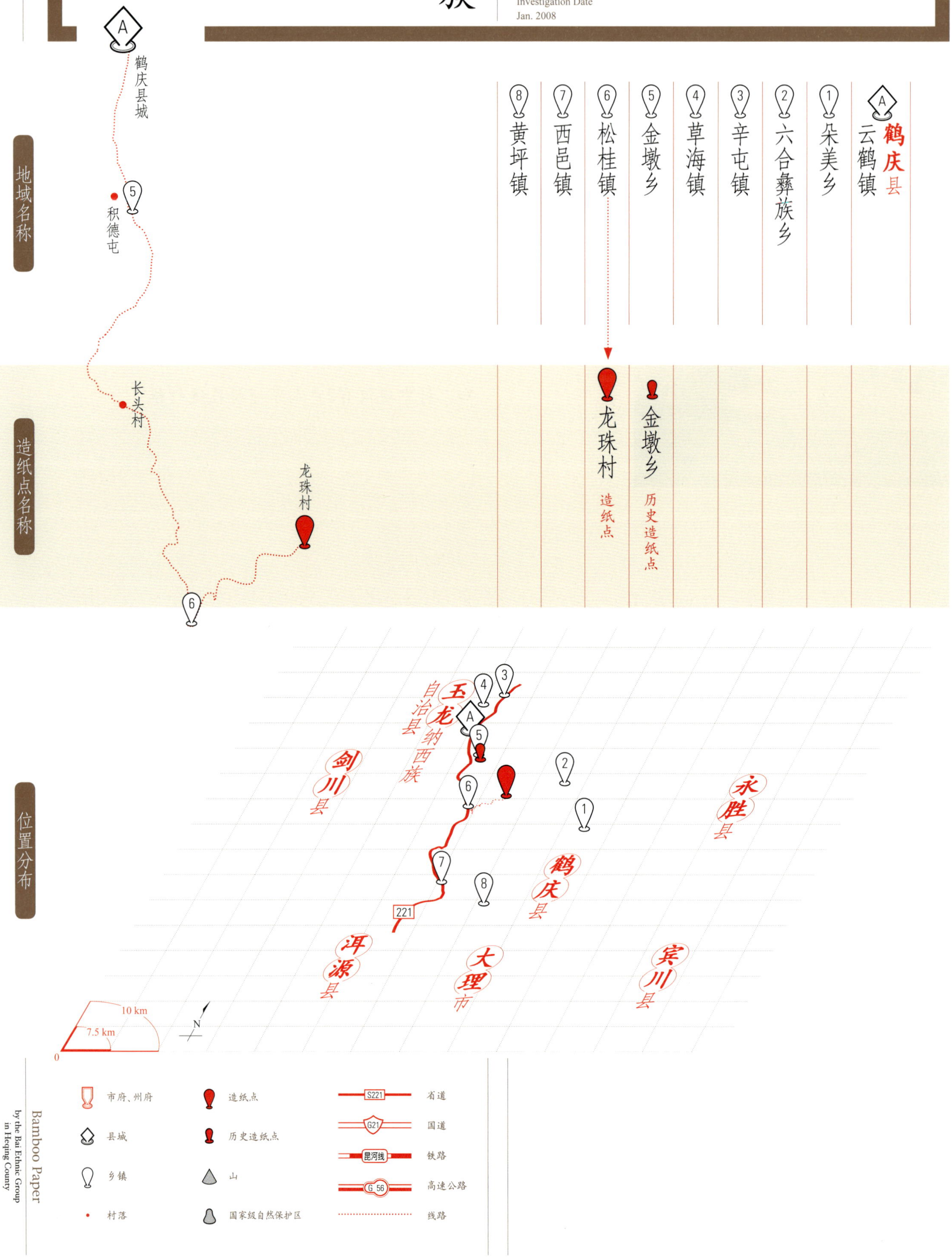

三
鹤庆白族竹纸的历史与传承

3
History and Inheritance of
Bamboo Paper by the Bai Ethnic Group
in Heqing County

鹤庆白族竹纸在历史上享有盛誉，龙珠村的竹纸生产技艺对云南省其他少数民族地区的手工造纸业产生过重大影响，是云南多个造纸地技艺传习的来源地。民国时期，建水县和漾濞县曾分别组织人来龙珠村学习竹纸的生产技艺。据说漾濞县长亲自带队来村考察学习，此外，建水县距离鹤庆县很远，亦可见当年龙珠村的竹纸名声很大。

（一）鹤庆白族竹纸的生产历史

鹤庆县域造纸历史悠久，明清时期有关的典籍和民间资料中，有大理造竹纸的若干记述。明《大理县志稿》引旧《云南通志》记载大理“有清水粉纸二色，今停制，大小纸房二村尚存，草纸厂设苍山，西面数处”[16]。说明明代大理地区除生产竹纸外，还能生产加工竹制粉纸。朱霞等转引清《鹤庆州志·物产》记载：“鹤庆生产白纸、草纸、锡箔纸。”[17]

作为古代云南茶马古道的经歇地，从明清至民国时期，鹤庆龙珠村生产的精良竹纸，除供应本地外，还通过鹤庆商帮的马队，沿着茶马古道流向云南其他地区和藏区，以及东南亚国家。

（二）鹤庆白族竹纸的生产传承

据调查组2008年1月入村调查，龙珠村的竹纸生产主要以户为单位，亦有小型纸厂。据调查，龙珠村造竹纸历史较长的家庭已延续有十多代人。在1998年2月李晓岑、朱霞的调查中，村民施家定介绍说，过去纸坊造的纸尺寸较小，他爷爷年轻时曾从今四川省夹江县请来造纸师傅，对当地的造纸工艺进行改进，以后便有了较大尺寸的竹纸。

[16] ［明］刘文征.滇志·景东府(1621～1627)[M]//云南史料丛刊：第十三辑.昆明：云南大学出版社，1998：113.

[17] 朱霞，李晓岑.白族的手工造纸[J].云南社会科学，1998(6)：74.

⊙1 龙珠村风光
Landscape of Longzhu Village

四 鹤庆白族竹纸的生产工艺与技术分析

4 Papermaking Technique and Technical Analysis of Bamboo Paper by the Bai Ethnic Group in Heqing County

⊙2

⊙3

(一) 鹤庆白族竹纸的生产原料与辅料

鹤庆龙珠村造竹纸的主要原料是箭竹和山竹，竹子多产于鹤庆本县的中江、六合，以及周边南涧和洱源县等地。

龙珠村造竹纸，传统的纸药为杉松树根或仙人掌汁液，而现在使用较多的是化学纸药聚丙烯酰胺。

此外，还要用到石灰，它是造竹纸的重要辅料，用途是软化竹子，促进竹料发酵。另一辅料为碱性嫩黄或鹅黄，作为添加剂，用于纸张上色，使造出的纸呈黄色。

(二) 鹤庆白族竹纸的生产工艺流程

2008年1月，从鹤庆龙珠村造纸户黄美瑞的竹纸手工作坊处，调查组了解到该地造竹纸的工艺流程为：

壹	贰	叁	肆	伍	陆	柒	捌	玖	拾	拾壹
砍竹	破竹	晒竹	捆竹	浸泡	拆把	浆竹麻*	蒸竹麻	打竹麻	煮竹麻	洗碱

拾贰	拾叁	拾肆	拾伍	拾陆	拾柒	拾捌	拾玖	贰拾	贰拾壹
下烂	出料子	打碓	打槽	捞纸	压榨	揭纸	晾纸	理纸	包装

⊙2 箭竹 *Fargesia Spathacea Franch*

⊙3 纸药 Papermaking mucilage

* 造纸户通常将已浸泡过的干竹料称为“竹麻”。

壹 砍竹

1

传统方式是造纸户每年冬季至次年春季到附近山上砍一年生的竹子，现在造纸户大多不砍竹，而是直接购买。

贰 破竹

2

用铁锤或脚碓将竹子敲烂，然后再砍断成约70 cm长的竹段。

叁 晒竹

3

自然晾晒5～6天至干。

肆 捆竹

4

将晒干的竹子用竹篾捆好，直径25～30 cm，约10 kg一把。

伍 浸泡

5

将成把的竹片整齐码放至泡竹料塘，其上用棍棒压，清水浸泡20天左右，冬季约30天。

陆 拆把

6

放掉清水，拿掉棍棒，把浸泡好的竹片一把把取出，拆成3 kg左右的小把，用稻草捆扎。

柒 浆竹麻

7 ⊙1

将生石灰放入灰塘，加水搅拌。用叉子将竹麻浸入灰塘中，腌上石灰，然后取出，整齐堆放发酵约30天。一般两个男人一天可浆一塘竹麻，约1 500 kg干竹料，需要使用400 kg生石灰。

⊙1

捌 蒸竹麻

8

将发酵好的竹麻整齐码放至木甑，两层交错摆放，使之透气，一般可码放40层。随后用剩余的石灰浆敷在竹麻四周，再用稻草盖好。加入清水，蒸7天左右，一般3天后加一次水，约300 kg。以前烧木柴，大约需要1 500 kg；现在用煤，约需400 kg。

玖 打竹麻

9 ⊙2

竹麻煮好后，趁热，一人将竹麻钩出，四人用钉耙将成把的竹麻打散，两人将竹麻钩入水中洗掉石灰，另有一人将洗好的竹麻捞上来，上述过程一天可完成。

⊙2

⊙1 堆放的发酵竹料
Piling up the fermented bamboo materials

⊙2 打竹麻
Beating the papermaking materials

拾

煮 竹 麻

10 ⊙3

将竹麻整齐装回木甑，中间留通气孔。加水至距甑口约50 cm处，煮2～3天，加150 kg纯碱，再煮3～4天。

⊙3

拾壹

洗 碱

11

将碱水放掉，加入清水，浸泡一个多小时后放掉，反复五次左右，基本能将竹麻中的碱洗净。一般洗一次需两小时，一人一天完成。

拾贰

下 烂

12

用清水灌满木甑，泡10～15天。如果竹麻煮得趴（即煮得较透），10天即可，否则约需15天。

拾叁

出 料 子

13

把水放掉，一人将竹麻从甑子里取出，两人将料子运回家，一天可出完料子。

拾肆

打 碓

14 ⊙4 ⊙5

传统用石碓，一人踩碓，一人翻料，每次可踩50 kg湿料（约18 kg干竹子），易踩的约需一个小时。有些竹子老了，或蒸煮时间不够，两个小时都很难踩好，此时可用小型粉碎机粉碎，一般半小时即可完成。造黄色竹纸时，要在竹料中拌入碱性嫩黄或碱性鹅黄一起踩。造纸户认为，打碓造出的纸更好，因为翻料时可拣除竹节、沙子等小颗粒；而粉碎时小颗粒不易去掉，造出的纸相对粗糙一些。

⊙4
⊙5

⊙3 煮竹麻 Boiling the papermaking materials

⊙4/5 打碓 Beating the papermaking materials with stone pestle

拾伍 打槽

15 ⊙6

抄纸前一晚，在捞纸槽中放入25 kg春融的竹浆（大槽可放50 kg），加清水，用拱耙将竹料搅散，放掉所有水。第二天早晨加满清水，然后再加入滑水（即纸药液），用拱耙拱起一部分竹浆，使竹料纤维均匀地分散、悬浮于水中。一天一般拱3～4次即可抄完50 kg湿料，每拱一次需加一次滑水。

⊙6

拾陆 捞纸

16

捞纸时一人抬帘，压紧纸帘的边柱，由外往内沉入纸浆中；接着用手左右摇动纸帘两次，平提起纸帘；将帘架搭放在支杆上，取下纸帘，再把帘上的湿纸翻扣在湿纸垛上。

⊙7

拾柒 压榨

17 ⊙7

捞完纸后，在纸垛上依次放废旧纸帘、垛板、码子，再加龙杆。缓慢压龙杆，接近扳平后，加两次码子重复上述过程，然后用钢丝绳将龙杆和滚筒绞紧，再扳龙杆，松榨，再加码子压榨。整个过程约需一个小时，然后静置整晚。压榨前纸垛高约70 cm，压榨后约25 cm。

拾捌 揭纸

18 ⊙8 ⊙9

次日早晨，松榨，将纸垛搬回家。先用手将纸头边拨高约1.5 cm，再拨两个长边，用纸锤划纸面数次，使纸张之间蓬松，便于分揭。随后用手将纸一张张揭起，并使相邻的两张纸之间有错位，分揭叠起。

⊙8

⊙9

⊙6 打槽 Beating the papermaking materials

⊙7 压榨 Pressing the paper

⊙8/9 揭纸 Peeling the paper down

⊙10 晾纸
Drying the paper

拾玖
晾　　纸

19　⊙10

约20张为一叠，挑晾在房梁上，自然晾干。天气好时需3天，阴天则要6~7天。如遇下雨，则12张左右作为一叠，由于晾纸处通风，6~7天可干。也可于太阳下晒干，但晒干的纸易卷曲。

⊙11

贰拾 理纸

20 ⊙11

纸晾干后，逐张揭下并叠齐。

贰拾壹 包装

21

两头包上厚纸壳，再用竹篾捆好。以前20张为1刀，100刀为1件，调查时主要以5张为1刀，600刀为1件，用绳子捆。

⊙12

⊙13

⊙14

龙珠村有专门制作纸帘的农户。制作时先将竹子锯成段，之后破成细竹签，再用特制的工具把竹签拉成竹丝后才能编织。编织好的帘芯还要在左右边缘用布锁边，上下缘口用圆木条加上把手。龙珠村竹纸帘有60 cm × 30 cm等尺寸规格。

⊙11 理纸 Sorting the paper

⊙12/14 制作龙珠村竹纸帘 Making bamboo screen in Longzhu Village

(三)

鹤庆白族竹纸的性能分析

所测竹纸为鹤庆龙珠村2007年造的未经染色竹纸，相关性能参数见表2.5。

表2.5 龙珠村竹纸的相关性能参数
Table 2.5 Performance parameters of Bamboo paper in Longzhu Village

指标		单位	最大值	最小值	平均值
厚度		mm	0.174	0.094	0.135
定量		g/m^2	—	—	25.7
紧度		g/cm^3	—	—	0.190
抗张力	纵向	N	6.2	5.0	5.5
	横向	N	3.9	3.0	3.4
抗张强度		kN/m	—	—	0.297
白度		%	32.0	30.5	31.3
纤维长度		mm	2.81	0.73	1.51
纤维宽度		μm	18.8	6.2	12.2

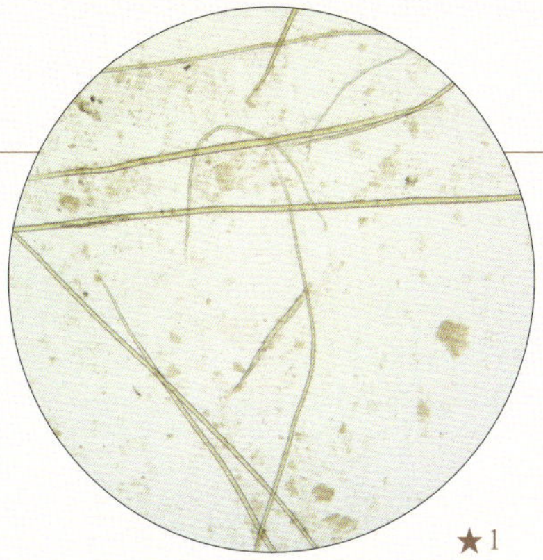

★1

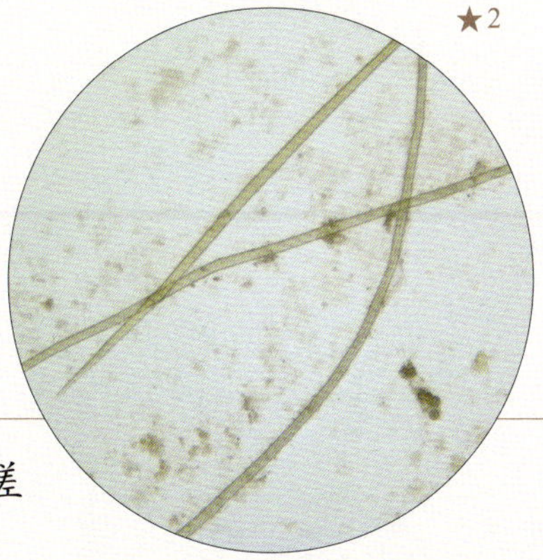

★2

由表2.5可知，所测龙珠村竹纸最厚约是最薄的1.85倍，厚薄差异大，经计算，其相对标准偏差为19.9%，具有较大的偏差。竹纸的平均定量为25.7 g/m^2，定量较小，主要与纸较薄有关。所测竹纸紧度为0.190 g/cm^3。

龙珠村竹纸纵、横向抗张力有一定区别，经计算，其抗张强度为0.297 kN/m，抗张强度值小。

所测龙珠村竹纸的白度平均值为31.3%，白度较低，白度最大值约是最小值的1.05倍，相对标准偏差为1.58%，差异较小。

所测龙珠村竹纸纤维长度：最长2.81 mm，最短0.73 mm，平均1.51 mm；纤维宽度：最宽18.8 μm，最窄6.2 μm，平均12.2 μm。所测竹纸在10倍、20倍物镜下观测的纤维形态分别见图★1、图★2。

★1
龙珠村竹纸纤维形态图
(10×)
Fibers of Bamboo paper in Longzhu Village
(10× objective)

★2
龙珠村竹纸纤维形态图
(20×)
Fibers of Bamboo paper in Longzhu Village
(20× objective)

五 鹤庆白族竹纸的用途与销售情况

5 Uses and Sales of Bamboo Paper by the Bai Ethnic Group in Heqing County

（一）鹤庆白族竹纸的用途

鹤庆龙珠村生产的竹纸，是竹纸中质量较优的一类，主要传统用途有文化宣传用纸、生活用纸和祭祀用纸三大类。

过去质量好的龙珠竹纸光洁细腻、质地柔软，可谓竹纸中的佳品。据龙珠村纸工介绍，以前本地人书写、描摹、绘画会用到这种纸，民国时一度用来印刷报纸。但由于受机制纸和其他更适宜书写的手工纸冲击，加上现在技术没有过去讲究，今日的龙珠村竹纸已淡出此领域。

龙珠村竹纸质优价廉，当地乡民常用此作为各种生活用纸。更具普遍意义的是作为卫生用纸和医院清洁代用品，据说“文化大革命”时期，因其用量大，供不应求，曾一度凭票供应。现在，随着更卫生、性价比更高的机制纸涌入，竹纸作为卫生用纸的用途业已消失。

龙珠村竹纸可完全燃烧，燃烧后纸灰呈白色，轻扬，是祭祀用纸的上品。这是龙珠村竹纸当前仅存的一个重要用途。

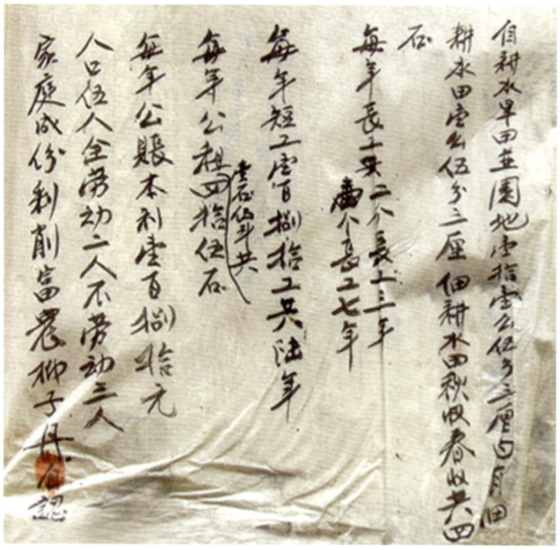

⊙1

⊙1 用龙珠村竹纸抄印的资料
Information transcribed on Bamboo paper in Longzhu Village

（二）鹤庆白族竹纸的销售情况

鹤庆龙珠村竹纸的销售，一部分是直销或出售给附近集镇上的摊贩；另一部分是中间商上门收购，再运往丽江、大理、永胜、岩坪等地，转批给销售商。龙珠村所辖下登自然村的施军伟，就是由造纸户转为中间商的。无论哪种销售方式，由于它的终端客户绝大多数是农民百姓，所以最终皆属零售。

龙珠村竹纸的基本规格为35 cm × 23 cm。加碱性嫩黄或碱性鹅黄的竹纸称为黄竹纸，不加色的竹纸称为本色竹纸。目前通常1件为600刀，1刀为5张，2008年初每张纸的价格在6分钱左右。

龙珠村2008年初有50余家作坊生产竹纸，纸坊每年都要去附近的县镇购买竹子，竹子的价格约1 000元/吨。以黄美瑞家的竹纸作坊为例，该纸坊有4名工人，用的是一帘二纸的抄纸帘，一名熟练的抄纸工一天可抄2 000张竹纸。据调查，黄美瑞的作坊年产纸200件，即60万张，销售额约3.6万元，工人工钱约20元/天，扣除工人工钱和成本，净利润约1.64万元。

调查组对造竹纸的收入进行了估算，按一塘竹麻约1 500 kg干竹子计算，可造100件纸，每件3 000张，按2008年价格0.06元/张计算，销售额1.8万元。

成本主要为：干竹子1 500元；生石灰400 kg，400元；柴1 500 kg，600元；纯碱150 kg，300元。以上共需2 800元，这其中不包括纸药及工具折旧等费用。

造纸约需用工情况为：买竹2个工，浸泡2个工，拆把2个工，浆竹麻2个工，蒸竹麻2个工，打竹麻8个工，煮竹麻2个工，洗碱1个工，下烂1个工，出料子3个工，打碓、打槽25个工，捞纸150个工，压榨、晾纸、揭纸、包装150个工。上述共需350个工。

扣除成本，一塘竹麻所造纸，毛利1.52万元，折合每个工43.4元。工人工钱按20元/天计算，共0.7万元，扣除工人工钱，净利润约0.82万元。

结合黄美瑞的作坊年产200件，恰好是2塘竹麻所造纸，净利润约1.64万元。

就现状而言，龙珠村的竹纸作坊效益并不理想。调查组调查时，龙珠村支部书记桑灿春提到竹纸前景堪忧，当时龙珠村外出务工的有800多人，约合户均1人。而传统的手工造纸是当地主要的经济产业，且家家会做，只要农闲时愿意，便可信手拈来。桑灿春希望能通过政府的扶持，来传承这一祖业。2012年，项目组电话回访时，据张国弟介绍，黄美瑞因嫌造纸赚钱太少，已不再造纸。这恰恰印证了调查时桑灿春的担忧。

六 鹤庆白族竹纸的相关民俗与文化事象

6 Folk Customs and Culture of Bamboo Paper by the Bai Ethnic Group in Heqing County

因同属鹤庆一地，竹纸与白绵纸的相关民俗有相似之处。如“起火选日子”“停工宴请造纸师傅”等。此外，鹤庆龙珠村一带造竹纸，有较明显的分工。一般来说，劳动强度大的工作，如砍竹、破竹、浸泡、浆竹麻、打竹麻、洗碱、打碓、捞纸、压榨等由男人来做；揭纸、晒纸由女人来做。当地女人也可抄造小尺寸的纸。

关于浸泡竹片，当地有“老水少泡，新水多泡；夏天少泡，冬天多泡”的俗语。所谓老水，是指泡竹麻塘里的水是死水；而新水是指泡竹麻塘里的水经常换。造纸户认为，老水有臭味，有一定的腐蚀性，要减少浸泡时间。

七 鹤庆白族竹纸的保护现状与发展思考

7 Preservation and Development of Bamboo Paper by the Bai Ethnic Group in Heqing County

鹤庆县龙珠村生产的竹纸相对于白绵纸，目前在生产规模和销售范围上都略显逊色。这其中主要来自机制纸的压力，导致其用途已被挤压在狭小的祭祀用纸空间内；而单一的用途导致其价格低廉，经济效益较低使得越来越少的人愿意从事竹纸的生产，而更多选择外出务工。这从当地1985年的500余家造纸户，到2008年调查时的50多家，再到目前仅剩2家可见一斑。

针对日渐衰微的竹纸市场，龙珠村竹纸的传承与保护可以考虑从以下几个方面开展：

1. 系统、深入挖掘并记录龙珠村竹纸的技艺和相关历史、文化

针对目前龙珠村竹纸的传承态势，当地政府相关文化部门与相关研究机构合作，对龙珠村竹纸的技艺和相关历史文化进行系统、深入挖掘和整理，并利用

⊙1

影像、照片、录音、文字等多种手段进行记录。假使以后龙珠村竹纸不再生产，还能保留较完整的资料，便于未来研究，甚至必要时进行龙珠村竹纸的复原生产。

2. 申报市级乃至省级非物质文化遗产

在深入研究的基础上，将龙珠村竹纸技艺申报为市级乃至省级非物质文化遗产，让龙珠村的竹纸传承与保护纳入保护体系，也使龙珠村竹纸获得更广泛的关注。龙珠村竹纸成为非物质文化遗产保护对象，一方面能增强造纸户的荣誉感和责任感，另一方面也能促进社会对鹤庆竹纸的认识和理解，这对于龙珠村竹纸提升知名度，进而扩大市场，具有积极作用。

⊙1 鹤庆风光 Landscape of Heqing County

3. 适当进行旅游开发

利用大理、丽江、香格里拉黄金旅游线，打造民族文化旅游品牌。把手工造纸引入传统手工艺传承展示园，实行生产性保护。在上述线路中，龙珠村竹纸及其所承载的民俗，是重要的组成部分，可考虑将龙珠村竹纸制作成各种精美的旅游纪念品，并通过旅游开发，扩大龙珠村的竹纸影响，进而使其得到更好的传承与保护。

4. 开发手工纸新品种、新用途

在保留传统造纸技术的基础上，寻求高校及相关研究机构的技术支持，或与国内相关竹纸生产基地合作，进行技术改进及产品开发，生产适合当代用途的偏高端用纸，用于书写、绘画，以及作为特种包装用纸等。

竹纸 本色

Bamboo Paper (Natural Color) by the Bai Ethnic Group in Heqing County

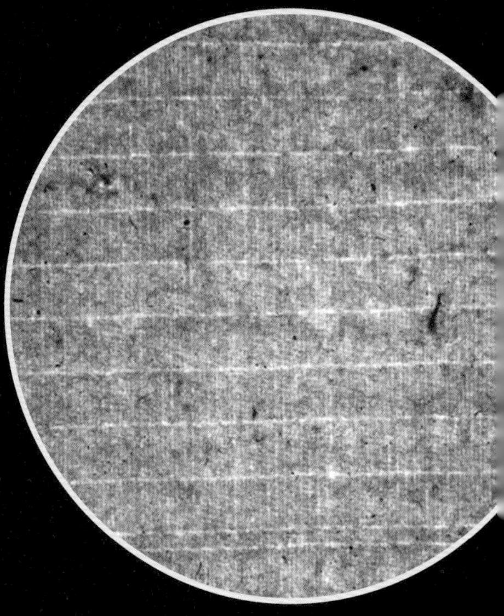

龙珠村竹纸透光摄影图

A photo of Bamboo paper in LongZhu Village seen through the light

鹤庆白族竹纸 黄色

Bamboo Paper (Yellow)
by the Bai Ethnic Group
in Heqing County

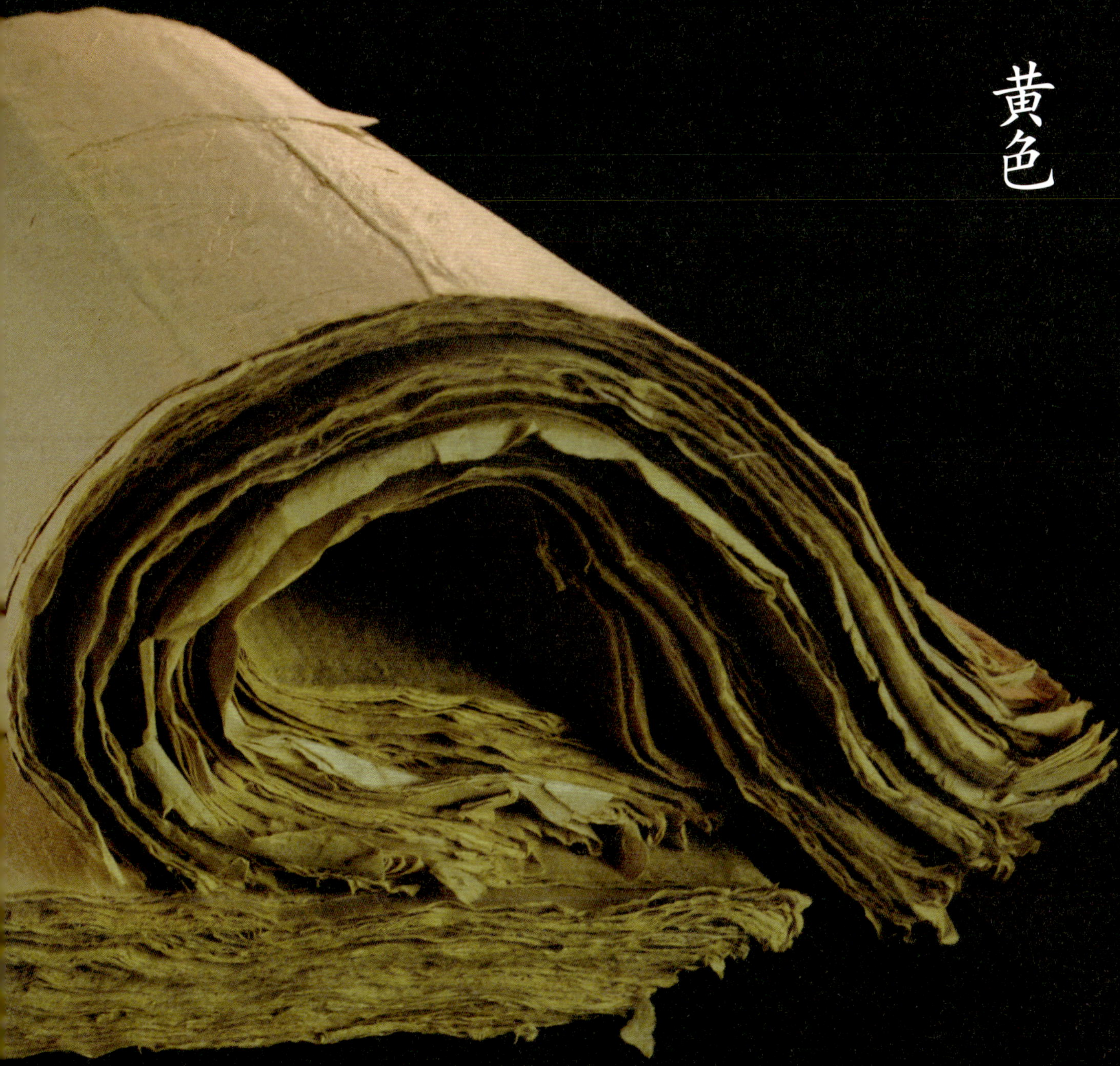

第五节

云龙白族绵纸

云南省
Yunnan Province

大理白族自治州
Dali Bai Autonomous Prefecture

云龙县
Yunlong County

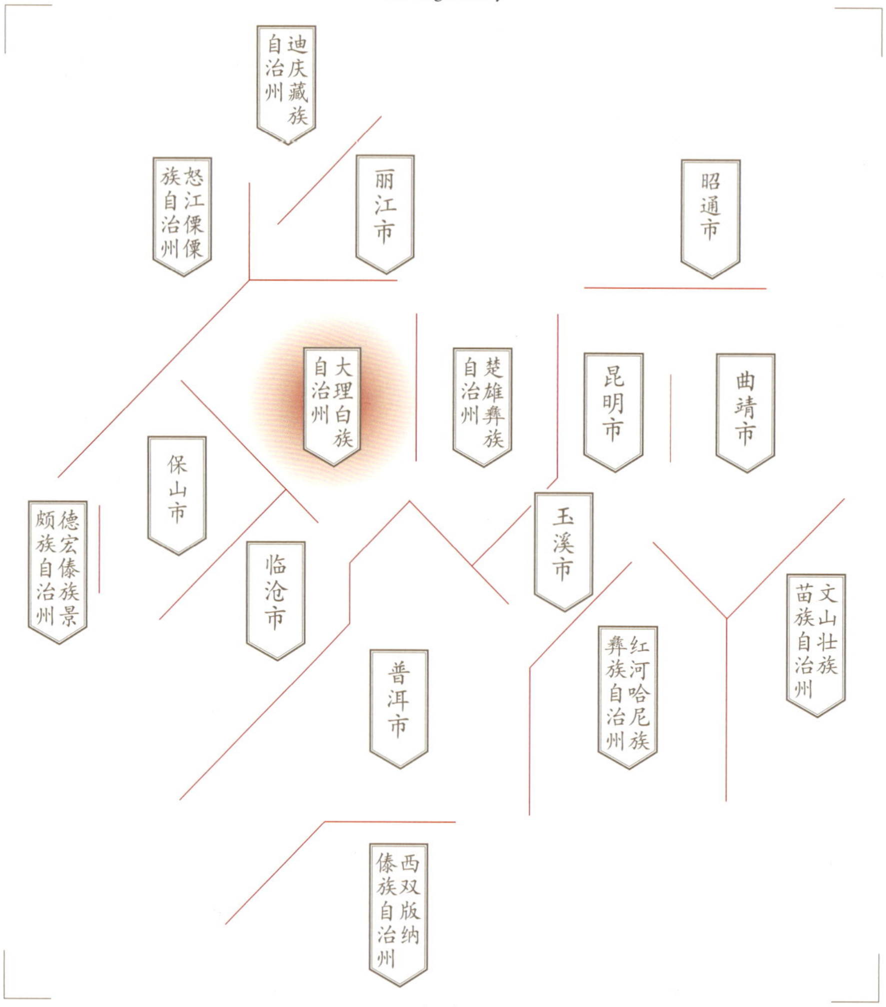

调查对象

表村傈僳族乡
茂盛行政村
上沟自然村
白族绵纸

Section 5

Mian Paper by the Bai Ethnic Group in Yunlong County

Subject

Mian Paper by the Bai Ethnic Group in Shanggou Natural Village, Maosheng Administrative Village, Biaocun LiSu Town

一 云龙白族绵纸的基础信息及其分布

1 Basic Information and Distribution of Mian Paper by the Bai Ethnic Group in Yunlong County

云龙县地处横断山南端澜沧江大峡谷区，隶属大理白族自治州。历史上，云龙因为产盐而闻名。由于盐业生产以及建筑用途的需要，当地白族百姓手工所造的纸张——白绵纸有着今日已难觅其踪的独特用途。云龙白族生产的白绵纸，由于韧性好，耐撕扯折叠，且保存时间长，历史上一直用来包装当地特产的盐和银矿石。此外，由于生产白绵纸的原材料——构树皮制作的纸浆黏性好，在没有水泥的时代，当地乡土建筑上大量使用造纸用的构树皮纸浆作为防裂材料。

历史上，云龙绵纸造纸业态最兴盛的是旧州、表村、漕涧、检槽等乡镇，据《大理日报》记者调查，上述乡镇到20世纪晚期仍延续着这一祖业[18]。

2009年9月，调查组成员进入表村傈僳族乡茂盛行政村上沟自然村调查时，村中赵庭珠等造纸户还在正常生产；而调查组2013年7月下旬再次调查上沟村造纸业态时，该村的所有造纸户均已处在停产状态，仅有3～4户人家还保有手工造纸工具系统及技艺，而村里造纸老人在世的只剩80岁的赵庭珠。

上沟村生产的绵纸主要原料为构树皮，分为本色的白色绵纸与染色的彩色绵纸两类。

⊙1

⊙1 造纸老人赵庭珠 An old papermaker, Zhao Tingzhu

[18] 何健安.云龙县保存至今的传统手工造纸技术[N].大理日报，2009-02-25(A3).

云龙白族绵纸生产地分布示意图

Distribution map of the papermaking site of Mian paper by the Bai Ethnic Group in Yunlong County

考察时间
2009年9月 / 2013年7月

Investigation Date
Sep. 2009 / Jul. 2013

路线图
云龙县城
↓
上沟村

Road map from Yunlong County centre to the papermaking site (Shanggou Village)

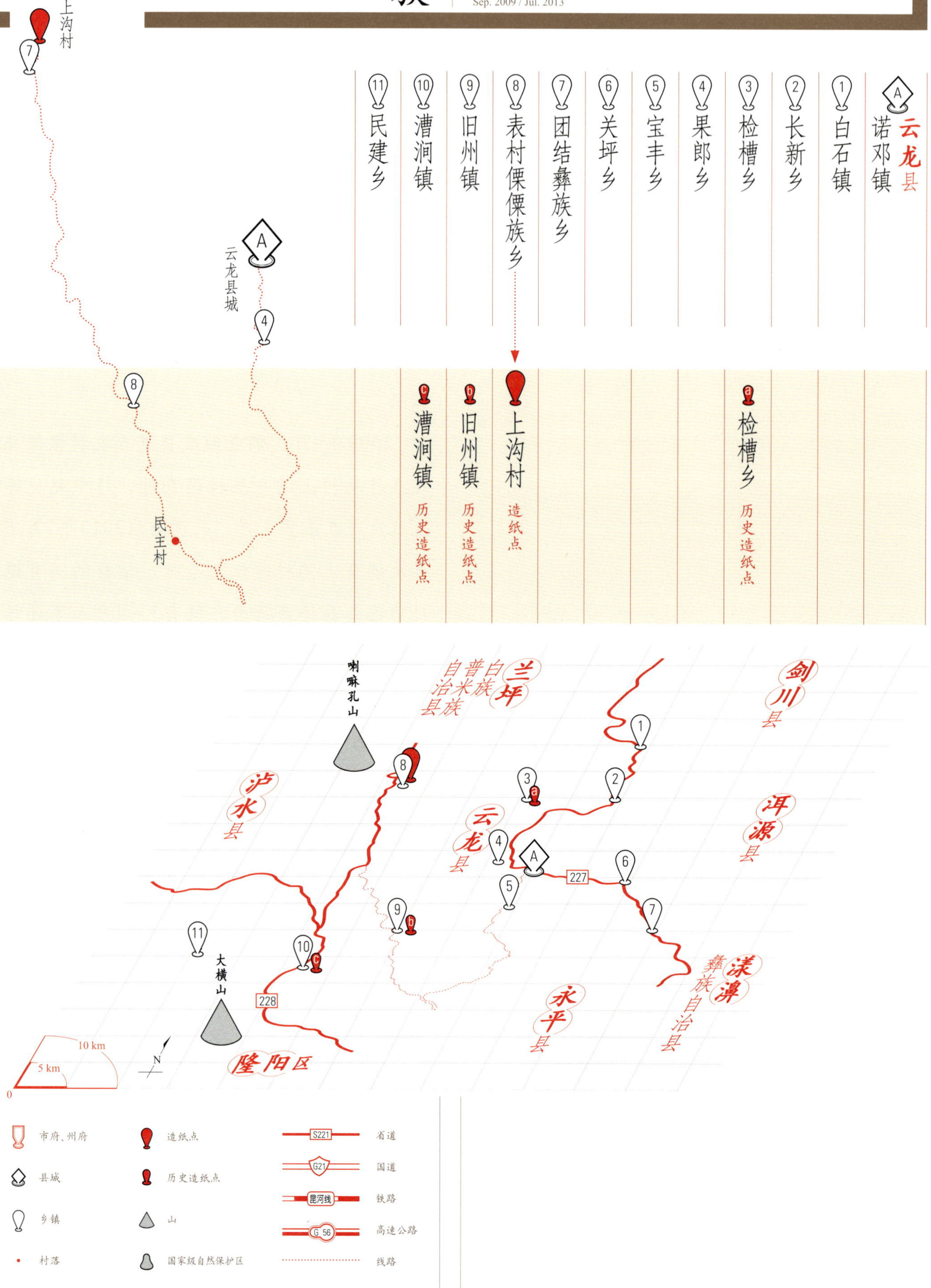

二
云龙白族绵纸生产的人文地理环境

2
The Cultural and Geographic Environment of Mian Paper by the Bai Ethnic Group in Yunlong County

云龙县位于云南省西北部，怒山和云岭两大山脉贯通全境，怒江与澜沧江流经县域，形成高山深谷的切割地貌，其中山地面积占全县总面积的90%以上。地理坐标为东经98°52′～99°46′，北纬25°28′～26°23′，属大理白族自治州、保山市、怒江傈僳族自治州的结合部。云龙县东接大理洱源县与漾濞县，北交大理剑川县和怒江兰坪县，西接怒江泸水县，南邻大理永平县及保山市。云龙境内枯水期与丰水期分段鲜明，每年11月至次年5月为旱季，降水量只占全年的15%左右。而每年6～10月为雨季，降水量占全年的85%左右。年均气温15.9 ℃，年降水量729 mm。最高海拔3 663 m，最低海拔730 m，高山低谷海拔落差较大。县城居县境中部狮尾河谷诺邓镇，东距大理州府大理市175 km。

云龙县为大理白族自治州最西部的县，属著名的高黎贡山地域，山高林密，动植物资源相当丰富。县域森林覆盖率达56%，红豆杉、滇山茶、滇楠、铁杉、水青树、云南榧等珍贵树种成片分布，滇金丝猴、白臂叶猴、小熊猫、孟加拉虎、梅花鹿等珍稀野生动物出没林间，形成了非常良好的原生深山区生态环境。

以怒江、澜沧江为主的江河水流湍急，可利用水能蓄积量十分丰富，总蕴藏量达3.02×10^6 kW。澜沧江流域梯级水电群开发规划中的功果、苗尾两大电站均在县境内，水能储量2×10^6 kW以上。

2009年，全县辖宝丰、关坪、团结、检槽、长新、表村、民建、果郎8个乡和诺邓、漕涧、旧州、白石4个镇，共 87个村民委员会。云龙是一个多民族聚居县，有白、汉、彝、苗、傈僳、阿昌等十余个民族，其中白族人口占总人口的73%，属典型的山地白族文化区。

云龙历史悠久，西汉元封二年（公元前109年）设“比苏”县，辖境面积西至今缅甸境内恩梅开江一带，包括了今云龙县境内沘江以西部分

⊙1 正在建设中的苗尾电站
Miaowei Power Station under construction

⊙2

及怒江州的大部分地域，属益州郡。东汉永平十二年（69年）改隶永昌郡。唐武德四年（621年），属南宁州总管府，称尹州。南诏政权时境内澜沧江以东属剑川节度，澜沧江以西属永昌节度。元代末年设云龙甸军民总管府，隶金齿宣慰司管辖。明洪武十七年（1384年）改名云龙州，授段保为云龙知州，隶属大理府。1913年改云龙州为云龙县，属腾越道。1929年改县公署为县政府，直属云南省。1950年改属大理专区管辖。1958年曾一度撤销云龙县建制并入永平县，1961年又恢复云龙县建制，隶属大理白族自治州。

云龙境内有著名的天池国家级自然保护区，主要保护动植物生态为原生云南松树、杜鹃灌丛、滇金丝猴等。在保护区中部有秀丽的高原湖泊天池，其地在五宝山顶，海拔约2 560 m，现已被辟为云南省级旅游度假区。保护区西部是中国著名的澜沧江大断裂带，东部是北莽山大断裂带，地貌类型独特而复杂，是三江并流世界自然遗产地域内高山地貌演化的典型样本。

云龙为古代著名的西南驿道的重要站点，由于云龙盐产业及银矿采掘业的发达，造就了东行大理、西往腾冲、南赴保山、北至丽江与中甸的商贸马帮驿道网络，并连接了通往缅甸、藏区及云南内陆的古代贸易线。今天，云龙境内石板驿道及驿站旧址仍有多处旧迹，留下了丰富多彩的贩私盐、驮洋货的贸易故事与轶事趣闻。

表村傈僳族乡位于云龙县西北部的深山腹地，沿澜沧江河谷分布。民国前为归化里地域，1930年设表村镇，1988年改为表村傈僳族乡。2010年10月，将傈僳族人口聚居的诺邓镇天灯村及旧州镇水井村、丹梯村划入。同时，因澜沧江苗尾电站开建即将形成淹没区，故将表村傈僳族乡更名为苗尾傈僳族乡，其得名是乡政府驻地由表村迁至苗尾的缘故。

茂盛行政村为表村傈僳族乡所辖8个行政村之一，东邻检槽乡，南邻科立村，西邻表村村，北邻兰坪县。辖坝尾、下沟、上沟等12个村民小组。茂盛村旧名老末村，1984年方改为今村名，是云龙绵纸历史上最著名的生产地。

茂盛全村面积41.98 km^2，海拔1 600 m，年平均气温18 ℃，适合种植水稻、玉米、油菜、马铃薯等农作物。全村耕地面积约2.37×10^6 m^2，人均耕地面积1 320 m^2，林地面积约3.75×10^7 m^2。农民收入主要以种植业、养殖业、林果业以及外出劳务为主。

⊙2 茂盛村田野风光
Landscape of Maosheng Village

三
云龙白族绵纸的历史与传承

3
History and Inheritance of Mian Paper by the Bai Ethnic Group in Yunlong County

云龙县构皮绵纸的起源，据乡邦文献和造纸户的访谈记忆均认为始于老末绵纸。《大理文史资料》载有老末籍人士张一峰的回忆文章《云龙老末白绵纸生产历史》：“现有187户，950多人。据老人们传说，老末造绵纸始于清道光年间，当时有个姓袁的人从鹤庆来此安家，将造纸技术传入老末。他在家里制备了一套造纸工具，操办起绵纸生产，村里人好奇，个个去看，从此一传十，十传百，形成全村无人不会造纸、无家不造纸的造纸村。老末绵纸生产的鼎盛时期是清末到民国中期。当时上、下沟村有50余户，70%的家庭备有造纸工具，成年男人都会造纸，女人中也有十分之一的人能操作。在新中国成立前和新中国成立后的合作化前，也有约1/3的农户造纸。合作化后，集体代替了个体造纸，初、高级社时不放祖业，安排一部分劳动力造纸，作为集体副业生产。1979年后，有几家恢复祖传旧业，造起了绵纸。但因成本高，技术没改进，在市场竞争中，不比外地产的绵纸好，只能少量生产，一般在本乡范围内表村街等地销售。”[19]

⊙1

⊙2

⊙1
由茂盛村通往上沟村民组的浮桥（澜沧江上）
Suspension bridge upon Lancang River, accesses from Maosheng Village to Shanggou Village

⊙2
上沟村村景
View of Shanggou Village

[19] 张一峰.云龙老末白绵纸生产历史[M]//大理白族自治州政协文史资料委员会.大理州文史资料：第九辑（手工业、工业专辑）.1997:117-118.

张一峰家族本身即为老末的造纸世家，对他的若干推断，调查组成员在入村调查时也进行了复核性访谈，比较一致的观点是云龙白族白绵纸的工艺来源于鹤庆白族白绵纸，其年代为清代道光年间。

当然，云龙手工造纸一度鼎盛兴旺，不仅是表村傈僳族乡的茂盛村，包括旧州、漕涧、检槽等乡镇也曾经是绵纸生产区。但到2009年9月调查组成员进入云龙时，所了解到的信息是仅有茂盛村上沟村民组几户在延续造纸祖业。

2013年7月22日，本调查组成员再次进入上沟村，拜访了该村最具代表性的白族手工造纸传人赵庭珠老人与其家人，以及赵氏家族造纸的另一脉传承人赵会兰。调查组成员在赵庭珠老人家院里见到一个使用年代已很久的纸槽。在赵庭珠记忆中，这旧纸槽民国前期就有了，已有近百年的历史，纸槽一侧围板为云南珍稀树种榧木，底部和其他三面为石头材质，组合颇为别致。由此纸槽即可推断，上沟村的造纸活动至少可追溯至民国前期。

据赵庭珠回忆，她从8岁（也就是1941年）开始自学造纸，主要的技艺体验是从小跟随父亲造纸时耳濡目染的一些观察记忆。当时正逢抗日战争滇缅战场大战阶段，赵庭珠的父亲赵尚财被抓军役去修建石门至表村的路，不仅没有薪水，母亲还要给父亲送维持生计的粮食，家里一时断了经济来源，母亲也无法照顾她，赵庭珠一人在家里，连吃饭都无以为继。迫不得已，年幼的赵庭珠开始琢磨造纸，把所造的纸卖出去维持生活。说到旧日的艰辛，老人一度抽泣起来。

关于该造纸家族的造纸技艺传承，据赵庭珠的记忆，父亲赵尚财的造纸技术是从爷爷那里学来的，关于更早的传承，老人也不完全清楚。调查组成员反复与赵庭珠交流核实，能梳理出来的造纸传承脉络是：第一代赵庭珠的爷爷，爷爷有三个儿子和两个女儿；赵庭珠的爷爷将造纸技术传给第二代老大——赵会兰的爷爷、老五赵尚财和两个女儿；第三代分为两脉：一脉是赵会兰的爷爷传给赵庭开（音），一脉是赵尚财传给赵庭珠；第四代：一脉是赵庭开（音）传给女儿赵会兰，另一脉是赵庭珠传给儿媳妇李梅花；第

⊙4

⊙3

⊙3 造纸人赵会兰 Zhao Huilan, a papermaker

⊙4 赵庭珠家院落 Yard of Zhao Tingzhu's house

五代：一脉赵会兰目前尚没有再往下传承，调查时，她的大女儿在玉溪读大学，二女儿现在17岁，已外出打工，而另一脉李梅花已将造纸技术传给了儿媳妇杨新丽。

由赵庭珠家的技艺传承来看，清晰有序的脉络至少已经涵盖了五代人，时间也已在百年之上。而目前无法确定赵氏家族第一代之前是否还有更早的传承源头，其存在的可能性是相当大的。

⊙1

赵庭珠家族
造纸传承关系示意图
Papermaker Zhao Tingzhu's family genealogy of papermaking inheritors

第一代

赵庭珠的爷爷

第二代

赵会兰的爷爷（老大） | 两个女儿（下传脉络不详） | 赵尚财（老五）

第三代

赵庭开 | 赵庭珠

第四代

赵会兰 | 李梅花

第五代

杨新丽

⊙2

⊙1
石板与榧木混建的老纸槽
An old papermaking trough, made of stone board and *Torreya grandis* tree

⊙2
上沟村小景
View of Shanggou Village

四
云龙白族绵纸的生产工艺与技术分析

4
Papermaking Technique and Technical Analysis of Mian Paper by the Bai Ethnic Group in Yunlong County

(一)
云龙白族绵纸的生产原料与辅料

上沟村生产绵纸的主要原料为皮层纤维丰富的当地产构树皮，构树皮主要来自附近傈僳族百姓，上沟村造纸户有时直接到傈僳族聚居的山上购买，有时则从表村街等集市购买傈僳族山民晒干的构树皮。构树每3年剥一次皮，上沟村白族造纸户的习惯是并不自己亲手采构树皮（调查时听到的说法是，盛产构树的山场属于傈僳族居住区，以备一说）。晒干的构树皮料价格在2010年以后是6～8元/kg。经造纸户赵会兰计算，50 kg左右的干构皮可做出价值3 000多元的成纸，出料率还是较高的。

上沟村造纸所用辅料包括石灰、灶灰、仙人掌、桉草，以及染色用的染料。据赵庭珠讲述，她记忆中一直都是用仙人掌做纸药原料。

⊙3

⊙3
仙人掌纸药液
Papermaking mucilage made of cactus

(二)

云龙白族绵纸的生产工艺流程

2009年9月调查组对上沟村绵纸生产工艺进行了调研，上沟村传统的生产工艺流程为：

壹	贰	叁	肆	伍	陆	柒
买构皮	浸泡构皮	浆石灰	蒸煮	洗灰	压榨	抹灰

拾叁	拾贰	拾壹	拾	玖	捌
搅匀纸浆	加纸药	搅散纸浆	捶料（打浆）	洗涤	二次蒸煮

拾肆	拾伍	拾陆	拾柒	拾捌	拾玖
捞纸（抄纸）	压榨	晾晒	整理	调彩色	染色

整个手工造白绵纸过程需要17道工序，而染色绵纸的完成则需要19道工序。

⊙1

壹 买构皮

1 ⊙1

在表村傈僳族乡的傈僳族百姓那里购买剥好并晒干的构皮（一捆捆扎好售卖）。

贰 浸泡构皮

2

将买来的成捆构皮解开，浸泡在清水中，使构皮变软。

叁 浆石灰

3

将浸泡好的构皮再次捆成小捆，将其钩放浸入石灰浆中，捞出后堆放发酵半个月左右，使石灰浆充分渗入构皮。

肆 蒸煮

4 ⊙2

发酵后，置于专门煮料用的大锅中注入清水，蒸煮至皮料呈黄褐色即可，通常需8~9小时。

⊙2

⊙1
捆扎好待出售的干构皮
Dried paper mulberry bark for sale

⊙2
蒸煮用的锅与灶
Wok and stove for steaming and boiling materials

伍
洗 灰
5

将蒸好的构皮从锅里捞出并放入清水中，反复搓洗，以洗去大部分石灰、黄褐色外皮及杂质。再次放入锅或洗料池中，放满清水浸泡约1天。搅拌清洗后，把水放出，再换新水浸泡1天。如此反复多次，直至将料中的石灰浆残液完全洗净。

陆
压 榨
6

将构皮从锅中捞出，放到木榨上压榨，经过3次松榨、加码、紧榨的过程（约需1小时），然后静置整晚，第二天构皮中的大部分水分已经被榨去。

柒
抹 灰
7

松榨，把压榨后的构皮均匀地抹上草木灰，并用稻草扎成小捆。

捌
二 次 蒸 煮
8

把抹好草木灰的构皮再次放入锅中，表层铺上灶灰，蒸煮至锅上层的草木灰变为黄色，构皮变成灰白色即可。

玖
洗 涤
9

将皮料从锅中取出，放入水池或流水中，洗去草木灰，并拣除杂质，然后用手拧干待进一步加工。

⊙3

拾
捶 料 （ 打 浆 ）
10 ⊙3

将皮料放在土法自制的捶料石上，双手各持一个木棒，反复敲打，直至皮料纤维呈软碎状态。

拾壹
搅 散 纸 浆
11

将打好的浆料放入捞纸槽中，加入清水，用拱耙搅打，将皮料纤维打散后，再静置沉淀。

拾贰
加 纸 药
12

用拱耙打槽，然后加入纸药（仙人掌汁）。

拾叁
搅 匀 纸 浆
13

加入纸药后，用木棒搅匀纸浆，使构皮纤维均匀分布于水中。

⊙3 捶料石
Slabstone for beating papermaking materials

拾肆
捞纸（抄纸）

14 ⊙4 ⊙5

⊙4

⊙5

抄纸时，平端帘架，靠近身体一端先沉入纸浆中，从外向内送，迅速向上提离纸浆，纸帘上下摇荡2～3次，使纸浆均匀分布于纸帘上。然后将帘架支于纸槽支杆上，一手将纸帘从帘架提起，转身，将纸帘扣在榨床上，揭帘，提帘，一张湿纸便制成了。

拾伍
压榨

15 ⊙6

⊙6

将抄好的纸放在榨床上，积至一定量时统一压榨。由于上沟村都是家庭小作坊，产量较小，一次压榨纸张数量往往就是一天的生产量。

拾陆
晾晒

16 ⊙7

⊙7

榨水后，将纸垛抬靠到晾纸板旁，将湿纸逐张揭开，用棕刷刷贴于晾纸板上，多张叠成一列晾晒，2009年调查时通常为一列40张。

拾柒
整理

17

纸晾干后，先将一列纸的右上角全部撕开，然后从右上角开始逐一将纸撕下；一张纸撕下后，两手分别捏住纸的上端两角，将其与下一张纸的上边两角对齐，右手顺势捏住下一张纸的纸角，将其撕下，当纸的左上角撕离晒纸板时，迅速用左手捏住。以此逐张将纸揭下，稍加整理，一叠白色绵纸即可理整齐，然后可按对折方式折叠，形成成沓的待售成纸格式。

如果要将白绵纸染成彩色，则还需增加两道工序。

⊙4/5 捞纸工序演示 Processes of scooping and lifting the papermaking screen out of water

⊙6 赵庭珠家中演示的压榨工序 Pressing process illustrated in Zhao Tingzhu's yard

⊙7 晾晒 Drying the paper

拾捌 调彩色

18

上沟村的染料是造纸户从昆明购买的，红色用碱性玫瑰精，黄色用碱性黄药，绿色用碱性品绿，青色用碱性青药，蓝色用碱性蓝，均为化工染料（上沟村染色纸的一种特色产品是直接将一张白绵纸染成多色，乍一看类似于大理扎染布的工艺）。调色时，将特定的染料放入锅中，按一定比例加水烧开并保持温度，然后将染料倒入染纸容器中。

⊙8 ⊙9
⊙10

拾玖 染色

19

将若干张白色绵纸作为一叠，双手提整叠纸的两角，缓慢将纸完全浸入染料中，然后将纸从染纸容器里提起并沥下多余染液。最后将染好的纸挂在绳上晾干即可。

⊙11

调查组成员在与赵庭珠及赵会兰的交流中得知，两位造纸传人都曾制作过染色彩纸。而张一峰在回忆性文章中则记述在茂盛村造纸鼎盛期，『这些纸（指大量生产的白绵纸）除部分零卖外，多数是纸商趸买去，经他们染成红、黄、蓝、绿等各种颜色纸，又卖给消费者，取得较多的利润』[20]。可见，染色纸曾经是云龙主流的手工纸加工产品。

调查中还发现色彩斑斓的五色彩纸，赵庭珠老人介绍，五色并不特指规定的5种颜色，任意5种颜色都可以，但染前的折叠及染的技法很有讲究。

⊙8/10 赵庭珠老人现场演示五色彩纸染色前的折叠技法
Zhao Tingzhu, an old papermaker, illustrating the folding skills of making Five-colored paper

⊙11 五色彩纸成品
Five-colored paper

[20] 张一峰.云龙老末白绵纸生产历史[M]//大理白族自治州政协文史资料委员会.大理州文史资料：第九辑（手工业、工业专辑）.1997：118.

⊙12
⊙13

⊙ 12 / 13
云龙染色绵纸
Dyed Mian paper in Yunlong County

(三)

云龙白族绵纸生产使用的主要工具设备

壹 纸帘 1

上沟村采用的都是祖传的一帘二纸的纸帘。在赵庭珠老人及赵会兰家里，发现其使用的均为祖传纸帘，并且都只有1副，纸帘用损后，都不知道应从何处购买。两家纸帘尺寸一样大，所测赵庭珠家纸帘规格：外部60 cm×30 cm，内部30 cm×22 cm（内部单指一帘）。

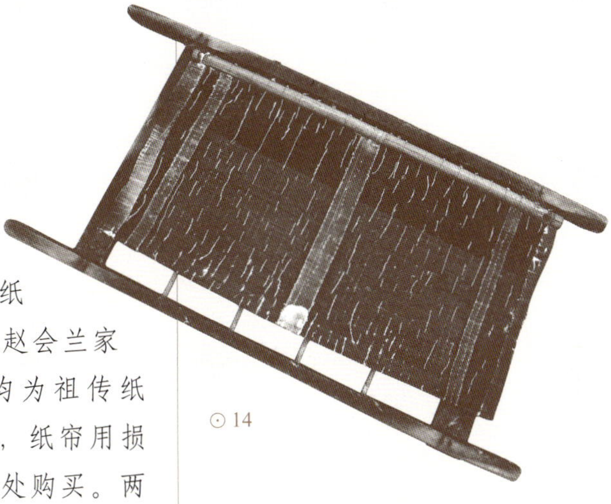

⊙14

贰 捶料石及捶料棒 2

上沟村捶料的特点是用双手挥双棒捶料，捶料石则为山间常见石块，仅正面较平整，其余似乎不甚讲究，乡间就地取材的倾向明显。

叁 榨床 3

上沟村的榨床由木和石料构成，调查组考察时看到的榨床在造纸户家的院落里，而加压用的压石也多为就地择捡的石块。

⊙15

肆 纸槽 4

纸槽呈梯形，口径大于底径。赵庭珠家中的旧纸槽已传用多年，一面为木制，其他各面均为石制，殊为特别，可是就连赵庭珠也说不清为何如此。

⊙16

⊙14 赵庭珠家传的旧纸帘
Old papermaking screen handed down from generation to generation in Zhao Tingzhu's family

⊙15 赵会兰家院中的榨床
Pressing device in Zhao Huilan's yard

⊙16 赵会兰家院中的纸槽
Papermaking trough in Zhao Huilan's yard

(四)

云龙白族白绵纸的性能分析

所测云龙上沟村手工白绵纸的相关性能参数见表2.6。

表2.6 上沟村白绵纸的相关性能参数
Table 2.6 Performance parameters of Baimian paper in Shanggou Village

指标		单位	最大值	最小值	平均值
厚度		mm	0.170	0.121	0.141
定量		g/m^2	—	—	39.5
紧度		g/cm^3	—	—	0.280
抗张力	纵向	N	27.3	24.0	26.0
	横向	N	5.3	4.2	4.7
抗张强度		kN/m	—	—	1.023
白度		%	47.1	45.2	46.2
纤维长度		mm	13.60	4.68	8.15
纤维宽度		μm	23.0	7.0	13.7

由表2.6可知，所测上沟村白绵纸最厚约是最薄的1.40倍，厚薄差异较大，经计算，其相对标准偏差为6.4%，具有较大偏差，这应与所测白绵纸厚薄不均有关。白绵纸的平均定量为39.5 g/m^2。所测白绵纸紧度为0.280 g/cm^3。

上沟村白绵纸纵、横向抗张力有一定区别，经计算，其抗张强度为1.023 kN/m，抗张强度值较小。

所测上沟村白绵纸白度平均值为46.2%，白度最大值约是最小值的1.04倍，相对标准偏差为2.95%，白度较高且差异相对较小。这应与上沟村白绵纸经过蒸煮、漂白有关。

所测上沟村白绵纸纤维长度：最长13.60 mm，最短4.68 mm，平均8.15 mm；纤维宽度：最宽23.0 μm，最窄7.0 μm，平均13.7 μm。所测白绵纸在10倍、20倍物镜下观测的纤维形态分别见图★1、图★2。

★1

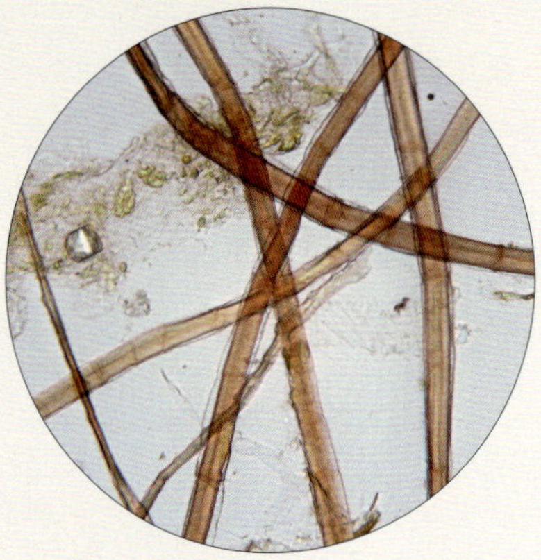

★2

★1 上沟村白绵纸纤维形态图(10×)
Fibers of Baimian paper in Shanggou Village (10× objective)

★2 上沟村白绵纸纤维形态图(20×)
Fibers of Baimian paper in Shanggou Village (20× objective)

五

云龙白族绵纸的用途与销售情况

5 Uses and Sales of Mian Paper by the Bai Ethnic Group in Yunlong County

（一）云龙白族绵纸的用途

作为历史悠久的区域性手工纸产品，云龙白族绵纸在传统生活形态下的用途较为丰富：

1. 祭祀

这是云龙白族绵纸的主要用途，包括人去世后制作花圈，扎糊纸马、纸房子、纸人等系列丧葬用品，丧葬期间点油的灯芯，挂青祭祀等。由于云龙上沟村在白绵纸之外彩纸产品很丰富，因而在祭祀方面很受地方民众欢迎，销售状况一直良好。

2. 包装

历史上，云龙白绵纸因拉力大和韧性强，耐撕、耐折、耐水，一直是云龙特产盐巴和银矿石的包装用纸，这是历史上的大宗用途。当代这一用途已经完全萎缩，但表村傈僳族乡一带（特别是茂盛村）乡间提亲时流行用染色红纸包生猪腿去女方家的习俗，结婚时则流行用染色红纸包两条香烟送给女方家。

3. 书写

历史上，云龙白绵纸曾经有作为学生学习簿用纸的习惯，当代这一用途仍在传习的是礼簿用纸，通常是在乡间红白喜丧事时，用白绵纸或染色的红纸制成记录簿，记录送礼人的姓名及金额。

4. 做纸旗

茂盛村（特别是上沟村民组）乡民家生孩子后，需用染色红纸或黄纸制成两面小旗子挂在家门口，表示家里添了新人。另外，祭祀仪式上常用五色彩旗作为装饰。

5. 裱糊

云龙白绵纸不易变色，耐虫蛀腐蚀，而且本纸颜色洁白、柔韧、透光较好，因而历史上乡间百姓常常用作糊窗纸，以及灯笼的外裱糊用纸，历史上一度也是其重要用途。

6. 制作艺术面具

云龙绵纸中的白绵纸特性优点突出，而染色

加工的彩纸颜色艳丽丰富，历史上曾被用作当地民间戏曲乐舞的面具用纸，如大头娃娃、大花脸的脸谱底纸等。

（二）云龙白族绵纸的销售情况

通过调查赵庭珠、赵会兰等造纸户了解到，上沟村常用的是白纸20张为一刀，彩纸15张为一刀的成品规格。常规尺寸是30 cm × 20 cm。据赵会兰回忆，1995～1999年售价约0.5元/刀，2000～2005年的售价为1.2～1.5元/刀，2012年已涨至5～6元/刀。

据赵庭珠及李梅花介绍，在老人体力尚佳能造纸的时期，全家每年正常能造上千刀纸，最多时可生产4 000～5 000刀纸。按最佳产出算，每年全家造纸收入在20 000～30 000元。以往赵家生产的纸会拿到山脚下的表村街集市上销售，由于2009年前后表村傈僳族乡只有上沟村几家维系手工造纸，实际产量已很少，基本在家就会将生产出的纸全部售光，呈现供不应求的局面。造纸收入对于农村女性的收入来讲，占了较大比例，因此尽管有很多干扰性因素，作为造纸传承人的杨新丽和赵会兰表示仍希望继续造纸。

六
云龙白族绵纸的相关民俗与文化事象

6
Folk Customs and Culture of Mian Paper by the Bai Ethnic Group in Yunlong County

云龙白族制造绵纸已有相当长的历史，而且其来源及传承演化脉络基本清晰，其间也留下了较丰富的文化轶事与技艺习俗。调查组在调研中获知的虽然并不完整，但已有若干特色文化记忆值得记述。

1. 独特的传承性别逆转现象

云龙县域手工造纸的主体是白族，其技艺传入的源头也来自同为白族的鹤庆县中心造纸区。但云龙造纸有一个非常特别的造纸人性别转化现象，早期造纸技工基本上是男性，女性只是辅助，而到现当代，整个传习则演化成了全是女性，男性近乎完全退出了这一产业生态。例如张一峰在回忆家乡造纸的文章中提到："当时（指民国中期）上、下沟村有50余户，70%的家庭备有造纸工具，成年男人都会造纸，女人中也有十分之一的人能操作……我家也是造纸户之一，我记忆犹新，父亲造一天纸，母亲晾纸通宵达旦都晾不完。”[21]但到调查组绘制造纸传承人赵庭珠家传承脉络时则发现，从第三代赵庭珠、赵庭开堂姐妹开始（两姐妹学习造纸约在20世纪40年代），其继承的技艺来源均为父亲，而下传的技艺承接则为女儿、儿媳、孙媳。

在与调查组成员合影的赵庭珠家5代人中，男性全都没学过造纸。调查组专门就此现象询问赵庭珠家多位成员以及另一脉传承人赵会兰，唯一的答案是：男人手笨，女人手脚快。

云南地区手工造纸的民族传统，只有傣族的技艺传承文化仅在女性群体中传习（如耿马芒团村），而以鹤庆龙珠村、灵地村为中心的白族造纸则以男性为主，女性也正常参与。云龙白族造纸百余年性别逆转现象的具体原因仍难详述。

2. 独特的当代歇业原因

上沟村的手工造纸作为云龙白族造纸的当代样本，2009年9月调查组入村调查时仍有3～4户正常生产，但2013年7月回访时已完全停产了。上沟村生产的手工白绵纸和染色纸销量一直很好，生产者的减少则更显供不应求，据赵庭珠家人说，绵纸都不用拿到集市上去，购买者直接到家中都不够卖。此种情形下的停产就颇为另人迷惑了。

当问到具体停产原因时，赵庭珠及其家人的回答竟然是因为捞纸用的帘子坏了，并拿出纸帘让调查组成员看。同时在与赵会兰家交流时，除了劳力不足无人继承这一原因外（赵会兰丈夫在新疆打工，子女也均在外），纸帘坏了也是一个重要原因。

据调查组了解，赵庭珠及赵会兰家中的纸帘为祖传，至少从赵家记忆中的第二代赵尚财及其兄长时就有了，其使用时间应该在70年以上。每户均只有1副纸帘，已经用了几代人，修补缝接之处无数。而两个造纸户均表示不知到何处或找何人能重新制作新帘，因此只能停止生产。当调查组成员介绍鹤庆龙珠村有专门制帘户专业制帘时，她们又一再强调所用的帘子材料尺寸制法特别，充满了对祖传纸帘的敬重与珍惜。当然，赵庭珠家人也委托调查组成员帮她们购买合适的纸帘。

3. 造纸兴旺年代轶事

历史上，以“老末白绵纸”为品牌的云龙白族造纸曾经十分兴旺。张一峰回忆：“夜间照明全靠点明子火（松明），我一夜都给母亲点火照亮（母亲在晾纸）。我们家在窑五山有一块构树园地，每三年剥一次构皮，遇到丰年，简直造不完。造纸最忙的时候是三大节，即春节、清明节、中元节前期。在这三节期间，纸的消费量很大。这期间村民们睡的时间少，做

⊙1

⊙2

⊙1 调查组成员与造纸户赵庭珠全家合影 Researchers taking a group photo with Zhao Tingzhu's family

⊙2 赵庭珠家破损的纸帘 Worn papermaking screen used by Zhao Tingzhu

[21] 张一峰.云龙老末白绵纸生产历史[M]//大理白族自治州政协文史资料委员会.大理州文史资料：第九辑（手工业、工业专辑）.1997：118.

工的时间多，一人一天赶1 500～2 000张纸。逢到街天（赶集），成群结队地背到石门街、师井街等街场去卖。每街约销售老末白绵纸上万刀。”[22]这一造纸盛况发生在20世纪四五十年代，地点在今茂盛村境内。

4. 染色彩纸流行的当代礼俗

云龙白族造纸虽以白色绵纸著称，但至21世纪初，由于需求的演化，白绵纸的主流用途如包装盐、银，糊窗，书写等均萎缩殆尽，因而当代仍在生产的上沟村造纸户更热衷将白绵纸染成彩纸销售，以适应民间活态礼俗需求。

（1）丧事仪式上扎五彩纸马、纸房等用品以烧祭亡灵，需要多种颜色的彩纸。据说上沟村一带更偏爱用手工纸制作的彩纸，而不是机制纸，纸乡百姓认为这样更能表达对亡灵的情感。

（2）婚嫁礼仪上，在茂盛村特别是上沟村，提亲人要用染色红纸包着生猪腿作为礼物登女方家门，娶亲时男方要用红纸包两条香烟作为礼物登女方家门。而生孩子则要用红纸或黄纸制成两面小旗子插在大门口表示家中喜添新丁。

七 云龙白族绵纸的保护现状与发展思考

7 Preservation and Development of Mian Paper by the Bai Ethnic Group in Yunlong County

⊙1

（一）云龙白族绵纸的传承保护现状

作为历史悠久、曾具相当生产规模与流通量的手工纸产业，云龙白族绵纸的生产今天已处于高度萎缩的状态。调查组的调研与《大理日报》记者2009年的现场采访所掌握的信息是一致的，即保持生产状态或准生产能力的基本上只存在于上沟村的3～4户（因赵庭珠老人所传亲戚可分开计，亦可合并计的缘故），因此这一传统名纸的现状岌岌可危。如果没有新的市场动力或政策动力拉动扶持，业态的完全消失极有可能。

[22] 张一峰.云龙老末白绵纸生产历史[M]//大理白族自治州政协文史资料委员会.大理州文史资料：第九辑（手工业、工业专辑）,1997:117-118.

客观分析云龙手工纸的生产现状，其衰落的趋势可以从两个角度来认识：

1.

现代生活导致了传统纸张用途的消亡，机制纸与其他材料已使云龙绵纸的包装、书写、裱糊等主要用途丧失，例如历史上云龙盐的包装纸用途已完全失去，这些改变必然带来传统业态的剧烈变化，如果没有形成新的主要用途，产业的萎缩势在必然。

2.

当代谋生手段的多元化选择空间使手工造纸的维系也雪上加霜。如赵会兰家，她的丈夫在新疆打工谋生，两个女儿一个在云南的玉溪读书，一个仅17岁的小女儿也外出务工，而且女儿们均未学习造纸技艺。仅剩她一人在深山区的家中留守，要种地、持家，对于造纸，虽工具、材料基本不缺，但已完全力不从心。赵会兰告诉调查组成员，丈夫回来后会先把已损坏的纸槽修好或重建，把纸帘再修补一番或想办法买新纸帘，这样闲暇时间便可恢复造纸，造出的纸并不愁卖。

再如赵庭珠家，一生造纸的赵庭珠老人已80岁，身体衰弱到完全不能承受手工造纸之"重"，可以说是被迫"歇业"。当调查组成员向老人购买本书所需样纸时，经过多番动员，老人才依依不舍地把亲手造的最后留存的纸拿出来，而且在总量不到30刀的情况下，坚持留下了数刀不售，表示要留待自己去世时用，其对纸的感情溢于言表。

⊙2

⊙1 赵会兰家仍在居住的旧屋
Old bungalow in which Zhao Huilan's family live

⊙2 赵庭珠留纸
Zhao Tingzhu, an 80-year-old handmade papermaker, insisted on keeping some pieces of paper for her own funeral in the future

至于赵庭珠的后两代传人儿媳李梅花和孙媳杨新丽，一个要兼家务操持，另一个刚生完孩子不久，加上家中唯一的纸帘又破损严重，各种因素汇集下也都停止了造纸，至于何时恢复祖传之业尚难确定。

（二）云龙白族绵纸的传承发展思考

虽然现状堪忧，但云龙白族绵纸的传承发展仍有若干思路：

1.

云龙白族白绵纸的技艺与品质接近鹤庆白族白绵纸，而云龙白绵纸历史上的重要用途是物品包装，虽然盐业包装用途今已萎缩，但鹤庆白绵纸当代因普洱茶产业包装而兴旺的过程是值得云龙手工造纸业及政府关注的。云龙白绵纸与鹤庆白绵纸属性相近，而云龙白绵纸未能在当代茶产业包装纸上焕发生机主要是信息开发不足、要素聚集不够、地理位置偏僻等原因造成的，存在融入当代普洱茶包装纸业态的现实性和可能性。

2.

云龙上沟村是调查组在云南省发现的第二处染色加工纸产地（另一处是腾冲县的界头村），本纸品质的优异、颜色的质朴纯正、成品形制及花纹的别致有趣，以及应用的多样和销售的供不应求，均给调查组留下了深刻印象，像这样融入当代手工纸应用新天地的空间是较为开阔的。目前的问题反倒是产量极小，而且局限在地域的乡土需求上，已经失去了产业推广的基础条件。当务之急是让供需衔接的商贸力量迅速进入这一虚弱的业态，使生产意愿和生产资源链得以复活，从而促进传习机制的新生而扩大产能。在这一进程中，政府或公共、商业组织的政策与资源支持是首先需要考虑的力量。

云龙白族绵纸 本色

Mian Paper (Natural Color) by the Bai Ethnic Group in Yunlong County

上沟村白绵纸透光摄影图
A photo of Baimian paper in Shanggou Village seen through the light

云龙白族

绵纸

染色

Mian Paper (Dyed)
by the Bai Ethnic Group
in Yunlong County

第六节

“腾冲宣纸”

云南省
Yunnan Province

保山市
Baoshan City

腾冲县
Tengchong County

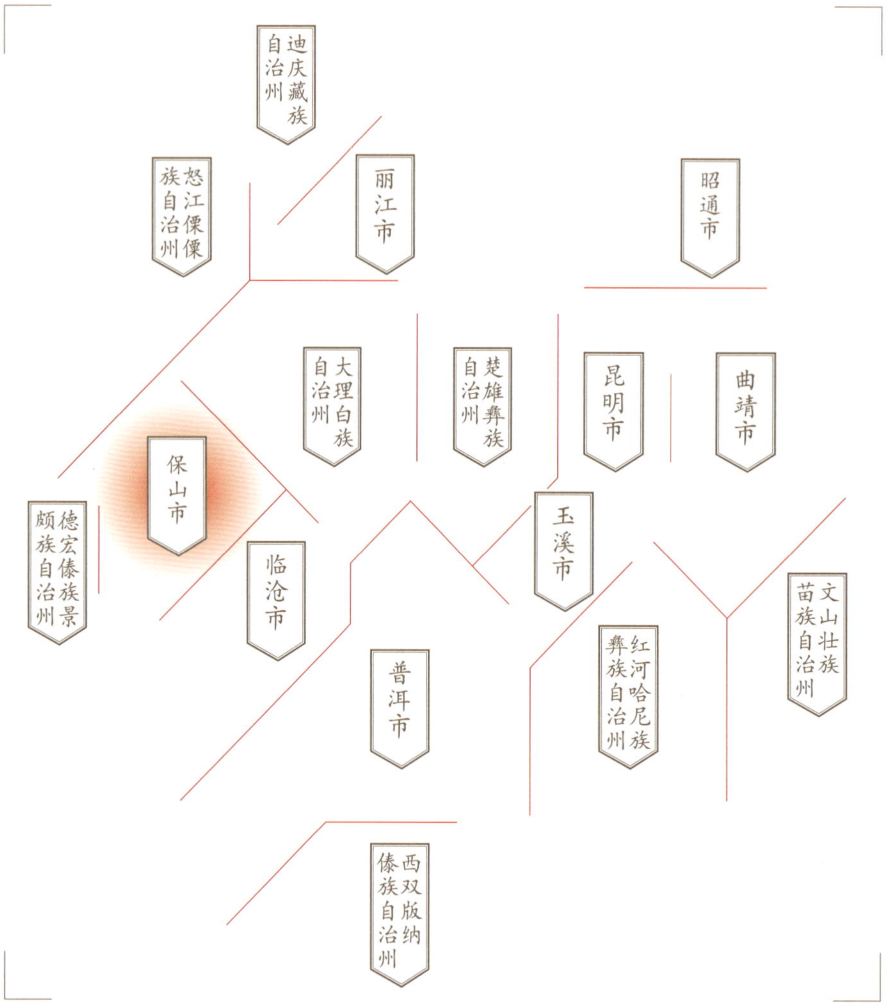

调查对象
腾越镇
观音塘社区
玉泉宣纸厂
『腾冲宣纸』

Section 6
“Tengchong Xuan Paper” in Tengchong County

Subject
“Tengchong Xuan Paper”, by Yuquan Xuan Paper Factory in Guanyintang Community, Tengyue Town

一
"腾冲宣纸"的基础信息及其分布

1
Basic Information and Distribution of "Tengchong Xuan Paper" in Tengchong County

腾冲县现存的手工纸主要有3种，调查组2008年1月考察该县时选取了有代表性的3个手工纸制造点进行了调研：其一是腾越镇观音堂社区玉泉宣纸厂生产的"雪花牌宣纸"，该纸品拉力强，吸水性、光泽度、透明度均较好，是颇具特色的西南地区书法绘画用纸；其二是界头乡新庄村龙上社生产的构皮白绵纸；其三是界头乡界头村茶园山庄生产的染色构皮绵纸。

"腾冲宣纸"与产自安徽省泾县以青檀树皮和沙田稻草为原料的宣纸不同，它的造纸原料是瑞香科的滇结香，当地也称为柳构、滑构、油构、蜡构等。滇结香主产自滇西和滇西北区域，生长于海拔1 000～2 600 m的江边、林缘、疏林湿润处或常绿阔叶林中。滇结香的砍伐周期为两年左右，一般一年四季均可砍伐，以冬天砍伐的滇结香树皮为佳；夏天树皮会有一层胶质，对手工纸的质量有一定影响。"腾冲宣纸"的生产原料源自该县大塘、桥头、周家坡等乡村以及缅甸等地。从原料这一要素判断，"腾冲宣纸"属书画用纸系列中地域特色鲜明的品种。

⊙1

⊙2

⊙1
野生的滇结香花
Wild *Edgeworthia gardneri* flower

⊙2
腾冲县大塘村人工栽培滇结香的林场
Artificially planted *Edgeworthia gardneri* trees in Datang Village, Tengchong County

路线图
腾冲县城
↓
观音堂
Road map from Tengchong County centre to the papermaking site (Guanyintang Community)

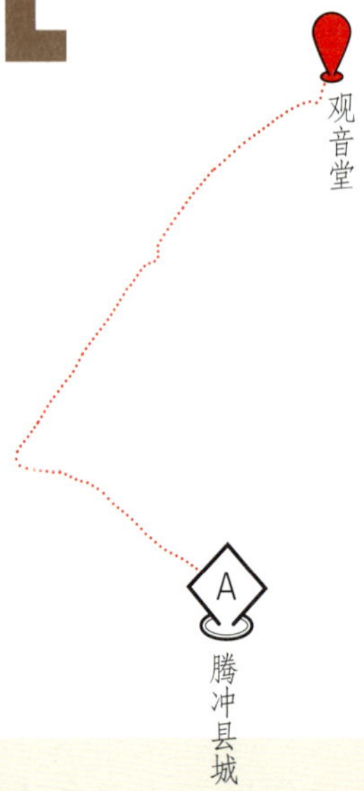

『腾冲宣纸』生产地分布示意图

Distribution map of the papermaking site of "Tengchong Xuan paper" in Tengchong County

考察时间
2008年1月／2011年12月

Investigation Date
Jan. 2008 / Dec. 2011

地域名称	造纸点名称
腾冲县 (A) 腾越镇	观音塘 造纸点
(1) 界头乡	
(2) 明光乡	
(3) 滇滩镇	
(4) 固东镇	
(5) 曲石乡	
(6) 北海乡	
(7) 马站乡	
(8) 芒棒乡	
(9) 五合乡	
(10) 团田乡	
(11) 蒲川乡	
(12) 新华乡	
(13) 清水乡	
(14) 荷花傣族佤族乡	
(15) 和顺镇	
(16) 中和乡	
(17) 猴桥镇	

位置分布

市府、州府
县城
乡镇
村落
造纸点
历史造纸点
山
国家级自然保护区
S221 省道
G21 国道
昆河线 铁路
G 56 高速公路
线路

二 “腾冲宣纸”生产的人文地理环境

2
The Cultural and Geographic Environment of “Tengchong Xuan Paper” in Tengchong County

腾冲县地处云南省保山市西南，西与缅甸毗邻，历史上曾经是古西南丝绸之路的要冲。这里属热带季风气候，年平均气温14.9 ℃，最高气温30.5 ℃，最低气温–4.2 ℃，全年适宜旅游休闲。境内有傣、回、傈僳、佤、白、阿昌6个少数民族，民族风情丰富多彩。腾冲县是著名的华侨之乡、文化之乡和中国境内最知名的翡翠集散地，也是云南省级历史文化名城、省级园林城市和旅游度假区、国家一类口岸，是南方丝绸之路通往东南亚各国的中国境内最后一站，也是云南近代轻工业的发祥地之一。

西汉时，腾冲称滇越，大理国中期始设腾冲府，战略地位十分重要，历代王朝、政权都派重兵驻守。明代在此地建造了著名的石头城。

腾越镇海拔1 700～1 800 m，平均气温12～13 ℃，为腾冲县城所在地。镇区面积271.98 km^2，辖8个社区、24个行政村。2007年底的统计数据显示，腾越镇常住人口109 620人，其中农业人口71 592人，流动人口4万余人。

腾冲以“文献名邦”著称于世，而手工造纸技艺则是该地保留较完整的传统文化的重要组成部分。

⊙1

⊙1 腾冲乡村风光 Landscape of Tengchong County

三
"腾冲宣纸"的历史与传承

3
History and Inheritance of "Tengchong Xuan Paper" in Tengchong County

保山市腾冲县地处中缅边界，受汉文化和其他外来文化影响颇深，手工造纸历史悠久。清光绪年间的云南省《腾越厅志》记载"纸出小西界头"[23]。《民国腾冲县志稿》提到："清初，江西人到腾制造白纸。小西人（指小西观音塘人）学得此艺，凤鸣因产构皮，亦多习此，土纸与白纸同时发明，曲石、瓦缅产竹最多，亦能仿造。"[24]

腾冲县玉泉宣纸厂现任厂长段培广之父段林茂是首任厂长。2008年1月调查时该厂有12个工人长年生产，多时有20个。据段培广介绍，其祖先于明洪武二年（1369年）就到腾冲造纸（据说是从湖南长沙府充军到此），并以制造靴底纸（厚壳纸）产品而闻名，至今已有十几代，整个云南省生产适宜书画的"宣纸"仅其一家（实际上据调查组考察不止一家，如昭通市的巧家县即有巧家书画纸厂，曾生产过"阿白沟宣纸"）。按段培广的说法，腾冲县观音堂的绵纸生产已有600多年历史，早期是小作坊式的造纸户形式，如今已发展成手工业的造纸厂业态，其传承都是在段氏家族内部延续发展的。不过，段培广的儿子现在昆明工作，已不从事造纸。

至于观音堂"宣纸"的发源及传承，调查组未能获得详细的文献资料。虽然段氏的玉泉宣纸厂建厂时间不长，但据民间传说，在1941年，著名书画家徐悲鸿从东南亚经腾冲归国时，曾在腾冲购买了3驮"腾宣"，并给予较好的评价。而在徐氏之前，亦曾有一余姓商人在东南亚经销"观音堂大白纸"，得"余宣"之名。可以确定的是，"腾冲宣纸"的历史已近百年，至于今日玉泉宣纸厂生产的"腾冲宣纸"与民国年间"观音堂大白纸"的异同，则尚难详述。

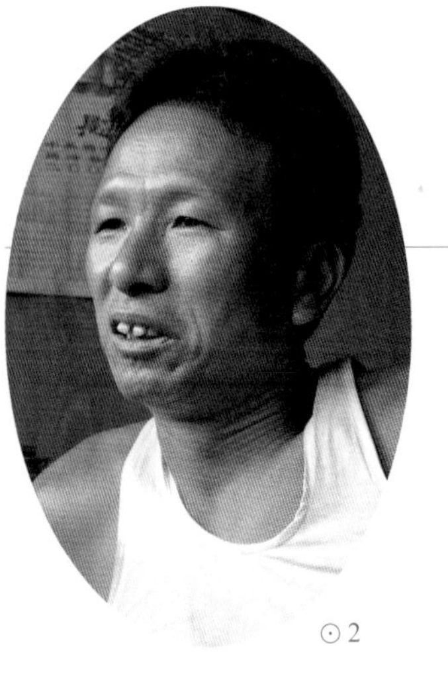
⊙2

⊙1

⊙1
玉泉宣纸厂首任厂长段林茂
Duan Linmao, the first director of Yuquan Xuan Paper Factory

⊙2
玉泉宣纸厂现任厂长段培广
Duan Peiguang, the present director of Yuquan Xuan Paper Factory

[23] [清]陈宗海，赵端礼.腾越厅志(1887)[M].原刊影印本//中国方志丛书：第四十二号.台北：成文出版社，1967：715.

[24] 李根源，刘楚湘.民国腾冲县志稿[M].昆明：云南美术出版社，2004：12.

四
“腾冲宣纸”的生产工艺与技术分析

4
Papermaking Technique and Technical Analysis of “Tengchong Xuan Paper” in Tengchong County

(一)
“腾冲宣纸”的生产原料与辅料

“腾冲宣纸”主要原料大部分来自缅甸，其余产自本地，当地习惯称为柳构、滑构、蜡构等，实为滇结香。

制作“腾冲宣纸”所用的辅料有石灰（10 kg构皮约需使用1 kg石灰）、漂白粉和仙人掌。

(二)
“腾冲宣纸”的生产工艺流程

经调查，“腾冲宣纸”的生产工艺流程为：

壹	贰	叁	肆	伍	陆	柒	捌	玖	拾	拾壹	拾贰	拾叁	拾肆	拾伍	拾陆	拾柒	拾捌
砍树枝	剥皮	晒皮	泡皮	沤皮	蒸皮	洗涤	漂白	打浆	打槽	加纸药	抄纸	压榨	自然风干	烤纸	揭纸	裁纸	包装

⊙3 野生的滇结香树林 Wild *Edgeworthia gardneri* woods

壹

砍树枝

1

选择柳构树当年生的枝条进行砍取。

贰

剥皮

2

用刀剥皮，去掉外皮，只留下白色内皮。

⊙1

⊙2

叁

晒皮

3 ⊙1

将剥好的柳构皮放在太阳下晒干。

肆

泡皮

4 ⊙2

将晒干的柳构皮放在水中浸泡，直至松软。

⊙3

伍

沤皮

5 ⊙3

把泡软的柳构皮浸入石灰液中，沤制一天一夜。

陆

蒸皮

6

把柳构皮从石灰液中捞出，放入蒸料锅，用大火蒸约8小时，再焖24小时后出锅。如果构皮蒸得不熟或不透，可重新翻搅再蒸，直至蒸熟为止。

柒

洗涤

7

把蒸好的柳构皮钩出，放入河水或水池中，将皮料洗干净。

捌

漂白

8 ⊙4

将漂白粉溶于水中，放入柳构皮浸泡漂白。通常漂白后需用清水洗2次。

⊙4

⊙1 晒皮 Drying the bark

⊙2 泡皮 Soaking the bark

⊙3 用石灰液沤皮 Fermenting the bark in limewater

⊙4 漂白 Bleaching the bark

玖
打浆

9 ⊙5

将漂白后的柳构皮放入电动打浆机打浆，一池浆料一般十几分钟即可打好。

⊙5

拾
打槽

10

将纸浆放进纸槽，加水，用拱耙将纸浆拱散，再用捞筋棍捞除没有打好的构皮纤维。

拾壹
加纸药

11 ⊙6 ⊙7

将仙人掌用脚碓舂破，并用水浸泡12小时后，再用布袋把溶在水中的仙人掌汁过滤到纸槽里，然后用拱耙将纸浆和纸药打匀。

⊙6

⊙7

⊙8

拾贰
抄纸

12 ⊙8 ⊙9

把纸帘放于帘架上，双手抓住帘架把手平抬帘架往前送，将其前端没入纸浆，接着往回带，抬帘；再往前送，随即抬帘平端，前后振荡几次，从帘架前端倾泻多余纸浆。

⊙9

抄纸过程中，纸工会根据纸浆悬浮状态及黏稠状况随时在纸槽中添加纸药。刚泡好的仙人掌汁浓度大，用量相对少些，随着仙人掌不断被加水浸泡，仙人掌汁液浓度会逐渐降低。加入多少仙人掌汁完全靠纸工的观察与经验来掌握。

⊙5 电动打浆 Electric power-driven beating machine

⊙6 舂仙人掌 Beating cactus to make papermaking mucilage

⊙7 浸泡仙人掌 Soaking cactus

⊙8/9 抄纸 Scooping and lifting the papermaking screen out of water

拾叁
压榨
13

抄完纸后，使用千斤顶压榨。压榨后的纸垛，当地人称为“纸饼”。

拾肆
自然风干
14 ⊙10

将纸饼斜靠在纸架上自然风干。

⊙10

拾伍
烤纸
15

纸饼风干后，将纸一张张揭下刷贴在火墙上。传统使用的是土墙，形似夹巷，中间生火，两面用石灰抹平，表面光洁，用于纸张粘贴、烘烤。现在墙面多已改用钢板。

拾陆
揭纸
16

用手将烤干后的纸逐张撕下。

拾柒
裁纸
17

将揭下来的纸理齐，按要求裁切。

拾捌
包装
18 ⊙11

裁好的纸，根据需要包装待售。

⊙11

⊙10
自然风干
Drying the paper

⊙11
标记生产时间
Marking the production time

（三）

“腾冲宣纸”的性能分析

所测为玉泉宣纸厂1986年生产的二合一“腾冲宣纸”，其相关性能参数见表2.7。

表2.7 玉泉宣纸厂生产的“腾冲宣纸”的相关性能参数
Table 2.7 Performance parameters of “Tengchong Xuan Paper” in Yuquan Xuan Paper Factory

指标		单位	最大值	最小值	平均值
厚度		mm	0.133	0.115	0.123
定量		g/m^2	—	—	40.1
紧度		g/cm^3	—	—	0.326
抗张力	纵向	N	35.7	20.1	28.0
	横向	N	14.0	10.2	12.0
抗张强度		kN/m	—	—	1.333
白度		%	54.8	50.2	52.8
纤维长度		mm	4.61	0.98	2.36
纤维宽度		μm	50.2	18.7	33.0

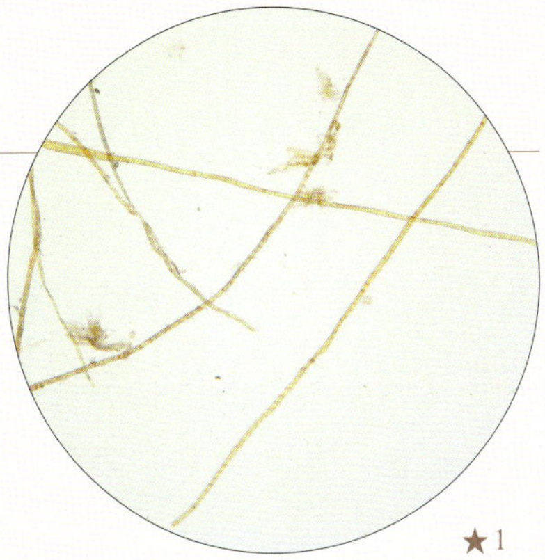

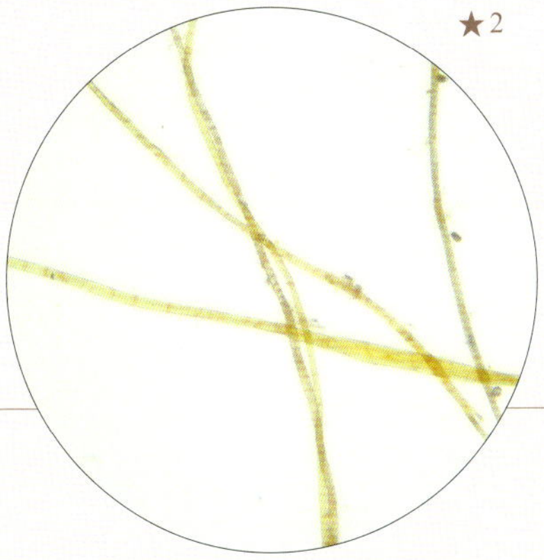

由表2.7可知，所测“腾冲宣纸”最厚约是最薄的1.16倍，经计算，其相对标准偏差为5.75%，体现出该厂对质量较为重视。“腾冲宣纸”的平均定量为40.1 g/m^2。所测“腾冲宣纸”紧度为0.326 g/cm^3。

“腾冲宣纸”纵、横向抗张力有一定区别，经计算，其抗张强度为1.333 kN/m，抗张强度偏大。

所测“腾冲宣纸”白度平均值为52.8%，白度较高，白度最大值约是最小值的1.09倍，相对标准偏差为3.52%，白度差异较小。这应与“腾冲宣纸”制造时经过蒸煮、漂白有关。

所测“腾冲宣纸”纤维长度：最长4.61 mm，最短0.98 mm，平均2.36 mm；纤维宽度：最宽50.2 μm，最窄18.7 μm，平均33.0 μm。所测“腾冲宣纸”在10倍、20倍物镜下观测的纤维形态分别见图★1、图★2。

★1 玉泉宣纸厂生产的『腾冲宣纸』纤维形态图（10×）
Fibers of “Tengchong Xuan Paper” in Yuquan Xuan Paper Factory (10× objective)

★2 玉泉宣纸厂生产的『腾冲宣纸』纤维形态图（20×）
Fibers of “Tengchong Xuan Paper” in Yuquan Xuan Paper Factory (20× objective)

五 “腾冲宣纸”的用途与销售情况

5 Uses and Sales of “Tengchong Xuan Paper” in Tengchong County

玉泉宣纸厂所生产“宣纸”的规格主要有130 cm × 70 cm和55 cm × 65 cm两种，厚度也不同，有二合一、五合一等加厚抄的产品。该种纸拉力强、吸水性好、光泽度高、透明度好，主要用于书法、绘画等。腾冲县的“宣纸”与已被评为人类非物质文化遗产的安徽省泾县青檀皮加稻草制作的宣纸不同，而与四川省夹江县、浙江省富阳县及安徽省泾县所产的“书画宣”属于相近的一类。产品主要在云南销售，少量销往四川，也曾对外出口，尤其是在1987～1993年间，玉泉宣纸厂有相当部分产品出口日本。据实物考察及中国科学技术大学手工纸实验室分析，玉泉厂生产的“雪花牌宣纸”相比国内一般用龙须草等原料制成的书画纸，在拉力、纤维长度等指标方面要略胜一筹。

六 “腾冲宣纸”的相关民俗与文化事象

6 Folk Customs and Culture of “Tengchong Xuan Paper” in Tengchong County

腾冲境内有称藤编、腾药和“腾宣”为“腾冲三宝”的说法。腾冲本地出产的藤条色泽光润、手感平滑、弹性极好，用它编制的藤椅、藤箱和其他藤编工艺品享有很高的声誉。腾冲的草药资源丰富，早在明清时期，腾冲的中成药就已经蜚声海内外。而“腾冲宣纸”在当地指腾越镇观音堂社区所产的书画纸，与旧时所称“观音堂大白纸”和“余宣”大致为一脉相承的产品。

“腾冲宣纸”的色感、质地、吸水等性能也不失为中国书画用纸的上品。据乡土传说，徐悲鸿用过“腾冲宣纸”后曾称赞道：“腾冲宣纸”不仅拥有泾县宣纸的长处，还有一个泾县宣纸没有的好处，那就是作画以后别人无法偷揭。

20世纪50年代，过去生产“观音堂大白纸”的手工纸坊在原有基础上组建了新的生产合作社。合作社在继承传统的同时，不断创新工艺，采用高黎贡山一带特有的柳构树皮、高秆白谷稻草、麻、竹等原料研制出新一代产品。1980年，国家工商行政部门批准命名腾冲玉泉宣纸厂所产的书画用纸为“‘雪花牌’宣纸”。

七 “腾冲宣纸”的保护现状与发展思考

7 Preservation and Development of “Tengchong Xuan Paper” in Tengchong County

“腾冲宣纸”有其特别的文化价值，是云南手工纸领域里的重要样式。但从调查组的考察情况看，目前腾冲手工纸业态或多或少遇到了困难。玉泉宣纸厂在传承上出现了问题，因年轻人不再愿意学习这门工艺而后继乏人；该纸品质虽然在中国书画纸中较有特点，然而尚未获得较好的市场渠道与经济效益，亟须当地政府与社会各界做出相应努力，使“腾冲宣纸”持续发展下去。

首先是提升经济效益。民众对于“书画宣”的需求还是比较明确的，或是由于销售未能得到拓展，或是品牌尚未确立，造成“腾冲宣纸”利润微薄。加上腾冲一带翡翠贸易的高度繁荣，相比之下，年轻人不愿意传承手工造纸这一经济效益较低的传统工艺。

其次是培育并提高公众文化意识。目前保护趋于良好的耿马傣族佤族自治县芒团村生产的白绵纸，长期以来作为当地僧侣的抄经用纸，受到当地人的尊重和爱惜，从而在2006年被列入第一批国家级非物质文化遗产名录加以保护。如果“腾冲宣纸”能得到书画界的重视和珍惜，并能由此营造一个产业生态的良好循环，那么这种纸的发展是有前景空间的。如果相关民俗文化活动能够得到培育，由此产生的对“腾冲宣纸”的需求也会促进其发展。

第三，“腾冲宣纸”在当代书画纸产品系列中属优质产品，而且又有多年产业化经营的基础与品牌积淀，在书画纸热销的环境下，其投资价值还是颇具潜力的。2008年调查组了解到，曾有投资企业及个人以多种形式到腾冲考察洽谈过，但商机迫切需要当地政府或行业组织进行有力的辅助和引导，使投资意愿逐步转化为实际的投入，形成规模化的手工造纸业态，推出新的销售模式，从而顺利进入当代书画纸的大产业中。

⊙1

⊙2

⊙1 玉泉宣纸厂的获奖奖状
An award (certificate of merit) won by Yuquan Xuan Paper Factory in Tengchong County

⊙2 雪花牌『腾冲宣纸』
“Tengchong Xuan Paper” of Xuehua brand

『腾冲宣纸』

"Tengchong Xuan Paper" in Tengchong County

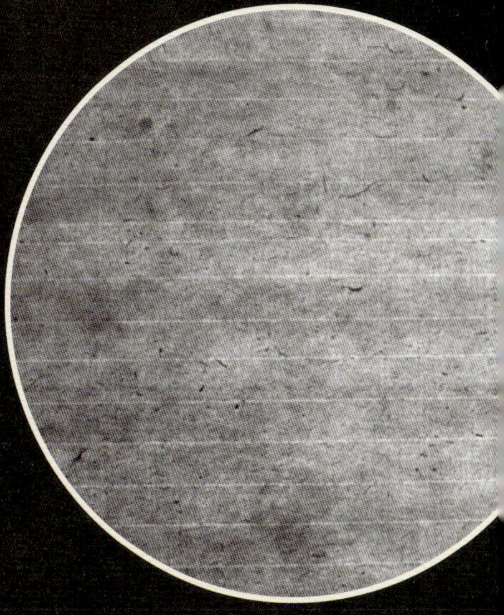

玉泉宣纸厂生产的『腾冲宣纸』透光摄影图

A photo of "Tengchong Xuan Paper" by Yuquan Xuan Paper Factory seen through the light

第七节
腾冲绵纸

云南省
Yunnan Province

保山市
Baoshan City

腾冲县
Tengchong County

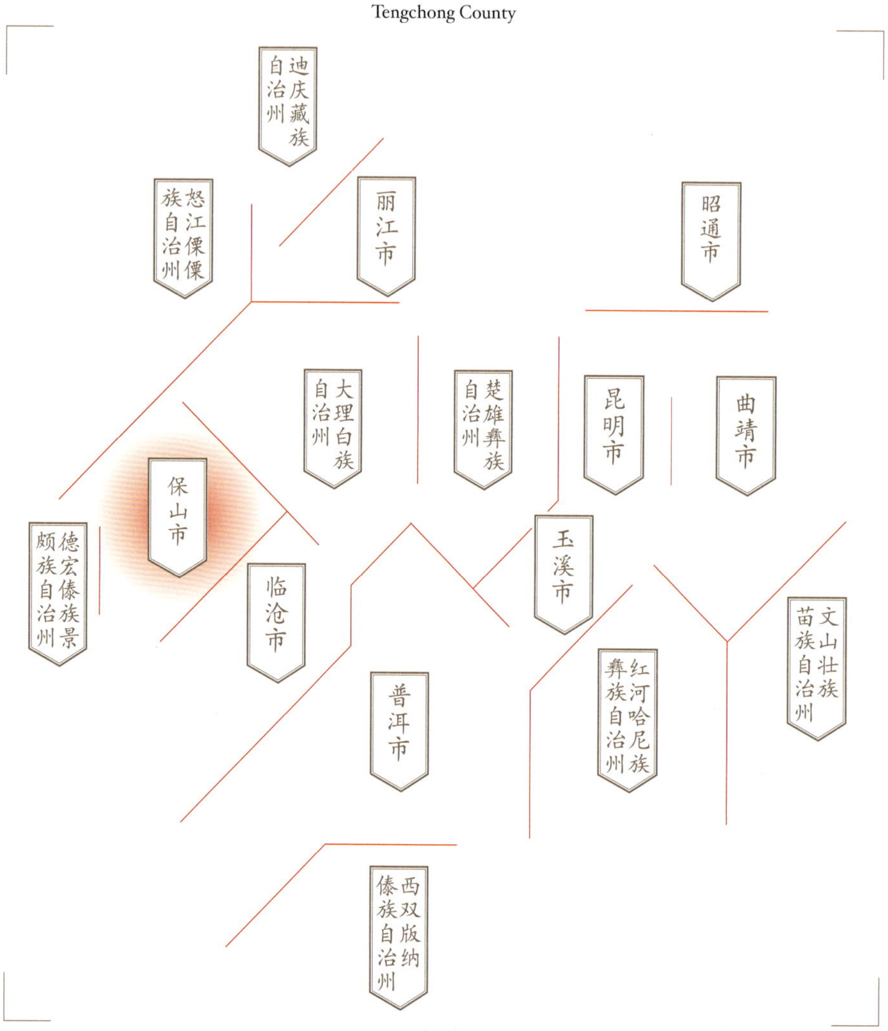

调查对象

界头乡
新庄行政村
界头行政村
绵纸

Section 7
Mian Paper in Tengchong County

Subject

Mian Paper in Jietou Administrative Village, Xinzhuang Administrative Village, Jietou Town

一 腾冲绵纸的基础信息及其分布

1 Basic Information and Distribution of Mian Paper in Tengchong County

腾冲绵纸，是指腾冲县界头乡新庄行政村龙上社等地生产的构皮白绵纸，以及界头乡界头行政村茶园山庄等地生产的染色构皮纸。前者可以根据客户要求做出不同规格、厚薄的产品，用于书法、绘画、包茶、捆钞、丧葬等；后者色彩鲜艳，通常用于喜庆与丧葬祭祀，以及作为风筝、剪花、扎花等民间民俗游艺活动用纸。

二 腾冲绵纸生产的人文地理环境

2 The Cultural and Geographic Environment of Mian Paper in Tengchong County

界头乡地处腾冲县北部，坐落在高黎贡山西麓，是龙川江源头的“花园盆地”，距缅甸密支那的板瓦镇仅40 km，故取名界头。全乡面积864 km^2，东临泸水县，南与曲石乡相接，西望明光乡、固东镇，北与怒江傈僳族自治州泸水县毗邻。界头乡历史悠久，早在新石器时代就有先民在这里休养生息，迄今已有四千多年的历史。这里汉代属永昌府管辖，是西南丝绸古道的交通要塞。唐代有著名城堡“罗哥城”“罗妹城”，至今遗址尚存。明代曾设瓦甸长官司于此。

2005年，高黎贡山国家级自然保护区被《中国国家地理》杂志评选为“云南最美的地方”。这里山环水映，热带雨林、杜鹃花海与冷杉群等丰富的植物资源和优质的水资源为新庄村和界头村的手工造纸创造了得天独厚的自然条件。

腾冲绵纸生产地分布示意图

Distribution map of the papermaking sites of Mian paper in Tengchong County

考察时间
2008年1月／2011年12月

Investigation Date
Jan. 2008 / Dec. 2011

路线图
腾冲县城
↓
界头村＋新庄村

Road map from Tengchong County centre to the papermaking sites (Jietou Village and Xinzhuang Village)

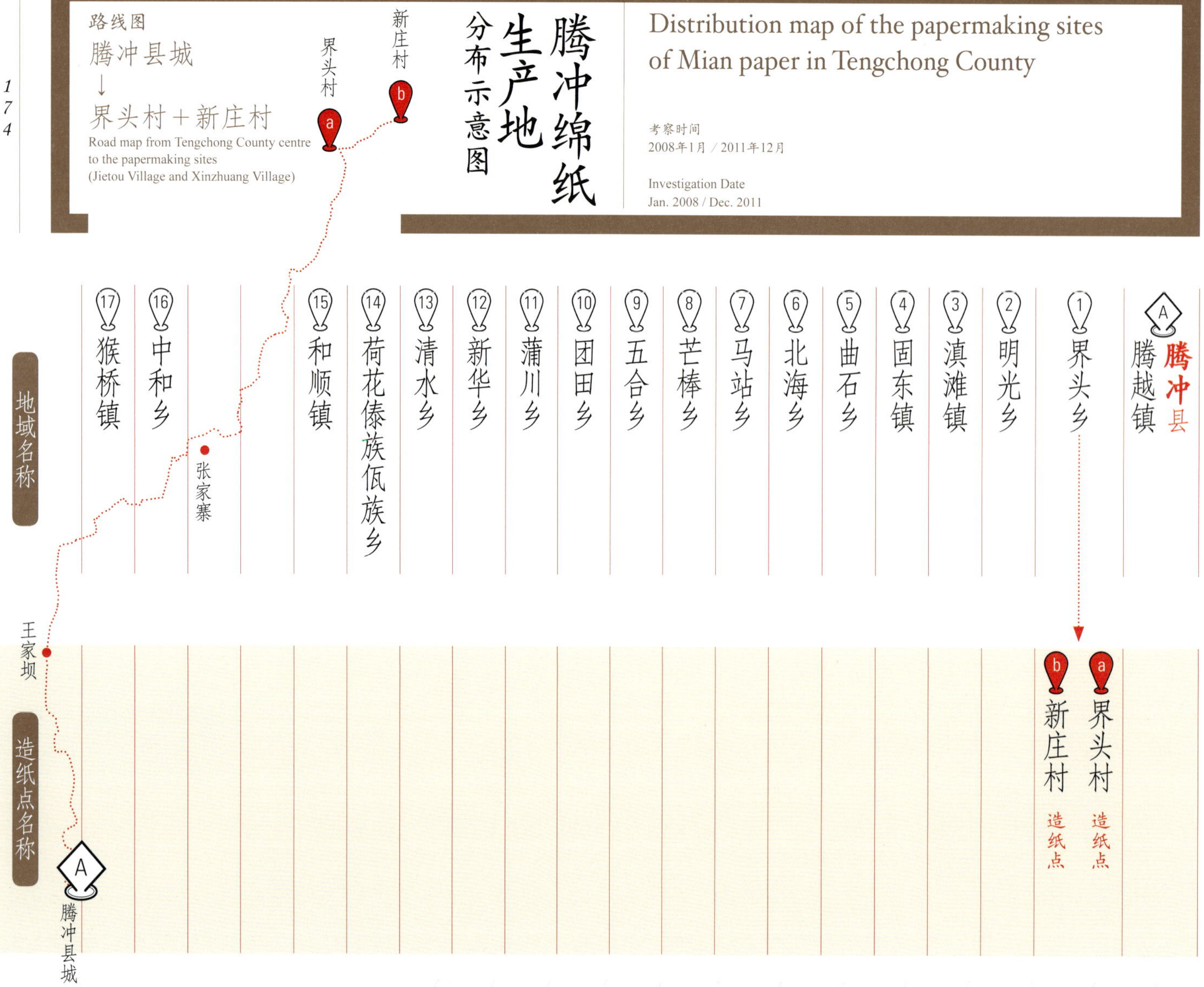

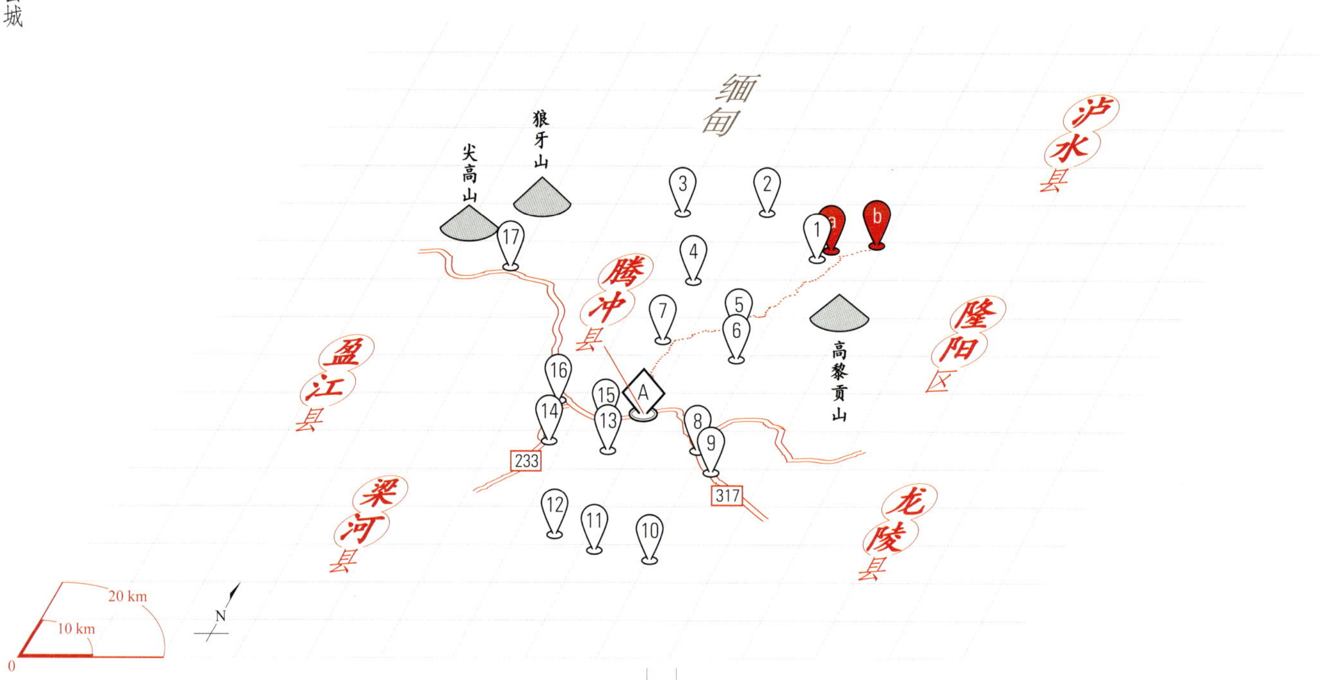

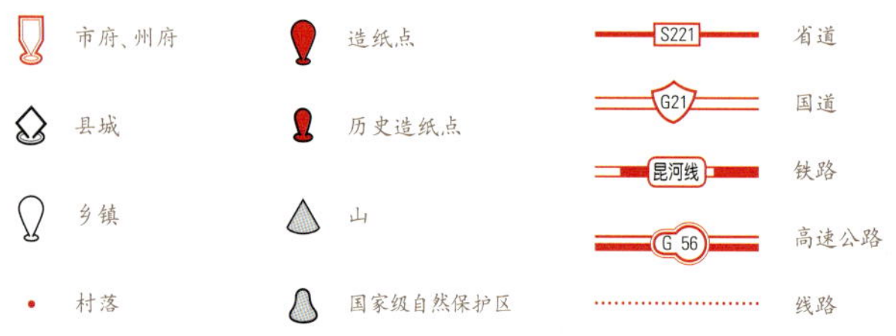

三
腾冲绵纸的历史与传承

3
History and Inheritance of Mian Paper in Tengchong County

腾冲新庄村造白绵纸的历史始于龙上社龙家先祖龙时开。据当地人口传，最早可追溯到明军征南时期。明初，官府征伐腾冲后，留下军队驻守高黎贡山隘口，有龙、黄、李等近十个姓氏在此繁衍，龙氏祖籍湖南，沿用流传在湖南一带的造纸术作为谋生发家的手段，一直传承至今。经调查组入村实地调研，龙占堂家纸坊较明晰的传承是从龙自昌（龙占堂的父亲）至龙占堂，再到龙飞德（龙占堂的儿子）。按龙家人的介绍，龙上社白绵纸的历史已有六百多年。2008年1月调查组调研时，龙飞德在云南师范大学中文系读书，已脱离了家传的造纸生产；龙占堂的女儿龙飞燕就读于腾冲县第七中学。

界头村染色绵纸的历史较短。据村民及造纸户介绍，当地人罗本燕从腾冲县城学来此技艺，并将其传给二儿媳黄志芳。界头乡仅此一家生产染色纸，而腾冲县城据说先后有过3～4家。据黄志芳介绍，她负责的纸厂有6个工人，年产量10吨，销售额80万元，利润约10万元，经济效益相当可观。然而黄志芳的两个女儿均已上大学，也没有学会此技艺，此项特种造纸技艺未来如何传承，是目前面临的最大问题。

⊙1

⊙2

⊙1 新庄村村景 Landscape of Xinzhuang Village

⊙2 新庄村传统古纸协会标牌 The banner of Traditional Handmade Paper Association in Xinzhuang Village

四 腾冲新庄村白绵纸的生产工艺与技术分析

4
Papermaking Technique and Technical Analysis of Baimian Paper in Xinzhuang Village of Tengchong County

(一) 腾冲新庄村白绵纸的生产原料与辅料

腾冲新庄村白绵纸的生产原料与辅料，与“腾冲宣纸”基本相同，核心原料为柳构皮，此处不再赘述。

(二) 腾冲新庄村白绵纸的生产工艺流程

据调查，腾冲新庄村标准白绵纸生产的基本工艺流程为：

壹	贰	叁	肆	伍	陆	柒	捌	玖	拾	拾壹	拾贰	拾叁	拾肆	拾伍	拾陆	拾柒
砍树枝	剥皮	晒皮	泡皮	浆石灰	煮皮	蒸料	洗涤	机器打浆	打槽	加纸药	捞纸	压榨	烤纸	揭纸	压纸	包装

壹 砍树枝

1

选择生长期为一年的柳构枝条砍伐。

贰 剥皮

2 ⊙1 ⊙2

剥下柳构枝条表皮，并用刀刮去外皮，留下白色内皮。

叁 晒皮

3

将剥下的白色内皮放在太阳下晒干。

肆 泡皮

4

将晒干的柳构内皮放在水中浸泡，直至泡软。

⊙1

⊙2

⊙1/2 剥皮 Stripping the bark

伍 浆石灰

5

把泡软的柳构皮浸入石灰浆中，浆滚2分钟左右，每浆10 kg构皮需用1 kg石灰。

陆 煮皮

6 ⊙3

把浆好的构皮放入大铁锅中，煮5～6小时。

⊙3

⊙4 ⊙5

柒 蒸料

7 ⊙4 ⊙5

把煮好的构皮放入蒸桶，用脚踩实，加满，盖上麻布，再扣上大锅作为桶盖进行蒸煮。

捌 洗涤

8 ⊙6

取出蒸煮好的构皮，放在河水中搓揉漂洗，除去大颗粒石灰等杂质后，将构皮放在河水中自然冲洗2天。

⊙6

玖 机器打浆

9 ⊙7

将洗净的构皮放入电动打浆机中打浆。

⊙7

拾 打槽

10

把打好的浆料放入捞纸槽中，加水打槽，使浆料分布均匀。

拾壹 加纸药

11

在捞纸槽中加入纸药——仙人掌汁，再次打槽，使构皮纤维均匀悬浮于水中。

⊙3 煮皮 Boiling the bark

⊙4/5 蒸料 Steaming the bark

⊙6 洗涤 Washing the bark

⊙7 打浆 Beating the bark

拾贰
捞　　纸

12　⊙8～⊙11

采用一人抬帘捞纸的方法。根据用纸需求的不同，选择不同规格的纸帘进行捞纸。

⊙8

⊙9

⊙10

⊙11

拾叁
压　　榨

13　⊙12

将捞完纸后形成的纸垛用木榨缓缓压榨12小时左右，除去纸垛中的多余水分。调查时，一些造纸户已使用千斤顶代替传统木制杠杆进行压榨。

⊙12

拾肆
烤　　纸

14　⊙13 ⊙14

将湿纸一张张从纸垛上揭下来，用棕刷将其刷在火墙上，在火墙内燃煤或柴将纸烘干。也有造纸户将纸直接贴在墙壁上晾干的。在将纸张刷贴到火墙或墙壁上时，需一张张由上往下逐张垒贴，整齐地排成一列，且每两张纸之间错开2 cm左右。在墙壁上晾晒如遇阴雨，不易干燥，或墙壁已贴满时，可将纸张一列列从墙壁上揭下，挑晾在自家院落的竹竿、绳子上，或摆放在地上晾晒。

⊙13

⊙14

⊙8/11 捞纸 Scooping and lifting the papermaking screen out of water

⊙12 千斤顶压榨 Pressing the paper with lifting jack

⊙13/14 烤纸 Drying the paper over fire

拾伍 揭纸

15 ⊙15

将纸由下往上一张张从火墙或墙壁上揭下。若采取挑晾的方法，则需要一张张依次撕开。

⊙15

拾陆 压纸

16 ⊙16

将揭下来的纸理齐后，分摞平放在地上，上面用木板覆盖，再以重石压住，将纸慢慢压平、压实。

⊙16

拾柒 包装

17 ⊙17

将纸包装成捆待售。

⊙17

(三) 腾冲新庄村白绵纸生产使用的主要工具设备

壹 纸帘

1

新庄村生产白绵纸使用的纸帘，据调查时了解，是四川制纸帘师傅在纸工家中按照造纸户要求制作的。

⊙18

贰 捞纸槽

2

新庄村的捞纸槽与许多地方有所不同，近圆柱形，以砖砌成，外敷水泥，高约1 m，直径2 m左右。

⊙19

叁 棕刷

3

用于将湿纸刷贴在火墙或墙壁上。

⊙20

⊙15 晒纸 Drying the paper

⊙16 压纸 Pressing the paper

⊙17 包装好的纸垛 Piles of paper

⊙18 纸帘 Papermaking screen

⊙19 捞纸槽 Papermaking trough

⊙20 棕刷 Coir brush

（四）

腾冲新庄村白绵纸的性能分析

所测腾冲新庄村白绵纸的相关性能参数见表2.8。

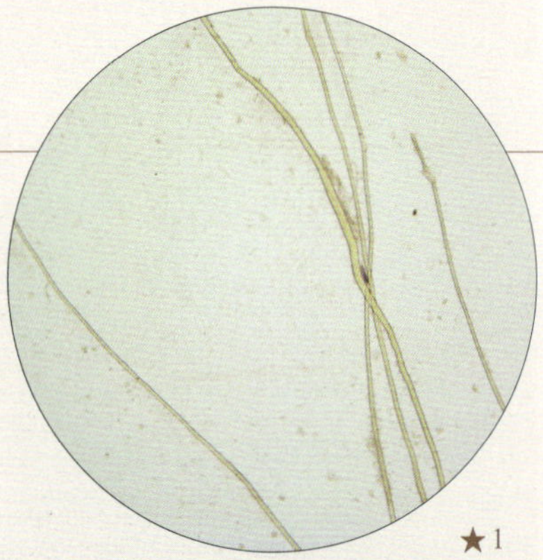

★1

★2

表2.8 新庄村白绵纸的相关性能参数
Table 2.8 Performance parameters of Baimian paper in Xinzhuang Village

指标		单位	最大值	最小值	平均值
厚度		mm	0.130	0.061	0.083
定量		g/m^2	—	—	15.8
紧度		g/cm^3	—	—	0.190
抗张力	纵向	N	12.0	6.3	9.6
	横向	N	10.5	5.3	7.6
抗张强度		kN/m	—	—	0.573
白度		%	30.9	29.4	29.9
纤维长度		mm	5.92	0.95	3.23
纤维宽度		μm	17.7	7.2	10.9

由表2.8可知，所测新庄村白绵纸最厚约是最薄的2.13倍，厚薄差异大，经计算，其相对标准偏差为29.1%，具有较大偏差。白绵纸的平均定量为15.8 g/m^2，定量较小，这与纸薄有关。所测白绵纸紧度为0.190 g/cm^3。

新庄村白绵纸纵、横向抗张力有一定区别，经计算，其抗张强度为0.573 kN/m，抗张强度值较小。

所测新庄村白绵纸白度平均值为29.9%，白度最大值约是最小值的1.05倍，相对标准偏差为1.77%，白度较低且差异很小。

所测新庄村白绵纸纤维长度：最长5.92 mm，最短0.95 mm，平均3.23 mm；纤维宽度：最宽17.7 μm，最窄7.2 μm，平均10.9 μm。所测白绵纸在10倍、20倍物镜下观测的纤维形态分别见图★1、图★2。

★1
新庄村白绵纸纤维形态图（10×）
Fibers of Baimian paper in Xinzhuang Village (10× objective)

★2
新庄村白绵纸纤维形态图（20×）
Fibers of Baimian paper in Xinzhuang Village (20× objective)

五
腾冲界头村茶园山庄加工纸的生产工艺与技术分析

5
Papermaking Technique and Technical Analysis of Dyed Paper in Tea House of Jietou Village of Tengchong County

腾冲界头村茶园山庄的加工纸有染色绵纸和金银箔纸两种。

(一)
界头村染色绵纸的加工工艺

染色绵纸是在本色白绵纸的基础上，经染色加工而成，其本色纸与新庄村龙上社的白绵纸原料相同，生产工艺也类似。染色时会用到多种工业染料，如红色用碱性玫瑰精，黄色用碱性黄药，绿色用碱性品绿，青色用碱性青药，蓝色用碱性蓝。一般1 kg染料可染6 000张纸。

经调查组在茶园山庄制作染色绵纸的现场考察，由本色纸制作染色纸的主要工艺流程有：

壹	贰	叁	肆
配染料	染色	晾纸	压平

壹 配染料 1

将特定的染料放入锅中，按一定比例加水烧开并保持温度，然后倒入染纸盆中。

贰 染色 2

⊙1

将若干张纸作为一叠，双手提整叠纸的两角，缓慢将纸完全浸入染料中，再将右手换至纸头，将纸从染纸盆的圆棍上拖过，刮下多余染料。然后将整叠纸置于盛纸架上，使纸上多余的染料液通过盛纸架流回染料盆。

⊙1
⊙1 染色 Dying the paper

叁
晾　纸

3 ⊙2

将染好颜色的纸，拿到室外竹竿上晾干。

⊙2

肆
压　　平

4 ⊙3

将晾干的色纸从竹竿上收下，理齐成摞，用平整的木板覆盖，压上重石，放置一段时间，使纸张缓慢展开撑平，再用千斤顶加压将纸压实压平。这样便完成了染色程序。

⊙3

调查中还发现当地生产浸染规则四方连续花卉图案的绵纸，色彩斑斓，但可惜当时不再生产，其制作工艺也没有现场记录下来。

⊙2 晾纸 Drying the paper
⊙3 成品染色纸 Final product of Dyed paper

(二)

界头村金银箔纸的加工工艺

在传统丧葬习俗中，许多地方有使用金银箔纸叠成金银元宝祭祀先人的习惯，金银箔纸是由具有金银色光泽的锡箔与白绵纸经过多道工艺加工而成的。

界头村金银箔纸的制作工艺流程为：

壹	贰	叁	肆	伍	陆	柒
捶锡箔	裁锡箔	裁纸	涂糨糊	粘锡箔	揭纸	包装

壹 捶锡箔

1 ⊙1 ⊙2

将购买的较厚成叠锡箔放在平整的台面上捶打，因锡箔具有较好的延展性，所以能够被打得很薄，面积成倍增长。注意捶打时用力均匀，不要把锡箔捶碎。在捶打过程中，另一只手按住一小块皮垫，随着捶打的进行扶按锡箔，防止锡箔移动。

⊙1

贰 裁锡箔

2

将捶打好的成叠锡箔按金银箔纸的尺寸裁切，备用。

叁 裁纸

3

将白绵纸按金银箔纸所需规格裁切备用。

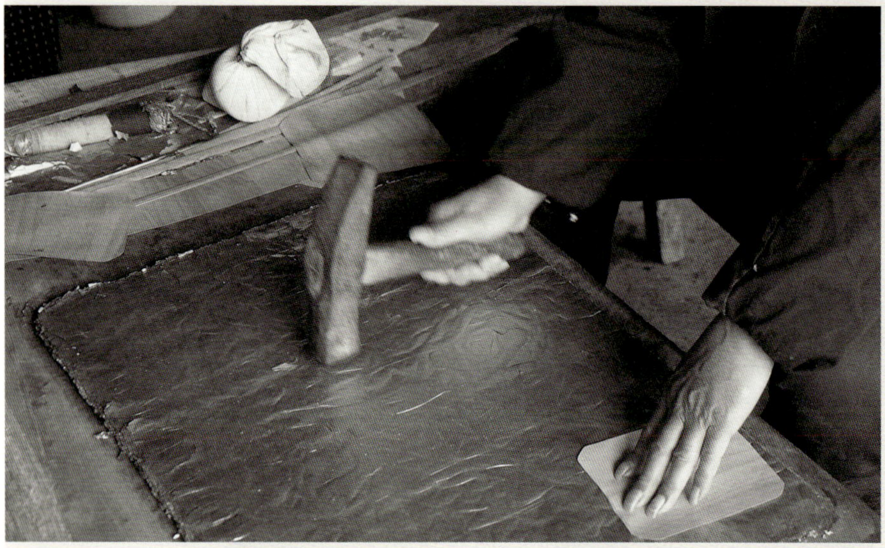

⊙2

肆 涂糨糊

4 ⊙3

在一沓白绵纸的最上面一张擦涂事先准备好的糨糊。

⊙3

⊙1 锡箔原料 Tinfoil plate for papermaking

⊙2 捶锡箔 Hammering the tinfoil

⊙3 擦涂糨糊 Pasting mucilage on the paper

伍
粘　　锡　　箔

5　⊙4 ⊙5

将整叠锡箔放在台面上，揭下一张涂好糨糊的白绵纸，糨糊面朝下，对准锡箔贴上，用手按压，使锡箔与白绵纸紧密结合、粘实。

⊙4

⊙5

陆
揭　　纸

6　⊙6

将已粘上锡箔的白绵纸揭起，一张银箔纸便制成了。

⊙6

柒
包　　装

7　⊙7 ⊙8

将一张张银箔纸理齐，压实，用绳子捆扎。如制作金箔纸，则要事先在银箔纸上刷金黄色染料，晾干即可。

⊙7

⊙8

⊙4/5 粘锡箔 Pasting tinfoil on the paper

⊙6 揭纸 Peeling the paper down

⊙7 刷色制成金箔纸 Coloring golden Tinfoil paper

⊙8 成品纸包装 Piles of paper

（三）

界头村染色绵纸的性能分析

所测界头村染色绵纸颜色为绿色，相关性能参数见表2.9。

表2.9 界头村染色绵纸的相关性能参数
Table 2.9 Performance parameters of Dyed Mian paper in Jietou Village

指标		单位	最大值	最小值	平均值
厚度		mm	0.108	0.055	0.072
定量		g/m²	—	—	14.7
紧度		g/cm³	—	—	0.204
抗张力	纵向	N	9.2	6.5	8.0
	横向	N	9.1	5.2	7.4
抗张强度		kN/m	—	—	0.513
白度		%	—	—	—
纤维长度		mm	5.92	0.95	3.23
纤维宽度		μm	18.3	7.2	10.8

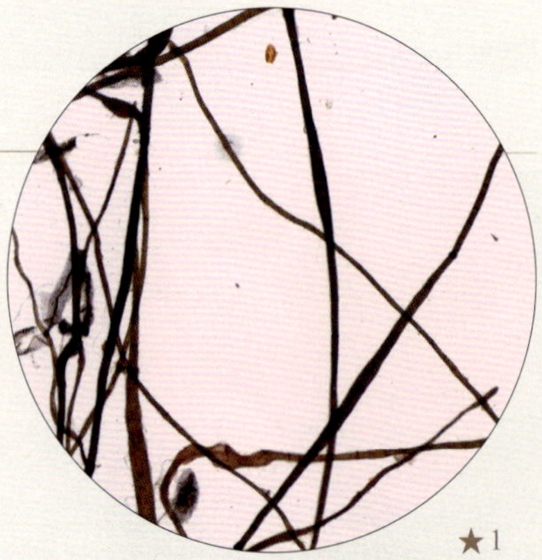

★1

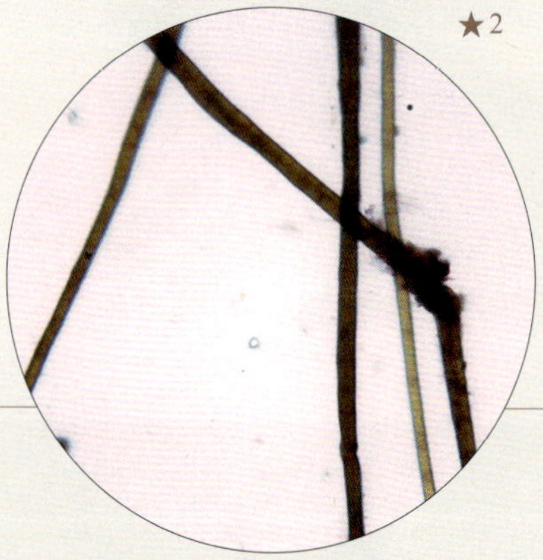

★2

由表2.9可知，所测界头村染色纸最厚约是最薄的1.96倍，厚薄差异大，经计算，其相对标准偏差为22.9%，具有较大偏差。界头村染色纸的平均定量为14.7 g/m²，定量小。所测界头村染色纸紧度为0.204 g/cm³。

界头村染色绵纸纵、横向抗张力区别较小，经计算，其抗张强度为0.513 kN/m，抗张强度值较小。

因其为色纸，未测白度。

界头村染色绵纸的纤维长度：最长5.92 mm，最短0.95 mm，平均3.23 mm；纤维宽度：最宽18.3 μm，最窄7.2 μm，平均10.8 μm。所测染色绵纸在10倍、20倍物镜下观测的纤维形态分别见图★1、图★2。

★1 界头村染色绵纸纤维形态图（10×）
Fibers of Dyed Mian paper in Jietou Village (10× objective)

★2 界头村染色绵纸纤维形态图（20×）
Fibers of Dyed Mian paper in Jietou Village (20× objective)

六 腾冲绵纸的用途与销售情况

6 Uses and Sales of Mian Paper in Tengchong County

⊙1

⊙2

⊙3

⊙1
用新庄村白绵纸书写的瑶文典籍
Ancient books written in the Yao ethnic language on Baimian paper in Xinzhuang Village

⊙2
茶叶包装用的新庄村白绵纸
Baimian paper for packing local tea in Xinzhuang Village

⊙3
界头村茶园山庄的染色绵纸作坊
Dyed Mian papermaking mill in Tea House of Jietou Village

（一）新庄村白绵纸

新庄村白绵纸的规格主要有46 cm × 46 cm、67 cm × 50 cm、60 cm × 60 cm和90 cm × 90 cm等，造纸户也可以根据客户要求生产不同尺寸和厚度的纸，品种颇多，有对角纸（53 cm）、小厚纸等。新庄村白绵纸用途比较广泛，包括书画、茶叶包装、捆钞、祭祀用纸等。包茶用纸，多由昆明的私人印刷厂来购买，印刷后包茶。这种纸包装的普洱茶饼，最贵的近万元一斤，可见茶叶包装界对新庄村白绵纸品质的信赖。

新庄村白绵纸主要在云南省内销售，也有少量销到贵州省等地。现在龙上、龙中、吉家等寨子共有200余户掌握造纸工艺。以调查组考察的龙占堂家纸坊为例，该厂有5个工人，2008年初每人日工资20～30元，年产量2吨，毛利润约20 000元，纯利8 000～9 000元。在调查中，谈及未来发展，该纸坊负责人认为传承上没有问题，其造纸的兴趣与信心充足，而面临的主要问题是家庭作坊的造纸方式，规模上不去，产量有限，同时销路也不够畅通，导致经济效益不理想。

（二）界头村染色绵纸

界头村染色绵纸具有多种颜色和规格，如有红、蓝、绿、黄等色，包括70 cm × 60 cm等多种尺寸。界头村的染色纸色彩鲜艳，同时兼有优质白绵纸的特点，可作风筝、剪花、扎花和喜庆用纸等。界头村的染色绵纸销路很广，国内外都有市场，国内主要销往云南省的腾冲、保山、大理、昆明等地，再从昆明销往全国各地；国外主要销售到缅甸。调查时，界头村的染色绵纸基本处于供不应求的局面。

调查交流中了解到，龙上寨、龙中寨和吉家寨的一半人家均为龙姓，其祖先于明洪武年间充军到此地落户。目前虽不能确定手工造纸起源于何时，但可以肯定的是，在很长一段历史时期，这门技艺一直在龙姓人家代代相传。历史上，手工纸作坊一直以家庭为造纸单元，根据旧时习俗，界头乡龙氏家族造纸技艺传男不传女、传内不传外。20世纪50年代以后，约有20多年时间造纸生产改为以生产队为单位。1978年以后又逐步恢复了家庭生产。值得一提的是，寨子里形成了共享手工造纸基本工艺的新习俗，各家工艺和劳动手段基本一致，也不排斥共享技术向外部的传播。如果龙姓女子嫁到外村或本村外姓，也可将造纸技艺带到婆家去。龙上、龙中、吉家、索家等寨现在仍有200余户人家拥有这门代代相传的造纸手艺。当然，在基本工艺之外，每户人家也会有特殊的技巧和心得，本地人称为“方子”。根据不同“方子”造出来的纸，质量也存在一定差异，质量好的纸能够拥有更大销量。各家的诀窍通常是保密的，偶尔会有一些寨内的交流，但一般不对村外人透露。

手工纸的技艺和诀窍一般是通过顺口溜和故事表达的。传承手工纸技艺的时候通常会说一些口诀，比如“要白要清秀，要熟要蒸透”，这传达了制备纸浆的工艺要求。有时候人们也会通过故事、传说揭示一些造纸的关键信息，如“蔡伦化鸡助先人造纸”就是这样一个承载技术工序的传说：先人造纸在“榨纸”之后和“焙纸”之前的两道工序之间没有特别的工艺处理，总是不容易分开纸，非常烦恼。一天，一只公鸡飞来，一脚将纸踏翻，之后再“焙”纸就容易分开了。传说公鸡是造纸祖师蔡伦的化身，因此每年农历三月十四“蔡伦诞”的时候绝不可杀鸡。“榨—翻—焙”的工序借助传说，得到了形象的解释。

村中的造纸户每到“蔡伦诞”都会自发聚集

到新庄村内的杨修庙，组织祭祀活动，费用由参加活动的造纸户分摊。

耍龙灯在腾冲县民间有着悠久的历史。腾冲县龙灯分双龙抢珠、一龙耍场、小背龙三种。小背龙在腾冲县龙灯中最具地方特色，由龙头、龙身、龙尾三部分组成，约1.7 m长，经技艺精湛的民间艺人以篾扎纸裱彩绘而成，也有用布装裱彩绘而成的。小背龙小巧玲珑、形象生动、挥舞方便、穿梭自如，倘多人集体表演，场面更为壮观。除此，仙灯、曲石干榨鱼灯、曲石双龙茶灯等传统节目也都是腾冲民俗文化的重要组成部分。腾冲本地生产的手工纸是制作这些花灯的重要材料。

⊙1

八 腾冲绵纸的保护现状与发展思考

8
Preservation and Development of Mian Paper in Tengchong County

腾冲绵纸有其特别的民俗和文化价值，是云南手工纸领域里的重要样式。但从调查组考察的情况看，目前腾冲界头乡手工纸业态或多或少遇到了困难，新庄村白绵纸和界头村染色绵纸均不例外。新庄村白绵纸目前在传承上没有困难，但限于家庭作坊式的生产，规模和销路都存在问题；界头村染色绵纸有着很好的社会需求，但传承上出现了问题，生产规模无法扩大。腾冲绵纸的前途如何，其现状与发展空间均有待进一步思考。

界头乡得天独厚的造纸原材料、水源，以及较小的人口密度，为手工造纸业提供了良好的客观环境，可以保障在未来一段时间内，有一定规模的作坊式生产方式不会面临基础条件上的障碍。从积极拓展的视角看，类似于“如何将新庄村白绵纸数百户潜隐状态的家庭技艺，组成规模化的造纸联社或纸厂型企业”这样的命题，已是腾冲县手工纸发展迫切需要设计、推动的事项了。

⊙1 腾冲风光 Landscape of Tengchong County

腾冲新庄村白绵纸

Baimian Paper in Xinzhuang Village of Tengchong County

新庄村白绵纸透光摄影图
A photo of Baimian paper in Xinzhuang Village seen through the light

染色绵纸

Dyed Mian Paper in Jietou Village of Tengchong County

界头村染色绵纸透光摄影图
A photo of Dyed Mian paper in Jietou Village seen through the light

腾冲界头村染色绵纸

Dyed Mian Paper in Jietou Village of Tengchong County

第三章
滇西南地区

Chapter III
Southwest Area of Yunnan Province

第一节
耿马傣族白绵纸

云南省
Yunnan Province

临沧市
Lincang City

耿马傣族佤族自治县
Gengma Dai-Wa Autonomous County

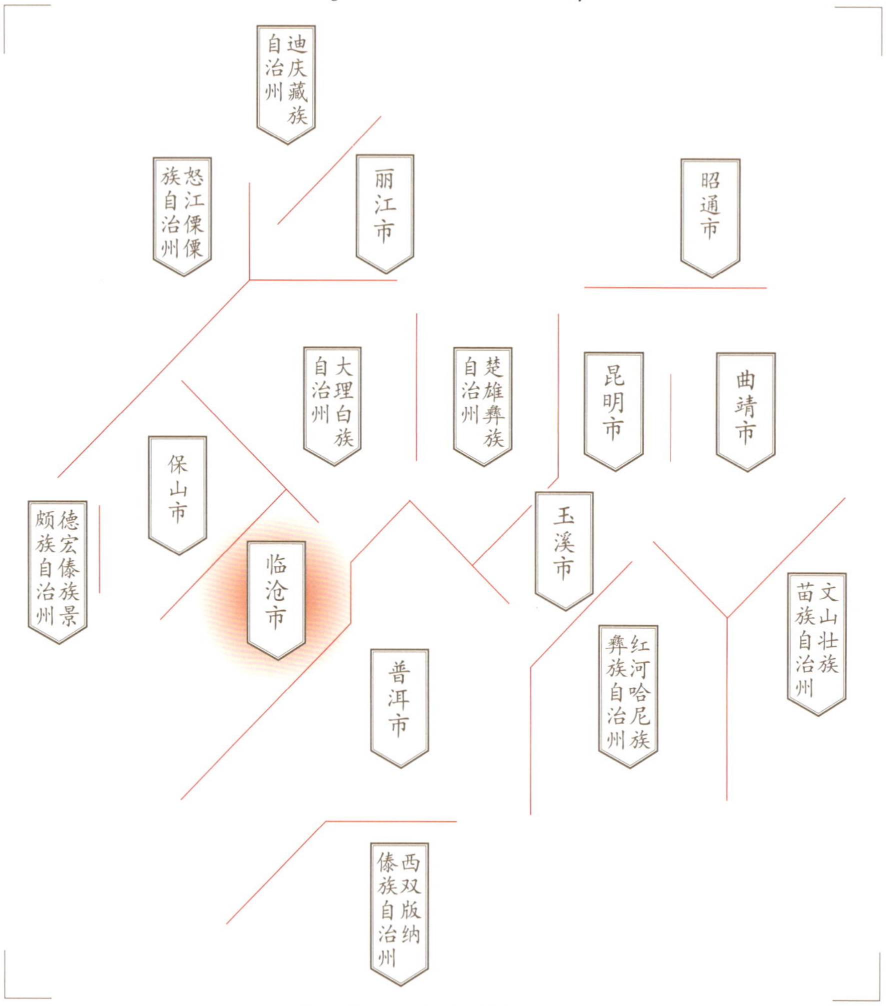

调查对象

孟定镇
遮哈行政村
芒团自然村
傣族白绵纸

Section 1
Baimian Paper by the Dai Ethnic Group in Gengma County

Subject

Baimian Paper by the Dai Ethnic Group in Mangtuan Natural Village, Zheha Administrative Village, Mengding Town

一 耿马傣族白绵纸的基础信息及其分布

1 Basic Information and Distribution of Baimian Paper by the Dai Ethnic Group in Gengma County

耿马傣族白绵纸，通常是指云南省耿马傣族佤族自治县孟定镇遮哈行政村芒团自然村所造的纯手工构皮纸，其原料为桑科构树皮。这种构皮纸在民国时期的《新纂云南通志》卷一四二中已有记载："镇雄及镇康、孟定坝摆夷，亦能用构皮造一种大白纸，较外国牛皮纸尤韧，力撕不破。"[1]

芒团村位于孟定镇东，芒团为傣族聚集的村落，所造纸在傣族白绵纸中品质最为出众。芒团村白绵纸主要作为傣族信奉的南传佛教抄经用纸。按芒团村的习俗，整个造纸流程几乎全由女性完成，而且技艺"传女不传男"，造纸完全是女人的天下。在芒团村口，竖立着刻有"中华傣家造纸第一村"的高大石碑，显示了芒团村造纸的当代地位与活力。

⊙1

⊙1 『中华傣家造纸第一村』石碑 Stele of "The Best Papermaking Village of the Dai Ethnic Group in China"

[1] 周钟岳，等.新纂云南通志[M].李春龙，牛鸿斌点校本.昆明：云南人民出版社，2007:83.

路线图
耿马县城
↓
芒团村
Road map from Gengma County centre to the papermaking site (Mangtuan Village)

耿马傣族白绵纸生产地分布示意图

Distribution map of the papermaking site of Baimian paper by the Dai Ethnic Group in Gengma County

考察时间
2008年1月

Investigation Date
Jan. 2008

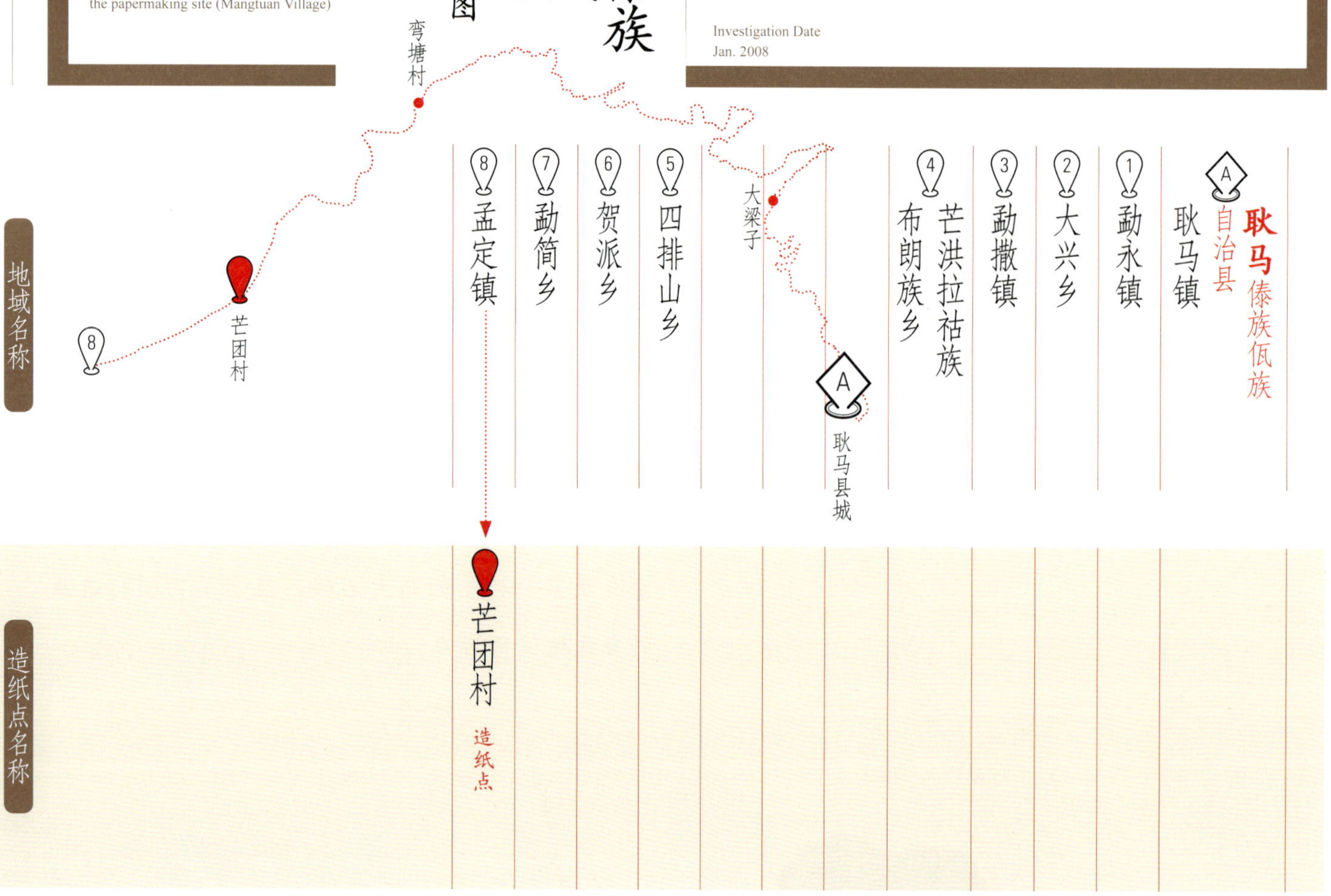

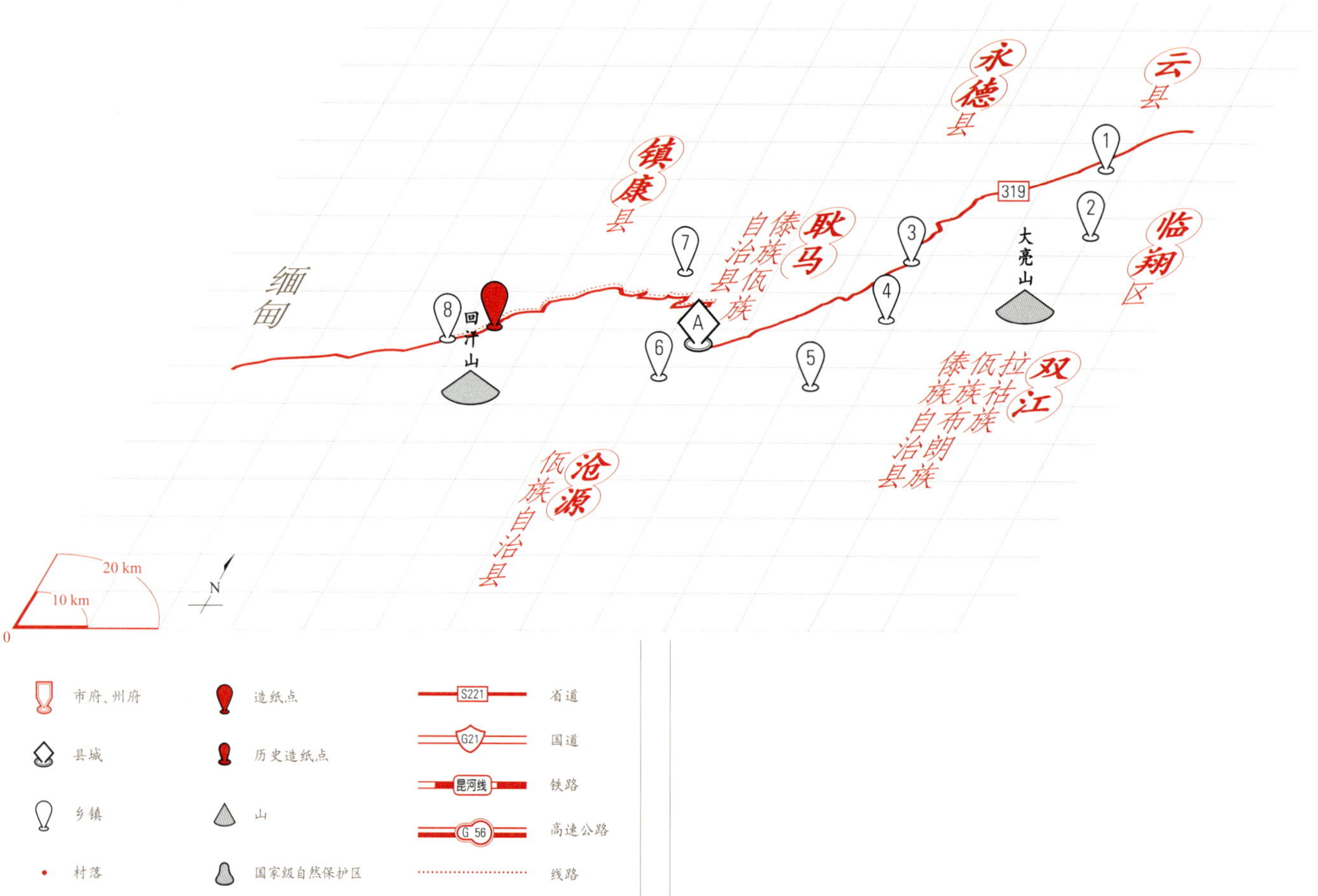

二
耿马傣族白绵纸生产的人文地理环境

2
The Cultural and Geographic Environment of Baimian Paper by the Dai Ethnic Group in Gengma County

耿马傣族佤族自治县地处临沧市西南部，跨东经98° 48′ ~99° 54′ ，北纬23° 20′ ~24° 02′ ，东与临沧、双江两市县接壤，南与沧源县毗邻，北与镇康、永德两县隔南汀河相望，西与缅甸山水相连，是一个非常典型的深山区县，道路通行相当不便。耿马县城年平均气温18.8 ℃，最冷月份平均气温11.6 ℃，最热月份平均气温23.3 ℃，气候属南亚热带季风气候类型。孟定镇辖区面积350.5 km^2，人口4.45万，海拔约420 m。芒团自然村是中国西南边陲偏远的少数民族村寨，东距耿马县城83 km，西距孟定镇6 km。

孟定镇是中国西南边陲的千年重镇。从目前的历史记述来看，西汉前该地属古益州哀牢，东汉为永昌郡属地，大理王国时期隶属永昌府，元至元二十六年（1289年），正式设立云南行省孟定路军民总管府。1289～1950年，均由土司府主持当地军民行政，孟定镇为孟定土司府所在地。1950年置区，1993年升为副县级建制镇，为云南省级边贸口岸，商贸经济较为繁盛。

孟定镇的主导经济产物为稻米、热带水果和橡胶。由于受南传佛教影响很大，辖区内有46座南传佛教寺庙，其中洞景佛寺在云南省及东南亚南传佛教流行区有一定影响，相传寺内藏有佛祖释迦牟尼锁骨舍利，是一座文化价值很高的古寺。

孟定为云南省最著名的两大热带坝子之一（另一处为玉溪市的元江坝子），拥有优美旖旎的热带风光，且与著名的金三角北部核心区果敢（缅甸第一特区）和佤邦（缅甸第二特区）均为隔河之距，是中国境内通往包括缅甸在内的东南亚最便捷的传统陆路必经地，具有很好的通商、旅游前景。

⊙1

⊙2

⊙1 芒团村寨小景 View of Mangtuan Village

⊙2 洞景佛寺 Dongjing Buddhist Temple

孟定镇的主要少数民族居民为傣族。根据民间传说，该镇共有两条入迁的谱系：其一是约700年前，今云南省西陲德宏傣族景颇族自治州瑞丽市境内一个叫勐卯国的公主，被一只神鹰衔往孟定一棵大树上的鹰窝，公主恰有身孕，后被一位佛爷救下并生了一个男孩，取名武定，遂成为孟定傣族的发源；另一条据乡邦文献记载，19世纪初，暹罗王子率军侵入西双版纳，当地部分傣族人逃往孟定并定居繁衍，被称为“傣耿”系。

芒团村位于孟定坝子的东北边缘，为自然村，归属遮哈行政村。根据2008年1月调查组入村调查时获得的统计数据，全村有121户，约670人，其中75%为傣族，其余为汉族和佤族。芒团村寨依山傍水，有一条小河从村中流过，环境优美。芒团村于20世纪50年代开通了乡村公路，属耿马县域内交通较为便利的村庄；村中有一座中等规模的南传佛教寺庙，是村寨宗教、文化、社交及乡村教育活动的中心。芒团村的建筑表现出鲜明的民族习惯偏好，傣式竹楼与汉式瓦房错落而建，文化氛围浓厚。

⊙1

⊙1
孟定镇郊外的自然风光
Natural landscape of Mengding Town outskirt

三
耿马傣族白绵纸的历史与传承

3
History and Inheritance of Baimian Paper by the Dai Ethnic Group in Gengma County

耿马傣族白绵纸属传统所称临沧白绵纸的一类，目前整个临沧市辖区除耿马芒团村的傣族白绵纸十分典型外，调查信息显示永德县永康镇芒石寨有与芒团村类似的傣族白绵纸生产，但传承者均为50岁以上的女性，缺乏年轻传承人，且只有几户。不过芒石寨的周小三在2013年被评为傣族手工造纸技艺的国家级传承人，形成了一定的技艺关注度。

清代至民国年间，临沧白绵纸是一种产销很旺的产品。据今本《临沧县志》记载，民国初年，有朱、李两姓纸工至缅宁县邦东大雪山（今临沧市临翔区境内）开办土纸坊并收徒传承；民国中期，邦东乡的中等村、曼毫村、昔本村等大量生产白绵纸；到20世纪80年代，在县乡镇企业局的扶持下，又在临翔区忙畔乡创办白绵纸作坊。[2]时至今日，据调查组了解到的信息，除永德县芒石寨有不能规模化维持常态的生产外，基本上是耿马县芒团村光彩独具了。

芒团村很多农户都造过白绵纸，村中许多院落都建有简易的造纸作坊，一排排纸帘随处可见。据调查组2008年1月考察得知，只有约33户村民长年从事造纸，而云南少数民族造纸研究者朱霞2001年的考察中记述有40～50户长年造纸[3]。可见，随着社会经济的变迁波动，21世纪初以来，芒团村白绵纸的生产规模已有收缩。

芒团村的傣族白绵纸生产究竟始于什么年代？因地处西南多民族流迁频繁地区，乡土文献和地方史志均无确定的传承谱系记载。调查组从对芒团村白绵纸制作技艺国家级非物质文化遗

[2] 临沧县地方志编纂委员会.临沧县志[M].昆明：云南人民出版社，1993：192.

[3] 朱霞.云南孟定傣族的传统手工造纸[J].广西民族学院学报（自然科学版），2001，9(1)：42.

产代表性传承人巴玉勐嘎及其家人的专访中了解到，据代代口传的记忆性传说，其家族1347年便开始造纸，虽然无信史资料依据，但在年代上却正好与孟定镇傣族的德宏州勐卯系入迁时间吻合，因而孟定镇傣族造纸历史可以上溯到约700年前的元代的说法也并非完全没有根据。

在芒团村，每个造纸户的门旁都挂有一块标牌，上面用汉文和傣文（以傣历记载）分别标记出该户开始造纸的年代，这是芒团村非常重要的传承保护创意，也是展现造纸传承状况的做法。据调查组已掌握的信息，这在云南省及中国其他地区均很少见。虽然也有对芒团村这一标识系统严谨性的若干质疑，但这一来自乡土的举措反映了一种新的非物质文化遗产传承保护意识。调查中发现不少造纸户标牌上的起始造纸年代很短，如有20世纪80年代的，芒团村民组组长岩发解释，一些造纸户分家以后，就不再沿用之前的起始年代，而从新家建立的时间算起。

芒团村造纸传承的另一习俗是：造纸几乎由女性承担，而且秉承技艺“传女不传男”的傣家造纸传统。调查组调查的芒团村中年龄最大的造纸技工乃哦已93岁，而最小的才6～7岁。以国家级代表性传承人巴玉勐嘎老太太一家为例，造纸技艺是巴玉勐嘎的母亲巴叶勐嘎传给她的，她则将技艺传给儿媳妇丙哦，而丙哦的女儿艾巩也正在学习造纸。

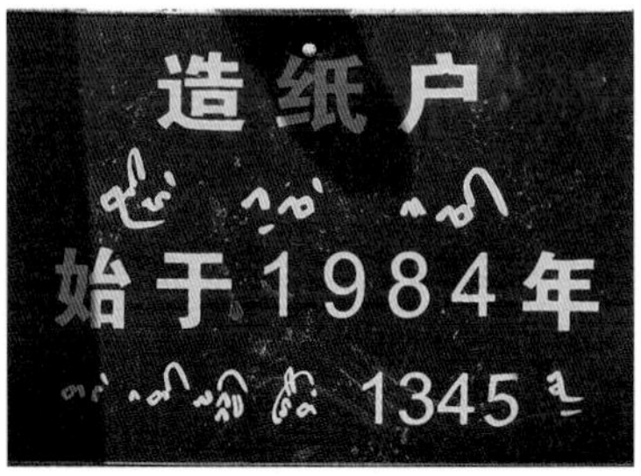

⊙1

⊙2

⊙3

⊙1
造纸户标牌
Papermaking household plate

⊙2
巴玉勐嘎一家
Bayumengga's family

⊙3
调查组成员与乃哦一家
Researchers with Nai'o's family

四
耿马傣族白绵纸的生产工艺与技术分析

4
Papermaking Technique and Technical Analysis of Baimian Paper by the Dai Ethnic Group in Gengma County

(一)
耿马傣族白绵纸的生产原料

芒团村生产白绵纸所用的主要原料为构树皮，傣语中称为“曼沙”，当地称为“谷皮树”。构树产于孟定坝周边山区，以前不少造纸户也自己上山砍构树制作造纸原料干构皮。1985年前后，造纸户不再自己砍树，现在芒团村造纸所用的干构皮都是造纸户从集市上购买的。

(二)
耿马傣族白绵纸的生产工艺流程

芒团村生产的白绵纸作为中国傣族白绵纸的代表，其制作流程除了在造纸户的作坊可见之外，还经集中提炼并在村中的芒团纸陈列馆中全面展示。

芒团村造纸工艺可概括为5大流程、13道工序。分别为：

采料 → 煮料 → 捶料制浆 → 浇纸 → 晒纸

壹	贰	叁	肆	伍	陆	柒	捌	玖	拾	拾壹	拾贰	拾叁
采料	晒料	浸泡	踩料	拌灰	煮料	洗涤	捶料制浆	浇纸	晒纸	研光	揭纸	包装

调查组2008年1月实地调查时，记录了芒团村造纸工艺的各道工序。

壹 采料

1

每年7～8月间，砍下当年生的构树枝条，用刀剥皮，然后将其表皮层剥除，仅留下白色内皮。

贰 晒料

2

把剥好的白色构皮挂于场院内外，晒干后捆扎储存备用。

叁 浸泡

3 ⊙1

将成把捆扎好的干构皮置于沟溪之中浸泡，并用石块压住，把构皮泡软。

⊙1

肆 踩料

4

用双脚踩压泡软的构皮，再用手搓揉，使构皮更为松软。

⊙2

伍 拌灰

5 ⊙2

先用筛子将草木灰过筛，去除木炭及其他杂物，然后与已软化的构皮相拌，并用手搓揉，使草木灰均匀地附着在构皮上。草木灰用量越大，碱性越强，造出的纸越白。

陆 煮料

6 ⊙3

将拌好灰的构皮置于大锅内，在最上层撒上草木灰，加水漫过构皮，而后覆上厚麻布或塑料布，用文火煮7～8小时，取出皮料再拌一次草木灰，再煮约4小时，直至锅里的水呈黄褐色，皮料煮透，手感绵软为止。

⊙3

⊙1 浸泡构皮 Soaking the bark

⊙2 将构皮拌灰 Stirring plant ash with the bark

⊙3 蒸煮构皮 Steaming and boiling the bark

柒 洗涤

7 ⊙4

捞出煮好的构皮，挑到小溪边，逐把地置于溪水中，让溪水把附着在构皮上的草木灰、黄褐色外皮及其他杂质冲走。这个过程中需不断用手搓洗皮料，同时用小刀去除硬物及杂质。

⊙4

捌 捶料制浆

8 ⊙5

将洗净的构皮置于平整厚实的石礅上，双手各持一把木槌，反复捶打，将皮料尽量打散打融，装盆备用。判断构皮料已捶好的标准是取一小块皮料置于水中，构皮纤维能在水中自然散开。

⊙5

玖 浇纸

9 ⊙6 ⊙7 ⊙8

在纸槽里加入清水，然后将纸帘置于纸槽内的鹅卵石上，使纸帘悬于水中。再取适量构皮浆放入纸帘，双手不停搅拌，把浆团搅散，使构皮纤维分散开来，随时拣去杂质。待纤维在纸帘中大体分布均匀后，仔细观察纤维分散的疏密情况，再手心朝下有序拍打水面，引导纤维的流动走向，使之均匀分布；然后换用手背有序地轻掠水面，使水面平静，多次交叉进行以上操作，使构皮纤维均匀分布于纸帘中。最后用均匀棒轻拍水面，使水面迅速平静，构皮纤维分布更匀。

⊙6

⊙7

⊙8

⊙4 洗涤 Washing the bark

⊙5 捶料制浆 Hammering the materials to make pulp

⊙6 搅拌 Stirring the pulp

⊙7 用手背轻掠水面 Flattening the pulp with hand back

⊙8 用均匀棒轻拍水面 Flattening the pulp with wooden stick

拾 晒纸

10 ⊙9~⊙12

双手端平纸帘缓慢抬出水面，稍停顿后，倾斜竖起纸帘沥水，靠放在墙边。晒纸时需注意天气变化，决不能让雨淋了纸。为使水分挥发均匀、纸面平整，一般晒1小时左右就要将纸帘头尾互换，之后还需正反互换晾晒。

⊙9

⊙10

⊙11

⊙12

⊙9 端帘出水 Scooping and lifting the papermaking screen out of water

⊙10 倾斜沥水 Draining the paper

⊙11 翻动纸帘 Turning over the papermaking screens

⊙12 晒纸 Drying the paper

拾壹
研　　光

11 ⊙13

当纸晒至七八成干时，手持沿口完整、光滑的瓷碗扣在纸上，向不同方向来回轻轻磨压纸面，以使纸更紧密、光滑和平整。

⊙13

拾贰
揭　　纸

12 ⊙14

纸晒干后，将纸帘斜靠腿上，先用手撕开右上角，然后用揭纸刀从揭开的角缝处插入，由上而下沿纸帘面滑动，至纸面约1/3处，将纸向下折叠，继而揭下整张纸。熟练的纸工也可以直接用手揭纸。

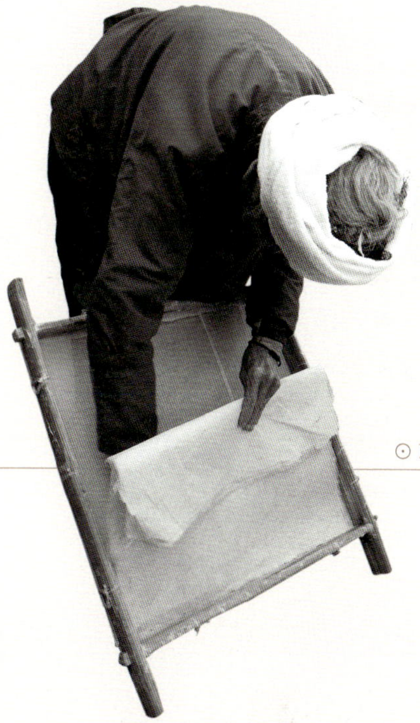
⊙14

⊙15

拾叁
包　　装

13 ⊙15 ⊙16 ⊙17

纸揭下后，就可按顾客的要求折叠、打捆包装。一般以10张纸为一沓进行包装，也有的整张压平，几百张为一捆包装销售。

芒团村生产的白绵纸，傣语称“洁沙”。其品种按白度、洁净度不同，分为一标洁沙和二标洁沙，均为单层纸。一标洁沙选料精细，白度高，洁净度好；二标洁沙纸质略显粗糙，色偏黄，纤维束较多。芒团村也生产较厚的双层洁沙。

⊙16

⊙17

⊙13 研光 Flattening the paper
⊙14 揭纸 Peeling the paper down
⊙15 折叠 Folding the paper
⊙16 压平 Flattening the paper
⊙17 捆扎 Bundling the paper up

(三)
耿马傣族白绵纸
生产使用的主要工具设备

壹 纸帘 1

由竹框及绵纱布绷制而成，调查时普遍的规格为76 cm × 66 cm。

贰 纸槽 2

传统为木制，现更多用砖和水泥砌成，可站立旁边操作。调查时还发现一种可以蹲在地上操作的简易纸槽，用木头或竹子围成一个框，无底，在上面覆盖一张塑料布，可随意移动摆放，这种纸槽往往在浇制较大规格的纸张时使用。

⊙1

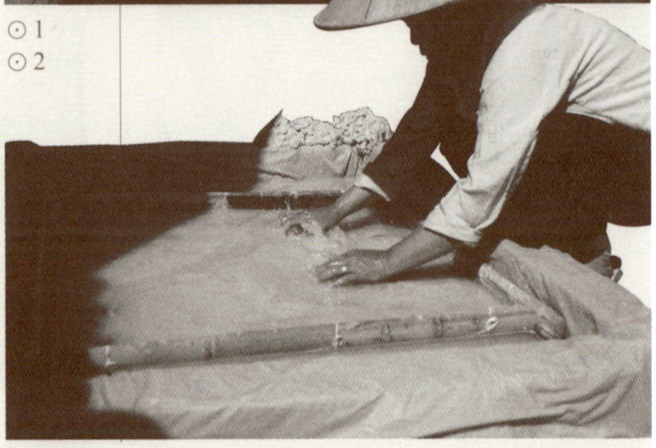

⊙2

叁 木棰 3

实测的木棰头部为圆柱体，一般直径约10 cm，柄长约24 cm。主要为捶打皮料以备制浆阶段使用。

⊙3

肆 均匀棒 4

木制圆柱体，在中间插入一小节竹子作为抓提手柄。

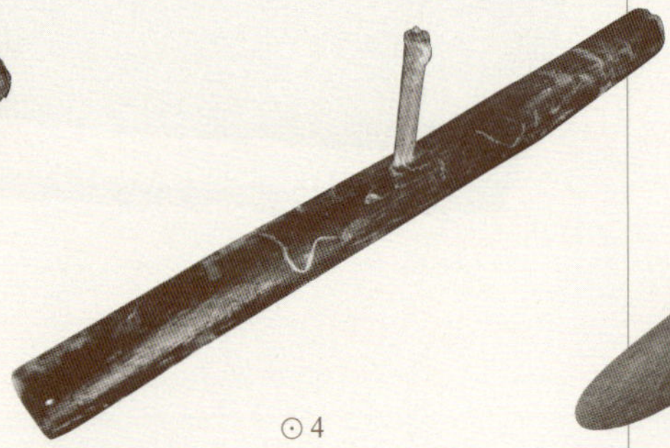

⊙4

伍 揭纸刀 5

木制，矛形，表面光滑，用于辅助揭纸。

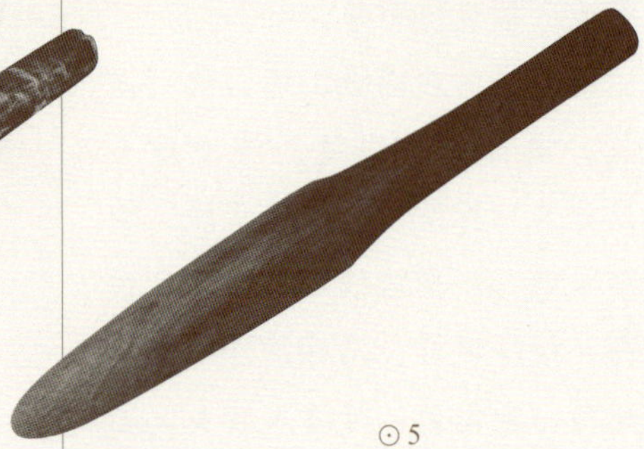

⊙5

⊙1 由砖、水泥砌成的水槽 Papermaking trough made of bricks and cement

⊙2 简易水槽 Simple papermaking holder

⊙3 木棰 Wooden mallet

⊙4 均匀棒 Wooden stick for flattening the materials

⊙5 揭纸刀 Wooden knife for peeling the paper down

(四)

耿马傣族白绵纸的性能分析

所测耿马芒团村白绵纸的相关性能参数见表3.1。

表3.1 芒团村白绵纸的相关性能参数
Table 3.1 Performance parameters of Baimian paper in Mangtuan Village

指标	单位	最大值	最小值	平均值
厚度	mm	0.526	0.174	0.324
定量	g/m^2	—	—	48.5
紧度	g/cm^3	—	—	0.150
抗张力	N	8.9	5.4	7.0
抗张强度	kN/m	—	—	0.467
白度	%	38.8	34.1	36.4
纤维长度	mm	9.09	2.71	5.71
纤维宽度	μm	20.3	9.2	14.8

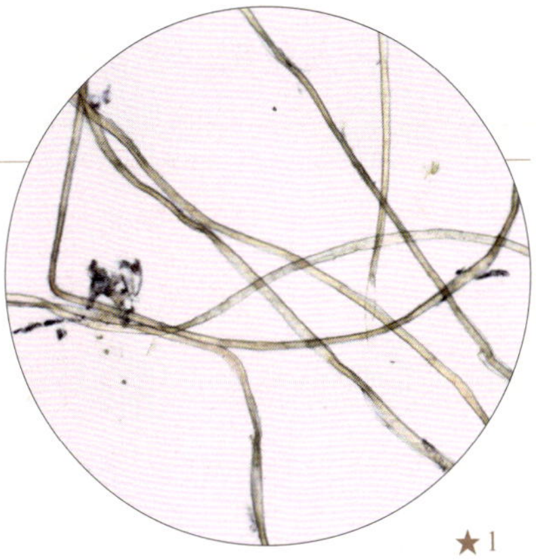

★1

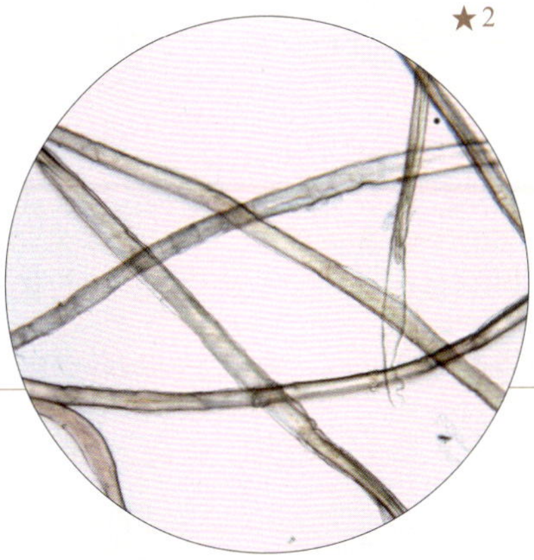

★2

由表3.1可知，所测芒团村白绵纸最厚约是最薄的3.02倍，经计算，其相对标准偏差为12.9%，厚薄较不均匀。芒团村白绵纸的平均定量为48.5 g/m^2。所测白绵纸紧度为0.150 g/cm^3。

经计算，其抗张强度为0.467 kN/m，抗张强度值较大，主要由于纸较厚，同时与造纸过程中打浆程度不是特别充分，导致纤维较长有关。

所测芒团村白绵纸白度平均值为36.4%，白度最大值约是最小值的1.14倍，相对标准偏差为1.29%，差别不大。

所测芒团村白绵纸纤维长度：最长9.09 mm，最短2.71 mm，平均5.71 mm；纤维宽度：最宽20.3 μm，最窄9.2 μm，平均14.8 μm。所测白绵纸在10倍、20倍物镜下观测的纤维形态分别见图★1、图★2。

★1
芒团村白绵纸纤维形态图
(10×)
Fibers of Baimian paper in Mangtuan Village
(10× objective)

★2
芒团村白绵纸纤维形态图
(20×)
Fibers of Baimian paper in Mangtuan Village
(20× objective)

五 耿马傣族白绵纸的用途与销售情况

5 Uses and Sales of Baimian Paper by the Dai Ethnic Group in Gengma County

（一）耿马傣族白绵纸的用途

1. 抄经

这是耿马傣族白绵纸最主要的用途。云南西南和南部边疆区域是傣族聚居区，这一区域也是南传佛教的覆盖区。傣族几乎全民信教，且佛寺数量多，僧侣和青少年入寺修习者众，耿马芒团村的白绵纸使用量较为可观。芒团村白绵纸质量优异、光洁细腻、书写流畅且防腐防蛀，傣文南传佛教经书通常都用傣纸抄写或印刷，芒团村的白绵纸正是傣纸的代表品种之一。

耿马当地的傣文经书流行折叠式和装订式两种。折叠式经书一般每页幅面长25～40 cm，宽10～12 cm；装订式经书通常由整张白绵纸折成双层，布纹状纹理的一面朝外，抄印较大字体的经书。由于芒团村的白绵纸本身厚重，因此一部装订式的傣文抄经或经籍都十分厚重。

2. 抄录地方文书文献

孟定一带为西南傣族聚居区，安章（傣族知识分子）及僧侣们记述民族或地方历史、文化事件时，习惯使用本地生产的白绵纸。据说，旧时官府出告示时也多用本地白绵纸，但这一用途目前调查组未找到实物凭证。

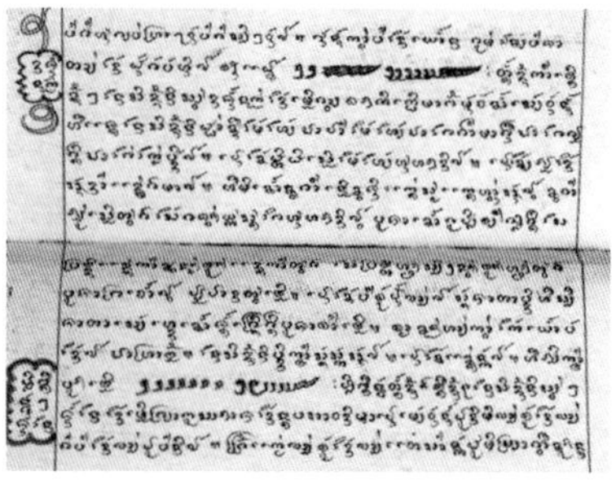

⊙1

⊙2

⊙1 装订式经书 Bound scriptures

⊙2 折叠式经书 Folded scriptures

3. 裱糊

一般在当地宗教仪式、丧礼活动、乡村节庆活动中普遍使用，如：糊扎纸人、纸物、纸房，或用剪纸方法剪成马、象、人、虎等图案。

4. 捆钞

这是耿马芒团村白绵纸新拓展的用途。芒团村白绵纸的坚韧性在中国手工纸里是特别突出的，手撕不破、水打不烂，因而近年临沧市、昆明市等地的一些银行专门到芒团村订购捆钞纸。

5. 专用包装

这也是芒团村白绵纸新拓展的用途。芒团村白绵纸干净、美观、结实，因而近年来以普洱茶包装用纸为主导，开始使用到物品包装上，参照日本和纸的包装用途丰富度看，芒团村白绵纸的拓展空间是很广阔的。

6. 书画创作

这是芒团村白绵纸近年开始发展的新用途。21世纪初，一些书画艺术工作者发掘出芒团纸在书画创作、印制版画等方面的特殊效果，这是一种与传统宣纸绵软润墨不同的效果，因而除了书画家正常商业购买外，已有书画家专门到芒团村订购特殊尺寸的白绵纸用于创作。由于芒团纸确实有独特的艺术气质，通过更好地设计推广，能为芒团村白绵纸开辟出一个全新的用纸需求市场。同时，西南边陲傣民族生产的地方纸若能成为较高水平艺术家群体的选择，无疑会显著提升这一纸品的影响力和美誉度。

（二）耿马傣族白绵纸的销售状况

耿马傣族白绵纸目前的生产销售情况在中国手工纸中尚属良好，除孟定镇本地的稳定消售外，主要销往云南本省的临沧、风庆、大理、双江、昆明，以及四川、上海、北京、香港等地的寺庙、茶厂、银行等机构，同时也有一些书画家的尝试性采购，以及少量随边贸和边民流动进入东南亚傣区和南传佛教寺院的销售，如泰国、缅甸。

该纸的消费市场随着其入选第一批国家级非物质文化遗产名录，受到国家对非物质文化遗产及传统文化（民族）技艺传承弘扬政策的强力刺激，其销售趋势呈上升态势。2001年1月，云南手工纸研究者朱霞等人入芒团村时，全村年产白绵纸约20万张，按当时每张0.5元的售价计算，全村造白绵纸收入约10万元，人均150元。而到2008年1月，本调查组驻芒团村深入调研时，了解到其发展是相当良好的。以巴玉勐嘎一户来看，有4名女性长年造纸，年产量约6万张，平均每张纸售价0.7元，销售收入在4万元左右。全村2007年有33户长年造纸，销售收入约80万元，约占全村总收入的1/3，造纸可以称得上是乡村的"支柱产业"。

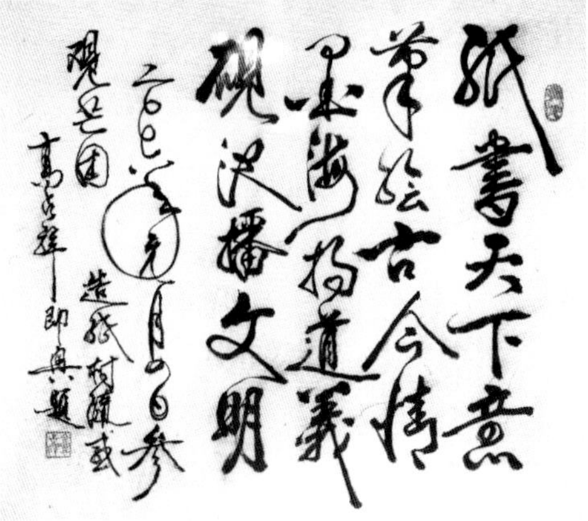

⊙3

⊙3 用芒团村白绵纸创作的书法作品
Calligraphy on Baimian paper in Mangtuan Village

六 耿马傣族白绵纸的相关民俗与文化事象

6 Folk Customs and Culture of Baimian Paper by the Dai Ethnic Group in Gengma County

⊙1

⊙2

⊙1 芒团村妇女正在造纸 Women making paper in Mangtuan Village

⊙2 芒卡坝野生构树 Wild paper mulberry tree in Mangkaba

（一）女性占主导地位

这是耿马傣族白绵纸生产中的一大特色。走进芒团村的造纸作坊，全套造纸工序几乎都由女性操作，偶尔有男性参与也只是承担打浆这类“粗活”，凡是涉及技艺的工作，芒团村女人是不让男人介入的。

据村民介绍，从约700年前开始造纸时，该地的习俗就是“传女不传男”，不仅造纸的技术活儿全由女性承担，像蒸煮、洗涤、捣浆、浇纸等工序的重体力活，在全国各大手工纸产地中像芒团村这样也是全由女性承担的确实少见。因此，芒团村的傣族白绵纸这一中国非物质文化遗产经典样式的技艺传承和发扬光大，可以说是由芒团村傣族女性完成的。在今天的芒团村，上到90多岁高龄的老太太，下到6～7岁的小姑娘，都在延续着白绵纸生产这项祖传事业。

但是，芒团村的傣族白绵纸制作为什么会形成“传女不传男”的习俗，调查组未能寻觅到发端缘由，村民口述和乡邦文献也未给出答案。

（二）分工协作制

在孟定坝子及耿马全境，似乎很长时期内只有芒团一个村造纸，周边村寨几乎没有从事这一手工产业的记录和遗迹，而芒团实际上只是孟定镇遮哈村的一个自然村落。造纸所用的主料构树皮资源在今天的芒团村附近并不丰富，真正丰富的是孟定镇西部南定河两岸的芒卡坝，而前往芒卡坝砍伐野生构树并剥皮晒干的却是拉祜族、佤族乡民，今天的芒团村民习惯直接从孟定镇的集市上向拉祜族、佤族人购买粗加工的构树皮。

七
耿马傣族白绵纸的保护现状与发展思考

7
Preservation and Development of Baimian Paper by the Dai Ethnic Group in Gengma County

（一）保护现状良好

总体来看，耿马傣族白绵纸的传承保护态势是相当良好的，虽然只是芒团一个小村在生产，但在云南省各民族手工纸生命延续和发扬光大上的作用是突出的，由下列几个标志性工作可以得到充分说明。

1. 全村整体保护工作做得好

芒团村白绵纸从2006年被列入第一批国家级非物质文化遗产保护名录并确认了首批技艺传承人后，迅速建立了非物质文化遗产的传承展示体系：在村中建成了全面介绍芒团白绵纸材料、工艺和用途的芒团纸陈列馆，不仅参观学习者可以非常清晰地了解芒团村的造纸工艺与文化，而且在地方上也起到了非物质文化遗产技艺传习所的作用。与此同时，"中华傣家造纸第一村"石碑的竖立、所有造纸户标牌系统的建设、传承人脉络的梳理……这一切已使芒团村成为当代中国手工造纸技艺传承的典范。像芒团村这样全村整体保护——技艺高度聚集、脉络清晰、措施快速得力的中国手工纸技艺当代传承活态样本还是不多见的。

⊙3

⊙3 芒团纸陈列馆外景 Mangtuan Paper Museum

2. 生产工艺原生态

芒团村白绵纸生产技艺的原生态很经典，其基础工艺流程目前仍然全部是手工操作，而且几乎没有使用化学的处理方法以提升生产力。在目前中国较多手工造纸已掺杂回笼纸、木浆，并使用化学漂洗、机器打浆等新工艺的情况下，芒团村的白绵纸生产技艺的原生态意义是值得高度关注的。

与之相关的另一个要点是，芒团造纸属浇纸法，学术界主流的研究判断认为，这一方式在中国境内主要分布于西南的滇藏地区，与中国古代中原汉族传统的抄纸造纸法有较显著的差异。芒团村白绵纸生产不仅严格地传承了传统浇纸法的若干特色工序，而且所造白绵纸的坚韧品质、洁度白度、艺术表现力都是相当出色的，为一般浇纸产品所不及，堪称中国浇纸法传统工艺生产的名纸。

3. 市场需求相当稳定

这种稳定的市场需求自然得益于孟定坝子作为南传佛教流行区使用芒团村白绵纸抄印傣文佛经的传统。由于芒团村白绵纸的品质特殊，加上傣区文化的自足性，一般机制纸或手工纸要想挤占芒团村白绵纸抄印经文的市场无疑是有困难的。孟定镇共有佛寺46所，住寺僧侣约370人，全镇3万多居民中大部分为傣民，而傣民不仅是全民信教，而且把青少年男性入寺修行学习（指非出家的短期入寺修行学习）作为人生必须完成的大事之一，犹如穆斯林麦加朝圣一样。因此，以傣族民众佛教信仰为根基的芒团村白绵纸，不仅具备稳定的需求，而且随着近年来边地佛教的发展，以及南传佛教与中土佛教的渐趋兴旺，白绵纸的这一消费市场正呈扩大的态势。

从中国手工纸生产的总体形势来看，随着机制纸与半机制纸的流行，生产效率和经济效益相对弱势的传统手工造纸很多处于需求萎缩或快速消亡的状态，只有少部分维系了特别消费市场或有当代创新拓展的种类才能持续焕发生机，如著名的宣纸、纳西族东巴纸等。而僻处西南边陲少数民族小村中的耿马傣族白绵纸，则因上述两个重要因素，在当代保持了很好的发展前景。这在中国手工纸体系里属于有显示度的在发展中保护的样本。

（二）面临的挑战和压力

虽然芒团村白绵纸的市场需求发育良好，新的应用领域也在快速拓宽，但作为傣族乡邦的传统技艺产品，其面临的挑战与压力也是不容忽视的。

最直接也是最大的压力是原料短缺。芒团村白绵纸生产的主要原料是当地产的野生构树皮。据芒团村造纸户介绍，1980年以前，孟定镇周边山上有很多构树，实行土地承包责任制后，很多山地都被开发成了田地，构树被砍伐一空，由此造成了近地构树皮资源无法支撑芒团村造纸的需求。目前，构皮原料主要来自孟定镇西部南定河两岸芒卡坝的河滩、水凹地，那里尚有成片的野

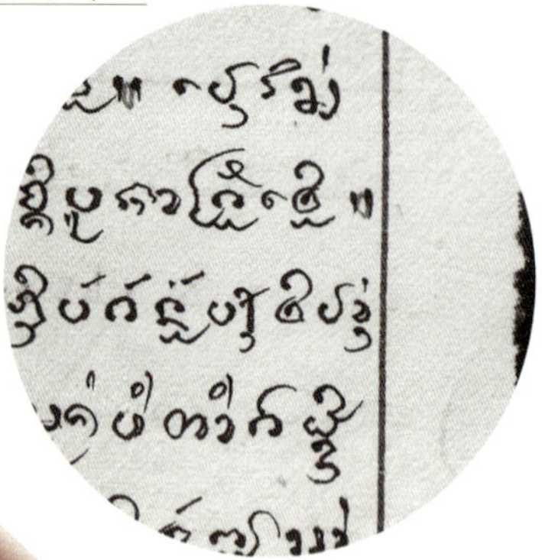

⊙1/2
孟定镇寺庙中的年轻僧人用芒团纸抄经及抄写出的经文
A young monk transcribing scriptures in Mengding Temple and the transcribed scriptures on the paper in Mangtuan Village

⊙3
野生构皮
Wild paper mulberry bark

生构树。每年7～8月，南定河附近的拉祜族、佤族村民就会到芒卡坝一带的构树林去砍枝剥皮，晒干后拿到孟定镇的集市上卖给芒团村的造纸户。

芒团村白绵纸的生产无疑对构皮的依存度很高，一旦产业链的基础端危机加重，整个手工纸产业的可持续发展就岌岌可危了。30年的变迁只是一瞬，孟定镇周边的构树林已消失殆尽，而随着构皮采集规模的扩大，以及孟定镇边贸旅游带来的城市化进程加速，芒卡坝野生构树的消失或许只是时间问题。

当务之急是，地方政府尽快出台政策，使构树的人工规模化种植成为一项切实扶持芒团村手工造纸产业的行动，在野生构树资源尚未消亡从而导致芒团村傣族造纸陷入无米之炊的困境之前，让造纸原料的生态链得到积极修复，使资源的可持续利用系统得以建立。

另外值得探索的是，在孟定镇以外的非造纸区寻求构树资源丰饶地，由地方政府相关机构予以联系推动，帮助芒团村造纸户搭建批量异地购买构树皮资源的桥梁，并促成若干与芒团村白绵纸生产配套的稳定原料供给协作体。

对芒团村白绵纸产业链形成巨大压力的经济因素的影响同样也很直接，中国传统手工纸绝大多数销售价格都很低，这与其乡土主要消费链的消费水平低相关联，真正能进入高消费阶层和地区的传统手工纸相当少，而大规模销售也有赖于进入乡土以外的广阔区域或现代流通产业。进入21世纪以来，芒团村白绵纸虽然已为书画、普洱茶包装、银行捆钞等领域关注，但用量较少，对造纸户的经济收入影响不大。

以造纸户巴玉勐嘎家的经济收益数据为例，2007年，巴玉勐嘎家年销售额约4万元，每年买构树皮需近6 000元，购10余排木柴（当地称人双手臂展开伸长的宽度为一排，一排柴火长宽高都是人双臂伸长的尺寸）约2 500元。不算劳动力成本和其他支出，人均造纸毛收入约7 800元。而构皮的价格在持续上升中，巴玉勐嘎本人也表示，如果有一天构皮严重不足或价格过高而导致造纸没有利润，那么从生存考虑也只能舍弃祖业了。

何况，外出务工的收入在新经济政策的支持下正显著提升，无论是外出打工还是在本地务工，其收益都普遍超过造纸，这对传统手工纸生产来说是巨大的威胁。本调查组2008～2011年在云南、贵州、广西田野调查中了解到相当一批传统的“土纸”从业者已因收益过低放弃造纸外出打工，以冀获得更多经济回报。

耿马芒团村的白绵纸是品质出众的名纸，在南传佛教傣文化聚居区有着长期稳定的需求，并且已经获得了书画界、茶叶包装界等群体的关注和实验性应用等。因此可以说，芒团村白绵纸经营空间尚未真正打开，其所蕴藏的更高市场价值亟须打造，以使这一传统名纸的生产者们能更从容地发展这一祖业。

因此有必要思考如何从品牌集成塑造和渠道集成建设方面提升耿马芒团村傣族白绵纸的经济价值和销售价格。分散的每家每户生产经营虽然自古以来就是这样维系的，但这样的格局无力承载芒团村白绵纸走向中高端较大流通市场的使命。可以考虑推动组建面向较大销售市场和更优质客户对象群的造纸联社，设计让在外部市场经营的品牌主体成为芒团村白绵纸营销协作体的方案，也可以像中国宣纸集团公司那样建设开放的“产—学—研”合作体系，从而使耿马芒团村的傣族白绵纸内涵价值和新应用领域得到更广泛、权威的传播和推广。

耿马傣族

219

白绵纸

Baimian Paper
by the Dai Ethnic Group
in Gengma County

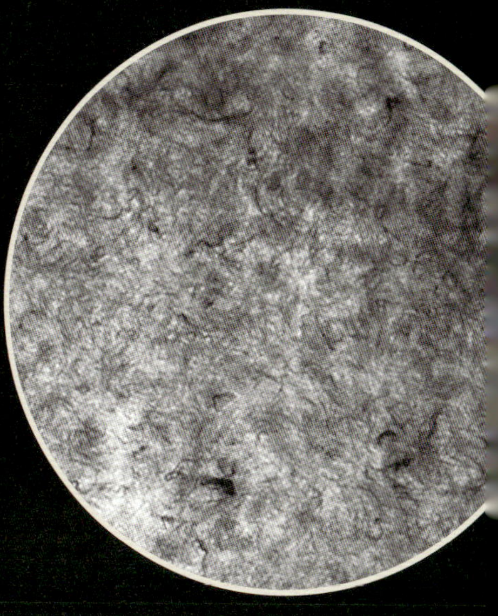

芒团村白绵纸透光摄影图
A photo of Baimian paper in Mangtuan Village seen through the light

第二节

勐海傣族白绵纸

云南省
Yunnan Province

西双版纳傣族自治州
Xishuangbanna Dai Autonomous Prefecture

勐海县
Menghai County

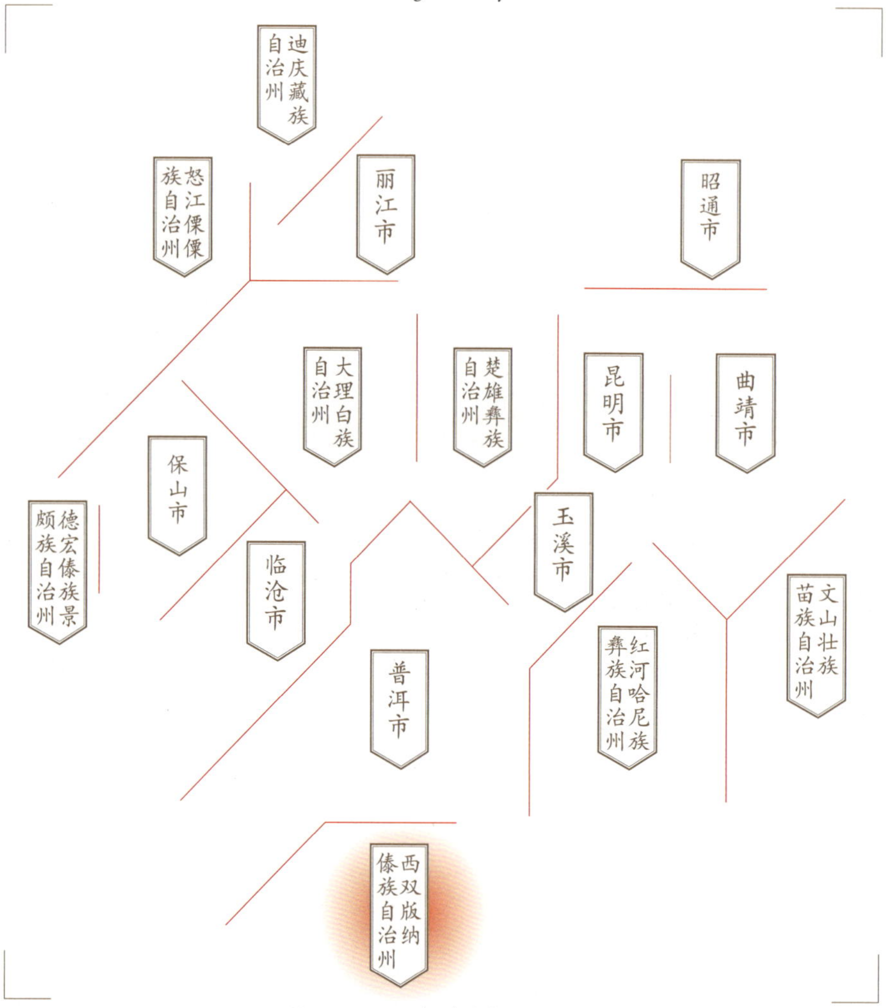

调查对象

勐混镇
曼扫行政村
曼召自然村
傣族白绵纸

Section 2

Baimian Paper by the Dai Ethnic Group in Menghai County

Subject

Baimian Paper by the Dai Ethnic Group
in Manzhao Natural Village,
Mansao Administrative Village,
Menghun Town

一
勐海傣族白绵纸的基础信息及其分布

1
Basic Information and Distribution of Baimian Paper by the Dai Ethnic Group in Menghai County

勐海傣族白绵纸以西双版纳傣族自治州勐海县勐混镇曼扫行政村曼召自然村傣族制作的手工纸为代表。原料采用当地野生的构树皮，传统上主要采自曼召本村附近的山上。调查时则已转变为主要购自山区的布朗族人，曼召村附近的哈尼族人与拉祜族人有时也会卖构树皮给傣族造纸户。

曼召村造纸的历史与时间起源，调查时造纸户与村民叙述不清，他们只知道历史很长，是一代代由女性造纸人传承下来的，且在乡土文献史料中也未能寻觅到相关记述。2006年，以耿马县芒团村为代表的傣族手工造纸技艺被列入首批国家级非物质文化遗产保护名录和云南省第一批非物质文化遗产保护名录后，勐海县的“傣族构皮手工造纸技艺”也开始受到政府、社会及媒体的广泛重视。

二
勐海傣族白绵纸生产的人文地理环境

2
The Cultural and Geographic Environment of Baimian Paper by the Dai Ethnic Group in Menghai County

勐海县位于云南省西南部、西双版纳傣族自治州西部，地处东经99° 56′～100° 41′，北纬21° 28′～22° 28′。东望州府景洪市区，东北接普洱市（原思茅市），西北与澜沧县相毗邻，西部和南部与缅甸接壤。县境内东西最长横距77 km，南北最大纵距115 km，总面积5 511 km^2。其中，山区面积占93.45%，坝区面积占6.55%，属山高林密地区。县城勐海镇距州府景洪40 km。

勐海县是著名的“普洱茶”的主要产区，也是我国产茶最早的地点之一，现存1 700多年前的野生“茶树王”和800余年前的人工栽培茶树。全年适宜水稻生长，盛产优质大米，自古有“滇南粮仓”之称，是国家级粮食生产基地和蔗糖原料基地。

勐海傣族白绵纸生产地分布示意图

Distribution map of the papermaking site of Baimian paper by the Dai Ethnic Group in Menghai County

考察时间
2008年2月

Investigation Date
Feb. 2008

路线图
勐海县城
↓
曼召村
Road map from Menghai County centre to the papermaking site (Manzhao Village)

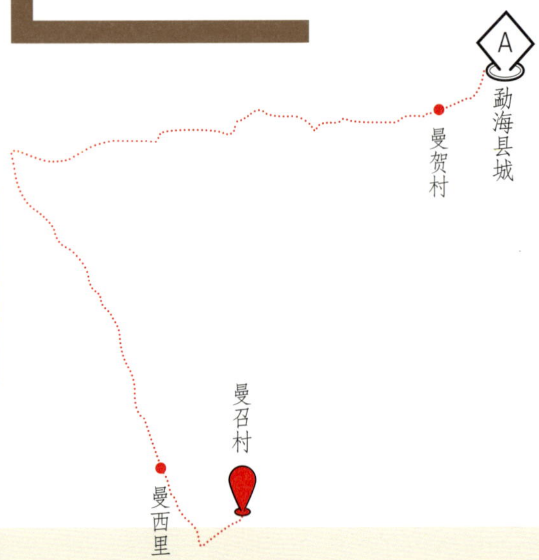

地域名称	造纸点名称
A 勐海县 勐海镇	
1 勐往乡	
2 勐宋乡	
3 格朗和哈尼族乡	
4 勐阿镇	
5 勐混镇	曼召村 造纸点
6 布朗山布朗族乡	
7 勐遮镇	
8 勐满拉祜族哈尼族布朗族镇	
9 西定哈尼族布朗族乡	
10 打洛镇	

位置分布

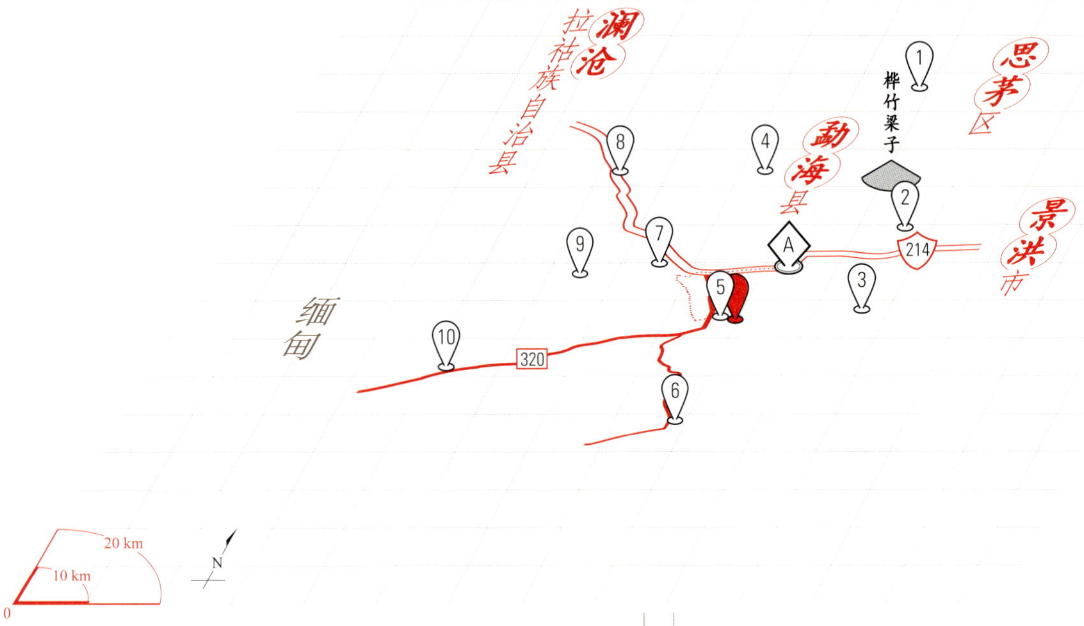

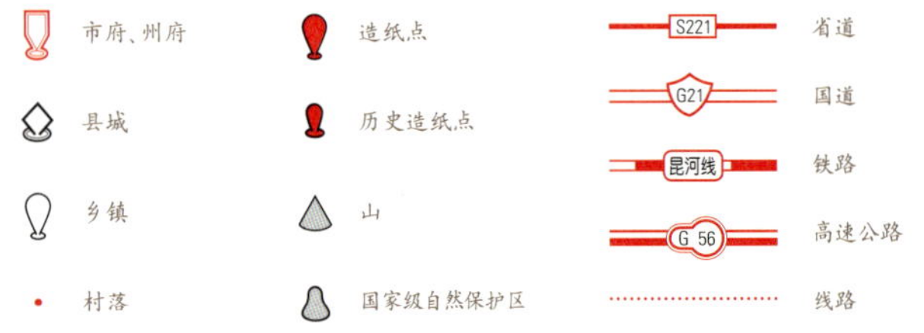

⊙1

曼召村传统造纸和制瓦技艺闻名遐迩，是“傣族造纸和制瓦工艺之乡”。至2008年初，全村有153户建造了傣式民居，所用的砖、瓦多由村民自己烧制。2007年全村年总收入约363万元，其中造纸年收入达70万元。正是得益于傣族传统造纸和制瓦工艺，才使曼召村进入西双版纳傣族自治州首批民族民间文化保护名录里11个“民族民间艺术之乡”的行列。

勐海县是一个多民族聚居的地区，有傣、哈尼、拉祜、布朗、回、佤、汉等23个民族。少数民族人口25.56万人，占总人口的86.32%。其中傣族11.55万人，约占39%；哈尼族5.94万人，约占20%；拉祜族3.74万人，约占13%；布朗族3.20万人，约占11%。

⊙2

⊙1/2
曼召村口及村民傣式乡土别墅小景
The gate to Manzhao Village and local villas of the Dai Ethnic Group

⊙1 制作鲜花草纸局部
Partial view of making paper decorated with flowers and leaves

三
勐海傣族白绵纸的历史与传承

3
History and Inheritance of Baimian Paper by the Dai Ethnic Group in Menghai County

调查组访谈获知，白绵纸制作技艺传入云南西双版纳傣族地区较其他书写载体晚，在古代较长历史阶段里，傣族主要用贝叶棕的树叶来刻写经文，即“贝叶经”。

曼召村的傣族构皮纸，当地人又称缅纸，据当地造纸户口述，最早是从缅甸传过来的。以前曼召村造纸人都是上了年纪的老太太，这类人群在社区里是最虔诚的佛教信徒，她们并不靠造纸养家糊口，只是在闲暇时造纸，所造的纸主要用于抄写经书，以及在节日庆典时用来制作高升（一种用火药、竹筒、竹竿等制成的土火箭）、孔明灯及丧葬活动中的一些必备用品等。总体来看，曼召村傣族造纸的历史与时间起源尚不够清晰，有待后续探究。

除了沿袭传统的傣族构皮纸生产工艺外，村民岩温坎向调查组成员介绍，2003年他参加了中国科学院昆明植物研究所杨建昆组织的云南少数民族手工造纸专业户代表团，到泰国清迈学习造纸术及相关的手工纸产品生产工艺，并考察手工纸原料资源、手工纸产品市场。岩温坎回来后又将学到的泰国造纸技术推广到各家各户，从而为当地造纸工艺带来了若干新变化，这应被视为曼召村造纸技艺与文化演进的一个当代来源。

⊙2

⊙3

⊙2 贝叶经 Scriptures written on the leaves of palm tree

⊙3 纸质经书 Scriptures written on paper

四 勐海傣族白绵纸的生产工艺与技术分析

4
Papermaking Technique and Technical Analysis of Baimian Paper by the Dai Ethnic Group in Menghai County

(一) 勐海傣族白绵纸的生产原料

勐海曼召村生产白绵纸所用的原料是傣语里一种叫做“郭纱”树的树皮，实为构树皮。曼召村的纸在傣语里的发音为“嘎拉纱”，意为“用郭纱树皮造的纸”。

(二) 勐海傣族白绵纸的生产工艺流程

调查组实地考察、记录了曼召村的造纸工艺流程：

壹	贰	叁	肆	伍	陆	柒	捌	玖	拾	拾壹	拾贰
砍树枝	剥皮	晒干	浸泡	煮料	洗涤	捶打	搅拌	浇纸	晒纸	砑光	揭纸

壹 砍树枝 1

每年3～4月构树刚长出新叶时，砍下一年生的构树枝条。

贰 剥皮 2 ⊙1 ⊙2

剥去所砍枝条的树皮，并剥除表皮层，只留下白色韧皮，一人一天约可剥20 kg白皮。

⊙1

⊙2

⊙1/2 剥皮 Stripping the bark

叁 晒干

3 ⊙3

将白皮置于太阳下晒干备用。

⊙3

肆 浸泡

4 ⊙4

将晒干的构皮放在水池里浸泡一整天。

⊙4

伍 煮料

5 ⊙5 ⊙6

将浸泡好的构皮放入煮料锅中，同时加入已过筛的细草木灰，加满水，煮10小时左右。一次可煮20 kg左右的干构皮，需加一竹篓草木灰，约20 kg。

⊙5

⊙6

陆 洗涤

6 ⊙7 ⊙8

把煮好的料拿到水里反复冲洗，并不断搓揉，把草木灰及其他杂质冲洗干净，同时用小刀将残存的硬皮剔除。

⊙7

⊙8

⊙3 晒干的构皮 Dried paper mulberry bark

⊙4 浸泡 Soaking the bark

⊙5／6 煮料 Boiling the bark

⊙7／8 洗涤并剔除硬皮 Washing and stripping the bark

柒 捶打

7 ⊙9

将构皮料放到砧板上用木棰使劲捶打，直至打融，揉成团备用。

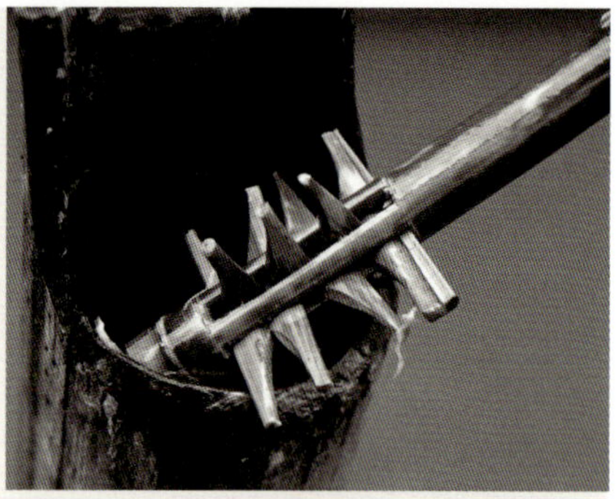

⊙10

⊙9

捌 搅拌

8 ⊙10 ⊙11

取一团料放入打浆筒里，加水，用打料棒将料团打散、打匀，使皮料纤维均匀分布在水中，同时拣除皮料中的杂质。

⊙11

玖 浇纸

9 ⊙12～⊙15

将纸帘置于纸槽中，再将适量的料浆倒在纸帘上，用手将料搅拌分散，并拍打均匀，如发现杂质随时拣除，以保持纸面洁净。

⊙12

⊙13

⊙14

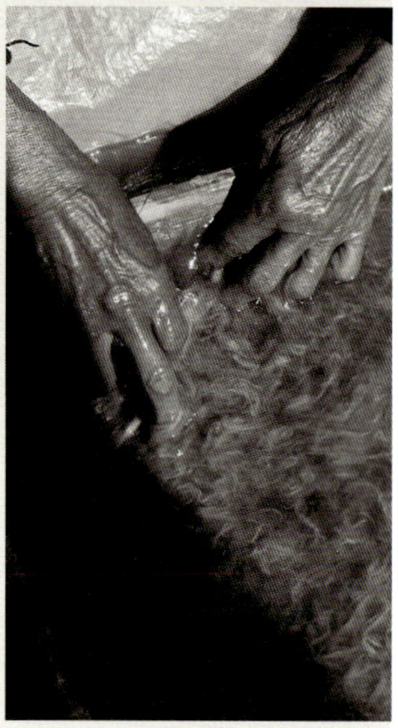

⊙15

⊙9 捶打皮料 Hammering the bark

⊙10/11 搅拌 Stirring and beating the materials to make pulp

⊙12/15 浇纸 Pouring the pulp on the papermaking screen and flattening it with hands

拾　晒纸

10　⊙16 ⊙17 ⊙18

双手将纸帘从水中缓缓平端提起，倾斜靠立片刻，沥去部分水分，再把纸帘斜立在阳光下晒，一般晒1个小时左右将纸帘头尾互换，以使水分挥发均匀，纸面平整。雨天往往用火将湿纸烤干。

⊙16

⊙17

⊙18

⊙21

⊙19

拾壹　砑光

11　⊙19 ⊙20

待纸晒至七八成干后，用不锈钢碗或铝盖、口盅等扣在纸上，上下左右来回轻轻砑磨纸面，使纸更紧密、光滑、平整。

拾贰　揭纸

12　⊙21

将纸帘斜靠腰间，纸面朝外，用手将纸的一角轻轻揭开，顺势将纸上端边角撕开，然后由上往下撕使纸与纸帘剥离，至纸帘中部时拦腰将纸张上下对折，再将纸张揭离纸帘。这样一张完好的“嘎拉纱”就诞生了。

⊙20

⊙16/17 晒纸 Drying the paper
⊙18 烤纸 Drying paper over fire
⊙19/20 砑光 Flattening the paper
⊙21 揭纸 Peeling the paper down

⊙22

⊙23

⊙24
⊙25

2003年以前，用上述浇纸法，一天只能造50～60张纸。近年来造纸者改进了纸槽，将原来浅而小的地坑式纸槽改为深而大的水泥台纸槽，也不再每浇一张纸取一点纸浆，而是将一定量的纸浆放入纸槽中，用打料棒将浆料充分打匀、打散，悬浮水中。沿用固定式纸帘，但已不用浇浆拍打成纸，而采用捞纸法，即双手平抬帘，先以纸帘插入纸槽中，端浆于纸帘上，顺势前后左右振荡纸帘，使纸浆均匀分布于帘上，沥水，抬晒成纸。如发现浆料下沉，则用打料棒再次搅打，使纸浆悬浮。同时，也出现了两位纸工面对面，在一槽同时捞纸的新工艺。

在纸帘上，曼召村也做了改进，用塑料纱网代替原来的纱布，除了坚固耐用外，还缩短了晒纸时间，揭纸也较容易。纸帘、纸槽及成纸方法的改变，使得一位纸工每天可以抄造300～400张纸，大大提高了生产效率。此方法是曼召村造纸村民岩温坎到泰国学习造纸技艺的成果，在学习过程中，岩温坎还将泰国的鲜花草工艺纸的制作工艺带回了村里。

⊙26

⊙22 / 23 改进型捞纸工艺
Improved techniques of scooping and lifting the papermaking screen out of water

⊙24 / 26 制作鲜花草工艺纸
Making paper decorated with flowers and leaves

(三)

勐海傣族白绵纸生产使用的主要工具设备

壹 纸帘 1

用竹片围成框，上覆纱布或塑料纱网作帘。规格根据需要而定，一般是80 cm × 70 cm。

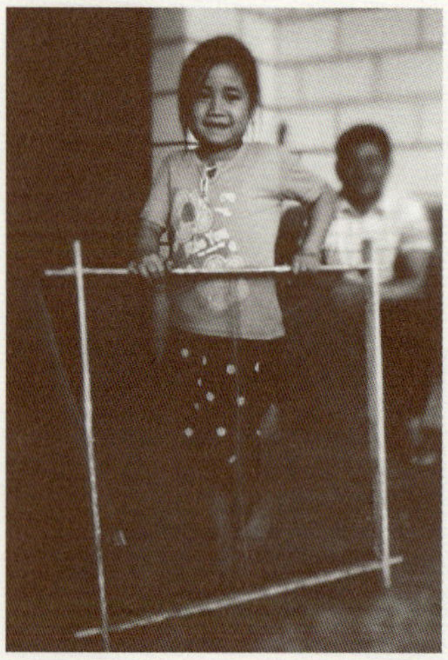

⊙1

贰 纸槽 2

有地坑式纸槽、水泥台纸槽等。传统纸槽的长、宽一般均为120 cm，槽深20 cm，改进型捞纸工艺所用的水泥台纸槽通常深80 cm左右。

⊙2

叁 打料棒 3

形似狼牙棒，头部为铁制，棒杆为竹制。

⊙3

肆 木棰及砧板 4

用于将纸料棰融。

⊙4

伍 煮料锅 5

普通生铁锅，锅台砖砌而成。

⊙5

⊙1 塑料纱网纸帘 Plastic papermaking screen

⊙2 水泥台纸槽 Papermaking trough made of cement

⊙3 打料棒 Stick for beating the materials

⊙4 木棰及砧板 Wooden mallet and slabstone

⊙5 煮料锅 Wok for boiling papermaking materials

(四)

勐海傣族白绵纸的性能分析

所测勐海曼召村白绵纸相关性能参数见表3.2。

表3.2 曼召村白绵纸的相关性能参数
Table 3.2 Performance parameters of Baimian paper in Manzhao Village

指标		单位	最大值	最小值	平均值
厚度		mm	0.168	0.097	0.141
定量		g/m²	—	—	29.7
紧度		g/cm³	—	—	0.211
抗张力	纵向	N	16.2	9.6	13.3
	横向	N	10.7	6.3	8.1
抗张强度		kN/m	—	—	0.713
白度		%	37.2	36.0	36.7
纤维长度		mm	5.30	1.16	2.72
纤维宽度		μm	32.7	10.2	17.1

由表3.2可知，所测曼召村白绵纸最厚约是最薄的1.73倍，经计算，其相对标准偏差为17.4%，偏差较大。白绵纸的平均定量为29.7 g/m^2。所测白绵纸紧度为0.211 g/cm^3。

经计算，其抗张强度为0.713 kN/m，抗张强度值一般，这说明曼召村白绵纸不具有很强的耐张性。

所测曼召村白绵纸白度平均值为36.7%，白度最大值约是最小值的1.03倍，相对标准偏差为0.874%，差别较小。

所测曼召村白绵纸纤维长度：最长5.30 mm，最短1.16 mm，平均2.72 mm；纤维宽度：最宽32.7 μm，最窄10.2 μm，平均17.1 μm。所测白绵纸在10倍、20倍物镜下观测的纤维形态分别见图★1、图★2。

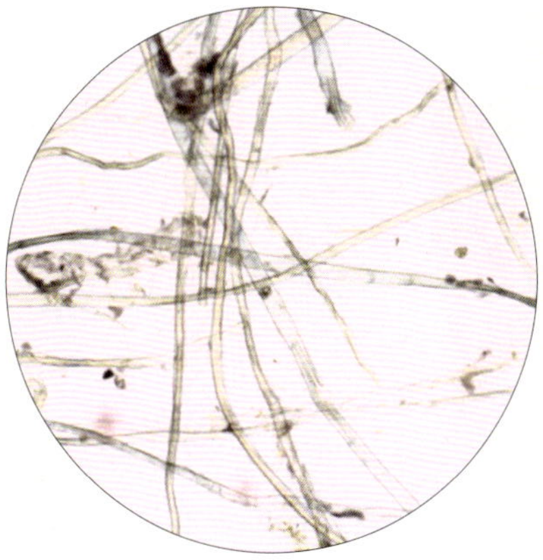

★1

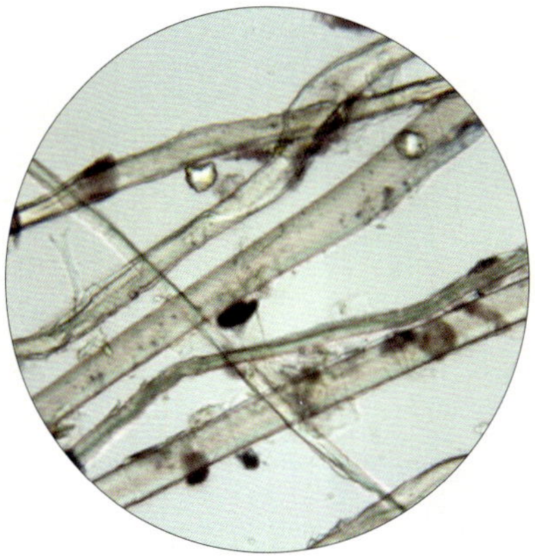

★2

★1
曼召村白绵纸纤维形态图（10×）
Fibers of Baimian paper in Manzhao Village (10× objective)

★2
曼召村白绵纸纤维形态图（20×）
Fibers of Baimian paper in Manzhao Village (20× objective)

五 勐海傣族白绵纸的用途与销售情况

5 Uses and Sales of Baimian Paper by the Dai Ethnic Group in Menghai County

勐海曼召村生产的纸亦属傣族构皮白绵纸类，纸的工艺、质感很鲜明。

（一）勐海傣族白绵纸的用途

1. 抄经用纸

曼召村白绵纸的质地与芒团村白绵纸类似，很适合抄写经文。西双版纳傣族自治州及勐海县均为傣族聚集区，傣族居民普遍信仰南传佛教，抄写经文用纸的需求相当直接，也有一定的可持续量，并且与民族宗教文化生活紧密相连，是形成曼召村白绵纸持续生产的最基础保障。

2. 睡毯用纸

据调查组了解，按照勐海当地傣族的习俗，傣族男孩出家入寺院修习时，第一天晚上应睡在用粗构皮料做成的睡毯上，这是极具特色的手工纸用途。

3. 节日用具用纸

制作孔明灯、高升等，一般都在过傣历年时用。这部分用纸数量虽然不太大，但民族特色鲜明。

4. 祭祀用品用纸

用来制作祭祀陪葬用品，如纸伞等。

5. 包装用纸

随着普洱茶热的兴起，云南省不少造纸点的白绵纸被用于普洱茶包装。曼召村的纸以前很少用于包装，2003年岩温坎等村民到泰国清迈等地参观学习东南亚造纸术后，将学到的技术推广到相关造纸点的各家各户，不仅提高了产量，还逐渐拓展了包装用纸的用途。

⊙1

⊙2

⊙3

⊙4

⊙1 用曼召村白绵纸抄写经书 Transcribing scriptures on Baimian paper in Manzhao Village

⊙2/3 纸睡毯 Paper blanket

⊙4 孔明灯 Kongming Lantern (used for making wishes)

⊙5

（二）勐海傣族白绵纸的销售情况

曼召村2007年全村年产纸量近100吨，按当年每吨约7 000元的销售价，造纸收入约为70万元，这对于百余户的村寨是一项重要的经济收入。普通造纸户的该项收入都在万元以上。曼召村的白绵纸除勐海本地自用外，还常销售到勐那、景洪、昆明和广州等地。

曼召村傣族传统造纸工艺的特色和魅力，在21世纪初吸引了来自美国、韩国、德国、日本、马来西亚等国，以及中国香港、台湾等地的多批专家、学者和客商前来参观、考察，这种国内外文化的观光交流及专项考察，使曼召村傣族造纸具备了一定的国际口碑，国际性的文化交流也带动了村民对传统造纸经济的一种新期待。

六 勐海傣族白绵纸的相关民俗与文化事象

6 Folk Customs and Culture of Baimian Paper by the Dai Ethnic Group in Menghai County

⊙6

⊙7

（一）女性占造纸主导地位，男性参与其中

在曼召村的傣族造纸传统里，以前只有女性从事造纸工作，现在会有少数男性参与，但主要干的是一些辅助性体力活儿，如用机器打浆、砌水池、捶打浆料等。曼召村的模式在女性主持造纸全流程的傣族文化传统中似乎开放演进了一步，与同为傣族造纸代表性村落的芒团村几乎完全由女性承担的传统比较，男性的参与度已拓展了不少。

⊙5 陪葬用的纸伞 Paper umbrella buried with the dead

⊙6 / 7 男性承担打浆等工作 Pulping procedures undertaken by men

(二) 生产与销售分开的分工合作机制

调查中发现，整个曼召村的造纸户都从岩温坎处购买原料，造好的纸也全部卖给岩温坎，再由他销售到各地。这与云南省大部分造纸村落生产和销售都依赖造纸户自身的模式有很大差别。造纸户只管造纸，不考虑原料和销售问题；而岩温坎虽然自己有时也造纸，但更重要的是作为供应商与经销商，且必须不断地开拓购买原料和销售产品的市场。这种模式不仅为岩温坎带来较丰厚的收益，也促使他不断考虑为曼召村的纸找到较好的出路。

(三) 新工艺设备共享机制

在曼召村，调查组入村时仅有为数不多的打浆机器，有打浆机的造纸户会为有需要的造纸人家提供有偿打浆服务，一般打一槽浆收费3元。这种有偿开放性的共享机制，对当地造纸工艺的整体性维持和发展起到了促进作用。不过，机器打浆只是近年才兴起的，21世纪初仍是与木棰捶料工艺并存的。

(四) 民族感情上的“知恩图报”

调查中，就跟随杨建昆学习东南亚系统造纸技术一事，岩温坎等人皆不提改进型的造纸技术是从泰国学来的，而说是杨建昆所教，这是一个值得关注的乡土传播现象。作为云南省手工纸研究专家，杨建昆带造纸户到泰国参观学习造纸术，其本人确实给了造纸户不少指点和帮助，但杨氏只是研究专家，其本人并不擅长直接从事造纸生产，这体现了乡民情感上的“知恩图报”。

⊙1

⊙1
岩温坎（中）与造纸户
Yan Wenkan (the person in the middle) and papermakers

⊙2
晒纸场景
Drying the paper

七
勐海傣族白绵纸的保护现状与发展思考

7
Preservation and Development of Baimian Paper by the Dai Ethnic Group in Menghai County

1985年前，曼召村几乎家家户户都造纸，后来由于周边村庄构皮数量锐减，价格不断上涨，导致造纸成本上升，而售价未能同步上升，造纸的人一度少了很多。20世纪90年代后期以来，随着云南省普洱茶知名度的大幅提升，特别是勐海县作为云南省普洱茶生产的最大基地之一，销量大幅度扩张，对包装纸的需求量也随之大涨，曼召村的造纸户数量又有了明显增长。从这一传统民族技艺的现状来看，21世纪初是呈现良好上升态势的。

另一个值得关注的现状是，曼召村的造纸户通过考察学习，迅速地引入了若干新方法，并改进了若干传统工艺，生产力有了显著提高，使传统技艺适应当代市场需求的能力有了较显著的拓展。但如何把握开放学习与原生态技艺传统保护传承的平衡，是值得重视的。设计发展性传承和保护性传承的分层促进模式，这需要地方政府的非物质文化遗产保护主管机构积极思考并加以引导。

⊙ 2

勐海傣族白绵纸

Baimian Paper by the Dai Ethnic Group in Menghai County

曼召村白绵纸透光摄影图

A photo of Baimian paper in Manzhao Village seen through the light

白绵纸（茶叶包装）

Baimian Paper (Tea Package) by the Dai Ethnic Group in Menghai County

勐海傣族白绵纸(加厚睡毯)

Baimian Paper (Extra Thick Blanket) by the Dai Ethnic Group in Menghai County

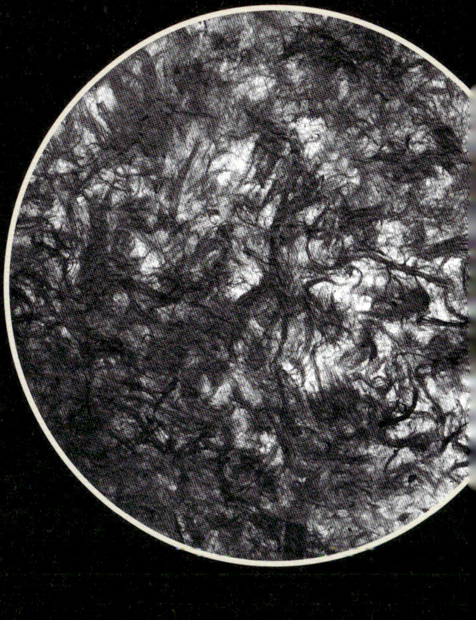

加厚勐海傣族白绵纸睡毯透光摄影图

A photo of extra thick Baimian paper blanket by the Dai Ethnic Group in Menghai County seen through the light

第三节

勐腊苗族竹纸

调查对象

尚勇镇磨憨行政村纳竜自然村苗族竹纸

云南省
Yunnan Province

西双版纳傣族自治州
Xishuangbanna Dai Autonomous Prefecture

勐腊县
Mengla County

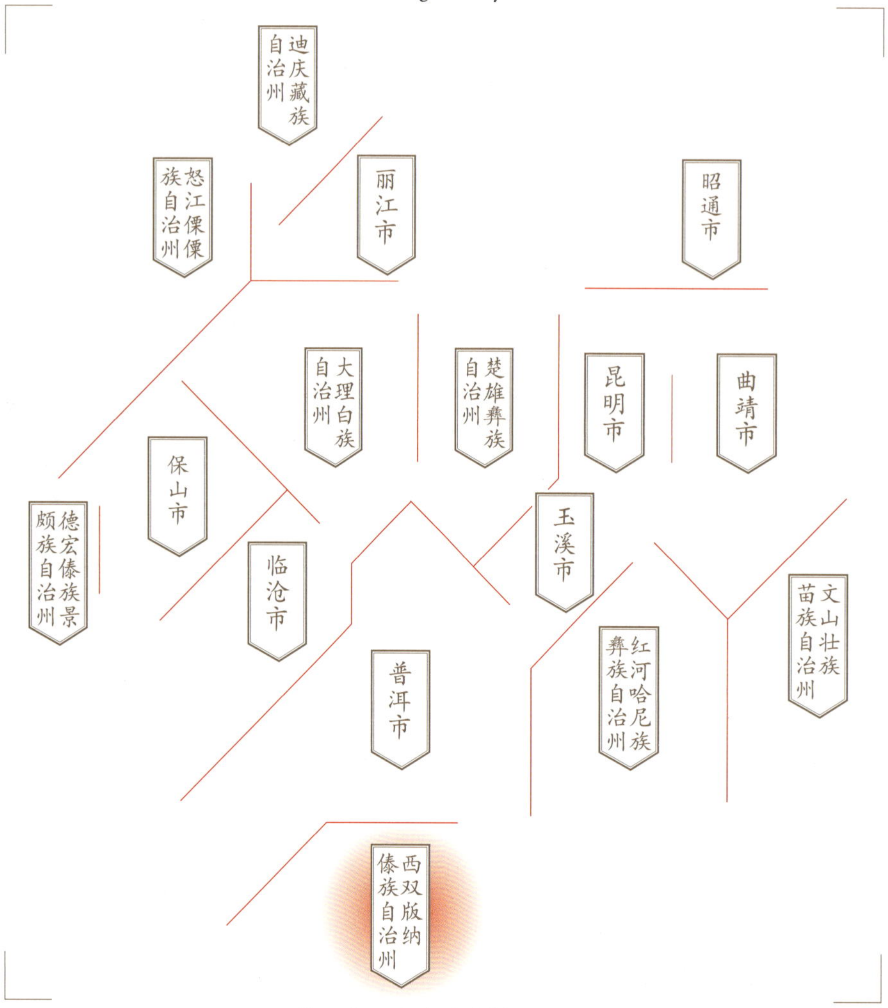

Section 3

Bamboo Paper by the Miao Ethnic Group in Mengla County

Subject

Bambo Paper by the Miao Ethnic Group in Nalong Natural Village, Mohan Administrative Village, Shangyong Town

一
勐腊苗族竹纸的基础信息及其分布

1
Basic Information and Distribution of Bamboo Paper by the Miao Ethnic Group in Mengla County

勐腊苗族造纸的代表性制作地在西双版纳傣族自治州勐腊县尚勇镇（原磨憨镇）的磨憨行政村纳竜自然村的新苗寨，所使用的原料是禾本科沙罗单竹，当地人称为大簿竹或大泡竹。所生产的纸主要用于祭祀时烧纸钱、扎纸人等。

勐腊苗族竹纸厚薄不均，尺寸较大，表面有明显布纹，韧性一般。其主要是苗寨里的乡民自用。

二
勐腊苗族竹纸生产的人文地理环境

2
The Cultural and Geographic Environment of Bamboo Paper by the Miao Ethnic Group in Mengla County

勐腊县地处云南省最南端，属西双版纳傣族自治州管辖。勐腊西北面与景洪市相接，北与普洱市江城县毗邻，西与缅甸隔江相望，东部和南部与老挝接壤。县城距昆明868 km。

勐腊地处东经101° 05′～101° 50′，北纬21° 09′～22° 23′，海拔480～2 023 m，平均海拔1 000 m。全县土地面积7 093 km^2，其中山地约占96%，山间盆地约占4%。勐腊县属北热带湿润季风气候，全县年平均温度21 ℃，年降水量1 700 mm以上，降雨充沛，有明显的旱雨两季。勐腊县地表北高南低，由东北向西南呈梯状下降。

勐腊县1927年建县，时称象明县，后易名为勐腊县。从县域内勐伴和大树脚等地出土的文物可见，早在新石器时代，这里已有人类居住。勐腊在明、清时为版纳易武地，属车里宣慰司，

路线图
勐腊县城
↓
纳竜村
Road map from Mengla County centre to the papermaking site (Nalong Village)

勐腊苗族竹纸生产地分布示意图

Distribution map of the papermaking site of Bamboo paper by the Miao Ethnic Group in Mengla County

考察时间
2009年8月／2010年11月

Investigation Date
Aug. 2009 / Nov. 2010

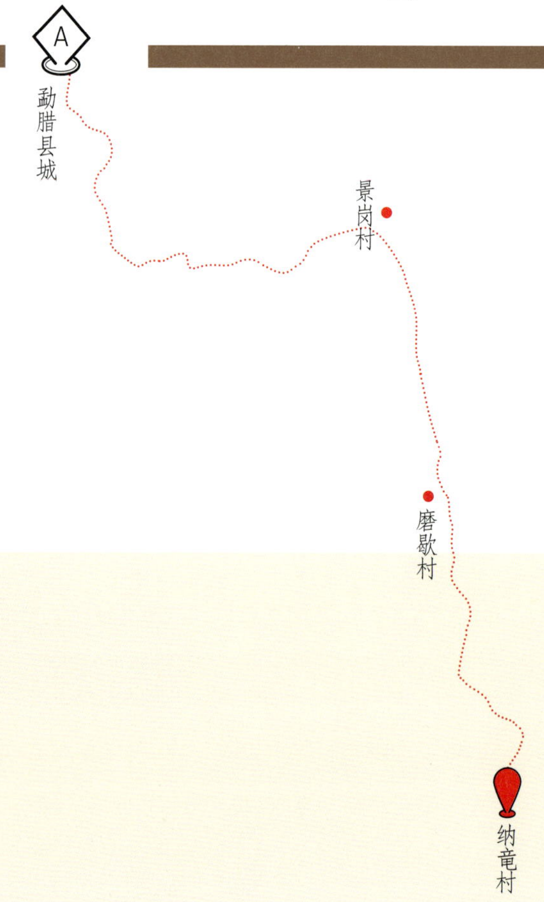

地域名称

A 勐腊县 勐腊镇
1 易武乡
2 瑶区瑶族乡
3 勐伴镇
4 尚勇镇（原磨憨镇）
5 象明彝族乡
6 勐仑镇
7 关累镇
8 勐捧镇
9 勐满镇
10 勐润哈尼族乡

造纸点名称

纳竜村 造纸点

位置分布

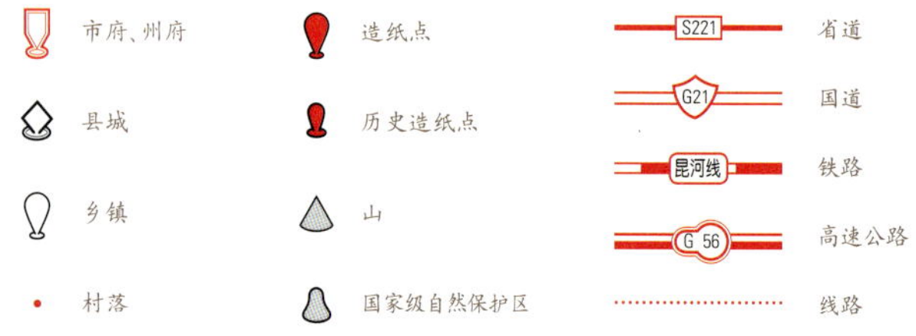

1729年后属普洱府及思茅厅。1927年称象明县，1959年改名勐腊县。2008年勐腊县辖5镇8乡，共70个行政村、544个自然村。全县总人口近18万人。少数民族人口占全县总人口的72%，傣、哈尼、瑶、彝、苗等多个民族在这里休养生息。

勐腊其地是名副其实的植物王国，境内保存完好的原始森林约$3.31\times10^9\ m^2$，拥有国家级自然保护区约$1.13\times10^9\ m^2$，县级保护区约$2.13\times10^8\ m^2$。到1998年12月，已识别的植物有4 000余种，其中能直接利用的经济植物有1 000余种，有重要保护价值的有300余种，已被列入国家重点保护的有43种。在自然保护区内，生长着楠木、番龙眼、版纳青梅、董棕、箭毒木、龙脑香、树蕨、鸡毛松、铁力木等珍稀濒危植物；羯布罗香（龙脑香科）、酸角、缅茄、野生大叶茶等经济植物；望天树、大板根、苏铁等特有植物。望天树高70～80 m，如利剑般直刺蓝天，有“林中巨人”“林中美王子”等美誉。勐腊也是名重天下的普洱茶的原产地之一，在茶文化史上赫赫有名。

勐腊县的热带雨林，素有“天然动物园”的美称。至1998年12月，已被列入国家重点保护的动物有97种（一类保护动物18种，二类保护动物79种）。珍稀动物主要有亚洲象、孟加拉虎、东南亚虎、野牛、金钱豹、灵猫、小熊猫、长臂猿、蜂猴、熊猴、金丝猴、犀鸟、蟒蛇、绿孔雀等。

勐腊为边境交流与贸易活跃的区域，境内著名的磨憨口岸是中国通往老挝的最主要口岸。

勐腊县尚勇镇年平均气温20 ℃，年均降水量1 000～1 067.5 mm。平均海拔900 m，最高点为董宗堡梁子，海拔1 674 m；最低点在曼庄寨河边，海拔650 m。主要河流有南哈河、南窝河和南西河。尚勇镇以农业为主，主产稻谷、玉米和黄豆，主要经济作物有橡胶、茶叶和南药等。

⊙1

⊙2

⊙1 原始雨林中的桥 Bridge in the primordial rainforest

⊙2 磨憨边境贸易区 Mohan Border Trade Zone

三 勐腊苗族竹纸的历史与传承

3 History and Inheritance of Bamboo Paper by the Miao Ethnic Group in Mengla County

《勐腊县志》记载："1988年，勐腊县境内共有苗族431人，占全县总人口的0.27%，主要分布在尚勇乡。勐腊本地的苗族自称'蒙'，其祖先从贵州迁至云南文山，经墨江、思茅至易武，然后进入勐伴地区。在勐伴居住过一段时间，最后向南迁至尚勇乡境内定居。从贵州迁至尚勇，迄今已有200多年的历史。1984年，又有17户、131名苗族人从文山州移居尚勇乡。勐腊苗族的语言、生产、生活、习俗均与贵州、文山一带的苗族相同。"[4]此外，调查中寨中老人也有这种说法：他们曾从文山壮族苗族自治州一带迁至邻国老挝，几十年前始迁入此地，至今老挝还有他们的亲戚。调查组成员走访了造纸户王啊聪、王正芬堂姐妹，据王啊聪口述，她家迁到勐腊已有6代，但何时何故去老挝说不太清楚，只记得她1943年出生于老挝，很小就跟随父母回到中国，1962年到纳竜村。王正芬则是1967年从老挝搬来尚勇乡居住的。

调查组成员同时采访了造纸户王依。王依1936年出生，自述几岁时即跟母亲学造纸。王依将造纸技术传给女儿杨付梅和媳妇陶艳英、罗光梅，杨付梅又将造纸技术传给女儿陶连窑，陶连窑正是造纸户王正芬的媳妇。

虽然勐腊本地的文献中未见到关于尚勇镇磨憨村苗族造纸的文字记录。从传统来看，似乎是伴随迁徙而内部传承，是其随身的一种民族手工技艺。如果从该支苗民群落在尚勇镇落地安居时算，应该有100余年。据纳竜村民介绍，老挝也有相同的造纸技术，该技术的源流与传播有待于进一步探究。

⊙3

⊙2

⊙1

[4] 勐腊县志编纂委员会.勐腊县志[M].昆明：云南人民出版社，1994：116.

⊙1 造纸老人王依
Wang Yi, an old papermaker

⊙2 造纸老人王啊聪
Wang Acong, an old papermaker

⊙3 造纸老人王正芬
Wang Zhengfen, an old papermaker

四 勐腊苗族竹纸的生产工艺与技术分析

4 Papermaking Technique and Technical Analysis of Bamboo Paper by the Miao Ethnic Group in Mengla County

(一) 勐腊苗族竹纸的生产原料与辅料

勐腊苗族竹纸主要用禾本科沙罗单竹作为造纸原料，沙罗单竹亦称为大泡竹、大簿竹。沙罗单竹生长于西双版纳地区和金平、河口、屏边以及文山等州县海拔在800 m以下的湿热地带，是良好的造纸原料和编织材料。造纸一般只砍当年生的野生嫩竹，不砍母株，这样第二年竹子会发得更多。

勐腊苗族造纸使用的纸药原料是锦葵科的翅果麻。使用时采其树皮放入水中浸泡，待透明黏稠汁液渗出并溶于水中，使水变得黏稠后，取浸泡后的水作为纸药使用。一般用2～3块巴掌大的翅果麻树皮可浇几十张纸。

勐腊苗族竹纸制作时使用的碱主要是火灰（即草木灰），也会使用少量石灰，有的造纸户还将石灰和火灰一起使用。造纸户普遍认为石灰“酸辣”，可将竹子煮得更软更烂，造出的纸质量更好。

⊙4

⊙5

⊙6

⊙7

⊙4/5 沙罗单竹实物与标本绘图
S.tunghomii McClure and its specimen drawing

⊙6/7 翅果麻实物与标本绘图
Kydia Calycina Roxb. and its specimen drawing

（二）

勐腊苗族竹纸的生产工艺流程

据调查组实地考察，记录勐腊县纳竜村苗族造纸工艺主要为：

壹	贰	叁	肆	伍	陆	柒	捌	玖	拾	拾壹
伐竹	破竹	煮料	捂纸	洗纸	敲纸	搅纸	加纸药	洒纸	晒纸	揭纸

壹 伐竹 1

每年农历十一月至十二月砍伐当年生的嫩竹，去掉竹尖和竹节部分。老竹由于不易煮软煮“趴”（当地称煮烂为“趴”）而不用。此外在竹子的选择上，竹尖被虫咬过的也不用。由于纳竜村造纸多为满足自家及邻里使用，一年的需求量也就几十张纸，一般砍3根左右的竹子就够造纸使用了。

贰 破竹 2

将砍伐的竹段运回家，用刀把青皮刮掉，然后再将竹段破成2～3 cm宽的竹片。

叁 煮料 3

把竹片放入煮料锅里，加入柴灰，一半竹子一半柴灰，然后加水，用麻布将锅盖住，燃火煮料。从早煮到晚，直至将竹片煮“趴”，中间需加2～3次水。

肆 捂纸 4

⊙1

将煮好的竹片取出，堆成一堆，用布盖严堆沤，使其发酵15～20天。当地习惯地将煮料后还未成纸前各工艺中的竹料、竹浆称为“纸”，捂纸实为捂料。

⊙1

⊙1 捂纸 Fermenting the papermaking materials

伍 洗纸 5

将竹料背到河边，放在簸箕里用手搓洗，洗好后再将其揉成团。将洗好的竹料放入桶里，一般捂2天以上，也可以立即使用，随用随取。竹料可捂1个月以上，但如果捂的时间超过2个月，竹料会变烂、变臭。

陆

敲　纸

6　⊙2

将料团放在平整厚实的石块上用木棰捶打几分钟，将料捶细。

⊙2

柒

搅　纸

7　⊙3

取捶打后的竹料放入水桶中，加入清水，用捞筋叉搅拌，并随时捞出没有捶打好的粗料。捞出的粗料，可以继续捶打使用。

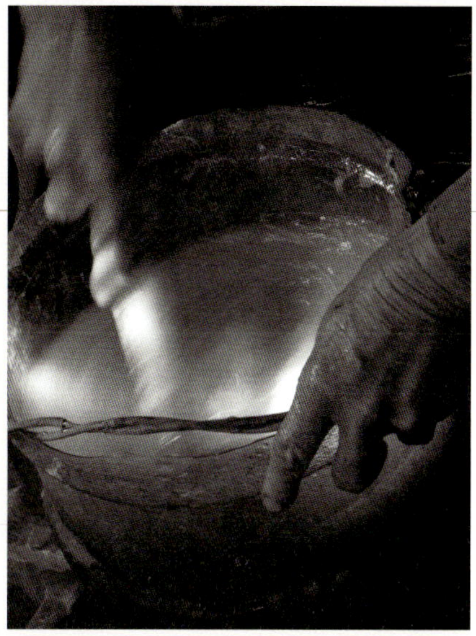

⊙3

捌

加纸药

8　⊙4

搅纸后，在水桶里添加适量黏稠的纸药，然后用捞筋叉再次不停搅拌，使纸浆均匀地悬浮在水中。添加纸药，主要是不让纸浆沉淀，并保持一定的黏稠度，以免在浇纸时，纸浆从布帘上过多渗漏或堆积；同时保证纸干后能顺利揭下来。据造纸户介绍，如不用纸药，揭纸时容易把纸撕烂。

⊙4

玖

洒　纸

9　⊙5

将纸帘平放在地上，用葫芦瓢舀纸浆，一瓢瓢地将纸浆均匀浇到纸帘上，当地习惯将这一工艺称为洒纸。洒完一遍后，对不均匀的部分再补浆，大约30分钟可以洒好一张纸。

⊙5

⊙2 敲纸
Beating papermaking material rolls

⊙3 搅纸
Stirring the materials

⊙4 加纸药
Adding in papermaking mucilage

⊙5 洒纸
Pouring the pulp on the papermaking screen

拾 晒纸

10 ⊙6

把浇好纸浆的纸帘抬起斜靠在墙上晒干。由于纳竜村一带阳光强烈，通常只要避开雨天，当天就可以晒干湿纸。

⊙6

⊙7

拾壹 揭纸

11 ⊙7

纸晒干后，先揭开一边，然后双手提起已揭下的一头，缓缓将纸揭离纸帘。

⊙8

⊙6 晒纸 Drying the paper

⊙7 揭纸 Peeling the paper down

⊙8 勐腊苗寨风光 Landscape of the Miao ethnic house in Mengla County

（三）
勐腊苗族竹纸生产使用的主要工具设备

壹 纸架 1

勐腊苗族造纸使用的纸架非常独特，尺寸较大，一般长170 cm、宽110 cm。为了保持纸帘的平整度，制作颇为讲究，通常由6根木条或竹子作为外框，内框用4根细竹将1块纱布绷平，所用布需有较好的漏水性，再用麻绳将内框与外框相连，带紧、固定。一般每家只有1个纸架，也有少数家庭有3～4个纸架。

⊙9

贰 木捶和石礅 2

用于捶打洗好的竹料。

⊙10

叁 葫芦瓢（或铝勺）3

作为浇纸工具，盛舀纸浆。

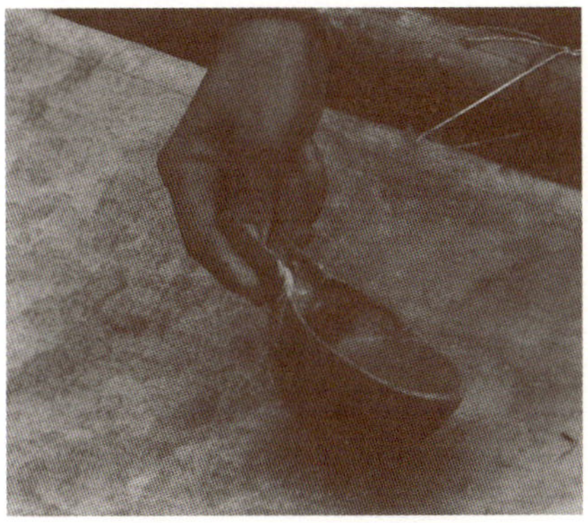
⊙11

肆 捞筋叉 4

用于将竹料和纸药搅拌均匀，并捞起没有捶打好的粗料，以便再次捶打使用。

⊙12

⊙9 纸架 Papermaking frame
⊙10 木捶和石礅 Wooden mallet and slabstone
⊙11 葫芦瓢 Gourd
⊙12 捞筋叉 Pitchfork for picking out the impurities

(四)

勐腊苗族竹纸的性能分析

所测勐腊纳竜村竹纸的相关性能参数见表3.3。

表3.3 纳竜村竹纸的相关性能参数
Table 3.3 Performance parameters of Bamboo paper in Nalong Village

指标	单位	最大值	最小值	平均值
厚度	mm	0.190	0.104	0.148
定量	g/m^2	—	—	31.3
紧度	g/cm^3	—	—	0.211
抗张力	N	8.1	1.3	4.2
抗张强度	kN/m	—	—	0.280
白度	%	32.9	30.9	32.2
纤维长度	mm	3.57	1.00	1.99
纤维宽度	μm	17.4	8.2	13.1

★1

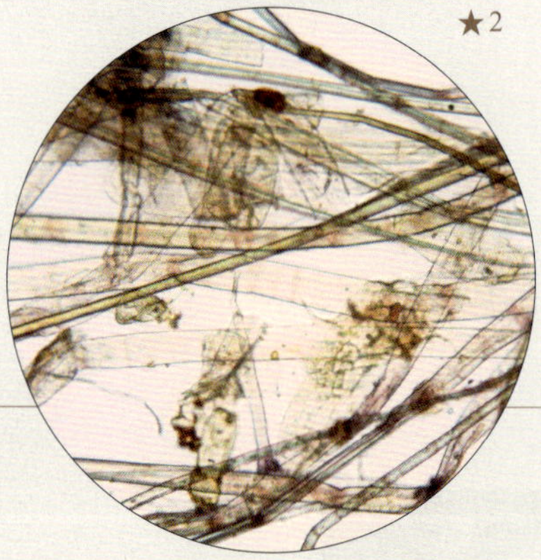

★2

由表3.3可知，所测纳竜村竹纸最厚约是最薄的1.83倍，经计算，其相对标准偏差为18.7%，具有较大偏差，这应是其用葫芦瓢浇纸，不易浇得很均匀所致。竹纸的平均定量为31.3 g/m^2。所测竹纸的紧度为0.211 g/cm^3。

经计算，其抗张强度为0.280 kN/m，抗张强度值较小，这说明纳竜村竹纸不耐抗张，可能主要是因为竹纤维较短，同时纸张不均匀，造成抗张能力较小。

所测纳竜村竹纸白度平均值为32.2%，白度较低，白度最大值约是最小值的1.06倍，相对标准偏差为1.59%，差异相对较小。这应与纳竜村用竹子造纸，原料普遍没有经过仔细挑选有关。

所测纳竜村竹纸纤维长度：最长3.57 mm，最短1.00 mm，平均1.99 mm；纤维宽度：最宽17.4 μm，最窄8.2 μm，平均13.1 μm。所测竹纸在10倍、20倍物镜下观测的纤维形态分别见图★1、图★2。

★1 纳竜村竹纸纤维形态图（10×）
Fibers of Bamboo paper in Nalong Village (10× objective)

★2 纳竜村竹纸纤维形态图（20×）
Fibers of Bamboo paper in Nalong Village (20× objective)

五 勐腊苗族竹纸的用途与销售情况

5 Uses and Sales of Bamboo Paper by the Miao Ethnic Group in Mengla County

勐腊苗族竹纸是根据使用需求来设定的大尺寸纸，基本上用于春节、清明节及其他民俗节日祭祀，比如写咒符、扎纸人，以及制作祭祀用的各类纸工具等。

纳竜村苗寨的竹纸并不外售，只是满足本村寨小群体少量的需求，因而在经济收益和规模生产方面均无动力，这是云南省手工造纸业态中较为另类的，其民族小群落内向应用的色彩非常鲜明。造纸户每年仅造20多张纸，够一家人全年使用即可，有时也会多造一些，送或卖给寨子里不造纸的人家。

六 勐腊苗族竹纸的相关民俗与文化事象

6 Folk Customs and Culture of Bamboo Paper by the Miao Ethnic Group in Mengla County

（一）女人造纸，男人用纸

在纳竜村，造纸被认为是女人的活计，以前村里的女人都会造纸。男人只要细心，也可以造，但鲜有男人造纸。不过造完纸后，对纸进行剪裁、加工，以及烧纸等，都只能由男人来做。

（二）纸钱有讲究

纳竜村的纸钱很有讲究，一套纸钱包括旗子（一串纸）、三张钱（方形纸）和三个小人（纸人）。一般一整张纸可做三套纸钱。

如有老人过世，降鬼时也类似使用，只是用一整张纸剪成的旗子展开后，有头、肩、身体，形成一个宽的人形。小人要几十个，一个小人配一张钱。

一般不用纸钱的时候不剪、不打，尤其是没有老人过世，是不能用一整张纸剪成旗子的。

(三) 节日及生病用纸

大年三十、正月十五晚上要先祭祖宗，烧完纸钱，同时点三根香再吃饭。一般烧两三套纸钱即可。清明时烧得多，成年人要每人烧一套给过世的长辈，所去祭拜的坟都要烧纸。

小孩生病时，会请“木工”来“跳木工”，“跳木工”时亦需要烧成套的纸钱。“木工”类似于民间所说的道士，“跳木工”即做法事。

⊙1

七 勐腊苗族竹纸的保护现状与发展思考

7 Preservation and Development of Bamboo Paper by the Miao Ethnic Group in Mengla County

勐腊尚勇镇纳竜村的造纸现状就像民间社区的博物馆，为了本民族的文化习俗需要定时有人在造纸，并传承应用这些自家生产的纸张，并不指望这些纸张给造纸人带来经济效益。纳竜村造纸技艺的传承和云南省其他地区或民族很多造纸点的现状不同，经济和生活的要素并不影响传承，主要的支撑来自乡土习俗与文化目标。通过进一步分析，可以发现纳竜村竹纸所具有的独特价值，简单来说，主要有：

⊙1 勐腊风光 Scenery of Mengla County

(一) 独特的名称

纳竜村造纸中有一些独特的名称，如不叫浇纸而称为洒纸，更特别的是竹子煮过后，便叫“纸”。

(二) 独特的纸药

纳竜村造纸所用的纸药是锦葵科的翅果

麻，这在云南手工纸调查中是独特的。将其树皮放入水中浸泡片刻即可使用，这一性能亦很特别。

(三) 独特的民俗

如上所述，女人造纸，男人用纸；制作及使用纸钱有讲究；节日及生病用纸等中蕴含的民俗内涵都相当独特。

(四) 独特的销售

纳竜村苗寨中生产的竹纸，其销售主要是在村内售卖或赠送，据调查，没有到市场进行销售的，也基本上没人去买。纸是为了满足本民族小群落的需要而生产的。

(五) 独特的工艺

纳竜村生产竹纸最独特的是造纸采用浇纸法，并用纸药，这在云南省手工纸调查中基本上是独有的。通常浇纸法因浇一张纸就用一个固定式纸帘，故不用纸药；而抄纸法往往需用纸药，纸药起到悬浮、阻聚、阻滤、增滑等作用，没有纸药很难抄成纸。有专家认为，纸药是发明造纸的关键，蔡伦改进造纸术时就已经使用纸药了。可以说，深入研究纳竜村手工纸的工艺、历史，能够丰富对中国手工纸的认识。

纳竜村手工纸具有独特的价值，尤其采用浇纸法却使用纸药的造纸技术，是中国手工纸发展过程中重要的活化石。因此，纳竜村手工纸的传承与发展具有重要的历史意义和现实价值。

纳竜村手工纸的传承与发展，可以考虑从以下几个方面拓展：

1. 申报省级以及国家级非物质文化遗产

纳竜村苗族竹纸最具价值的是其独特的采用浇纸法却使用纸药的造纸技术，迫切需要多机构合作进行更为深入的研究，进一步挖掘该技术的历史、传播路径及其内涵。

在上述研究的基础上，联合其他单位研究其特殊的造纸技艺，将纳竜村苗族手工纸申报省级以及国家级非物质文化遗产，使其传承与保护纳入非物质文化遗产保护体系，同时使纳竜村手工纸获得更广泛的关注和传承。

2. 适当进行旅游开发

勐腊有较多旅游资源，如磨憨口岸、望天树景区等。对纳竜村苗族造纸进行适当旅游开发，不但可以丰富勐腊旅游的历史、文化内涵，也将为纳竜村苗族竹纸的传承与保护起到重要作用，并可以考虑将当地苗寨手工纸制作成各种旅游纪念品。

3. 开发纳竜村苗族竹纸的新品种、新用途

在保留传统造纸技艺的基础上，考虑进行技术改进及产品开发。如考虑敲纸时用更长的时间，以得到更为细腻、均匀的纸浆，造出更为平滑、柔韧的纸张，逐渐引入书写、绘画或包装等用途。

⊙2

⊙2
晒纸架旁的苗族造纸老人
An old papermaker standing by the papermaking frame

勐腊苗族竹纸

Bamboo Paper by the Miao Ethnic Group in Mengla County

纳竜村竹纸透光摄影图

A photo of Bamboo paper in Nalong Village seen through the light

第四节

澜沧傣族白绵纸

云南省
Yunnan Province

普洱市
Pu'er City

澜沧拉祜族自治县
Lancang Lahu Autonomous County

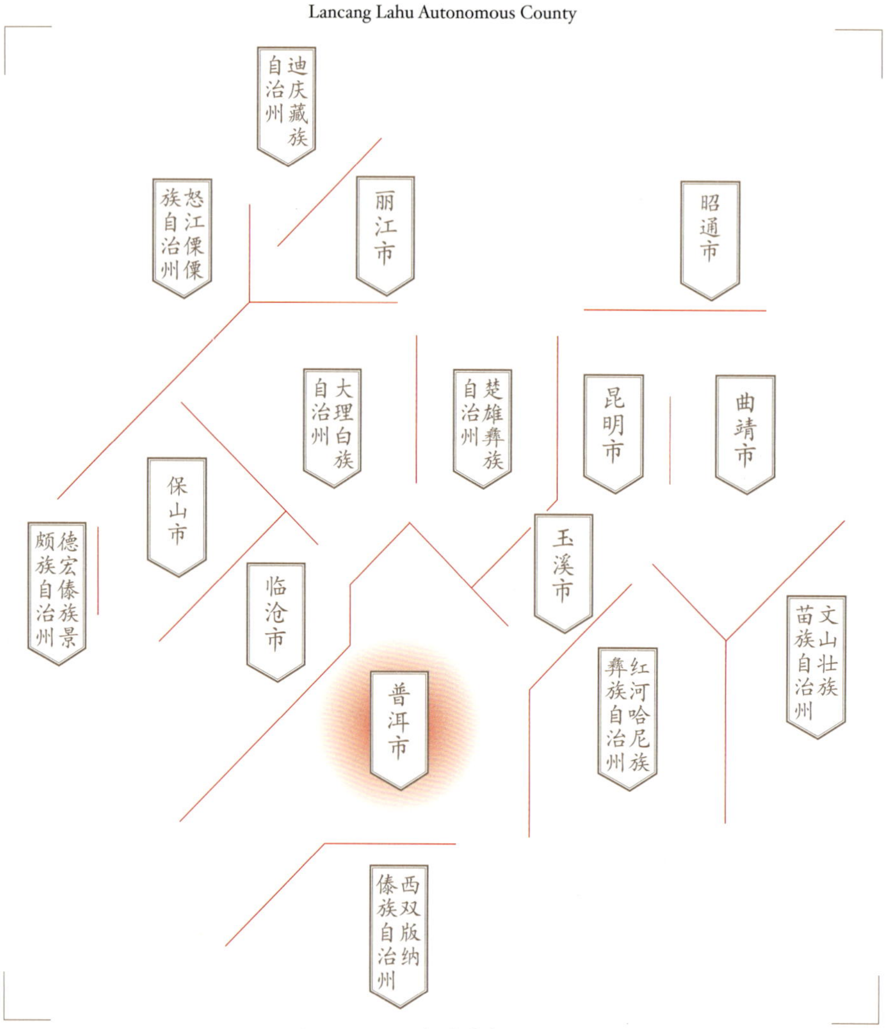

调查对象

上允镇
芒角行政村
芒京自然村
芒那自然村
傣族白绵纸

Section 4
Baimian Paper by the Dai Ethnic Group in Lancang County

Subject

Baimian Paper by the Dai Ethnic Group in Mangna Natural Village and Mangjing Natural Village, Mangjiao Administrative Village, Shangyun Town

一 澜沧傣族白绵纸的基础信息及其分布

1 Basic Information and Distribution of Baimian Paper by the Dai Ethnic Group in Lancang County

澜沧傣族白绵纸的主要产地在上允镇芒角行政村芒京、芒那自然村。这些村落还沿袭着一种以构皮为原料，采用浇纸法制作手工纸的传统造纸技艺。原料全靠村民自己采集。此外，傣族造纸工艺多为女性掌握，是其手工造纸民族性的独特传统。

⊙1

二 澜沧傣族白绵纸生产的人文地理环境

2 The Cultural and Geographic Environment of Baimian Paper by the Dai Ethnic Group in Lancang County

澜沧拉祜族自治县地处普洱市西，因东临澜沧江而得名。全县总面积8 807 km^2，面积居云南省县级第二位。山区、半山区占98.8%，是十分典型的山地环境。上允镇是澜沧县仅次于县城孟朗镇的大镇，土地总面积433 km^2，是典型的山地坝区，占县域面积的9.7%。上允镇属亚热带季风气候，年平均气温19.3 ℃，年平均降水量约1 020 mm，气候条件优越，资源富集。全镇森林面积约1.47×10^8 m^2，森林覆盖率为29.5%。镇政府驻地上允坝，海拔980 m，国道214线从南到北贯穿全镇，是通往普洱市、西双版纳傣族自治州等地的交通要道。

⊙1 造纸老人 An old papermaker

据史料记载及相关考证，今澜沧拉祜族自治县在西汉时期属益州郡地；东汉至隋唐为永昌郡地；唐南诏时期为银生节度地；宋为大理部地；元代属于木连路军民府地（木连即今孟连一带）；明永乐四年（1406年）至清代末叶属孟连

路线图
澜沧县城
↓
芒京村＋芒那村
Road map from Lancang County centre to the papermaking sites (Mangjing Village and Mangna Village)

澜沧傣族白绵纸生产地分布示意图

Distribution map of the papermaking sites of Baimian paper by the Dai Ethnic Group in Lancang County

考察时间
2008年2月 / 2013年7月

Investigation Date
Feb. 2008 / Jul. 2013

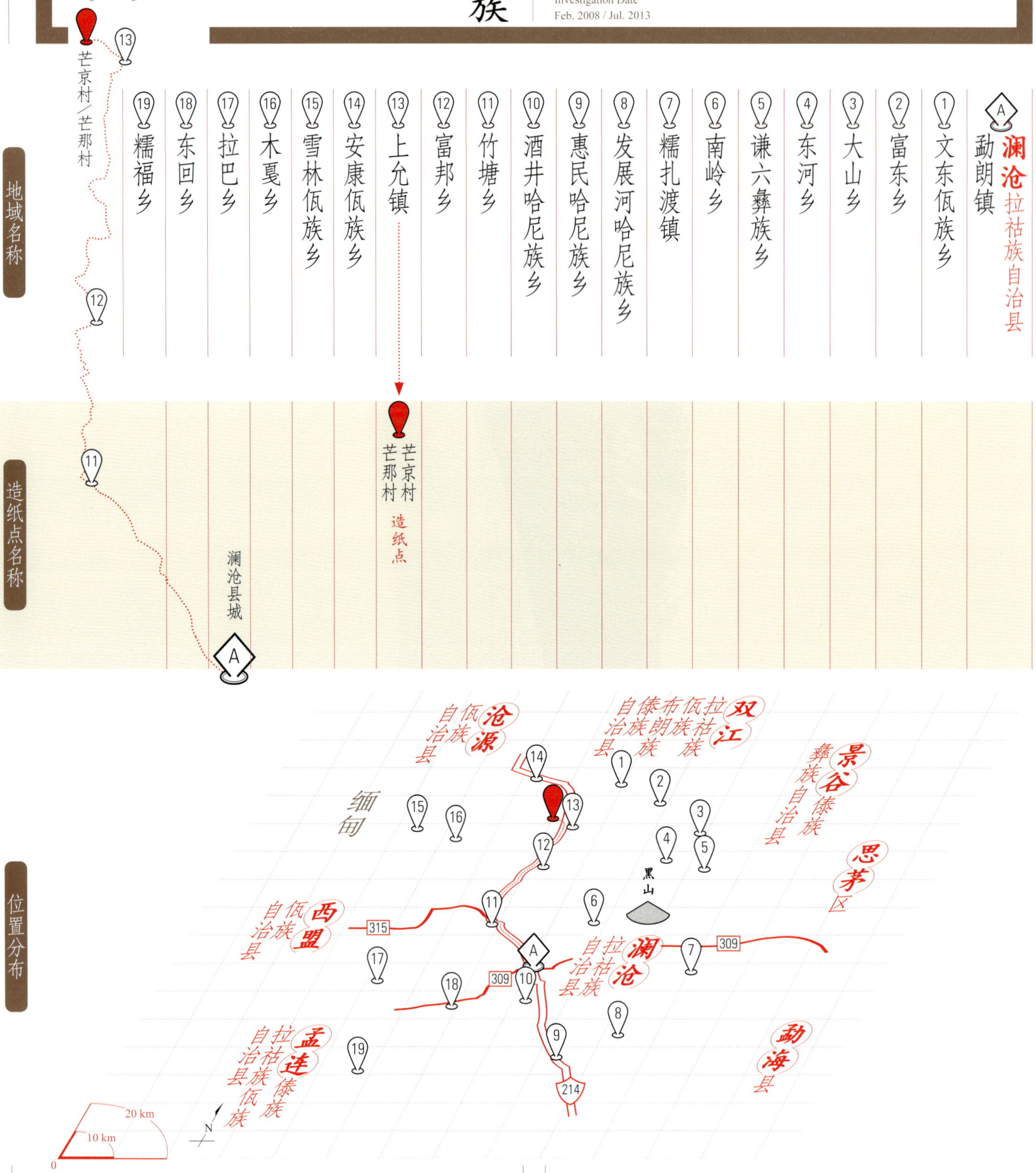

市府、州府
县城
乡镇
村落
造纸点
历史造纸点
山
国家级自然保护区
S221 省道
G21 国道
昆河线 铁路
G56 高速公路
线路

土司地；1915年改称澜沧县，1953年建立澜沧拉祜族自治区，1955年改称自治县。古老的澜沧，茶文化历史悠久，是著名的普洱茶原产地之一。

上允镇煤炭资源储量较大，全镇煤炭资源储量约为6 000万吨。境内芒角、竜浪村均有开采点。该地风光旖旎，傣族风情浓郁，除民居外，两个主体民族傣族和拉祜族的语言、文化、饮食、民族节日、宗教信仰都保存得较为完整。

县域内各民族和睦相处，形成了以拉祜族文化为主、包容各民族文化特点的澜沧地域文化和民族文化。拉祜族有独特的民族风情和音乐，舞蹈以芦笙舞和摆舞最具民族特色。20世纪50年代拍摄的电影《芦笙恋歌》，反映了该地独特的民族风情。

上允镇下辖11个村民委员会，2007年全镇有11 160户、44 307人，有汉族、佤族、傣族、拉祜族等13个民族。以汉族、拉祜族和傣族为主。上允镇的傣族，历史上部分由勐卯（今瑞丽）迁来，少部分由今景谷、勐海一带迁入，主要分布在上允村的老街、下城、芒满，芒角村的芒角、芒抗以及芒京、芒那等地，生活习惯基本与其他傣族分支相同。

⊙1

⊙2

三
澜沧傣族白绵纸的历史与传承

3
History and Inheritance of Baimian Paper by the Dai Ethnic Group in Lancang County

2008年2月及2013年7月，调查组成员先后两次进入芒角行政村的芒京和芒那自然村进行调查。据芒京村造纸户米喃永口述，她记忆中从奶奶那一辈就会造纸，奶奶将造纸技术传给她妈妈奶金亮，奶金亮再传给她。2008年调查时米喃永已70岁，她七八岁就开始学习造纸，据此推断，单是米喃永家造纸，至少已有超过120年的历史，在此之前更早的造纸活动则缺乏文献记述，造纸户们的口传记忆也不清晰，但整个上允镇傣族造纸的历史应更长。就传承情况而言，则祖辈相传，有序、清晰，但当代往下延续面临若干危机。如米喃永老太太70岁了，只有她在造纸，2013年再次调研时仍无后续传承人。

⊙3

⊙1 芒京村小景
View of Mangjing Village

⊙2 芒京村的傣族民居
Local cottage of the Dai Ethnic Group in Mangjing Village

⊙3 造纸老人米喃永
Mi Nanyong, an old papermaker

四 澜沧傣族白绵纸的生产工艺与技术分析

4 Papermaking Technique and Technical Analysis of Baimian Paper by the Dai Ethnic Group in Lancang County

⊙1

(一) 澜沧傣族白绵纸的生产原料

澜沧芒角村傣族生产白绵纸所用原料为当地的构树皮。上允镇周边构树资源丰富，而且获取也较方便，因而当地造纸户习惯上山去砍构树枝并剥皮，通常无需购买。

(二) 澜沧傣族白绵纸的生产工艺流程

在芒京村，调查组以米喃永家的生产工序为例，记录了白绵纸的制作工序：

壹	贰	叁	肆	伍	陆	柒	捌	玖	拾	拾壹	拾贰
砍树枝	剥皮	晒干	泡水	煮料	洗涤	打料	浇纸	晒纸	砑光	撕纸	叠纸

壹 砍树枝 1

每年3～4月间构树长出新叶时，砍下一年生的构树枝。

贰 剥皮 2

从构树枝条上剥皮，再将构树皮表层的黑皮剥除，留下白色内皮。据米喃永介绍，一人一天能剥20 kg左右的构皮。

叁 晒干 3

将剥好的白色内皮放在户外晒干备用。

肆 泡水 4

将干构皮放在村旁小河里浸泡，通常浸泡一天左右。

⊙1 构树局部
Partial view of paper mulberry tree

伍
煮　　料
5

将泡好的构皮放入大铁锅煮10个小时左右。煮时每20～25 kg构皮加一竹篓火灰。

⊙2

陆
洗　　涤
6

将煮好的构皮放在小河里清洗，并不断搓揉，把火灰清洗干净。

柒
打　　料
7　⊙2

将洗涤好的构皮放在石礅上，用木棰反复敲打，直至将构皮打碎、打细，并把打好的皮料揉成团备用。

捌
浇　　纸
8　⊙3～⊙7

将一块大小适中的塑料布铺于简易的框中，加水，制成浇纸槽。取纸帘浸入水中，并用一楔形石块和一根竹条支起以固定纸帘，使纸帘悬于水中，将一团皮料放入纸帘，将皮料打散，依靠目视与经验搅动、牵引、轻拍水面，使纸料纤维迅速均匀地分布于纸帘中。

⊙3

⊙4

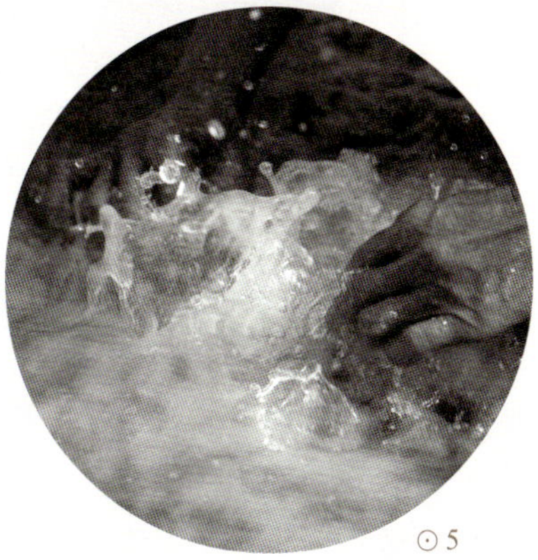

⊙5

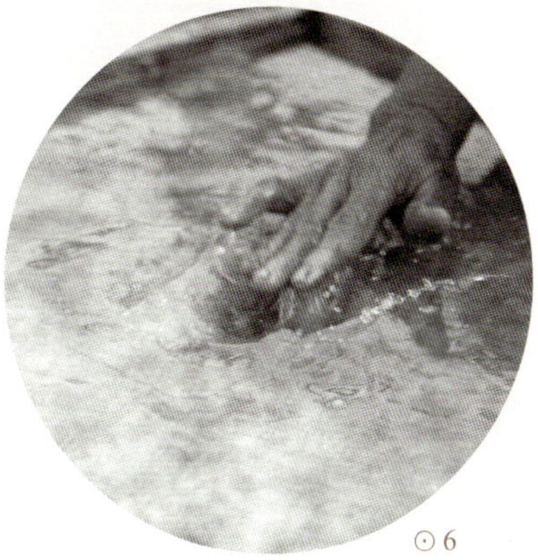

⊙6

⊙7

⊙2
打料
Beating the bark

⊙3/7
浇纸
Pouring the pulp on the papermaking screen and flattening it with hands

玖 晒纸

9　⊙8 ⊙9

双手平端纸帘，缓缓将纸帘从水中提出，稍倾，将纸帘一头提起，靠在墙边或围栏上晾晒。晾晒时，纸帘要不时上下、正反面翻动，使纸张干湿均匀，缩短晾晒时间并提高纸质。阳光好时，一天一帘可以晒三张纸，即一个纸帘可以反复浇纸三次并晒干。

⊙8

⊙9

拾 砑光

10

晾晒过程中，用铝制盖子、瓷碗、口盅等物品光滑的沿口轻砑纸面，反复多次将纸面砑光。砑光工具在这里所采用的不是特制的专业工具，而是生活日用品，只要有光滑的沿口，手握起来大小、轻重合适即可。

拾壹 撕纸

11　⊙10 ⊙11

待纸晒干后，将纸帘靠在腿上，用手先将纸张的一角撕开，然后顺纸张内侧揭起，并顺势将纸撕离纸帘。

拾贰 叠纸

12　⊙12

纸张撕离纸帘后，将纸从中间对折，整个造纸过程便结束了。

⊙10

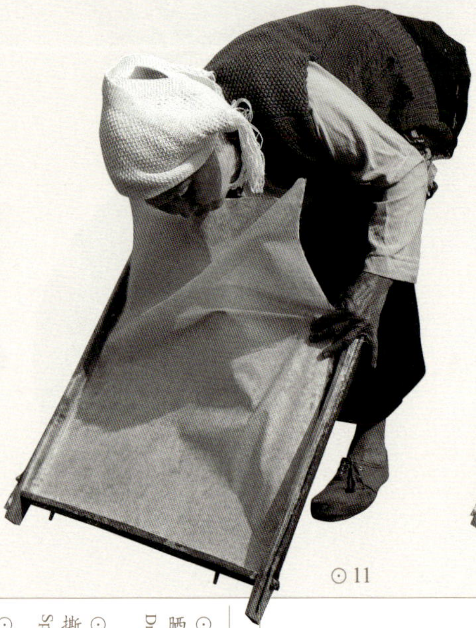
⊙11

⊙12

⊙8/9 晒纸 Drying the paper

⊙10/11 撕纸 Splitting the paper layers

⊙12 叠纸 Folding the paper

（三）

澜沧傣族白绵纸生产使用的主要工具设备

壹 纸帘 1

木制，上覆细纱布。米喃永家有70 cm×60 cm和66 cm×60 cm规格的纸帘，尺寸不是特别固定、严格。

⊙13

贰 浇纸槽 2

可移动式纸槽的规格通常为90 cm×80 cm，长边是切成两半的竹子，宽边是整段竹子，围成一个框，上用两层塑料薄膜覆盖，注入水后即成浇纸槽。调查组发现浇纸槽除了有移动式的简易纸槽外，在村边水流缓慢的小溪中还有地坑式浇纸槽，或以石头拦截水面，或干脆将纸帘直接放入小溪中，形成天然纸槽。

⊙14

叁 竹篓 3

米喃永家的竹篓直径40 cm，高24 cm，用于盛火灰等。

⊙15

肆 木棰与石礅 4

用于捶打构皮。

⊙16

（四）

澜沧傣族白绵纸的性能分析

所测澜沧芒京村白绵纸的相关性能参数见表3.4。

表3.4 芒京村白绵纸的相关性能参数
Table 3.4 Performance parameters of Baimian paper in Mangjing Village

指标		单位	最大值	最小值	平均值
厚度		mm	0.151	0.108	0.129
定量		g/m^2	—	—	32.5
紧度		g/cm^3	—	—	0.252
抗张力	纵向	N	23.4	16.9	20.5
	横向	N	18.5	12.9	16.1
抗张强度		kN/m	—	—	1.220
白度		%	50.8	49.1	49.9

⊙13 米喃永家的纸帘 Papermaking screen used by Mi Nanyong

⊙14 浇纸槽 Simple papermaking holder

⊙15 竹篓 Bamboo basket

⊙16 木棰与石礅 Wooden mallet and slabstone

续表

指标	单位	最大值	最小值	平均值
纤维长度	mm	8.59	2.61	5.93
纤维宽度	μm	22.2	9.1	16.1

由表3.4可知，所测芒京村白绵纸最厚约是最薄的1.40倍，经计算，其相对标准偏差为11.3%，厚薄不太均匀。白绵纸的平均定量为32.5 g/m^2。所测白绵纸的紧度为0.252 g/cm^3。

经计算，其抗张强度为1.220 kN/m，抗张强度值较大，这说明芒京村白绵纸耐抗张，可能主要与打浆程度不是很高、纤维较长有关。

所测芒京村白绵纸白度平均值为49.9%，白度中等，白度最大值约是最小值的1.03倍，相对标准偏差为0.996%，差别较小。这应是芒京村用纯构皮造纸，但原料加工程序比较传统所致。

所测芒京村白绵纸纤维长度：最长8.59 mm，最短2.61 mm，平均5.93 mm；纤维宽度：最宽22.2 μm，最窄9.1 μm，平均16.1 μm。所测白绵纸在10倍、20倍物镜下观测的纤维形态分别见图★1、图★2。

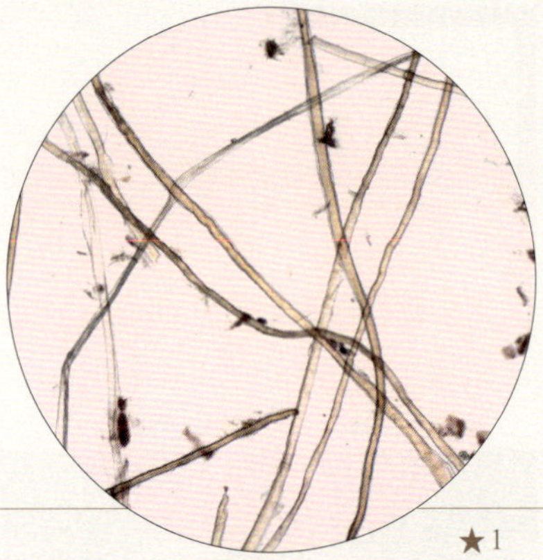

★1

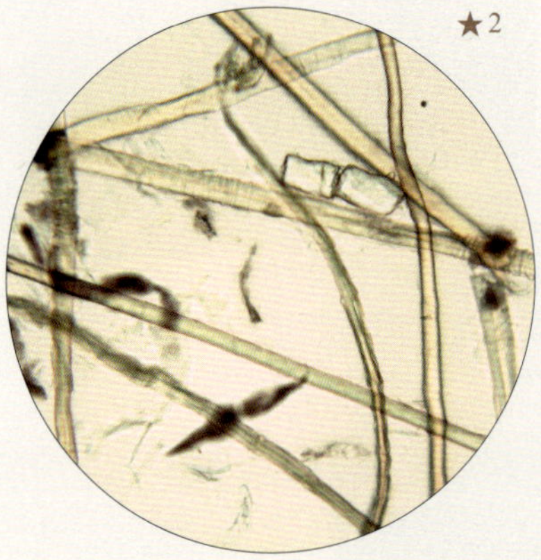

★2

★1
芒京村白绵纸纤维形态图（10×）
Fibers of Baimian paper in Mangjing Village (10× objective)

★2
芒京村白绵纸纤维形态图（20×）
Fibers of Baimian paper in Mangjing Village (20× objective)

五 澜沧傣族白绵纸的用途与销售情况

5 Uses and Sales of Baimian Paper by the Dai Ethnic Group in Lancang County

澜沧上允镇芒角行政村生产的白绵纸主要用于当地傣族寺庙抄经，也有少量用于包装及地方民俗，多是造纸户自己拿到镇上街市去卖。一个街市日一户可卖百余张纸；有时也有人上门来收纸，但目前尚为一种辅助性销售方式。芒京、芒那自然村的造纸通常也不是家庭的主业，因此生产量并不大。以米喃永家为例，全家只有她一人造纸，一年约造1 000张，按2008年初的街市价每张纸卖1元，一年造纸销售额为1 000元。另据芒那村造纸户刀小二介绍，2007年她只造了300多张纸，村里最多的造纸户一年也只造2 000张左右。

以芒京、芒那造纸户生产的最高值起算，天气好时一人一天可造纸50张。如造纸2 000张，不计其他因素，约需要40天完成，创造产值2 000元，这其中还不包括原材料、工具的损耗及用工

⊙1

成本等。从这些数据不难看出，造纸所产生的经济效益不足以成为谋生的主要手段，仅仅是一种补充性收益，手工造纸的核心用途还在于其在民族宗教文化事务的使用，这在云南各地的傣族白绵纸生产中具有相通性，只不过像耿马芒团村已形成了较大生产量的手工产业业态，而芒京、芒那村处于相对较小市场规模的业态而已。

六 澜沧傣族白绵纸的相关民俗与文化事象

6 Folk Customs and Culture of Baimian Paper by the Dai Ethnic Group in Lancang County

在上允镇芒角行政村芒京、芒那自然村，傣族白绵纸制作者均为家庭中的女性，男性基本不介入造纸，而且传承也是在家族女性之间进行，这由米喃永老太太自述的家传历史可见一斑。上允镇傣族的白绵纸生产多为一种自产自销的生产模式，出产的纸用以满足自己或邻里及寺庙的需求为主，有时也利用农闲造纸以补贴家用。

上允镇的集市贸易在本地经济发展中占重要地位，2008年初仍然沿袭每隔五天赶一次街的习俗，赶街人数有时可达万人，最高峰时有3万人。芒京、芒那村傣族白绵纸主要在赶街时交易，是澜沧当地农贸集市上极具特色的民族手工产品。

上允镇傣族信奉南传佛教，按照当地传统习俗，傣族男孩一般长到八九岁时都要进佛寺过寺院修习生活，在寺庙中学习傣文佛经，接受佛教

⊙1 用澜沧傣族白绵纸抄写的傣族经文 Scriptures of the Dai Ethnic Group written on Baimian paper in Lancang County

的教育。首先，傣族男孩要先当见习僧侣，这时的主要任务是学习教规教义和傣文；其次，是置办出家用具，举行出家仪式，正式成为小和尚。小和尚既要认字学习傣文，又要学习佛教经典，以及念经、抄写经文等。

自古以来上允即为南传佛教深深根植之地，据说上允之地傣语叫“勐允”（意为和平与安宁之乡），人们认为在佛的保佑下，才能世代和睦相处、各行各业兴旺发达。为了表示对佛的敬意和对佛教的顶礼，傣族人民把传抄佛教经文作为教育和生活的一部分，因而上允镇的白绵纸生产也就成为区域民间信仰文化的重要载体而传习下来。

七 澜沧傣族白绵纸的保护现状与发展思考

7 Preservation and Development of Baimian Paper by the Dai Ethnic Group in Lancang County

随着国家对非物质文化遗产的重视程度不断提高，澜沧拉祜族自治县地方政府已将上允镇芒角行政村芒京、芒那自然村列为“造纸工艺之乡”，这使澜沧傣族白绵纸生产技艺已初步具备了进行品牌保护与品牌传播的基础。

芒京、芒那村傣族白绵纸的制作，较好地保留了原生态浇纸法制作技艺，尤其是以地为槽的地坑式纸槽，为我国传统造纸的探源保存了一个活化石，这在中国其他地方的手工造纸工艺中是相当稀见的遗存，具备较为突出的工艺样本价值。

从当代趋势来看，由于南传佛教的兴盛与宗教生活的复兴，傣族宗教信仰及寺庙经文的抄写无疑为傣族白绵纸生产提供了稳定可靠的目标市场，为芒京、芒那村白绵纸的生产提供了原动力，该途径对白绵纸的需求不是通过货币购买而是通过信教群众的供奉持续发育的。

但危机也随着当代生活的演化开始出现。据芒那村造纸户刀小二介绍，芒那村以前有30～40户造纸，现在只有十几家。由于造纸没有什么利润，而且很辛苦，现在年轻人基本没有人愿意学，造纸户正随着时间的推移逐渐减少。

另一方面，机械化生产的纸张逐步取代费工、费时而且收益低的手工纸是一个很明显的趋势。然而上允镇傣族浇纸法作为我国传统造纸技艺的活化石，其若干原始技术经验，蕴含了丰富的民族与民间文化基因，是一份宝贵的非物质文化遗产，保护工作的加强与传承责任的落实都迫在眉睫。调查组建议：

（一）争取政府的可持续政策支持

芒京、芒那村可在成为“造纸工艺之乡”的基础上，进一步申报云南省与国家级非物质文化遗产的保护名录，争取列入云南傣族手工造纸技艺国家级非物质文化遗产保护扩展名录，以得到国家对非物质文化遗产保护的政策、资金及品牌等方面的支持。

（二）实施现代形态的生产性保护

傣族白绵纸制作技艺作为活态的技艺类型，应更多地得到发展性保护，不应局限于陈列式保护，而是促使其在生产中得到更好发展。上允镇近年来把傣族文化聚居区辟为傣文化旅游休闲地，结合傣文化旅游，将芒京、芒那村原生态浇纸法传统技艺的展演、展示作为傣文化旅游的重要环节。通过文化旅游的带动，促进傣族白绵纸的生产销售，从而带动芒京、芒那村傣族白绵纸制作技艺的生产性保护，创造更大的经济效益，吸引年轻人主动传承与发展这份技艺与民族文化事业。

⊙1

⊙1 前往芒角村的山间土路 Country road to Mangjiao Village

白绵纸

Baimian Paper
by the Dai Ethnic Group
in Lancang County

芒京村白绵纸透光摄影图
A photo of Baimian paper in
Mangjing Village seen through the light

第五节

孟连傣族白绵纸

云南省
Yunnan Province

普洱市
Pu'er City

孟连傣族拉祜族佤族自治县
Menglian Dai - Lahu - Wa Autonomous County

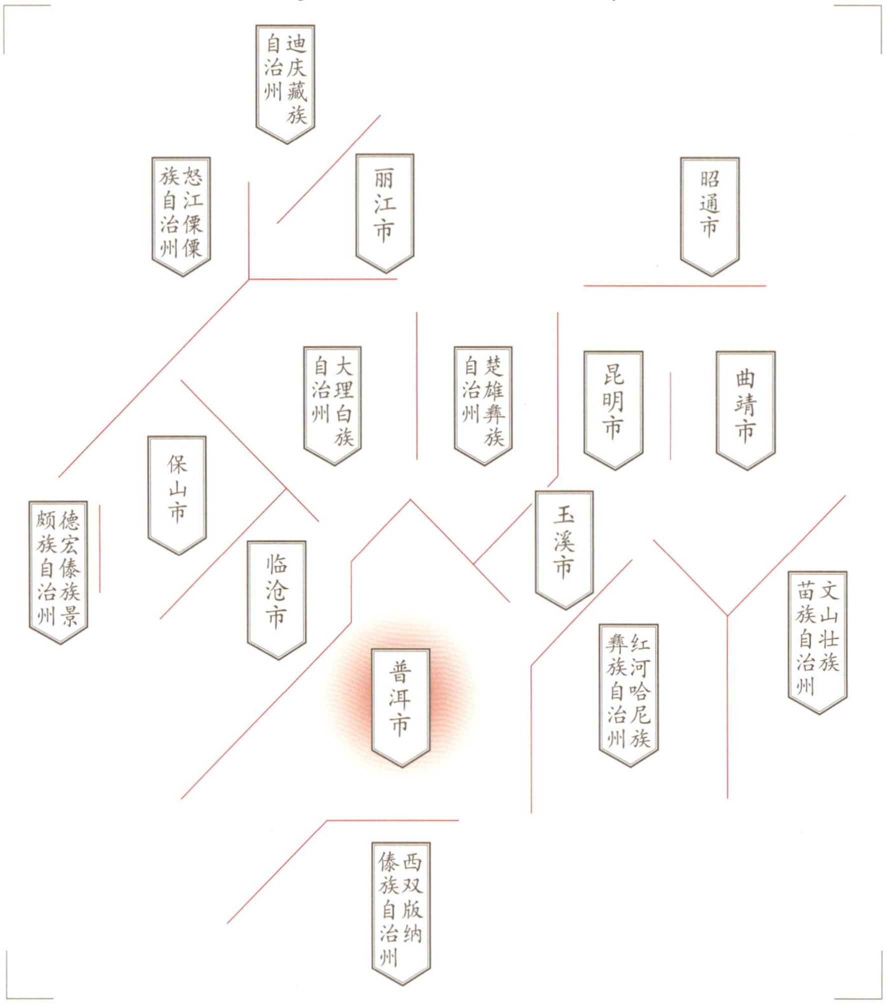

调查对象

芒信镇拉嘎行政村芒井自然村傣族白绵纸

Section 5

Baimian Paper by the Dai Ethnic Group in Menglian County

Subject

Baimian Paper by the Dai Ethnic Group in Mangjing Natural Village, Laga Administrative Village, Mangxin Town

一 孟连傣族白绵纸的基础信息及其分布

1 Basic Information and Distribution of Baimian Paper by the Dai Ethnic Group in Menglian County

孟连傣族白绵纸的代表性生产地在孟连傣族拉祜族佤族自治县芒信镇拉嘎行政村芒井自然村，造纸人为傣族村民。该种纸制作的主要原料为构树皮，纸的纤维韧性好、脉络清楚，主要用来抄写佛经。

⊙1

⊙1 孟连芒井村风光 Landscape of Mangjing Village in Menglian County

二 孟连傣族白绵纸生产的人文地理环境

2 The Cultural and Geographic Environment of Baimian Paper by the Dai Ethnic Group in Menglian County

孟连傣族拉祜族佤族自治县位于云南省西南部，隶属今普洱市。地处东经99° 09′～99° 46′，北纬22° 05′～22° 32′。宽谷盆地与山地相间构成了孟连地形的基本格局。全县的最高点是腊福大黑（又称昂郎山），海拔2 603 m；最低点在南马河与南卡江交汇处的勐啊村，海拔500 m。孟连属南亚热带湿润气候类型，年平均气温19.7 ℃，最高气温达36.7 ℃。最冷时间出现在1～2月，平均气温13 ℃左右。全年平均降水量1 375 mm，全年雨日170天左右，1～3月降水量最少，全年降水量的约88%集中在5～10月的雨季。海拔高低不同和复杂的地势，造就了境内气候明显的垂直变化。

南诏时期，孟连称为“茫天连”。南宋宝祐元年（1253年），勐卯（今德宏傣族景颇族自治州瑞丽市）的傣王去世，两个王子争权，其中的罕

路线图
孟连县城
↓
芒井村
Road map from Menglian County centre
to the papermaking site
(Mangjing Village)

孟连傣族白绵纸生产地分布示意图

Distribution map of the papermaking site of Baimian paper by the Dai Ethnic Group in Menglian County

考察时间
2008年2月 / 2013年7月

Investigation Date
Feb. 2008 / Jul. 2013

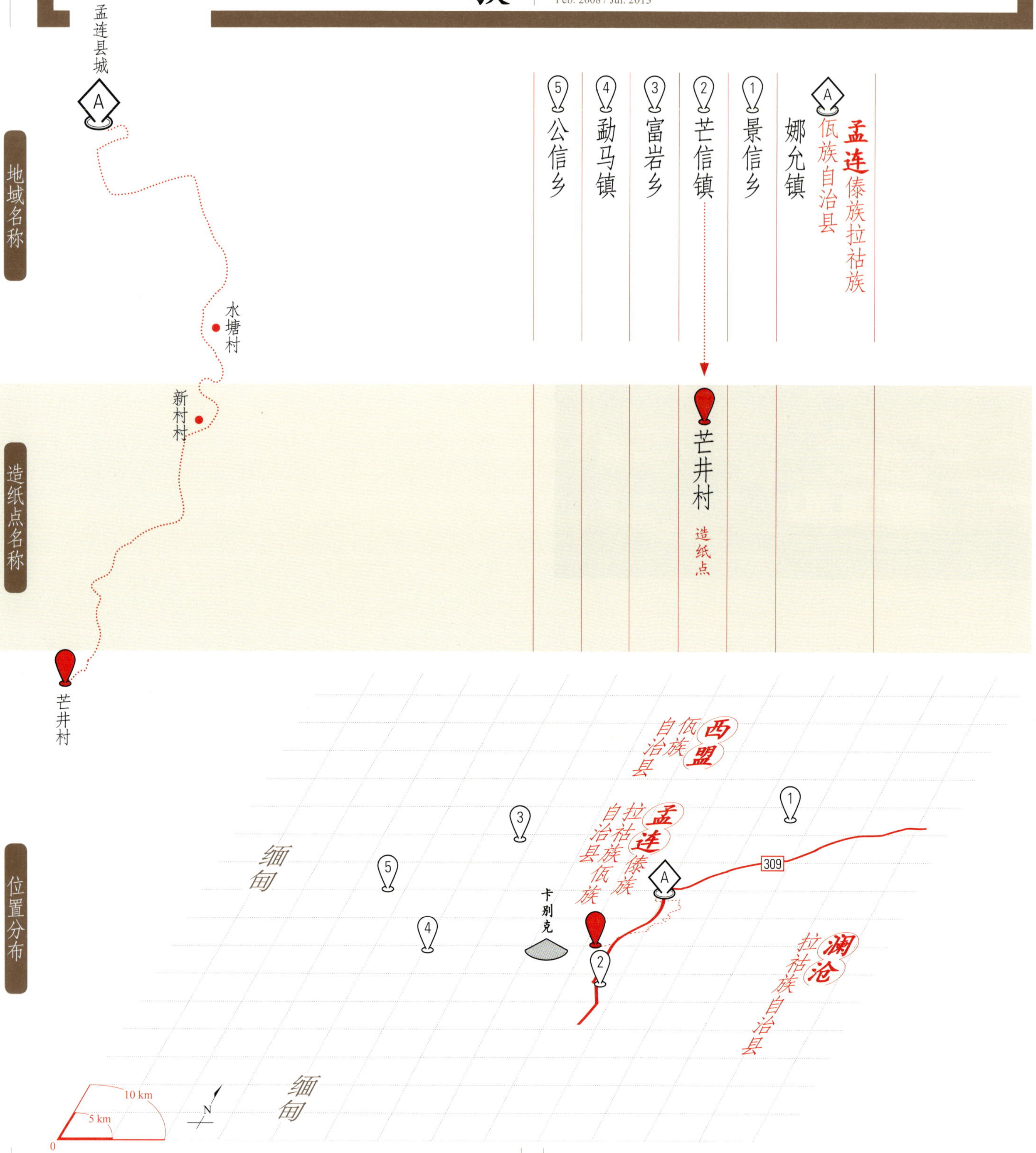

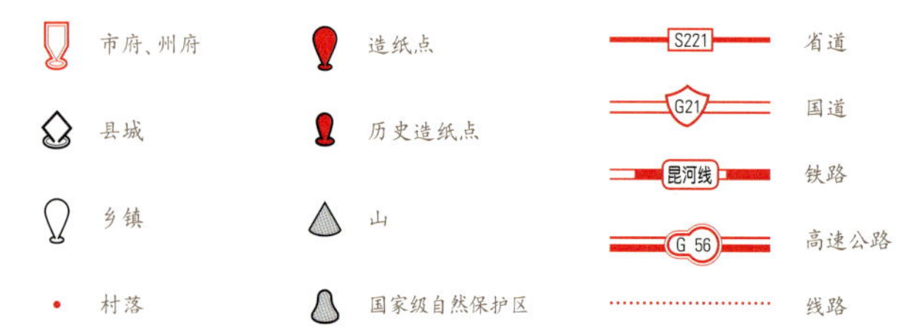

罢法王子带领部分臣民南迁进入阿佤山后寻找到一个美丽的河谷坝子，在这里伐木开垦，建立村寨，称为“孟连”（傣语称为“茫蛮”，意为“找到的好地方”）。明永乐四年（1406年），朝廷设孟连长官司，隶云南都指挥使司。同时赐土司姓刀，官居六品。清康熙四十八年（1709年），朝廷再度赐封“孟连世袭宣抚司”，官居四品。1949年1月，孟连县刀氏土司政权解体。刀氏土司家族管辖这片地域历28代，有500余年之久，这在中国土司治理史上是不多见的。

⊙1

⊙2

孟连适宜种植橡胶、甘蔗、茶叶、咖啡和热带优质水果。农作物大多一年两熟，热坝地区一年三熟。孟连的珍稀植物资源丰富，有龙血树、楠木、柚木、紫柚木等珍贵木材，其中大黑山原始森林片区有全国连片面积最大的野生龙血树群落，是非常宝贵的药物资源。孟连与缅甸山水相连，清光绪年间，这里就是我国通往缅甸及东南亚各国便捷的陆路通道之一，是中国通往东南亚各国“茶盐古道”的重要商品集散地。境外缅甸边民与孟连因地缘相近，民族习俗相似，贸易互

⊙3

⊙1 孟连世袭宣抚司署旧址 Former site of the executive office in Menglian County

⊙2 龙血树 *Dracaena angustifolia*

⊙3 娜允古城 Nayun Ancient City

补性大，来往频繁，是西南边陲贸易和对外开放的重要通道。

孟连的历史文化显示度颇高，境内的娜允古城具有浓郁的傣族文化氛围，孟连宣抚司署历史传承悠久，其自身就是一部傣族历史文化和建筑艺术的史诗。

⊙1

三 孟连傣族白绵纸的历史与传承

3 History and Inheritance of Baimian Paper by the Dai Ethnic Group in Menglian County

旧思茅地区（今普洱市）的土法造纸始于清康熙三十九年（1700年），当年景东县大街乡邦抗村就有农户用构皮造白绵纸和用竹子造草纸（土纸）。

2008年2月，调查组到孟连傣族拉祜族佤族自治县芒信镇拉嘎行政村芒井自然村采访了造纸户波玉种、咪玉种夫妇，了解该县傣族白绵纸的有关信息。

据波玉种介绍，他50岁时到拉嘎行政村100 km外的孟梭（音）村学习造纸，至今已造纸20年。另据波玉种女婿介绍，孟连芒井村的造纸技艺来自西盟佤族自治县的傣族村落，他本人即是从西盟入赘到芒井村的傣族人。关于孟连的造纸历史，从前述旧思茅地区的造纸分布描述来看，尚缺少明确记述。至于芒井村的造纸历史是否只有20余年，是否属外地域输入型起源，均未寻到进一步的印证性口述记忆及文献资料依据。

⊙1 孟连芒井村一角 A section of Mangjing Village, Menglian County

四
孟连傣族白绵纸的生产工艺与技术分析

4
Papermaking Technique and Technical Analysis of Baimian Paper by the Dai Ethnic Group in Menglian County

(一)
孟连傣族白绵纸的生产原料

孟连傣族白绵纸所用原料为构树皮，芒信镇一带构树资源丰富，造纸人通常自己上山去砍。据波玉种介绍，除构树皮可用于造纸外，构树叶子可以喂猪，小果子可以吃，所以往往会综合利用这些资源。

(二)
孟连傣族白绵纸的生产工艺流程

经调查组在波玉种户的深入访谈与实地考察，记录了孟连芒井村傣族白绵纸的制作工序：

壹	贰	叁	肆	伍	陆	柒	捌	玖	拾	拾壹	拾贰
砍树枝	剥皮	晒干	煮皮	洗涤	敲打	搅拌	浇纸	晒纸	砑光	撕纸	叠纸

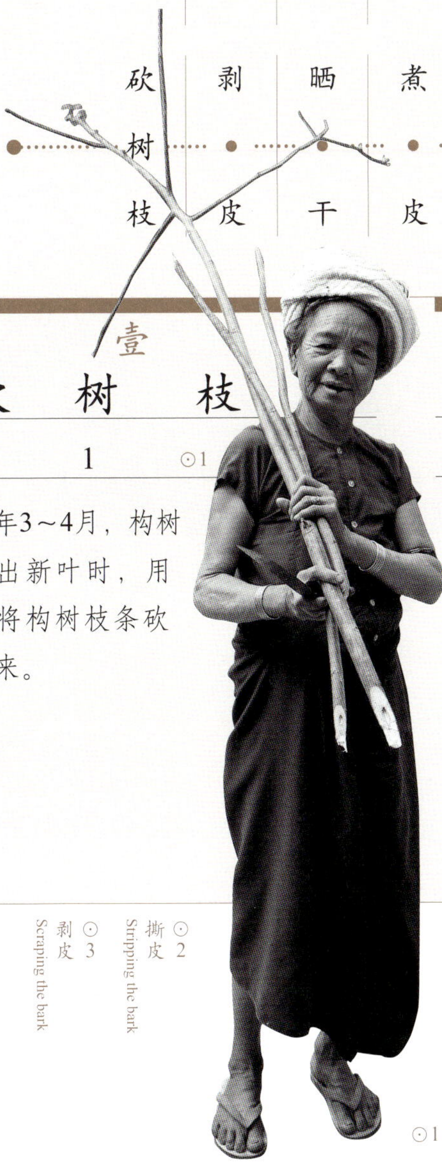

壹
砍 树 枝

1 ⊙1

每年3～4月，构树长出新叶时，用刀将构树枝条砍下来。

贰
剥 皮

2 ⊙2 ⊙3

用手将构皮撕下来，再用刀剥去表皮，留下白色的内皮部分。

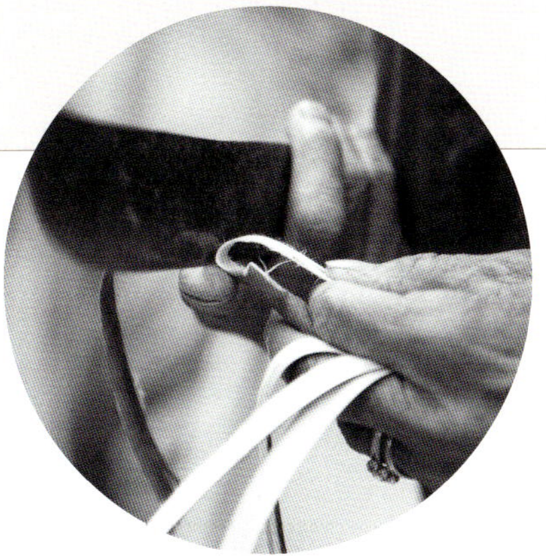

⊙2
⊙3

⊙1
咪玉种手持刚砍下的新鲜构树枝条
Mi Yuzhong carrying the fresh paper mulberry branches

⊙2
撕皮
Stripping the bark

⊙3
剥皮
Scraping the bark

叁 晒干

3 ⊙4

将剥好的构皮晒干，天气晴好时一天即可晒干。

⊙4

⊙5

肆 煮皮

4 ⊙5

将干构皮放入煮料锅中，加火灰水（当地称用草木灰溶水去渣得到的水为火灰水）煮约12小时。构皮量根据锅的大小而定，所用草木灰的量大约是干构皮的3倍。

伍 洗涤

5 ⊙6

将煮好的构皮放在河里用手搓洗，直到清洗干净。

⊙6

⊙4 干构皮 Dried paper mulberry bark

⊙5 波玉种家的煮料锅 Wok for boiling paper mulberry bark used by Bo Yuzhong

⊙6 洗构皮的小河 Stream for washing paper mulberry bark

陆 敲打 6

用木棰将洗涤好的构皮敲打成细而软的皮料。

柒 搅拌 7

⊙7

将足够做一张纸的料放到水桶里，加水，用搅拌棒搅拌，将料打散，搅匀。

⊙7

捌 浇纸 8

将纸帘放入加水的纸槽中，然后将桶内搅拌好的纸料倒在纸帘上，随后用手将纸料搅拌、拍打，使其在纸槽中均匀分布，然后双手平端，缓慢将纸帘从纸槽中提起来。

玖 晒纸 9

将纸帘斜靠在墙上晾晒，晴天且有风时，晒一天纸即可干。

拾 研光 10

⊙8

将晒干的纸用具有光滑脊背的塑料梳子缓缓地砑磨结实、平整。

⊙8

拾壹 撕纸 11

纸晒干后，用手将纸的上部轻轻撕开，再由上往下将纸撕下来。

拾贰 叠纸 12

⊙9

将纸四等分折好，可以全部放在一起，也可以几张叠成一叠。

⊙9

⊙7 搅拌示意 Stirring the pulp

⊙8 研光示意 Flattening the paper

⊙9 叠纸 Folding the paper

(三) 孟连傣族白绵纸生产使用的主要工具设备

壹 纸帘 1

用4根木条制成长方形的纸帘外框，然后用绳子将布帘绑在木框上，即可制成纸帘。实测波玉种家的纸帘长68 cm、宽52 cm。

⊙1

贰 煮料锅 2

铝合金制，实测波玉种家的锅直径50 cm、高25 cm。

⊙2

叁 塑料梳子 3

用于研光，芒井村是调查组在云南省发现的唯一用塑料梳子作研光工具的造纸地。

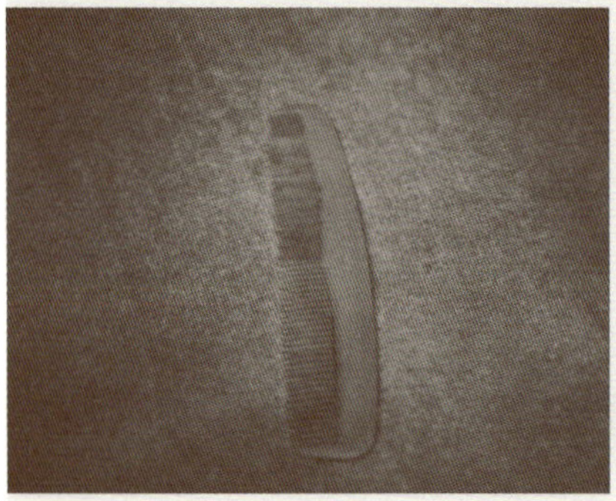
⊙3

肆 木棰 4

用于捶料的工具。

⊙4

伍 搅拌棒 5

木制，用于将纸料搅拌均匀。

⊙5

⊙1 纸帘 Papermaking screen
⊙2 煮料锅 Wok for boiling papermaking materials
⊙3 塑料梳子 Plastic comb
⊙4 木棰 Wooden mallet
⊙5 搅拌棒 Stirring stick

(四)

孟连傣族白绵纸的性能分析

所测孟连芒井村白绵纸相关性能参数见表3.5。

表3.5 芒井村白绵纸的相关性能参数
Table 3.5 Performance parameters of Baimian paper in Mangjing Village

指标		单位	最大值	最小值	平均值
厚度		mm	0.284	0.134	0.227
定量		g/m^2	—	—	66.4
紧度		g/cm^3	—	—	0.293
抗张力	纵向	N	44.0	35.6	40.0
	横向	N	35.3	22.5	29.6
抗张强度		kN/m	—	—	2.320
白度		%	41.3	30.4	32.9
纤维长度		mm	10.8	2.38	5.03
纤维宽度		μm	20.5	8.7	15.3

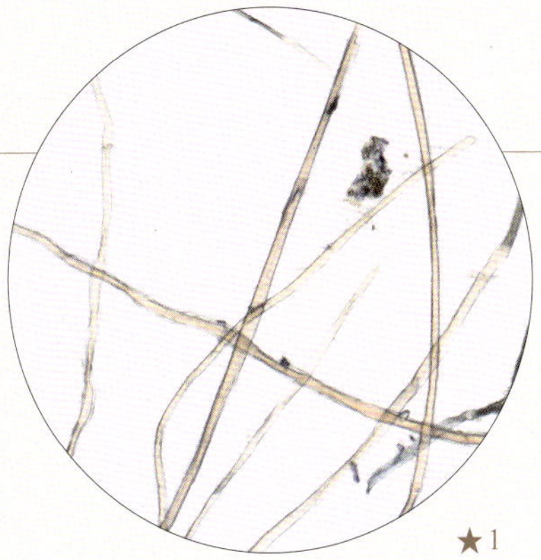

★1

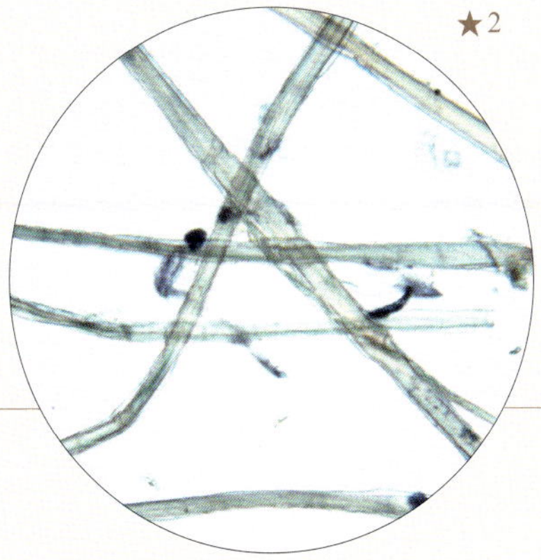

★2

由表3.5可知，所测芒井村白绵纸最厚约是最薄的2.12倍，经计算，其相对标准偏差为22.2%，厚薄不均匀，这与纸厚、局部不太均匀有关。白绵纸的平均定量为66.4 g/m^2。所测白绵纸紧度为0.293 g/cm^3。

经计算，其抗张强度为2.320 kN/m，抗张强度值相当大，这说明了芒井村白绵纸耐抗张，可能主要因为纸的打浆程度不是特别高、纤维较长。

所测芒井村白绵纸白度平均值为32.9%，白度较低，白度最大值约是最小值的1.36倍，相对标准偏差为9.59%，差别较大。

所测芒井村白绵纸纤维长度：最长10.8 mm，最短2.38 mm，平均5.03 mm；纤维宽度：最宽20.5 μm，最窄8.7 μm，平均15.3 μm。所测白绵纸在10倍、20倍物镜下观测的纤维形态分别见图★1、图★2。

★1
芒井村白绵纸纤维形态图
(10×)
Fibers of Baimian paper in Mangjing Village
(10× objective)

★2
芒井村白绵纸纤维形态图
(20×)
Fibers of Baimian paper in Mangjing Village
(20× objective)

五
孟连傣族白绵纸的用途与销售情况

5
Uses and Sales of Baimian Paper by the Dai Ethnic Group in Menglian County

孟连傣族白绵纸目前的唯一用途是抄经，都是周边区域傣族民众或僧侣有需要上门来买。据波玉种老人介绍，过去芒井村有3户人家造纸，因为辛苦，收益又不理想，现在只有他家仍在造纸。

波玉种家一年造纸2～3次，一次4～5天，造纸的时间不定。天气晴朗，一天可以造15～20张，2008年初的售价为1～1.5元/张。即使所有售出的纸均按最高卖价来计算，一年造纸3次，一次5天，一天20张，一年生产300张纸，按1.5元/张来算，一年造纸收入也才450元。显然，造纸所得只是一种辅助性收入，更大的意义或价值还是体现在民族宗教文化需求上。从以上数字也可以看出，每人每天造纸收入最多20～30元，与外出从事其他工作相比经济效益较差，只能作为一种辅助性工作。这应该也是年轻人无意于继承手工造纸技艺的重要原因。

⊙1

⊙1
调查组成员与波玉种、咪玉种夫妇
Researchers and papermakers' family (Bo Yuzhong and Mi Yuzhong)

六 孟连傣族白绵纸的相关民俗与文化事象

6 Folk Customs and Culture of Baimian Paper by the Dai Ethnic Group in Menglian County

孟连地区的傣族民众普遍信仰南传佛教，按照民族宗教生活习惯，傣族男子必须进入寺庙当和尚修行一段时间后才算成人。佛教典籍也由此大量地传抄进来，孟连境内几乎每个傣族家庭都要抄写几部佛经挂在屋内，以示虔诚，祈求得到佛的智慧，离苦得乐。此外，孟连的傣族居民也认为请人帮忙传抄佛经是很大的功德。所以，南传佛教的手抄经书在孟连流传很广，白绵纸的应用需求也因此持续不断，许多傣族人实际上是在抄写经文或请人抄写经文的过程中或深或浅地学习了傣族的文字，这从一个侧面促进了傣族的文化发展。同时，大量佛教教义故事的传入也丰富了傣族人民的精神生活与信仰内容。

七 孟连傣族白绵纸的保护现状与发展思考

7 Preservation and Development of Baimian Paper by the Dai Ethnic Group in Menglian County

孟连傣族白绵纸的传承，目前看来是非常困难的，基本上芒井村只有波玉种、咪玉种两位高龄老人一线单传，而且处于后继乏人的状态。孟连傣族造纸最重要的驱动力不是经济，而是宗教信仰，抄经用的是傣族人自己生产的白绵纸。因此，只要波玉种与咪玉种老人还能造纸，他们便会继续，但当他们不再造纸的时候，芒井村傣族造纸业很可能就消亡了，至于孟连县域其他乡村是否仍有手工造白绵纸技艺传承则尚未获得准确信息。

⊙1
芒井村口的路
Road to Mangjing Village

孟连芒信镇及其周边有较丰富的构树资源，原料供给目前不是问题。孟连傣族白绵纸传统工艺及业态如果希望得到持续发展，调查组认为可从以下几个方面来考虑：

（一）拓展用途

目前芒井村白绵纸单一的本土抄经用途导致其需求量相当小，难以形成规模经济效益，这也是年轻人不想学造纸的一个重要原因。因此，必须考虑拓宽其用途，借鉴傣族白绵纸在其他制造地的使用经验，如书画创作、普洱茶包装、民俗文化用品制作、捆钞等。此外，还可以面向客户的需求专门定制生产。

（二）改变原料和工艺

鉴于不同用途的纸品，其原料、工艺可以有所不同。比如书画创作用纸，原料要求更为精细，完全用构皮的白皮，且每一步工序都精工细作，能生产出质量稳定且性能优异的手工纸。而作为一般包装、捆钞用纸，可以考虑将构皮的黑皮、白皮一起使用；甚至考虑像西双版纳傣族自治州勐海县勐混镇曼召村用构皮的黑皮来做一些具有特定功能的用品，如南传佛教僧人用的睡毯等。

（三）拓宽销售渠道

鉴于目前的销售渠道单一，都是近地周边村民上门购买的被动销售方式，从某种程度上说，这也是形成芒井村傣族白绵纸传承发展危机的重要原因。如能开辟更好的销售渠道，如专人负责销售、集市营销、代理销售、网络宣传等，让更多人了解芒井村傣族白绵纸，或许会带来更多的市场需求信息及订单，进而带动孟连傣族白绵纸的生产性传承与发展型保护。

白绵纸

Baimian Paper
by the Dai Ethnic Group
in Menglian County

芒井村白绵纸透光摄影图
A photo of Baimian paper in Mangjing Village seen through the light

第六节

景东白绵纸

云南省
Yunnan Province

普洱市
Pu'er City

景东彝族自治县
Jingdong Yi Autonomous County

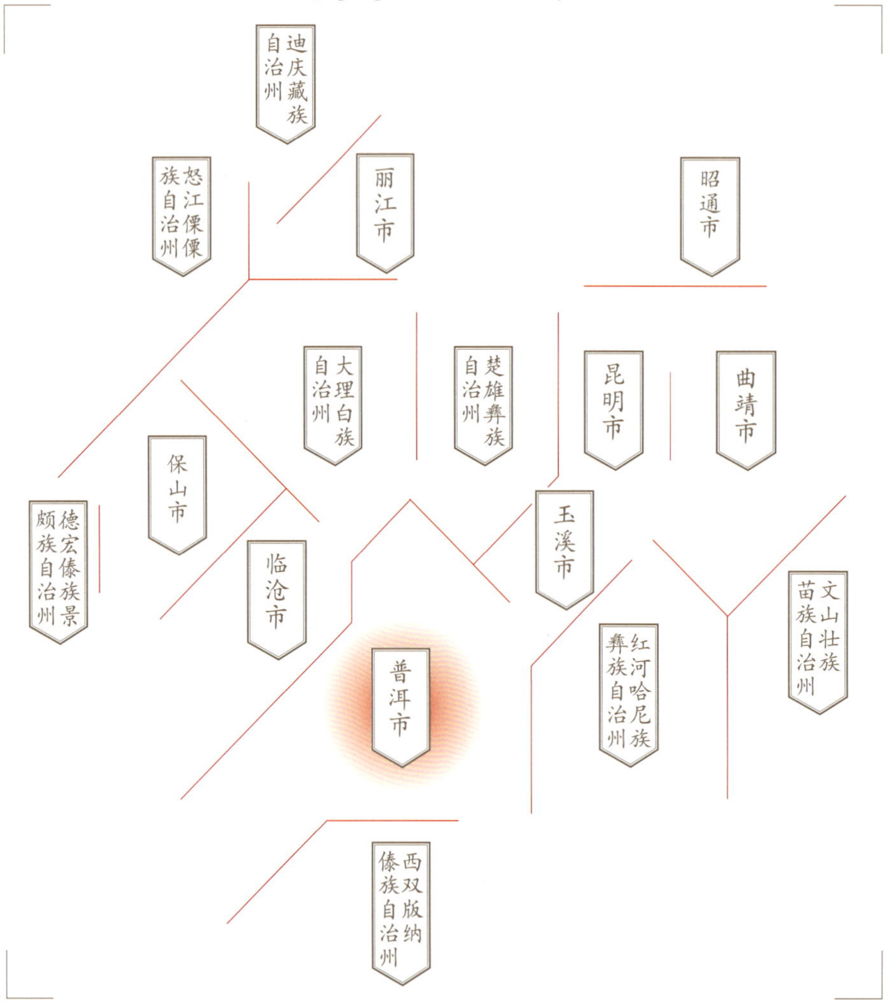

调查对象

大街乡
三营行政村
白绵纸

Section 6
Baimian Paper in Jingdong County

Subject

Baimian Paper in Sanying Administrative Village, Dajie Town

一
景东白绵纸的
基础信息及其分布

1
Basic Information and Distribution of Baimian Paper in Jingdong County

景东区域的传统手工造纸主要有白绵纸和竹纸（土纸）两种。1957年以前县内太忠、大街、花山、龙街、锦屏等乡镇都有造纸作坊，其中太忠、大街两地造纸影响较大。

景东白绵纸最早出现在大街乡的匀么邦抗村，传统称邦抗纸。随着造纸技术的扩散，县域内者干河流域的村庄多数都能造白绵纸，故又称为者干纸，迄今已有超过170年的历史。者干纸韧性好，除了作为文化用纸及捆钞纸外，当地还用来制作雨伞等生活用品。历史上者干纸还曾销往镇沅、景谷、普洱、昆明等市县，有较广泛的手工技艺文化影响。

二
景东白绵纸生产的
人文地理环境

2
The Cultural and Geographic Environment of Baimian Paper in Jingdong County

景东彝族自治县位于云南省西南部，普洱市北端，地处东经100° 22′～101° 15′、北纬23° 56′～24° 29′。东与南华县、双柏县、楚雄市接壤；南与镇沅县相依；西同云县隔澜沧江相望；北和南涧、弥渡两县相连。面积4 532 km²，其中山区约占95.5%，坝区约占4.5%。县城所在地锦屏镇海拔1 171 m，距昆明市477 km，距普洱市279 km。

“景东”系傣语音译，意为坝子城。秦以前属西南夷地，两汉至两晋时隶属益州郡和永昌郡，北周至隋代属濮子部。唐南诏时置开南节度，辖今普洱市，治所在开南城即今景东县；元至元十二年（1275年）置开南州，隶威楚路，至顺二年（1331年）置景东军民府，辖开南（今景东县）、威远（今景谷县）、干远（今镇沅县）三州，隶属云南行省。明洪武十五年（1382年）

景东白绵纸生产地分布示意图

Distribution map of the papermaking site of Baimian paper in Jingdong County

路线图
景东县城
↓
三营村
Road map from Jingdong County centre to the papermaking site (Sanying Village)

考察时间
2011年8月

Investigation Date
Aug. 2011

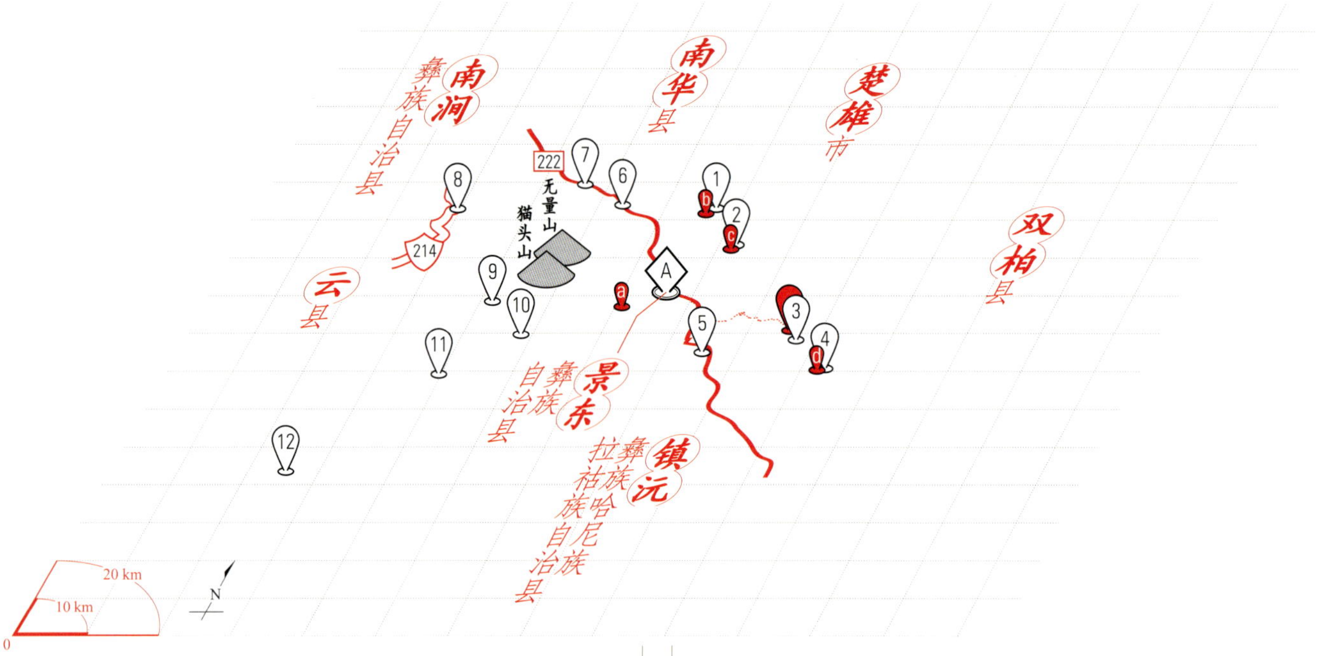

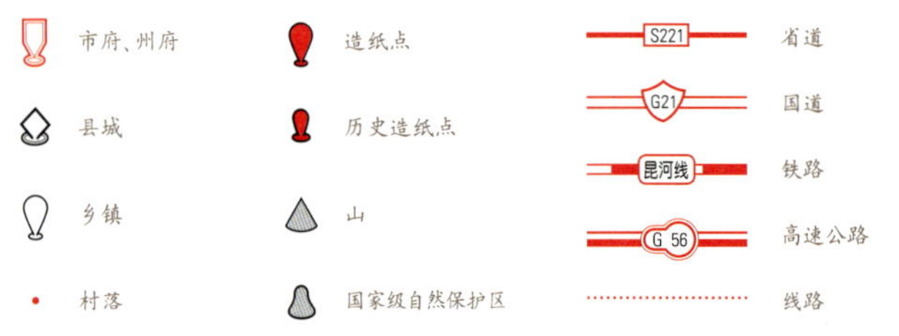

降府为州，属楚雄府。清乾隆三十五年（1770年），设景东直隶厅，隶迤西道。1913年裁府改县，名景东县，属腾越道。1950年景东县属普洱专区。1985年12月经中华人民共和国国务院批准成立景东彝族自治县。

全县辖锦屏、文井、漫湾、大朝山东4个镇和花山、大街、太忠、龙街、文龙、安定、林街、曼等、景福9个乡，共166个村民委员会、3个社区，全县总人口约37.9万，人口密度83.6人/km^2。境内居住着彝族、哈尼族、汉族、瑶族、傣族、回族等民族，少数民族人口约17.2万，占总人口的45.4%。

景东彝族自治县位于横断山脉南端，地形北窄南阔，由低到高分布着谷地、丘陵、山地，属深切割中山地貌，岭高、坡陡、谷深是其基本特点。境内最高海拔（猫头山）3 306 m，最低海拔（文笑河口）795 m。地形呈“三水夹两山”之势，无量山和哀牢山在该县境内。主要河流有澜沧江、川河、者干河，川河、者干河属红河水系。景东属亚热带季风气候，因海拔高低悬殊，具有垂直变化明显、冬无严寒、夏无酷暑、雨量集中、干湿分明、雨热同季、干凉同步的特点。年平均气温18.3 ℃，年平均相对湿度77%，年均降水量1 086.7 mm，年均日照2 133.6小时，无霜期355天。

景东以山川秀丽、历史悠久、文化灿烂而著称。气势雄伟磅礴的哀牢山、崚嶒险峻的无量山

⊙1

⊙2

⊙1
哀牢山林区小景
View of woods in Ailao Mountain

⊙2
者干河改道后废弃的风雨桥
Abandoned Wind-Rain Bridge after the Zhegan River changed its course

均坐落该县境内。保存完好的亚热带300余平方千米的原始森林，是一块人迹罕至的处女地，有着得天独厚的优势和丰富的景观。哀牢山与无量山均被列入国家级自然保护区，景东也是全国绝无仅有的拥有两个国家级自然保护区资源的县。历史上，景东也曾是茶马古道中的重要一站。

太忠、大街乡是景东白绵纸生产最典型的区域。太忠乡位于景东彝族自治县县城的东部、哀牢山西坡，距县城20 km，区域范围为东经100° 53′ ~101° 05′，北纬24° 23′ ~24° 36′。北邻龙街乡，西接锦屏镇、文井镇，南与大街乡相邻，东与楚雄彝族自治州双柏县、楚雄市隔哀牢山分水岭相望，面积283.05 km^2。大街乡位于县境南部，面积188 km^2，人口2.1万。大街乡露天煤矿蕴藏量974万吨，除作为当地生活用煤外，还远销镇沅、景谷、普洱等市县。

三
景东白绵纸的历史与传承

3
History and Inheritance of Baimian Paper in Jingdong County

历史上，景东境内太忠、大街、花山、龙街、锦屏等乡镇都有造纸作坊，其中大街、太忠两地造纸集中度较高。

景东白绵纸的最早出现在大街乡的勻么邦抗村，时间约在170年前的清道光年间，旧名邦抗纸。

1949年后，经过土地改革，多数造纸户转为务农，同时由于机制纸的输入，景东白绵纸产量逐年下降。历史上景东白绵纸的造纸点主要分布在大街乡的邦抗、三营、文育、菠萝林、昆岗等

⊙2

⊙1

⊙1 造纸人罗承贵 Papermaker Luo Chenggui

⊙2 造纸人罗承昌 Papermaker Luo Chengchang

村，其次是太忠乡的麻嘎、小五桥等。由于造纸原料主要依赖野生构树，景东当地的造纸户长期只采不种，导致原料不足资源枯竭，多数作坊逐渐关闭，此后白绵纸仅根据市场需求由造纸户少量抄造。

大街乡丰富的煤资源为当地农户弃农务工提供了很大的选择空间，这对手工造纸的影响是不言而喻的。2011年，调查组入乡调查时，大街乡三营村的后营社只有一户人家造纸，另外还有一户在调查前不久刚刚在无奈中停止了生产。大街乡白绵纸的生产性传人现在只有罗承贵、罗承昌两位汉族老人。调查时，罗承贵71岁、罗承昌67岁，罗承贵农闲时基本都在造纸，罗承昌因身体不佳已经不再造纸。两位造纸户的后人都放弃了继承造纸祖业，选择在家务农或外出打工。

⊙3 大街乡者干河
Zhegan River in Dajie Town

四 景东白绵纸的生产工艺与技术分析

4
Papermaking Technique and Technical Analysis of Baimian Paper in Jingdong County

（一）景东白绵纸的生产原料与辅料

大街乡生产白绵纸的原料主要是哀牢山区的野生构树皮。山民在每年的1～4月采料，直接卖给造纸户，2011年，干构皮的价格是3元/kg。

造白绵纸所用的纸药是杉松树根。通常是把挖来的杉松树根用刀将其外皮剥去，用水浸泡，三天后即可取其汁液使用。浸泡一次可连续用十多天，当汁液不太黏稠时，可以加进新鲜的杉松树根。

⊙1

⊙2

（二）景东白绵纸的生产工艺流程

经访谈与现场调查，记录了大街乡三营村白绵纸生产的工艺流程：

壹	贰	叁	肆	伍	陆	柒	捌	玖	拾	拾壹	拾贰	拾叁	拾肆
泡料	拣料	洗料	蒸料	洗涤	漂白	打料	打槽	加纸药	抄纸	扣纸	榨水	晾纸	揭纸

⊙1 剥杉松树根皮 Stripping the bark of cedar pine root

⊙2 干构皮 Dried paper mulberry bark

壹

泡料

1 ⊙3

把干构皮装入机制编织袋，并浸泡在水中。浸泡时间的长短视季节不同而定，冬天一般5～7天，夏天2～3天即可。

⊙3

⊙4

贰

拣料

2 ⊙4

将浸泡好的构皮取出，并用小刀刮去黑皮、硬壳，并拣去皮料中的杂物。

叁

洗料

3

将拣好的料放入水池中，或借助流动的山泉水将其洗净。

⊙5

肆

蒸料

4 ⊙5

将洗净的构皮放进盛有石灰浆的石甑中浸泡，待构皮碱化发软后，将构皮料放入蒸锅并加入清水，蒸10～18小时不等，具体时间长短视皮料的软化情况而定。

伍

洗涤

5

将蒸好的构皮放入清水中，反复搓洗，将大部分石灰、黄褐色外皮及杂质除去，再次放入包装袋内用棍棒搅拌清洗后，把水放出，再换新水浸泡一天。如此反复数次，持续10天左右，将料中的石灰残留完全洗去。

陆

漂白

6

放5 kg石灰进入水池，并将皮料放到水池中，漂白三天后，将水放掉，洗涤两次，用循环水冲洗。

⊙3 泡料 Soaking paper mulberry bark

⊙4 拣料 Scraping the black bark

⊙5 石甑 Stone utensil

柒 打料 7

⊙6 ⊙7

调查时流行的方式是将漂白后的构皮放到粉碎机里打碎，一天的用料量只需打20分钟。打料前要取出粉碎机中的筛子，否则会将皮料打得过碎。传统方式是用脚碓将皮料舂细，一人舂碓，一人翻料。舂一碓料需30分钟，一天抄纸需约10 kg的料，要舂3小时以上，费时、费力。

⊙6

⊙7

捌 打槽 8

将打好的皮料放入捞纸槽中，并加入清水，用竹棍将皮料打散，搅拌均匀，静置后将水滤去，然后重新加入清水。

玖 加纸药 9

⊙8

用竹棍将沉淀的皮料搅起，使其均匀分布在水中。用布袋将纸药滤入纸槽内，再次搅打，使构皮纤维悬浮于水中。

⊙8

拾 抄纸 10

⊙9 ⊙10

双手平抬起纸帘架，往前推送，将前端插入纸浆中，往回带，就势将底边浸入纸浆中，使纸浆均匀分布于纸帘上。

⊙9

⊙10

⊙6 粉碎机
Grinder

⊙7 打好的皮料
Processed papermaking materials

⊙8 加纸药
Adding in papermaking mucilage

⊙9 调查组成员学习抄纸
A researcher learning procedures of scooping and lifting the papermaking screen out of water

⊙10 抄纸
Scooping and lifting the papermaking screen out of water

拾壹
扣　　纸

11　⊙11 ⊙12 ⊙13

取掉压首方（可活动的长木条），提起纸帘，将其翻扣在旁边的纸垛上，用手在纸帘上来回挤压。翻扣时避免纸面鼓起水泡，否则影响纸张质量。中途休息时，直接将覆有湿纸的纸帘扣于纸垛上；再次抄纸前，先在纸帘上均匀地浇上纸药再揭帘，如此纸帘便于揭起而不会带起纸坯。

⊙11

⊙12

拾贰
榨　　水

12　⊙14

纸张抄好后，用木榨压榨整晚，使纸呈半干状态，压榨后的纸垛只有原厚度的1/3左右。

⊙13

⊙14

拾叁
晾　　纸

13

榨完水后，把纸垛抬到炕墙旁，置于纸架上，用手将纸从右上角往左下角一张张揭开，趁潮湿贴于墙上，并用棕刷刷平。按列贴刷，每两张纸之间错开，自然晾干。

拾肆
揭　　纸

14

待纸晾干后，从墙上一张张揭下理齐，按照销售的需要成叠放置。如要做捆钞纸，则需要用刀将纸裁成合适的尺寸。

⊙11 扣纸 Turning the papermaking screen upside down on the wet paper

⊙12 双手挤压 Pressing the papermaking screen with both hands

⊙13 湿纸 Wet paper

⊙14 榨床 Pressing device

(三)
景东白绵纸的性能分析

所测景东三营村白绵纸的相关性能参数见表3.6。

表3.6 三营村白绵纸的相关性能参数
Table 3.6 Performance parameters of Baimian paper in Sanying Village

指标		单位	最大值	最小值	平均值
厚度		mm	0.269	0.077	0.133
定量		g/m²	—	—	29.0
紧度		g/cm³	—	—	0.218
抗张力	纵向	N	29.7	13.1	23.3
	横向	N	9.0	3.7	5.2
抗张强度		kN/m	—	—	0.950
白度		%	26.7	25.7	26.0
纤维长度		mm	6.02	1.02	2.40
纤维宽度		μm	13.7	9.3	12.0

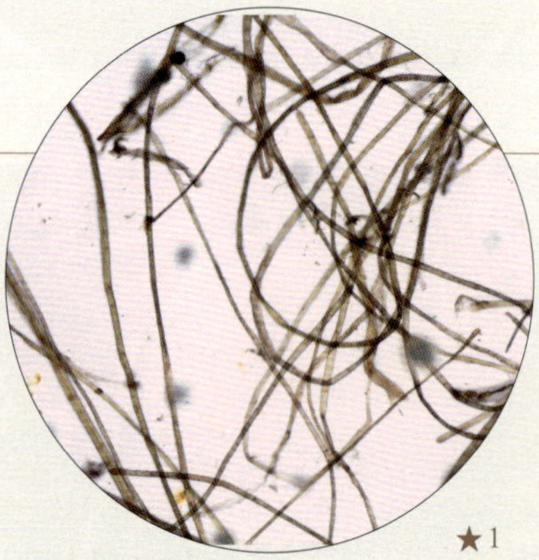

★1

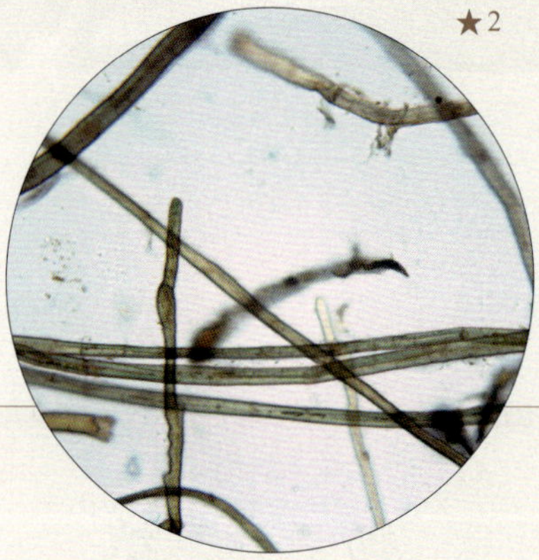

★2

由表3.6可知，所测三营村白绵纸最厚约是最薄的3.49倍，经计算，其相对标准偏差为44.2%，厚薄很不均匀。白绵纸的平均定量为29.0 g/m²。所测白绵纸的紧度为0.218 g/cm³。

经计算，其抗张强度为0.950 kN/m，强度值较大，这说明三营村白绵纸耐抗张，主要与纸的制作过程中打浆程度不是特别高、纤维较长有关。

所测三营村白绵纸白度平均值为26.0%，白度较低，白度最大值约是最小值的1.04倍，相对标准偏差为1.05%，差别较小。

所测三营村白绵纸纤维长度：最长6.02 mm，最短1.02 mm，平均2.40 mm；纤维宽度：最宽13.7 μm，最窄9.3 μm，平均12.0 μm。所测白绵纸在10倍、20倍物镜下观测的纤维形态分别见图★1、图★2。

★1 三营村白绵纸纤维形态图（10×）
Fibers of Baimian paper in Sanying Village (10× objective)

★2 三营村白绵纸纤维形态图（20×）
Fibers of Baimian paper in Sanying Village (20× objective)

五
景东白绵纸的用途与销售情况

5
Uses and Sales of Baimian Paper in Jingdong County

历史上，大街乡白绵纸以作捆钞纸为主，用作冥纸也占了一定的比例。比较少的用途是用作书写纸，且量很少。当代，市场对捆钞纸的消费几近萎缩，白绵纸的需求量少了约2/3，2011年只剩作为冥纸一种用途了。

2011年调查组在大街乡三营村考察时，了解到景东白绵纸的价格演变：1970年约0.03元/张，1980年约0.16元/张，1990年约0.30元/张，2005年至采访时约1元/张。从纸的质量和价格比来看，较其他纸产地的同类纸缺乏竞争力。景东白绵纸价格高的原因有多方面：首先是产量，产量低且人工费高；其次是原材料价格高；最后就是当地只剩下一家造纸户，没有竞争者，卖方对于定价的自主性较大。调查人员从造纸人家中看到一些过去的老纸，1990年左右0.30元/张的纸比现在1元/张的纸质量明显好一些。

景东大街乡造白绵纸，基本上是一户由一个人独立制作。以目前仍在维系生产的罗承贵家为例，罗承贵个人一年造纸约12 000张，销售价格平均为1元/张，全年售纸收益约12 000元（以全部售出计算）。其中，生产这一数量的纸需要购买400 kg左右的干构皮及若干石灰等，支出成本约3 500元，因此罗氏纸坊一年的纯利润约有8 500元。对造纸老人来说，还算是较为不错的经济回报。

⊙1

⊙2

⊙1 景东白绵纸 Baimian paper in Jingdong County

⊙2 用于捆钞的白绵纸 Baimian paper for binding money

六
景东白绵纸的相关民俗与文化事象

6
Folk Customs and Culture of Baimian Paper in Jingdong County

景东当地人已基本使用各种机制纸，包括烧冥纸、纸钱等。机制纸唯一代替不了的是，在葬礼发丧时必须用绵纸做各种出殡的器具等，当地汉族人在这方面更讲究，出殡的队伍越大，需要的纸越多，800张纸的用量是最基本的。景东的汉族人认为，用机制纸做出来的冥物烧了不恭敬，这也是此种纸的生产还能维持下来的最主要原因。造纸户所在地及周围几个乡，包括景东县城的居民，家里有丧事，或是需要提前做准备的人家，会上门到罗承贵家订纸，罗承贵家中平时也存放着一定量的白绵纸，有人买走后，会再造新纸补上。

七
景东白绵纸的保护现状与发展思考

7 Preservation and Development of Baimian Paper in Jingdong County

景东作为云南省历史上的手工造纸大县，其手工纸传承保护的现状是不容乐观的。当地用竹子制造的土纸完全失去了生存空间而全部停产；大街乡主产的白绵纸，仅有一位老纸工尚在生产，而且没有下一代的技艺传习者。

景东白绵纸与竹纸的衰落有其自身的原因，其纸品的文化特点不强，很容易被其他纸品替代；纸的售价在同类纸里偏高，导致市场接受度受影响，规模化生产无法维系；重要的是，相关消费需求相继萎缩，只剩下区域小范围内制作出殡用品这一特定民俗需求，市场消费链已十分脆弱。

从景东县域内手工造纸的业态保护来看，生产性传承已较困难。当务之急是对竹纸遗存的技艺文化和废弃纸坊进行影像与文字记录。同时，制作白绵纸的两位老纸工仍健在，并在罗承贵老人坚持造纸的宝贵阶段，应由地方非物质文化遗产保护部门组织推动技艺传习，在传习活动中利用影像手段实现活态的工艺流程和材料工具的描述，以期存留这种手工纸制作的鲜活记忆。

⊙1

⊙1 哀牢山风光 Scenery of Ailao Mountain

景东 307

白绵纸

Baimian Paper
in Jingdong County

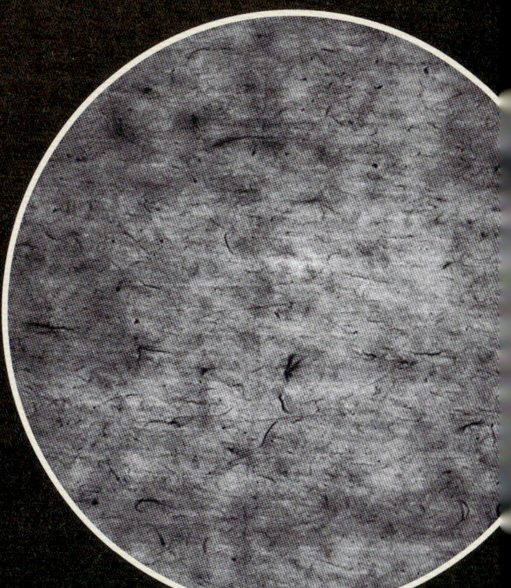

三营村白绵纸透光摄影图
A photo of Baimian paper in Sanying Village
seen through the light

第四章
滇东南地区

Chapter IV
Southeast Area of Yunnan Province

第一节

元阳竹纸

云南省
Yunnan Province

红河哈尼族彝族自治州
Honghe Hani-Yi Autonomous Prefecture

元阳县
Yuanyang County

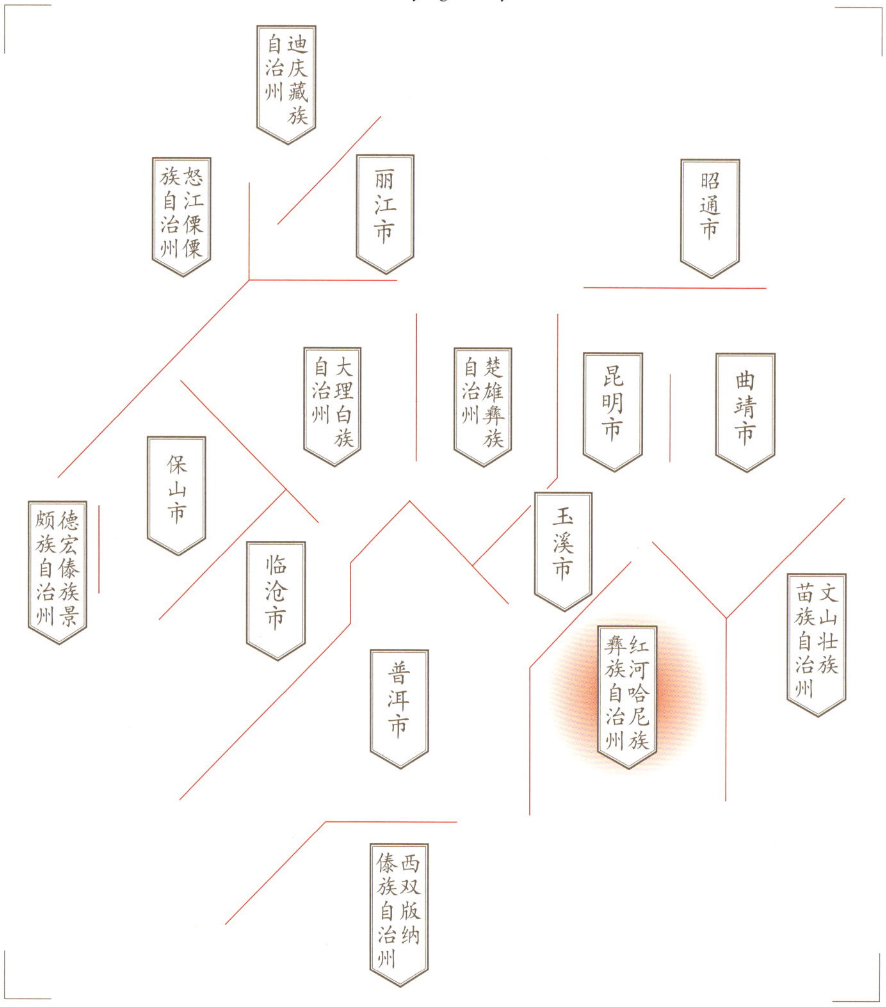

调查对象

嘎娘乡
吉居地行政村
纸厂自然村
竹纸

Section 1
Bamboo Paper in Yuanyang County

Subject

Bamboo Paper in Zhichang Natural Village,
Jijudi Administrative Village,
Ganiang Town

一
元阳竹纸的基础信息及其分布

1
Basic Information and Distribution of Bamboo Paper in Yuanyang County

元阳竹纸的产地在元阳县城南沙镇东南97.5 km的嘎娘乡吉居地行政村的纸厂自然村。纸厂村是一个以“纸”为名的自然村落，地处偏远山区，加上道路都是崎岖不平的山路，对外交通十分不便。2008年初，调查组从县城驱车前往纸厂村，实际行车约5小时。

据当代《元阳县志》记载，清嘉庆七年（1802年），郭芒才、陈国龙两人由建水县迁居嘎娘乡，他们以观音山的竹子为原料，用土法造纸，从此元阳境内有了造纸业。[1]纸厂村的名字应该也始于此时。当地人称嘎娘乡纸厂村造的竹纸为“土纸”，主要用于祭祀中的纸钱及冥品制作等。古老的造纸手工技艺曾是当地经济和百姓生计的重要来源。

二
元阳竹纸生产的人文地理环境

2
The Cultural and Geographic Environment of Bamboo Paper in Yuanyang County

元阳是一个年轻的行政区，地域的历史虽然悠久，但形成今县名则相当晚。该地域汉代属益州郡，隋代属南宁州总管府，明清两代属临安府，民国年间其地分属建水、蒙自、个旧三县，1950年析三县相关十个乡镇成立新民县。1951年经中华人民共和国政务院批准，正式定名为元阳县，取其地位于红河上游元江以南之意。今元阳位于云南省南部，是红河哈尼族彝族自治州所辖的县，地处哀牢山脉的南段，地理区位在州境西南部的红河

[1] 元阳县志编纂委员会.元阳县志[M].贵阳:贵州民族出版社，1990:180.

路线图
元阳县城
↓
纸厂村
Road map from Yuanyang County centre to the papermaking site (Zhichang Village)

元阳竹纸生产地分布示意图

Distribution map of the papermaking site of Bamboo paper in Yuanyang County

考察时间
2008年2月

Investigation Date
Feb. 2008

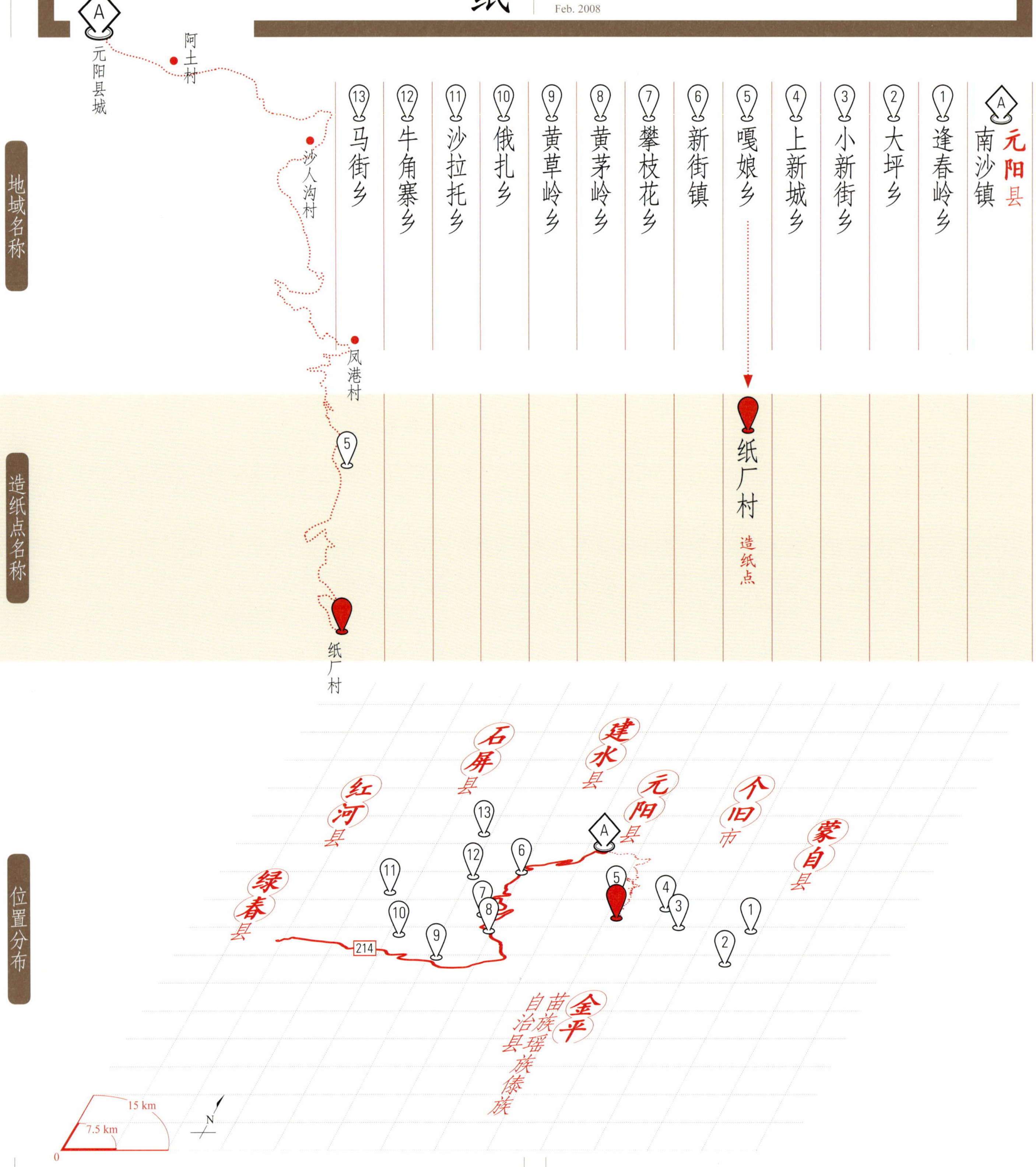

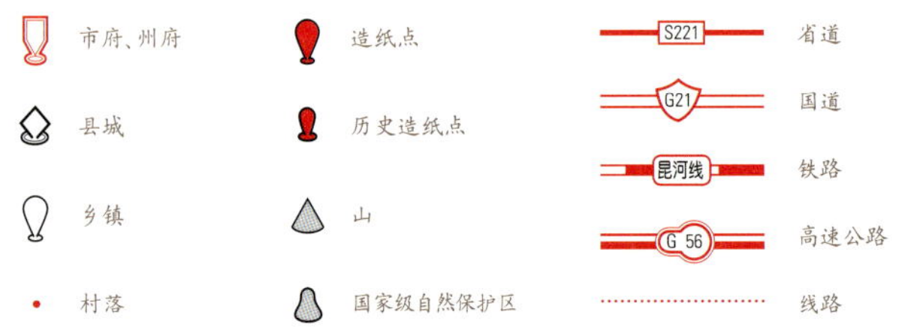

南岸，处于东经102°27′～103°13′，北纬22°49′～23°19′，县域面积2 189 km²。元阳是典型的山水环绕之地，境内山高谷深，沟壑纵横，由于长期受红河水系与藤条江水系的侵蚀与切割，地貌呈现中部突起、南北两侧低下，地势由西北向东南倾斜的构造特征，全县地形可概括为“两山两谷三面坡，一江一河万级田”。[2]

在元阳，几乎找寻不到稍有规模的平川土地。县内最低海拔144 m，最高海拔2 939.6 m，相对高差2 795.6 m；年平均气温24.4 ℃，最高气温43.5 ℃，最低气温3.7 ℃。年降水量最高1 189.1 mm，雨水充沛，全年日照约1 670小时，非常适宜水稻生长。元阳茂密的森林蓄积了大量水汽，在中高山环境里形成了许多小溪、瀑布和水潭，为全县的梯田和人畜用水提供了保障。

元阳主要有7个民族居住，各民族依生活与生产习性区别，自然分布在不同海拔区段上：600 m以下的河坝区，多为傣族居住；600～1 000 m的峡谷区，多为壮族居住；1 000～1 400 m的下半山区，多为彝族居住；1 400～2 000 m的上半山区，多为哈尼族居住；2 000 m以上的高山区，多为苗族、瑶族居住；汉族多居住在城镇和公路沿线。

哈尼族同胞“多集中于高山和半山地区，这些地区水丰土肥，气候温和，物产丰富。自古以来哈尼族人民就在元阳境内依山造田，生息繁衍，建造梯田堪称哈尼族人民之一绝”[3]。哈尼族是中国人口在百万以上的十余个少数民族之一，2011年总人口在132万左右。哈尼族自古以来就是耕种梯田的民族，传说远在春秋战国时期，哈尼族就已经在“黑水”（今四川省大渡河、雅

⊙1

⊙2

⊙1 元阳乡村风光 Landscape of Yuanyang countryside

⊙2 元阳村寨小景 View of cottages in Yuanyang County

[2] 元阳县志编纂委员会.元阳县志[M].贵阳：贵州民族出版社，1990：1-2.

[3] 元阳县志编纂委员会.元阳县志[M].贵阳：贵州民族出版社，1990：625.

⊙1

砻江、安宁河流域）开垦梯田种植水稻。隋唐年间，哈尼族就已经迁徙到红河水系南岸的哀牢山区定居下来，并开垦了大量的山间梯田。从元阳县城出发去嘎娘乡纸厂村，要经过闻名海内外的多依树梯田等景观。嘎娘乡纸厂村和多数村寨一样，水资源十分丰富，跨村而过的水沟为竹纸生产提供了天然的水资源条件。

元阳所有的梯田都修筑在山坡上，这是哈尼族人因生存环境而形成的特色。梯田坡度通常在15°～75°，最高的一块梯田级数高达3 000级，这在国内外梯田景观中是罕见的。闻名于世的元阳哈尼梯田主要有坝达、老虎嘴、多依树3大景区。其中坝达景区包括箐口、全福庄、麻栗寨、主鲁等连片900余万平方米的梯田；老虎嘴景区包括勐品、硐浦、阿勐控、保山寨等约$4\times10^6\ m^2$的

⊙1 晨雾中的元阳梯田
Terraced fields of Yuanyang County in morning mist

梯田；多依树景区则包括多依树、爱春、大瓦遮等连片600余万平方米的梯田。冬春之交是泡田时节，梯田在晨曦或夕阳的照射下染上金光，在云雾的掩映中如诗如画，如梦似幻。

在元阳，随意登上一座山顶，都可以望到一座座“田山”，这些哈尼族在崇山峻岭间绘制的巨型图画，以壮观的篇幅展示了哈尼先民顽强抗争、繁衍生息的辉煌历史。20世纪80年代以来，元阳哈尼梯田逐渐引起世人关注，从封闭的哀牢山一步步走向世界。今天，元阳梯田已经成为国际知名的摄影创作与旅游考察目的地。

三 元阳竹纸的历史与传承

3 History and Inheritance of Bamboo Paper in Yuanyang County

自清嘉庆七年（1802年）郭芒才、陈国龙进入嘎娘乡造纸算起，元阳竹纸至今已有200余年的历史。其间出现过三次生产的高峰：

第一次竹纸生产高峰出现在民国年间。建水县商人年正宗一路经商来到嘎娘乡，他见观音山竹子茂密，纸业兴隆，于是迁到纸厂村专营竹纸生意。纸厂村的竹纸“远销到猛丁、红河、金平、个旧等地”[4]，进一步推动了当地造纸业的发展。当时，纸厂村全村有162户，666人，其中46户62人以造纸为生，年产竹纸14吨。此后，嘎

[4] 元阳县志编纂委员会.元阳县志[M].贵阳：贵州民族出版社，1990：625.

娘乡纸厂村竹纸的产量逐年增长，到1954年，纸厂村有个体造纸户41户，从业人员62人，年产竹纸28.68吨。然而达到一个峰值后，竹纸生产开始过剩，每捆（100刀）竹纸销售价仅为2元，1955年，竹纸年产量下降为20.98吨。

第二次竹纸生产高峰出现在20世纪50年代末。1956年10月，当地政府大力扶持造纸业，由元阳县民贸公司与造纸户签订购销合同，竹纸当年产量上升到25.08吨。1957年5月开始，组建造纸生产合作社，全村25户36人组织起来，集体生产，当年竹纸产量达到44吨。与建社前相比，产品的产量和质量均有较大提高。1958年造纸社纳入国营企业管理，工人增加到88人，管理人员由上级调配。当年国家投资建厂房1 270 m^2，购置了造纸机、切草机、打浆机等设备，包装纸与彩色纸等产品相继试制成功。然而，由于竹纸质低价高，性价比不理想而造成亏损。1961年造纸社从国营企业恢复为集体企业，产品改由商业部门订购包销。

第三次竹纸生产高峰出现在20世纪70年代末。1978年，国家对造纸厂提供人民币6.5万元，用于引进机械设备，并试验包装纸成功，后因动力没有解决而未能批量生产。当年竹纸产量破纪录地达到50.2吨。此后一直到有数据记录的1985年（除个别年份外），产量基本维持在50～60吨。1985年原料供应紧缺，产品成本逐步走高，出现了经营困境。20世纪90年代，在产业结构调整过程中，嘎娘乡纸厂村的造纸社由于原料紧缺而解散。根据村里老人回忆，数十年前嘎娘乡纸厂村很多人都曾从事过与造纸这一祖传手艺相关的生计，造纸曾经是非常兴旺的乡土手工产业。20世纪90年代后，在市场经济大潮的冲击下，村里外出务工的中青年日益增多，造纸业的传习开始面临后继者迅速减少的挑战。2008年2月调查组入村调查时，纸厂村只有十余户仍在断续从事造纸这一祖业。

四 元阳竹纸的生产工艺与技术分析

4 Papermaking Technique and Technical Analysis of Bamboo Paper in Yuanyang County

(一) 元阳竹纸的生产原料与辅料

元阳竹纸主要以纸厂村周边山上生长的当地习称为灰竹、刺竹和华竹的三种竹子为原料。辅料为石灰和纸药。纸厂村所用纸药在当地称为“滑”，实为杨桃藤汁，是以杨桃藤破碎浸泡一天出汁而得。

(二) 元阳竹纸的生产工艺流程

2008年2月，调查组来到嘎娘乡纸厂村进行实地考察，遗憾的是，当时尚在春节期间，只有钱文忠一户在进行造纸前期的准备工作。通过采访钱文忠等造纸户，调查组记录纸厂村竹纸生产的工艺流程为：

壹	贰	叁	肆	伍	陆	柒	捌	玖	拾	拾壹	拾贰	拾叁	拾肆	拾伍
砍竹	破竹	浸泡	浆石灰	煮料	洗料	二次浸泡	碾料	打槽	加纸药	抄纸	压榨	揭纸	烤纸	捆纸

壹 砍竹

1

造纸户在每年的农历八至十月上山，选用生长期为一年左右的竹子砍伐，砍伐后将竹子截成长约2.5 m的竹段。

贰 破竹

2 ⊙1 ⊙2

利用水车带动木碓，舂打竹段，将其一根根地舂破。

⊙1

⊙2

⊙1 水车 Waterwheel

⊙2 碓 Pestle

⊙3

叁 浸泡

3 ⊙3

将舂破的竹段分扎成捆，整齐地码放在泡料池中，加清水浸泡，浸泡时间少则十多天，多则半年。

肆 浆石灰

4 ⊙4

将泡软的竹子捞出，一捆捆放入石灰浆中，使竹子被石灰浆包裹。每浆6吨竹料，约需400 kg石灰。

伍 煮料

5 ⊙5 ⊙6

把浆过石灰的竹料整齐地码放在甑窑里，加水，上面用编织袋覆盖，再用泥巴将窑顶封住，大火煮三天三夜。造纸户钱文忠的甑窑一次可煮6吨左右竹料，可满足一年的造纸需求。

陆 洗料

6

用捞钩将煮好的竹料从甑窑中一一捞出，运到流动的溪水边，用清澈的山泉将竹料上的石灰洗涤干净。

⊙4

⊙5

⊙6

⊙3 浸泡竹料 Soaking the bamboo

⊙4 石灰 Lime

⊙5 给甑窑添柴 Adding firewood to the papermaking kiln

⊙6 覆盖泥巴后甑窑的顶部 Top of the papermaking kiln covered with mud

柒 二次浸泡

7

将洗净的竹料再次放入泡料池中，加满清水浸泡约两个月。

捌
碾 料
8 ⊙7

将二次浸泡软化的竹料放入碾盘，以水车带动碾子将竹料碾碎，每碾150～200 kg竹料需2～3小时。

⊙7

2007年纸厂村一些造纸户开始使用电动粉碎机来粉碎竹料。为了得到精细的竹料，往往经过两次粉碎过程，第一次粉碎竹料先使用粗筛子过筛，然后粉碎机再换上细筛子进行第二次粉碎过筛。电动粉碎机一小时可以粉碎约150 kg竹料。

玖
打 槽
9 ⊙8 ⊙9

将碾碎的竹料按一槽的用量放入捞纸槽中，加水，用拱耙将竹料拱散，然后把捞纸槽中的水放掉，此时竹料逐渐沉淀，静置备用。

⊙8

⊙9

在钱文忠的造纸作坊，调查组发现了一个制浆分流系统，这是在云南区域调查中首次发现的。该作坊里使用的电动粉碎机安放在一个配料池中，竹料粉碎后，首先在配料池里加水混合，形成纸浆。配料池底部高于捞纸槽，纸浆通过配料池底部的孔洞流到一条长长的木质纸浆导流槽，再流到作坊内一个个捞纸槽内。配料池的孔洞可开可关，每个捞纸槽上方的导流槽均有开口，利用活动挡板可开可关。

⊙7 碾房 Grinding house

⊙8 导流槽及捞纸槽 Paper pulp ditch and papermaking trough

⊙9 纸浆截流示意图 Closure device of the paper pulp ditch

拾 加纸药 10

在捞纸槽中再次加入适量清水，然后加入杨桃藤汁作为纸药。再次打槽，使竹料纤维均匀悬浮于水中。

拾壹 抄纸 11

纸帘放在帘架上，一人平端帘架，先用纸帘由外向内舀水，再由内往外舀水，经过两次舀水过程后再前后振荡几次，端帘出水，将帘架放在支杆上，再经过提帘、转身、放帘、揭帘过程，一张湿纸便留在了纸垛上。

拾贰 压榨 12

所抄湿纸达到一定高度后，用木板将湿纸垛盖上，用木榨缓慢压榨，压榨到原高度的1/3左右，然后静置到第二天松榨。

拾叁 揭纸 13

松榨后，将纸一张张揭开。

拾肆 烤纸 14

将揭下的纸一张张就势刷贴于烤棚上，烤棚上一次可刷贴15～20张纸，几分钟即可烤干。

拾伍 捆纸 15

将烤干的纸逐张撕下，每20张为1刀，成刀叠起。以100刀为1捆，用竹篾捆好。

(三) 元阳竹纸生产使用的主要工具设备

壹 泡料池 1

⊙10

调查组实地测量的泡料池长约610 cm，宽约505 cm，深约150 cm，用来浸泡生的竹料与煮过的熟竹料。

⊙10 泡料池 Soaking pool

贰
烤棚
2

用于将纸烤干。烤棚内部用火砖砌成，外部用铁皮包裹，中部夹有两个空心铁管，用于固定、支撑外部铁皮。烤棚上尖下宽，实测尺寸为长520 cm，高190 cm，底宽100 cm。

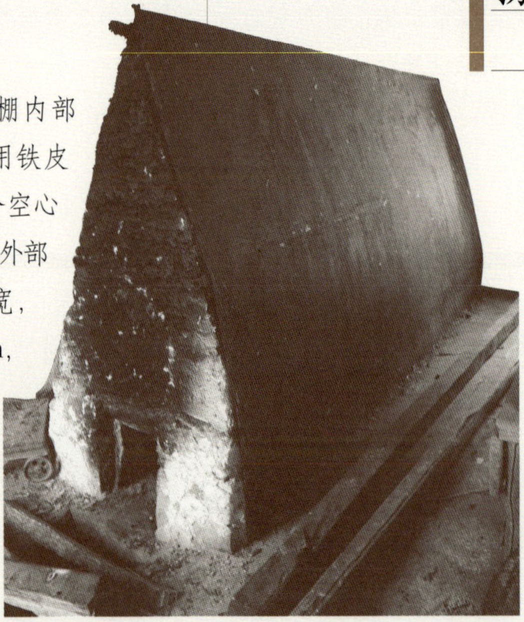
⊙11

叁
捞纸槽
3

实测捞纸槽尺寸为长170 cm，宽90 cm，高90 cm，外侧为木制，榫卯结构，一层层可拆卸，其余各面均由水泥砖石砌成。这种一面可拆卸式纸槽方便了纸槽的清洗，在云南省手工纸调查中很少见到。

⊙12

肆
纸药槽
4

木制，位于捞纸槽的左侧，用来浸泡杨桃藤。实测纸药槽长100 cm，宽45 cm，高15 cm。

⊙13

伍
捞钩与拱耙
5

分别用于钩料和打槽。

⊙11 烤棚 Drying shed

⊙12 捞纸槽 Papermaking trough

⊙13 纸药槽 Trough for holding the papermaking mucilage

（四）

元阳竹纸的性能分析

所测元阳纸厂村竹纸的相关性能参数见表4.1。

表4.1 纸厂村竹纸的相关性能参数
Table 4.1 Performance parameters of Bamboo paper in Zhichang Village

指标		单位	最大值	最小值	平均值
厚度		mm	0.069	0.061	0.065
定量		g/m^2	—	—	33.3
紧度		g/cm^3	—	—	0.512
抗张力	纵向	N	7.0	3.0	5.4
	横向	N	5.8	1.6	4.5
抗张强度		kN/m	—	—	0.330
白度		%	24.5	23.4	23.9
纤维长度		mm	3.13	1.39	2.12
纤维宽度		μm	20.8	8.4	14.6

由表4.1可知，所测纸厂村竹纸最厚约是最薄的1.13倍，厚薄不太均匀，经计算，其相对标准偏差为3.67%，具有一定偏差。竹纸的平均定量为33.3 g/m^2。所测竹纸的紧度为0.512 g/cm^3。

纸厂村竹纸有明显的纵、横向。经计算，其抗张强度为0.330 kN/m，抗张强度值较小。

所测纸厂村竹纸白度平均值为23.9%，白度较低，白度最大值约是最小值的1.05倍，相对标准偏差为4.0%，差别较小。

所测纸厂村竹纸纤维长度：最长3.13 mm，最短1.39 mm，平均2.12 mm；纤维宽度：最宽20.8 μm，最窄8.4 μm，平均14.6 μm。所测竹纸在10倍、20倍物镜下观测的纤维形态分别见图★1、图★2。

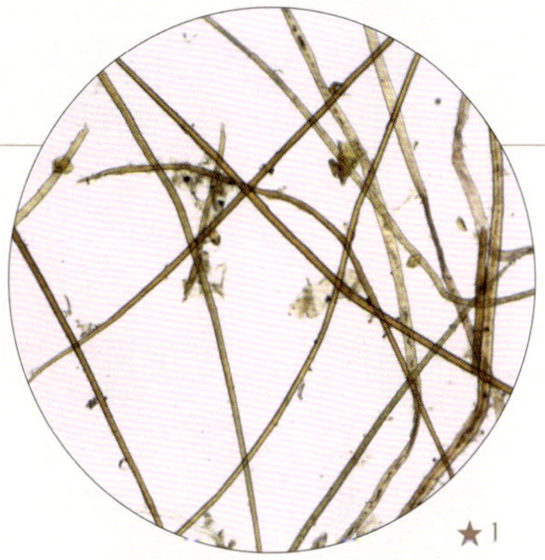

★1

★2

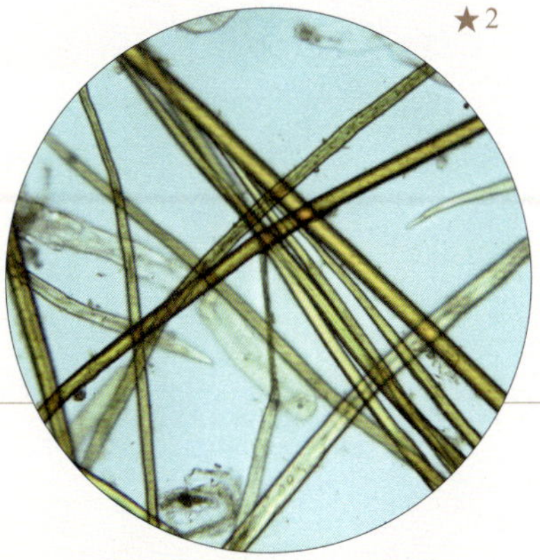

★1 纸厂村竹纸纤维形态图（10×）
Fibers of Bamboo paper in Zhichang Village (10× objective)

★2 纸厂村竹纸纤维形态图（20×）
Fibers of Bamboo paper in Zhichang Village (20× objective)

⊙1
元阳梯田
Terraced fields in Yuanyang County

五
元阳竹纸的用途与销售情况

5
Uses and Sales of Bamboo Paper in Yuanyang County

元阳竹纸纸质相对粗糙，主要用于祭祀及民俗仪式，比如祭祀祖先、山神时焚烧的纸钱，丧礼上焚化的祭奠用品。纸厂村生产的竹纸以本地和周边市集小区域使用为主，市场需求并不是很旺盛，基本上是元阳县和邻近金平苗族瑶族傣族自治县商人上门来买，造纸户通常不会外出售卖或在乡镇市集售卖。纸厂村生产的纸只有57 cm×18 cm一种规格，规格单一是祭祀习俗用途单一所决定的。

纸厂村造纸户从事造纸劳动的收益各不相同。如能全家投入专注于造纸，应该可以得到比较不错的收益。调查组2008年2月入村时，重点调查的造纸户有4人造纸，一年能生产300～400捆，按当地80元/捆收购价，该户造纸毛收入为3万元左右，这在当地是一笔较为可观的收入。然而，纸厂村多数造纸户往往不像这户人家全力投入，收入通常是每户3 000～4 000元，但这也是相对贫困的元阳山区农户比较重要的收入构成部分。

六
元阳竹纸的相关民俗与文化事象

6
Folk Customs and Culture of Bamboo Paper in Yuanyang County

元阳竹纸供当地多民族使用，由此也形成了若干竹纸使用中的文化事象。

当地瑶族人的丧葬仪式中会用竹纸。送葬一般在早上八九点钟。送葬前要把12张竹纸放在簸箕上，再用12个小碗分别盖住，将簸箕放在棺材上面。由师傅在12个碗中各滴一点酒，然后用弯刀将碗的顺序搅乱，把碗和纸轻轻地从簸箕中倒出来。

当地瑶族流行祭祀三炎鬼，其据瑶族传说是未婚青年男女死后的灵魂变成的，因为没有人祭祀而到处流浪。如果人们有病，久治不愈，便认为是三炎鬼缠身，需要请巫师来退鬼。退鬼时要用到竹纸。

如果家里有人生病，久治不愈，或神情不安，则被认为是“灵魂离开身体”。要请乡间巫师带上鸡、鸡蛋、酒等贡品到村子的路口或者井水旁边，一边烧香烧竹纸，一边念经叫魂。

七 元阳竹纸的保护现状与发展思考

7 Preservation and Development of Bamboo Paper in Yuanyang County

手工造纸非常辛苦，利润通常又低，嘎娘乡纸厂村目前造纸户已从几十户减少到十余户。村里的年轻人大多去城市里务工谋生，留在村里上了年纪的少数村民仍延续着祖辈传下来的造纸手艺。在纸厂村，很难看到年轻人从事竹纸生产。如何提高竹纸生产的经济效益，增加竹纸生产对于年轻人的吸引力，已经成为元阳竹纸生产可持续发展的关键问题。

纸厂村的竹纸生产藏在大山深处，保持着较纯粹的传统生产技艺流程，小规模的作坊型生产，总产量较小，对环境的影响相对较小。从调查组入村时的情况来看，当地土纸生产对于环境的影响尚未构成生态压力与挑战。

从文化的角度来看，梯田文化是元阳重要的物质文化遗产，并且有较大的国际、国内影响力，而手工造纸则是元阳重要的非物质文化遗产。如果能将两者有机结合起来，手工造纸即可成为一种重要的旅游文化产品，创新性地实现生产性保护传承的目标，从而获得文化遗产的新生。

目前，纸厂村距离梯田主要景区较远，游客不太容易专程前去参观造纸。如果能将造纸作坊搬迁到梯田主要景区，并设置相应展区，使之成为景区的体验观摩流程内容之一，应该能够弘扬其文化内涵，并且实现更加坚实的经济支撑。但这种系统性的重组迁移需要政府或旅游经济体系的设计与推动，造纸户自身较难完成这一构想。

第二节

屏边竹纸

云南省
Yunnan Province

红河哈尼族彝族自治州
Honghe Hani-Yi Autonomous Prefecture

屏边苗族自治县
Pingbian Miao Autonomous County

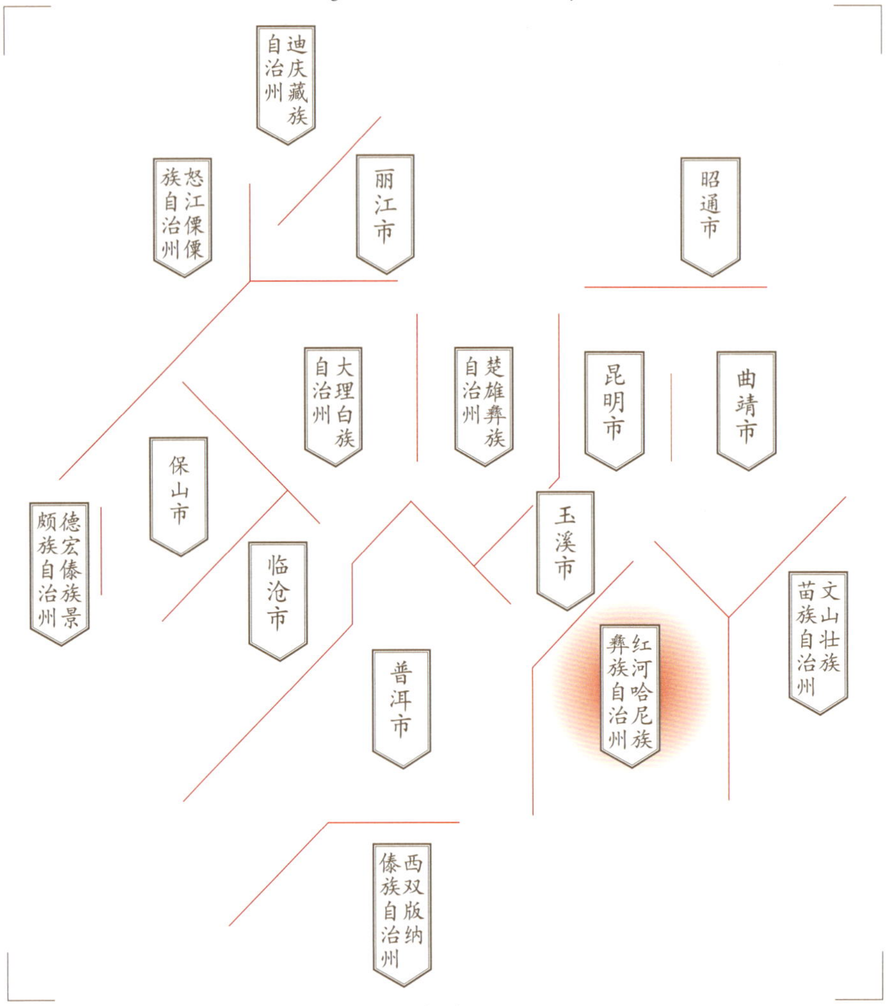

调查对象

新现乡底咪行政村底咪自然村竹纸

Section 2
Bamboo Paper in Pingbian County

Subject

Bamboo Paper in Dimi Natural Village, Dimi Administrative Village, Xinxian Town

一
屏边竹纸的基础信息及其分布

1
Basic Information and Distribution of Bamboo Paper in Pingbian County

屏边竹纸产于红河哈尼族彝族自治州屏边苗族自治县新现乡的底咪行政村底咪自然村。这是一个地处偏远山区的汉族村寨，在县城西北方向50 km处，调查时约有300户人家。底咪村生产的竹纸纸质较为粗糙，适用范围也相对狭窄，主要用于祭祀、丧礼活动，以及制作水烟筒的纸捻等。底咪村竹纸的销售范围较小，主要供应屏边本县及紧邻的蒙自、开远等市县。

⊙1

⊙1
大围山原始森林
Primordial forest in Dawei Mountain

二
屏边竹纸生产的人文地理环境

2
The Cultural and Geographic Environment of Bamboo Paper in Pingbian County

屏边苗族自治县位于云南省南部、红河州东南部，在北回归线以南，全县总面积1 906 km^2。县境内地势北高南低。县域内河川众多，南溪河、新现河、那么果河纵贯全境，将全县地貌切割成“四河三山六面坡”的山水分割结构。最高海拔2 588 m，最低海拔154 m，是典型的山区县。由于海拔高差大，气候立体分层的特征也非常明显。年平均气温16.5 ℃，年平均降水量1 650 mm，同时由于地处较低的纬度，受东南海洋暖湿气流的影响显著，湿润多雨，有利于动植物繁衍生息。

屏边地域，汉代属牂牁郡进桑县，明代属临安府辖地，清代属开化府辖地。1913年在此设立

屏边竹纸生产地分布示意图

Distribution map of the papermaking site of Bamboo paper in Pingbian County

考察时间
2004年11月 / 2008年2月

Investigation Date
Nov. 2004 / Feb. 2008

路线图
屏边县城
↓
底咪村
Road map from Pingbian County centre to the papermaking site (Dimi Village)

地域名称

屏边苗族自治县
A 玉屏镇
1 和平乡
2 白云乡
3 新华乡
4 湾塘乡
5 白河乡
6 新现乡

造纸点名称

a 大份子 历史造纸点
b 木梯黑 历史造纸点
底咪村 造纸点

位置分布

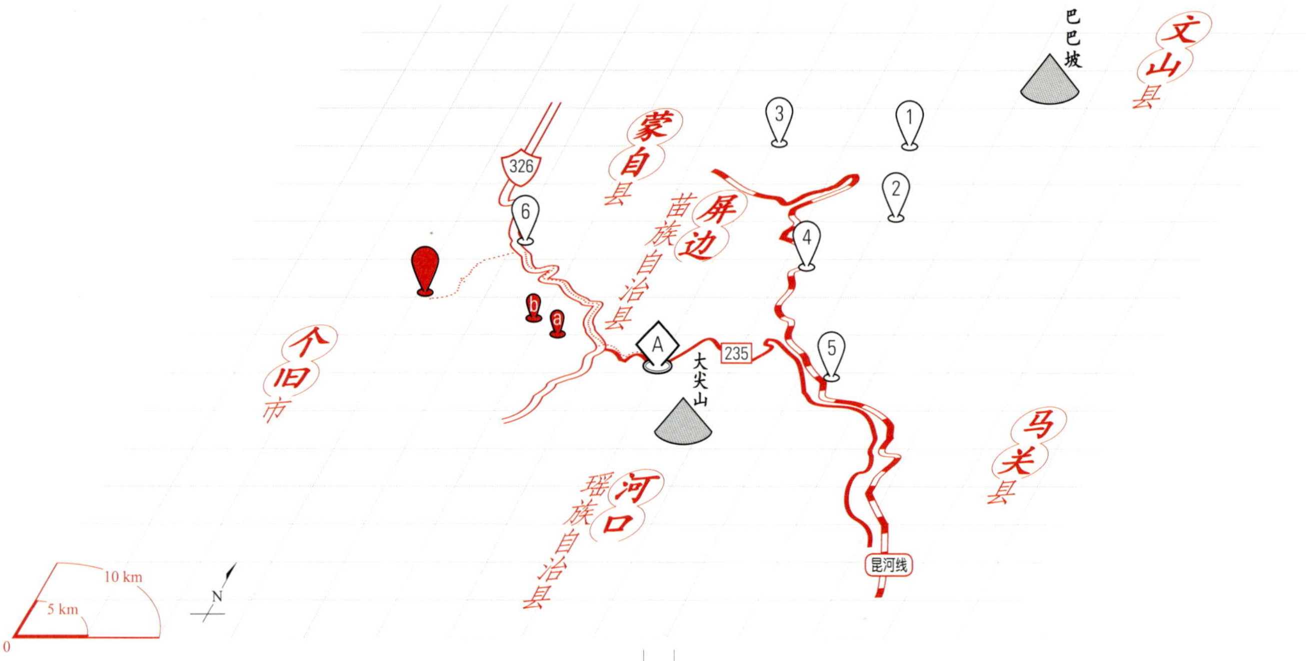

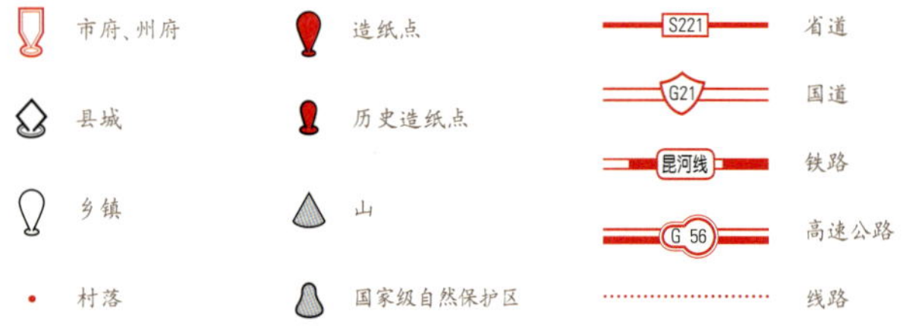

⊙1

靖边行政委员会，1928年11月云南省政府划坝洒汛、那发汛之间与靖边接壤的西南部地区归河口督办辖。1929年又划南区及西区的卡房、桥头、马鞍底、新街作为特别区，归河口督办辖。1933年设屏边县。1958年9月24日经中华人民共和国国务院批准，撤销屏边县，设屏边苗族自治县。

屏边地区资源丰富，全县森林面积800余平方千米，森林覆盖率达35.4%。境内分布着多条河流，水资源储备量丰富。热区（指云南省南部海拔1 000 m以下地区）存有可开发利用的荒山荒坡300余平方千米，适宜种植荔枝、龙眼、肉桂、香（芭）蕉、菠萝等热带水果。境内大围山国家级自然保护区珍稀的野生动植物丰富。屏边苏铁、多头桫椤、中华蜂猴、中华赤面猴被誉为世界“四绝”。

屏边地区历史悠久，境内出土的铜锄、铜斧、铜矛等文物，经文物考古部门鉴定为战国时代的青铜器，可见该地域的文明历史较为久远。然而因为地处偏远，历史记录缺乏，具体情况难尽其详。

⊙2

⊙1 屏边乡村小景 View of Pingbian countryside

⊙2 屏边少数民族集市 Ethnic market in Pingbian County

三 屏边竹纸的历史与传承

3 History and Inheritance of Bamboo Paper in Pingbian County

利用野生竹子拌石灰生料发酵一年后，手工操作生产土纸是屏边的传统工艺。从《屏边苗族自治县志》的记载看，屏边竹纸至少在清代晚期或民国早期就已具有相当规模的单体作坊和产业总量。1921年全县5家较大的土纸作坊聚集了200余名工人，收入约21 200元。其中，“永利号，职工44人，技工5人，年收入（当时币）4 800元；广兴祥，职工37人，技工3人，年收入3 800元；利盛号，职工16人，技工3人，年收入1 900元；永发号，职工53人，技工4人，年收入5 600元；天利昌，职工48人，技工4人，年收入5 100元。每年全县产土纸3 800驮，每驮4捆，每捆50刀，每刀30张。销往蒙自、个旧、开远等县市。1947年后因匪乱而停办”。

⊙1

《屏边苗族自治县志》记载：“1955年，在新现乡的底咪、水塘坡，玉屏镇的大份子、木梯黑（西沙）建立了4个手工业土纸合作社，年产值50万元。1958年，水塘、底咪土纸合作社改为地方国营屏边县纸厂，职工213人，产值10.91万元。1961年调整后，归生产队经营。1970年23个纸厂，产量42.4吨。1977年31吨，1978年33吨。1980年以后，随着外地工业的发展，‘机制纸’代替了屏边的土纸，纸厂停办。1985年在县企业局的支持下，新现底咪村成立联办纸厂26个，1988年有职工105人，年产土纸80吨，收入19.2万元，产值8万元。1990年产土纸30吨，收入3万元，产值3万元。”[5]

20世纪50～90年代，屏边手工纸生产有两个十分突出的特点，其一是生产的聚集度较高，这种聚集的业态在云南竹纸生产整体格局中很有特色，与大多数造纸地家庭作坊式的造纸业态有较大区别；其二是屏边的土纸生产经营业态比较丰富，有独立家庭作坊，有较大规模的单体手工纸厂，也有手工造纸联社。

⊙1 屏边大围山国家级自然保护区的密林 Forest of Dawei Mountain National Nature Reserve in Pingbian County

[5] 云南省屏边苗族自治县县志编纂委员会. 屏边苗族自治县志[M]. 北京：新华出版社，1999：222.

四 屏边竹纸的生产工艺与技术分析

4
Papermaking Technique and Technical Analysis of Bamboo Paper in Pingbian County

(一) 屏边竹纸的生产原料与辅料

屏边底咪村竹纸的原料是生长在瑶山的苦竹，造纸户需步行4～5小时到瑶山进行砍伐。造纸使用的纸药为杨桃藤汁。

⊙2

(二) 屏边竹纸的生产工艺流程

经调查，记录屏边底咪村造竹纸的基本工艺流程为：

壹	贰	叁	肆	伍	陆	柒	捌
砍竹	破竹	捆竹	浸泡	洗涤	发酵	二次洗涤	舂料

拾伍	拾肆	拾叁	拾贰	拾壹	拾	玖
捆纸	切纸	烤纸	压榨	抄纸	加纸药	打槽

壹 砍竹

1

每年农历三至四月，造纸户会到瑶山，砍伐生长了4个月左右、高2～3 m的嫩苦竹。

贰 破竹

2

将竹子砍断成约1.5 m长的竹段，再破成片。

⊙2 苦竹林 *Pleioblastus forest*

叁 捆竹

3

将20～25 kg竹片作为一捆，用竹篾捆起来待用。

肆 浸泡

4 ⊙1 ⊙2

把竹料放入料塘，一层竹料铺上一层石灰，层层整齐地码放在料塘中，加水浸泡两个月。不少造纸户还在顶层铺上芭蕉叶。在浸泡过程中，每三天在芭蕉叶上浇一次水，以补充水分，防止表面被晒干。

⊙1

⊙2

伍 洗涤

5

两个月后，用耙子把竹料从料塘里钩出，用清水洗涤以除去石灰。

陆 发酵

6

将洗净的竹料再次整齐地码放在已清洗干净的料塘中，顶部可用芭蕉叶覆盖，加水，再发酵一个月左右。

柒 二次洗涤

7

从料塘中取出竹料，用清水再次洗涤干净。

捌 舂料

8

将洗净的竹料放入碓臼，用脚碓舂碓，将竹料舂碎舂融即可，一般需半小时，不易舂碎的竹料则随时去除。

玖 打槽

9

将舂融的竹料放入捞纸槽，加水，用搅拌棒用力搅拌，使竹料纤维在水中分散均匀。

拾 加纸药

10

加入适量浸泡好的杨桃藤汁，用料筋棒搅拌，将纸药和竹料充分融合。在打槽过程中如遇没有舂碎的竹料（当地称为料筋），随时捞出扔掉。

⊙1/2
浸泡竹料
Soaking the bamboo

拾壹

抄　　纸

11 ⊙3

抄纸时，先将帘架内侧斜插入纸浆中，纸帘平放在帘架上，舀浆入帘，从外侧倾泻纸浆；接着从帘架外侧入浆，再次舀浆，之后左右轻荡帘架，随即将纸浆从左往右倾泻。然后将纸帘从帘架上揭离，提帘转身，将湿纸扣在纸垛上，揭帘，便完成了整个抄纸过程。

⊙3

拾贰

压　　榨

12

用木榨缓慢压榨湿纸垛，尽可能将其中的水分挤出。

拾叁

烤　　纸

13 ⊙4

纸垛榨干后，逐张揭开，就势将纸刷贴在土炕上，焙干后揭下。

⊙4

拾肆

切　　纸

14

根据需要，用刀将纸切成大小不同的尺寸。

拾伍

捆　　纸

15 ⊙5 ⊙6

将纸20张为1刀，50刀为1捆，压紧，并用竹篾捆好。

⊙5

⊙6

⊙3
帘架和纸帘
Papermaking frame and papermaking screen

⊙4
残破的土炕
Broken adobe platform bed for drying paper

⊙5/6
包扎成捆的竹纸
Piles of Bamboo paper

(三)

屏边竹纸的性能分析

所测屏边底咪村竹纸的相关性能参数见表4.2。

表4.2 底咪村竹纸的相关性能参数
Table 4.2 Performance parameters of Bamboo paper in Dimi Village

指标		单位	最大值	最小值	平均值
厚度		mm	0.411	0.175	0.250
定量		g/m^2	—	—	50.0
紧度		g/cm^3	—	—	0.200
抗张力	纵向	N	9.7	6.6	8.4
	横向	N	7.0	4.2	5.9
抗张强度		kN/m	—	—	0.477
白度		%	17.6	17.0	17.4
纤维长度		mm	3.29	1.34	2.05
纤维宽度		μm	21.3	7.1	14.1

由表4.2可知，所测底咪村竹纸最厚约是最薄的2.35倍，经计算，其相对标准偏差为2.7%，具有一定偏差。竹纸的平均定量为50.0 g/m^2。所测竹纸紧度为0.200 g/cm^3。

底咪村竹纸有明显纵、横向，经计算，其抗张强度为0.477 kN/m，抗张强度值较小，这说明底咪村竹纸不耐抗张。

所测底咪村竹纸白度平均值为17.4%，白度较低，白度最大值约是最小值的1.04倍，相对标准偏差为0.010%，差异较小。白度较低应是底咪村用竹子造纸时，原料没有经过精细加工处理所致。

所测底咪村竹纸纤维长度：最长3.29 mm，最短1.34 mm，平均2.05 mm；纤维宽度：最宽21.3 μm，最窄7.1 μm，平均14.1 μm。所测竹纸在10倍、20倍物镜下观测的纤维形态分别见图★1、图★2。

★1

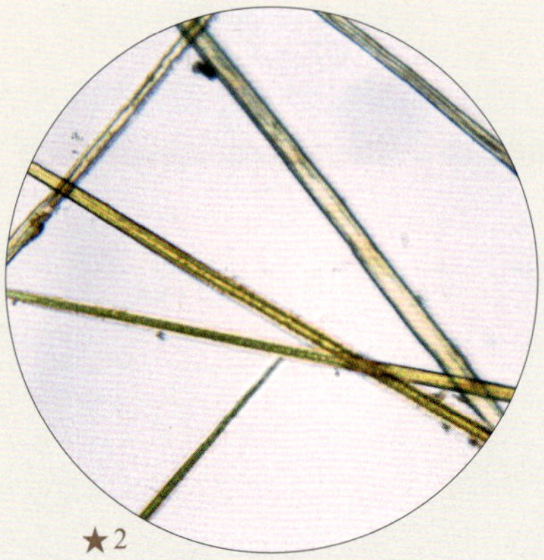

★2

五

屏边竹纸的用途与销售情况

5
Uses and Sales of Bamboo Paper in Pingbian County

屏边竹纸纸质较为粗糙，适用范围窄，最主要的用途是祭祀与丧礼活动。据调查组2008年2月入村调查时的口传信息，该地区对手工造纸户收税，受此影响，该村已有5～6家造纸户迁到河口瑶族自治县去了，底咪村目前仅有5～6户还在造纸。造纸户付锦兰家于1978年开始造纸，农闲时有4个人造纸，年产纸300～400捆，按2008年初的价格0.5～0.6元/刀，每年收入9 000～12 000元。即使不计算各种材料成本和人工，人均造纸收入每年也仅有2 500～3 000元。

★1 底咪村竹纸纤维形态图（10×）
Fibers of Bamboo paper in Dimi Village (10× objective)

★2 底咪村竹纸纤维形态图（20×）
Fibers of Bamboo paper in Dimi Village (20× objective)

六
屏边竹纸的相关民俗与文化事象

6
Folk Customs and Culture of Bamboo Paper in Pingbian County

烧灵是屏边当地为了怀念祖先，杀猪烧纸以示祭奠的一种传统民俗仪式。烧灵活动通常在老人去世后的第四天举行。烧纸祭奠时敲皮鼓，吹芦笙、牛角，背纸钱包，由抬竹弓箭和持长矛的人组成游行队伍沿着房屋绕行三圈，之后滚动簸箕数次，直至簸箕口朝下，表示死者已拿到烧给他的纸钱，随后主持人祷告完毕。[6]

七
屏边竹纸的保护现状与发展思考

7
Preservation and Development of Bamboo Paper in Pingbian County

由于手工纸的造纸过程非常辛苦且利润较低，至2002年，村里的年轻人大多走出大山去务工谋生，留在村里的以农业为主要经济来源，也有人在村里开发底咪大理石矿，做大理石粗加工。只有少数几户村民仍承续着祖辈传下来的造纸手艺。

底咪村的手工造纸属于生料法生产，即不用煮料，完全靠石灰水浸泡发酵好后直接造纸，因陋就简的生产条件自然无法保障石灰水的达标排放，大量的石灰水造成了生态污染。同时，底咪村造纸作坊所在地属大围山国家级自然保护区，环保要求较高，为此，大围山保护区管理所于2000～2002年间曾多次强行取缔底咪村的造纸作坊。

⊙1

森林资源是屏边县重要的旅游资源，大围山自然保护区的环保标准要求很高。手工造纸对当地的经济发展和促进社会和谐的作用不明显，与所造成的生态环境污染需要付出的代价相比，造纸所得利益显得十分有限。手工造纸是非物质文化遗产，是一种传承有序的重要乡土记忆，但在屏边底咪村的多重保护目标尖锐冲突的情况下，确保保护区环境指标的优先是毋庸置疑的。

⊙1 乡镇市场上待售的屏边竹纸
Bamboo paper for sale at a local market in Pingbian County

屏边竹纸的传承保护方案当从以下两个方面考虑：一是博物馆式的非物质文化遗产传承保护；二是移出自然保护区，结合文化旅游资源实施文化技艺演示性传承保护。

[6] 屏边苗族自治县民族事务委员会，屏边苗族自治县县志办公室.屏边苗族自治县民族志[M].昆明：云南大学出版社，1990：37.

屏边

339

竹纸

Bamboo Paper in Pingbian County

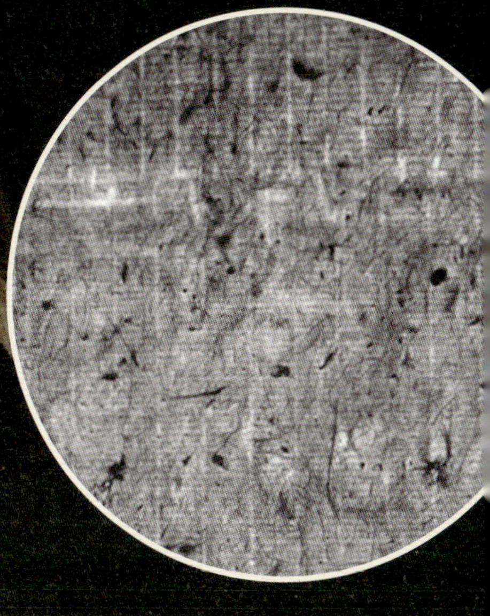

底咪村竹纸透光摄影图

A photo of Bamboo paper in Dimi Village seen through the light

第三节

马关竹纸

云南省
Yunnan Province

文山壮族苗族自治州
Wenshan Zhuang-Miao Autonomous Prefecture

马关县
Maguan County

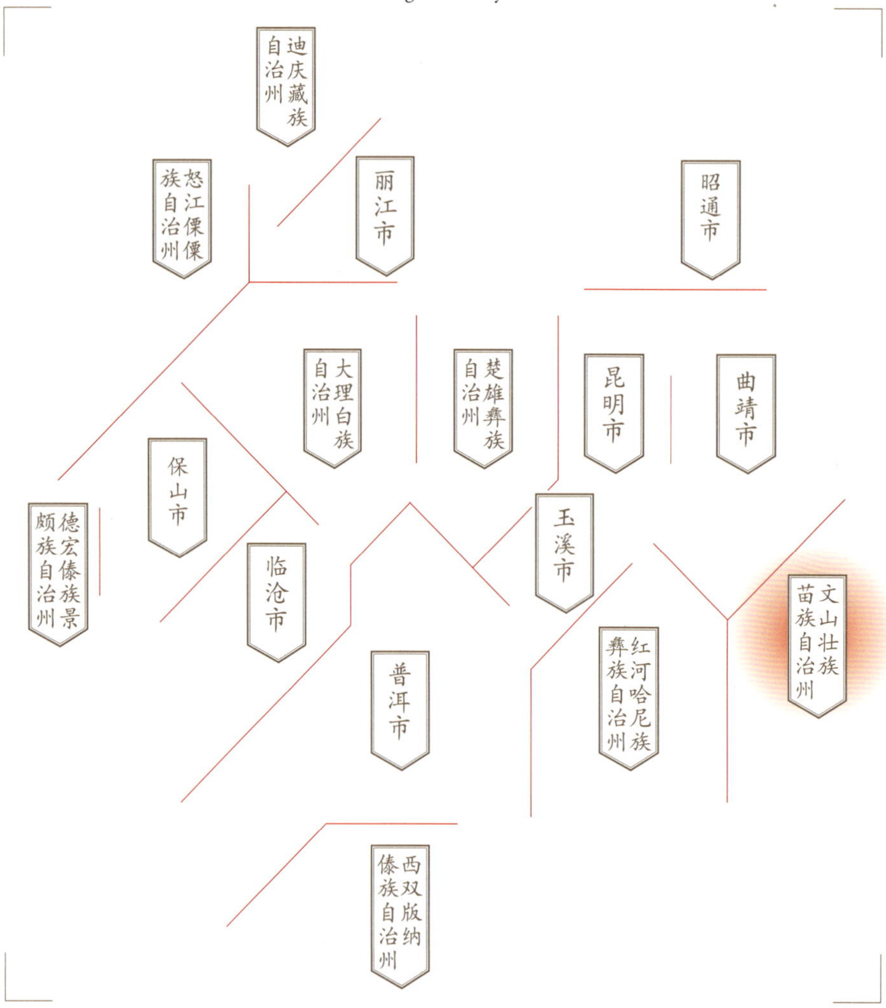

调查对象

南捞乡塘房行政村半坡自然村竹纸

Section 3
Bamboo Paper in Maguan County

Subject

Bamboo Paper in Banpo Natural Village, Tangfang Administrative Village, Nanlao Town

一
马关竹纸的基础信息及其分布

1
Basic Information and Distribution of Bamboo Paper in Maguan County

当代马关竹纸的主产地在云南省文山壮族苗族自治州马关县南捞乡塘房行政村半坡自然村。这里的手工纸以野生苦竹、甜竹等竹子为原料。纸质较为粗糙，一般不作为书写用纸，多作擦拭、包装及丧葬祭祀用，当地也称为“草纸”。

半坡村在历史上天然竹林资源很丰富，所产竹纸除本县使用外，还销售到周边其他县。马关县传统的竹纸产地除半坡村，还有本乡的那往、老槽坡、扣哈、查兰、布忙中寨、漫铳、香菌棚、竹棚，以及篾厂乡的靛洞等村寨。手工造纸一度是这里分布广泛和聚集度较高的乡土传统手工业。然而到了21世纪初，生产手工纸的村寨大多歇业，只剩半坡村等极少数村寨还在维系这一祖业。

⊙1

二
马关竹纸生产的人文地理环境

2
The Cultural and Geographic Environment of Bamboo Paper in Maguan County

⊙1 半坡村农家小景
View of a cottage in Banpo Village

马关县距云南省省会昆明市442 km，距文山州府所在地72 km，距麻栗坡县的中越天保口岸13 km。与越南的老街、河江两省的箐门、新马街、黄树皮、猛康四县接壤，目前已有公路直通越南。

马关县地势走向为西北高、东南低。境内最高海拔2 579 m，最低海拔123 m。由于海拔高差大，气候类型又横跨了北热带、南亚热带、中亚热带和北亚热带，因此境内气候丰富而有差异，小区域自成一体的气候特征十分突出。低坝河谷炎热，中山浅丘温暖，高山温凉，形成了“一山有四季，十里不同天”的立体气候。年平均气温16.9 ℃，年平均降水量1 345 mm，相对湿度84%，年日照1 804小时，全年无霜期300天以上。

路线图
马关县城
↓
半坡村
Road map from Maguan County centre to the papermaking site (Banpo Village)

马关竹纸生产地分布示意图

Distribution map of the papermaking site of Bamboo paper in Maguan County

考察时间
2004年11月／2008年2月

Investigation Date
Nov. 2004 / Feb. 2008

地域名称	造纸点名称
A 马关县 马白镇	
1 南捞乡	半坡村 造纸点
2 都龙镇	
3 金厂镇	
4 夹寒箐镇	
5 坡脚镇	
6 仁和镇	
7 小坝子镇	
8 木厂镇	
9 大栗树乡	
10 八寨镇	
11 蔑厂乡	蔑厂乡 历史造纸点
12 古林箐乡	

位置分布

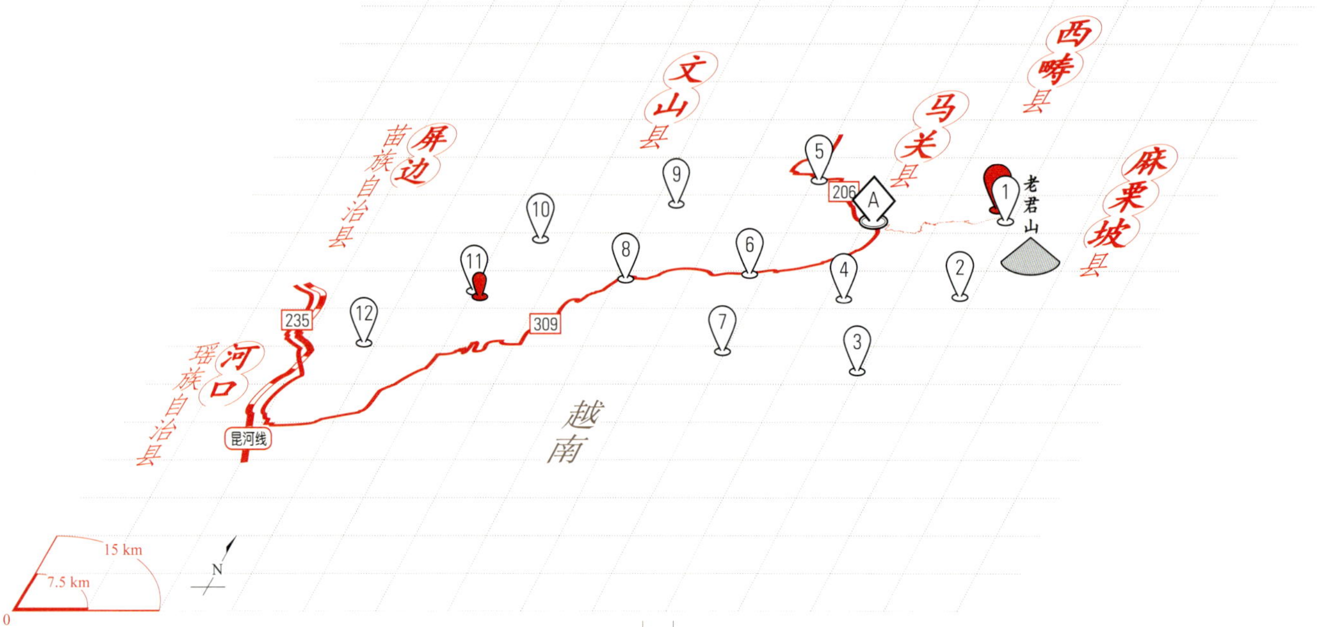

- 市府、州府
- 县城
- 乡镇
- 村落
- 造纸点
- 历史造纸点
- 山
- 国家级自然保护区
- S221 省道
- G21 国道
- 昆河线 铁路
- G56 高速公路
- 线路

马关地域历史悠久。唐初属南宁都督府郎州辖地，南诏政权时属通海都督僚子部。宋代大理国前期，属通海都督矣部，大理国后期属最宁镇矣尼迦部。明代时先属八寨长官司，直隶云南布政使司，后属临安府阿迷州教化三部长官司。清康熙六年（1667年）“改土归流”后，马关属开化府。1911年，在辛亥革命影响下，于农历九月十五（11月5日）宣布脱离清王朝管辖而成立新的地方政权安平厅。1913年改安平厅为安平县，属蒙自道管辖，后更名为马关县。1958年4月建立文山壮族苗族自治州后，属文山壮族苗族自治州管辖至今。

马关县是个多民族聚集的地方，少数民族人口占总人口的48.96%。各民族安居的特点是大杂居、小聚居，民族间互相交往、通婚均无禁忌，民族风俗相差也不明显，但在传统节日庆典上则仍保存着各民族自身的人文特色。苗族主要有花山节，壮族有二月节和六月节，彝族主要有火把节，傣族也有二月节（也称“过大年”）和六月节，布依族有离娘节和牛王节，瑶族有盘王节，拉祜族有跳掌节等。

三
马关竹纸的历史与传承

3
History and Inheritance of Bamboo Paper in Maguan County

云南省《马关县志》对当时马关造纸历史的描述、分析中写道：“马关土纸以竹为原料，工简纸粗，不能供文房之用，但揩抹、包物并为冥财焚化，亦不可少也。旧日天然竹林甚丰富，所产土纸除本县用外，多有输往他县者。近年天然竹林斩砍将尽，又不加人工种植，是以材料缺乏，纸价高昂，几不足供本县之用矣。旷山甚多，竹林不难培植，吾民曷速起而图之，其勿使此项工业之灭绝为幸也。”[7]这里包含了纸名、原料、工艺、质量、用途，以及对过去、现在、

[7] 张自明,王富臣.马关县志(1932)[M].原刊影印本//中国方志丛书:第一四三号.台北:成文出版社,1967:985.

未来的情况分析等诸多信息。

关于马关造纸的历史，2008年2月调查组前往半坡村采访了两位造纸师傅。一位是汉族造纸师傅杨兴德，他的爷爷杨世礼，父母杨学智、黄福英都造过纸；另一位是时年73岁的苗族造纸师傅王友林，据他口述，其家族至少有五代的造纸传承，有百年以上的历史。《马关县志》虽未提到马关造纸的起始时间，但民国修县志时就有那么大的造纸规模，非一朝一夕发展起来的，应该在成书之前就有较长的一段发展历程。据杨兴德、王友林等介绍，当地最初是汉族人从贵州学习的造纸技艺，然后苗族又跟汉族学造纸，因此两个民族造纸工艺完全相同。可惜的是，2006年一场大火把王友林家的所有造纸工具都烧掉了，此后王家便弃此祖业，不再造手工纸了。

⊙1

⊙1
马关竹纸
Bamboo paper in Maguan County

四
马关竹纸的生产工艺与技术分析

4
Papermaking Technique and Technical Analysis of Bamboo Paper in Maguan County

(一)
马关竹纸的生产原料与辅料

马关半坡村竹纸原料主要为当地出产的苦竹、甜竹、龙竹。据调查组入村了解，半坡村造纸在不同季节使用不同的竹子，苦竹、甜竹都是在农历五至六月砍伐，造纸时可以混在一起使用；龙竹多在农历九至十月砍伐，一般单独使用。

半坡村造纸使用的纸药是用当地称为“滑药树”的植物制成的，这一名称，是造纸户根据其用途所取的，“滑药树”的根、茎、叶均可用于制作纸药。

半坡村造纸使用的水源为山泉水，实测其pH为5.9，微量元素含量为56 μg/g。

(二)
马关竹纸的生产工艺流程

经调查，记录马关半坡村竹纸生产的工艺流程为：

壹	贰	叁	肆	伍	陆	柒	捌	玖	拾
砍竹	划竹	浸泡	洗料	二次浸泡	舂料	打槽	加滑药	捞筋	抄纸

拾壹	拾贰	拾叁	拾肆	拾伍	拾陆	拾柒	拾捌	拾玖
压榨	修边	揭纸	晾干	炕纸	理纸	压纸	二次修边	包装

壹 砍竹

1

将竹子砍断后，截成长2 m左右的竹段。

贰 划竹

2

将竹段剖成两片。

⊙1

叁 浸泡

3 ⊙1

将竹片按每捆25～30 kg捆起，放入泡料池中，加入生石灰和水，浸泡一个月以上。每5 kg竹子需用1 kg左右生石灰。

肆 洗料

4

将浸泡好的竹料放入清水池，反复换水清洗，将附着在竹料上的石灰及杂质洗干净。

⊙2

⊙3

伍 二次浸泡

5 ⊙2 ⊙3

将洗净的竹料再次放入池中，清水浸泡一个月以上。得到柔软的竹料，称为竹麻。

⊙1 浸泡竹料 Soaking the bamboo

⊙2 竹麻 Soaked bamboo

⊙3 运竹麻 Transporting the soaked bamboo

陆

舂　料

6 ⊙4

用脚碓舂料，1臼可碓25 kg的料，一般需半小时左右。舂料时，需不断用锄头翻料。

⊙4

⊙5

柒

打　槽

7 ⊙5

将75～100 kg舂融的竹料放入已加好水的纸槽中，然后用拱耙用力搅打，使竹料均匀分布于水中。

⊙6

捌

加　滑　药

8 ⊙6

按每槽25 kg滑药的用量将滑药汁倒入簸箕，经过滤加入纸槽，然后用拱耙再次打槽20分钟左右，使滑药与竹料充分融合，竹纤维均匀悬浮。

玖

捞　筋

9

用捞筋棍把未打融的竹料筋捞出。

拾

抄　纸

10 ⊙7

将纸帘放在帘架上，双手持帘，经过两次前后舀水的过程，再由左往右倾泻纸浆。双手提起纸帘，纸便抄好了。一张纸抄好后，将纸帘及湿纸扣在纸垛木板上，揭下纸帘。抄纸时，纸垛较厚的一边为纸头。

⊙7

⊙4 舂料 Beating the bark

⊙5 打槽 Beating the papermaking materials

⊙6 加滑药 Adding in the papermaking mucilage

⊙7 抄纸 Scooping and lifting the papermaking screen out of water

⊙8
扣纸
Turning the papermaking screen upside down on the wet paper

拾壹
压　　榨

11　⊙9 ⊙10

用木榨压湿纸垛，经过几次紧榨、松榨、加码过程，使其缓慢地从约1.5 m高降至0.5 m左右。

⊙9

⊙10

⊙11

拾贰
修　　边

12　⊙11 ⊙12

将榨干的纸垛抬下，置于木板上，以身体抵住纸垛，用刀修齐纸垛四周。

⊙12

拾叁
揭　　纸

13　⊙13 ⊙14

纸垛修边后，为了便于揭纸，先用竹管将纸头一角吹松，然后一张张揭开。

⊙13

⊙14

⊙9/10 压榨 Pressing the paper with a wooden presser

⊙11/12 修边 Trimming the deckle edges

⊙13/14 揭纸 Peeling the paper down

拾肆 晾干

14 ⊙15

每10张纸为1沓，挑晾在屋内竹竿上。

拾伍 炕纸

15

若天气不佳纸晾不干，通常会用火炕将纸烘干。

⊙15 晾纸 Drying the paper

⊙16

⊙17

拾陆
理　　纸

16　　⊙16 ⊙17

纸干后，取下，将每沓纸一张张揭开，并分成两刀理齐，然后沿纸的长边对折两次，叠成原纸的1/4大小。

拾柒
压　　纸

17　　⊙18

25刀为1捆，5捆叠成1摞，每捆间用纸边分隔。然后用压杆将纸压紧、压实。

⊙18

⊙19

拾捌
二　次　修　边

18　　⊙19

再次用刀把整摞纸的两边修切平整。

拾玖
包　　装

19

修好边后，松开压杆，将每摞纸分捆，用纸壳包装，竹篾捆好待售。

⊙16/17 理纸 Sorting the paper

⊙18 压纸 Pressing the paper

⊙19 压紧修纸 Trimming the deckle edges

(三)
马关竹纸生产使用的主要工具设备

壹 竹帘、竹帘架 1

大多从四川、广西等地购买。所测竹帘长74 cm，宽20 cm，竹帘一般可连续使用一年。

⊙20

贰 脚碓 2

木制，碓头为铁制齿状。舂碓时，一人用脚踩碓，同时手拿锄头翻料边。

⊙21

⊙22

叁 压杆 3

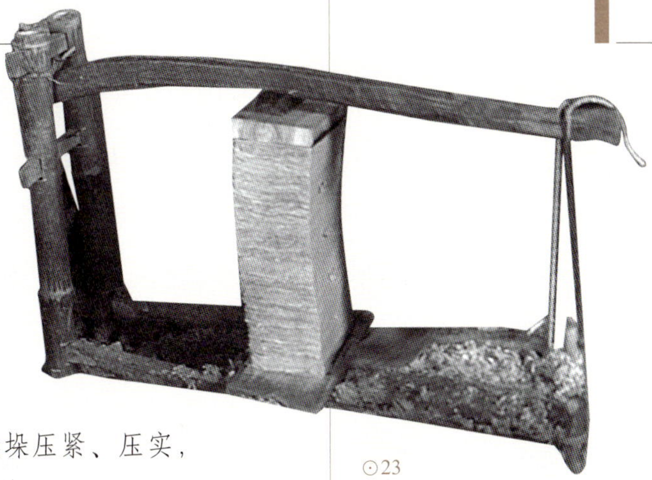

⊙23

用于将纸垛压紧、压实，并利于修边。

肆 火炕 4

与常见的火炕不同，整个火炕为长方体，高约1.2 m，相对较矮。火炕由砖石砌成，表面较粗糙。烘纸时，与别处将纸一张张刷贴于火炕上不同，它是将一沓沓纸用砖石压住或用木头抵住，或挂或靠贴在火炕边。

⊙24

⊙20 竹帘和竹帘架 Bamboo screen and its supporting frame

⊙21 脚碓 Foot pestle

⊙22 碓头 Head of the pestle

⊙23 压杆 Pressing lever

⊙24 火炕 Adobe platform for drying paper

(四)

马关竹纸的性能分析

所测马关半坡村竹纸的相关性能参数见表4.3。

表4.3 半坡村竹纸的相关性能参数
Table 4.3 Performance parameters of Bamboo paper in Banpo Village

指标		单位	最大值	最小值	平均值
厚度		mm	0.307	0.183	0.227
定量		g/m²	—	—	42.5
紧度		g/cm³	—	—	0.187
抗张力	纵向	N	6.2	5.1	5.7
	横向	N	6.1	5.0	5.6
抗张强度		kN/m	—	—	0.377
白度		%	21.0	20.2	20.5
纤维长度		mm	3.54	0.93	1.87
纤维宽度		μm	24.2	9.1	15.1

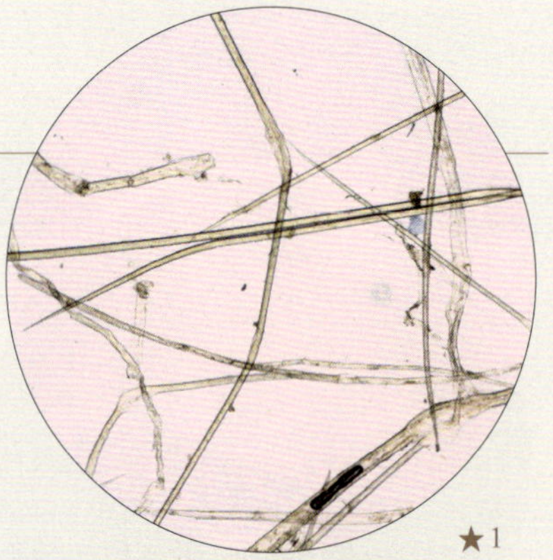

★1

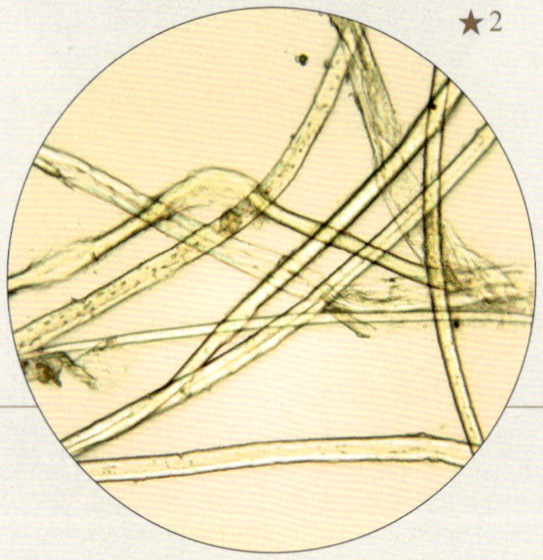

★2

由表4.3可知，所测半坡村竹纸最厚约是最薄的1.68倍，经计算，其相对标准偏差为16.1%，具有较大偏差。竹纸的平均定量为42.5 g/m²。所测竹纸的紧度为0.187 g/cm³。

经计算，半坡村竹纸的抗张强度为0.377 kN/m，抗张强度值较小，这说明该竹纸不耐抗张，可能主要因为纸厚薄非常不均匀。

所测半坡村竹纸白度平均值为20.5%，白度相当低，白度最大值约是最小值的1.04倍，相对标准偏差为1.28%，差别较小。白度较低应缘于用竹子造纸，原料没有经过仔细挑选，也没有经过蒸煮。

所测半坡村竹纸纤维长度：最长3.54 mm，最短0.93 mm，平均1.87 mm；纤维宽度：最宽24.2 μm，最窄9.1 μm，平均15.1 μm。所测竹纸在10倍、20倍物镜下观测的纤维形态分别见图★1、图★2。

★1
半坡村竹纸纤维形态图（10×）
Fibers of Bamboo paper in Banpo Village (10× objective)

★2
半坡村竹纸纤维形态图（20×）
Fibers of Bamboo paper in Banpo Village (20× objective)

五
马关竹纸的用途与销售情况

5
Uses and Sales of Bamboo Paper in Maguan County

马关竹纸一般由造纸户拿到周边的都龙、金厂等集镇市场上售卖。马关竹纸主要为苗族过年过节祭祀所用，竹纸在地方诸多民俗中起着重要作用，苗族人也认同这种纸。与之相对的是，当地汉族人现在很少用手工草纸，而主要用机制冥纸。至于民国年间该地县志所记载的擦拭、包装等用途，在今天马关县内及村中考察时未见到。

半坡村生产的竹纸1捆为25刀，1沓2刀，1刀为5张。按2008年初调查时的价格来看，1捆纸批发价为7～8元，零售价为10元，则1刀纸的零售价约为0.4元，1张纸的零售价约为0.08元。半坡村竹纸的规格有一定弹性，通常是随纸帘定大小，而纸帘都是从外省购买的。目前本地竹纸的主流规格是60 cm × 20 cm。

以汉族造纸户杨学智家为例，杨家一年之中会砍伐4 000～5 000 kg竹子，另外再买10吨。调查组入村当年，竹价为0.035～0.05元/kg，石灰为0.2元/kg。杨家一年生产的纸约有2 000捆，总销售额在16 000～20 000元，扣除买竹、石灰的成本，不计劳动力投入，一年毛利在12 000元左右。这虽然在贫穷的当地也还算不错的收入，但杨家有多人参与造纸，按人均计算，并不能算理想的收入。

⊙1

⊙1
造纸户杨学智一家
Papermaker Yang Xuezhi's family

六 马关竹纸的相关民俗与文化事象

6 Folk Customs and Culture of Bamboo Paper in Maguan County

入村调查时，调查组成员发现，在造纸户杨学智家，有些包装好的纸侧面写有“好”字。据杨学智介绍，那是他们家以前造的质量相当好的纸，留着万一以后不再造纸，还有好纸可用于祭祀。纸包侧面写有“好”字，显示出他们对自己所造纸质量的肯定，认为质量好的应标注质量等级“好”。另外，这也体现出他们对祭祀的重视，希望能用较好质量的纸祭奠祖先。

⊙1

七
马关竹纸的
保护现状与发展思考

7
Preservation and Development of Bamboo Paper in Maguan County

当代，马关竹纸的现状已与民国年间该地县志所描述的情形大为不同。由于当年市场规模大，纸张生产供不应求，产品不担心销路，所以原材料遭掠夺性砍伐，原材料不足制约了手工造纸的生产。因此当时县志编纂者提出的解决方案是尽快培植竹林，以保证竹纸生产有足够的原料供应。现在即使有充足的原料，但使用面窄，加之纸价偏低，导致收益降低，从事造纸的人也越来越少。如苗族造纸户王友林家失火烧毁了造纸工具，全家就不再造纸了。遇到挫折就放弃祖业，可见这一行业的吸引力有限。

还有一个现象可以佐证上述观点，前已述及，成纸侧面写有“好”字，是杨学智家以前所造质量相当好的纸，留着以后不再造纸时自用，这也从一个侧面表示造纸之家对持续生产下去的信心与动力不足。

从传承这一技艺来看，由于半坡村竹纸质粗、用途单一且用户面窄，要想恢复旧时的兴旺是极有难度的。从总的趋势判断，应以博物馆式的传承性保护为目标，以记录技艺流程与文化表述为迫切任务。对有代表性的造纸户，政府的非物质文化遗产保护部门应予以扶持，实现手工造纸技艺非物质文化遗产的活态延续。

⊙2

⊙1/2
包装完毕并写有『好』字的竹纸
Bound Bamboo paper with Chinese character "Good" written on it

马关竹纸

Bamboo Paper in Maguan County

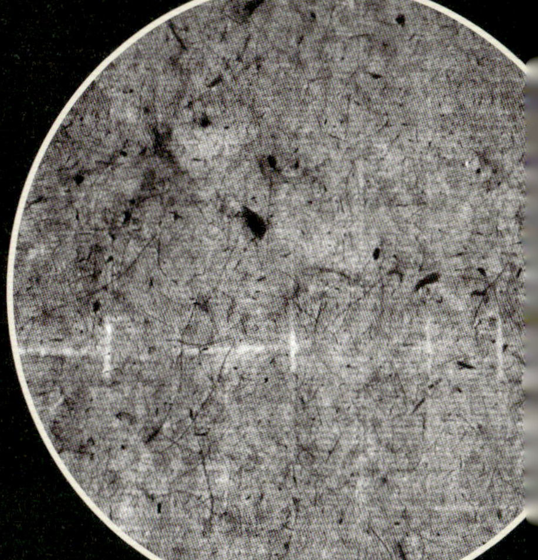

半坡村竹纸透光摄影图
A photo of Bamboo paper in Banpo Village seen through the light

第四节

麻栗坡瑶族竹纸

云南省
Yunnan Province

文山壮族苗族自治州
Wenshan Zhuang-Miao Autonomous Prefecture

麻栗坡县
Malipo County

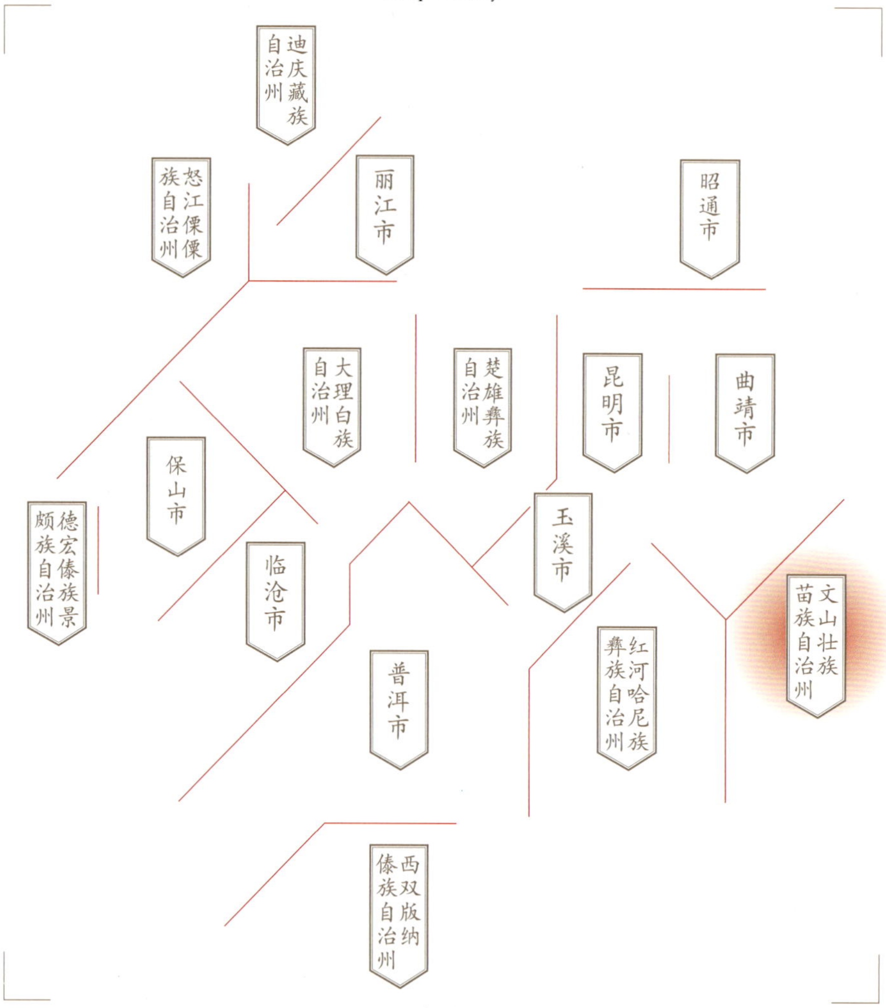

调查对象

六河乡
银厂行政村
瑶族竹纸

Section 4

Bamboo Paper by the Yao Ethnic Group in Malipo County

Subject

Bamboo Paper by the Yao Ethnic Group in Yinchang Administrative Village, Liuhe Town

一 麻栗坡瑶族竹纸的基础信息及其分布

1 Basic Information and Distribution of Bamboo Paper by the Yao Ethnic Group in Malipo County

麻栗坡瑶族竹纸当代的标志性产地在文山壮族苗族自治州麻栗坡县六河乡银厂行政村，其主要原料为当地生长的兰竹、吊竹、鸡爪竹、齿兰竹等。在调查中据村里的纸工介绍，用鸡爪竹、齿兰竹所造的纸质量较好，纸薄、颜色黄，色泽与质感均好。银厂村竹纸不用于书写，只用于祭祀。麻栗坡瑶族过节的习俗与汉族相近，在春节、清明节、端午节、中元节时都会烧纸祭祀。

六河乡银厂行政村距麻栗坡县城约60 km。造纸产地主要分布于上普浪、坪子、新发寨等瑶族村寨。据调查时瑶族纸工介绍，银厂村的实际造纸历史不算太长，尽管民国时麻栗坡县也出产草纸和香纸，但不能确定是当地瑶族所造的纸。坪子等村庄则是从20世纪80年代才从上普浪村那里学会造纸，上普浪村也是从外地学来的技术，至于源头技艺则尚难确认。

二 麻栗坡瑶族竹纸生产的人文地理环境

2 The Cultural and Geographic Environment of Bamboo Paper by the Yao Ethnic Group in Malipo County

麻栗坡县位于云南省文山壮族苗族自治州东南部，地处东经104°33′～105°18′，北纬22°48′～23°33′。东北部与富宁、广南两县接壤，北部与西畴县相邻，西南部与马关县毗连，东南部与越南的同文、安明、官坝、渭川、黄树皮、河江五县一市接壤，是一个非常典型的边境县。境内的小河洞为州级第一批重点文物保护单位。

麻栗坡县域面积2 395 km^2，属亚热带季风气候，年平均气温18 ℃，年平均降水量1 054 mm，年平均日照1 762小时，无霜期349天以上。居住着汉、壮、苗、瑶、彝、傣、仡佬、蒙古等民族。县城距省会昆明市450 km，距越南河江市64 km。经天保口岸出境，是云南省通往越南首都河内及东南亚地区取道最直、里程最短的陆路通道，是文山壮族苗族自治州及云南省的重要通商

路线图
麻栗坡县城
↓
银厂村
Road map from Malipo County centre to the papermaking site (Yinchang Village)

麻栗坡瑶族竹纸生产地分布示意图

Distribution map of the papermaking site of Bamboo paper by the Yao Ethnic Group in Malipo County

考察时间
2008年2月

Investigation Date
Feb. 2008

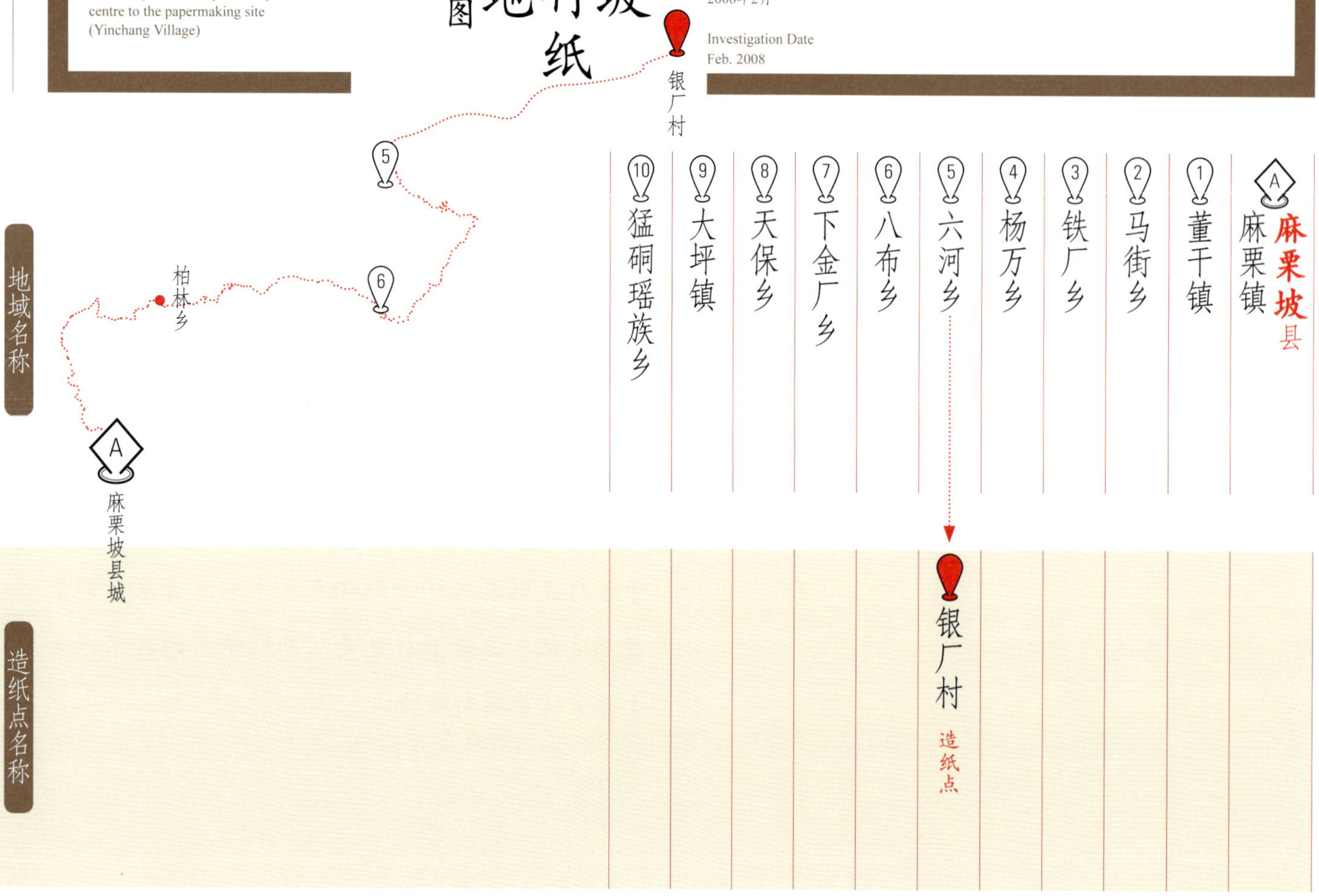

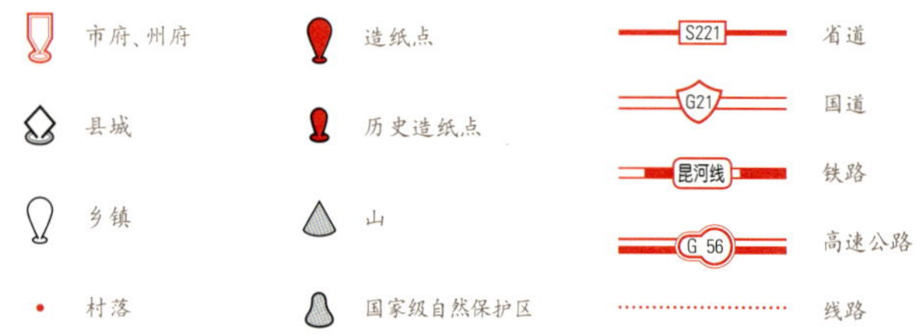

口岸。

麻栗坡县的民族历史文化资源较为丰富。小河洞遗址属中国滇东南地区新石器遗址中年代久远的类型，是滇东南地区至今发现的唯一新石器时代洞穴遗址。该地区民族民间服饰、蜡染工艺及诸多待开发的少数民族特色文化资源存量丰富。民族民间传统节日多姿多彩，有彝族支系倮家人的“荞菜节”、瑶族传统节日“盘王节”、苗族传统节日“花山节”、壮族传统节日“花街节”等。

麻栗坡县是少数民族聚居地区，据2008年年底的统计数据显示，总人口约27.3万，其中少数民族人口约10.9万，占总人口的40%左右（如表4.4所示）；除蒙古族外，其余6种世居少数民族为跨界而居民族，在越南国境内均有分布。

表4.4 麻栗坡县各民族人口构成表（2008年）
Table 4.4 Population of ethnic groups in Malipo County (Year: 2008)

民族	人数	占总人口比例	占少数民族人口比例
汉族	163 814	59.98%	—
壮族	32 859	12.03%	30.06%
苗族	45 954	16.82%	42.03%
瑶族	19 317	7.07%	17.67%
彝族	5 442	1.99%	4.98%
傣族	2 833	1.04%	2.59%
仡佬族	1 178	0.43%	1.08%
蒙古族	1 315	0.48%	1.20%
其他民族	424	0.16%	0.39%

三 麻栗坡瑶族竹纸的历史与传承

3 History and Inheritance of Bamboo Paper by the Yao Ethnic Group in Malipo County

据银厂行政村上普浪自然村造纸户邓进祥对当地造纸起源的介绍，银厂村瑶族造纸技艺是祖上传下来的，经历了五六代，有百余年的历史。遗憾的是调查组在当地并未见到相关文献记载，而且村民对起源年代的说法也不一致，因此对该地造纸的技艺来源及起始年代尚难形成定论。

距银厂村约60 km的西畴县坪寨乡曾经是云南省手工竹纸的重要产地，调查组2008年2月考察发现，银厂村所造竹纸的工艺与坪寨乡的几乎相同。鉴于坪寨乡手工造纸的规模曾达到300～400户人家，不仅历史悠久，影响面也广，推测银厂村瑶族竹纸生产技术受坪寨乡汉族影响的可能性是存在的。

四
麻栗坡瑶族竹纸的生产工艺与技术分析

4
Papermaking Technique and Technical Analysis of Bamboo Paper by the Yao Ethnic Group in Malipo County

⊙1

⊙2

(一)
麻栗坡瑶族竹纸的生产原料与辅料

银厂村周围山上生长着兰竹、吊竹、鸡爪竹、齿兰竹，这为造纸提供了丰富的原料。

银厂村造纸所用的纸药主要是仙人掌汁，也用少量的“棉花滑”汁，以前也用过当地称为“藤子滑”的纸药。关于“藤子滑”和“棉花滑”，调查中只简单了解到“藤子滑”是生长在山上的一种藤类植物；而“棉花滑”植株比棉花高，果实似棉花花骨朵，植株遍生绒刺，从特征描述近黄蜀葵。

银厂村造纸的水源为山泉水，调查组入村考察时测得所用山泉水的pH为5.6，微量元素含量为14 μg/g。

(二)
麻栗坡瑶族竹纸的生产工艺流程

调查组通过访谈和观看抄纸演示，总结记录银厂村竹纸的造纸工艺流程为：

壹	贰	叁	肆	伍	陆	柒	捌	玖	拾
砍竹	破竹	捆竹	泡料	洗涤	二次浸泡	二次洗涤	舂料	打槽	加纸药

拾壹	拾贰	拾叁	拾肆	拾伍	拾陆	拾柒	拾捌	拾玖
抄纸	去纸尾	压榨	去纸头	揭纸	晾纸	理纸	捆纸	修边

由于调查组入村当天是农历正月二十，为瑶族的禁风节，所有的生产活动都停了下来，为弥补缺憾，造纸户邓友品示范了抄纸过程。

⊙1 『棉花滑』
"Mian Hua Hua" (dialect, papermaking mucilage)

⊙2 『藤子滑』
"Teng Zi Hua" (dialect, papermaking mucilage)

壹 砍竹 1

每年农历十二月至次年二月间，砍下生长了约8个月的嫩竹，并将竹子砍断成长1 m左右的竹段。

贰 破竹 2

将竹段剖成竹片。

叁 捆竹 3

用竹篾将剖好的竹料捆起来，每捆20～25 kg。

⊙3

肆 泡料 4 ⊙3

把竹料放入料塘中，每放一层竹料撒一层石灰，层层堆放，最上面用稻草盖住，并用石头压紧，然后加水浸泡4个月左右，使竹料变软，此时的竹料称为竹麻。

伍 洗涤 5

将浸泡好的竹麻取出，在水池或河里洗去沾在竹麻上的石灰，直至将竹麻洗干净。

陆 二次浸泡 6 ⊙4

将洗净的竹麻再次放入料塘，最上面铺一层稻草，加清水再次浸泡约3个月。

柒 二次洗涤 7

再次将浸泡好的竹麻从池中取出来，在水池或河里清洗干净。

⊙4

捌 舂料 8 ⊙5

将20～25 kg洗净的竹麻放入碓臼，一人踩碓，一人翻料。一臼料一般要舂40～60分钟，将竹麻舂融即可。

⊙5

⊙3 泡料 Soaking the bamboo

⊙4 二次浸泡的竹料 Soaking the bamboo materials for the second time

⊙5 脚碓 Foot pestle

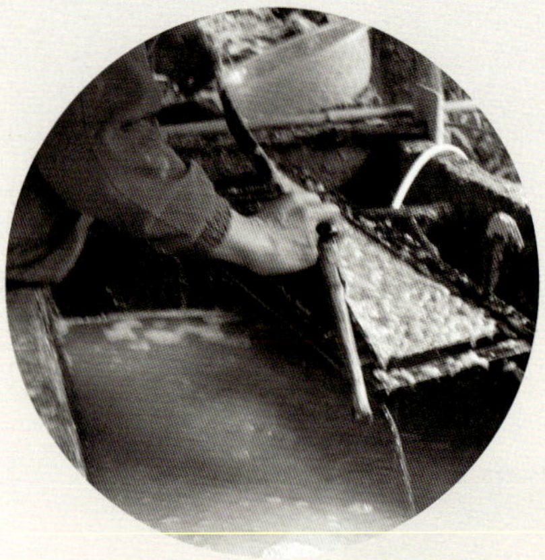

⊙6

玖
打 槽
9

把舂融的竹料放入料槽，加水，然后用"响棒"（竹棍）把竹料打散至均匀。

拾
加 纸 药
10

在一槽竹料中加入一桶仙人掌汁或"棉花滑"汁，用"响棒"再次激烈打槽搅拌，使竹料纤维均匀悬浮，然后用捞筋棒把未舂融的成块竹筋捞出。

⊙7

拾壹
抄 纸
11　⊙6 ⊙7 ⊙8

双手端帘，前伸，先由外往内舀浆，随即抬起，再由内往外舀浆，然后平端帘架，左右晃动，再抬高左手，使纸浆从左往右倾泻。此时纸帘上铺上一层纸浆，这便制成了一张湿纸。纸的右边较厚，为纸头，左边为纸尾。接着放下帘架，取下纸帘，转身将湿纸反扣在湿纸垛上，揭离纸帘，一张纸便抄造完成。一个纸工每天可抄造约2 000张纸。

⊙8

拾贰
去 纸 尾
12

在纸帘上，纸头、纸尾与纸身间各有一条细线分隔，抄纸时细线处纸浆较薄，便于去纸头、纸尾。纸抄好后，用手轻按纸尾，将纸尾剥掉。

拾叁
压 榨
13

抄好的纸要使用木榨挤压水分。扳动木榨的扳杆，带紧钢丝绳，给湿纸垛加压，将湿纸逐渐压至原高1/3左右。这一过程通常需要半小时。

拾肆
去 纸 头
14

纸垛榨干，松榨后，再用手轻轻地按纸头，便可将纸头去掉。

拾伍
揭 纸
15

用手先揭开纸的一角，再轻轻斜揭，依次将纸一张张地揭下。

⊙6/8 抄纸工艺演示
Papermaking procedures

拾陆 晾纸

16 ⊙9 ⊙10

把揭下来的纸，以12张为1刀搭晾在屋内的竹竿上，晴天时2～3天即可晾干，阴天则需一周左右。

⊙9
⊙10

⊙9/10 晾纸 Drying the paper

拾柒
理　纸
17　⊙11 ⊙12 ⊙13

晾干后，把纸取下来以刀（每刀12张）为单位理叠整齐。叠纸时首先微微抬起一叠纸，将纸头对齐；然后由右向左折叠，轻轻用手压纸，将纸头尾都对齐。对齐后，用手估测，将约1/3的纸对折后将纸压平。

⊙11

⊙12

⊙13

拾捌
捆　纸
18

将叠好的25刀纸用竹篾捆好，作为1只，4只成1担。

⊙14

拾玖
修　边
19　⊙14 ⊙15

用电动角磨机将捆好后的纸的两边修理整齐。传统是用小刀、砂布，或玉米芯来修边，现在造纸户为了提高工作效率，主要使用电动角磨机。修边工序完成后，就成为待售的成品纸。

⊙15

⊙11/13 理纸 Sorting the paper
⊙14 玉米芯修边 Trimming the paper with corncob
⊙15 角磨机修边 Trimming the paper with machine

(三)

麻栗坡瑶族竹纸的性能分析

所测麻栗坡银厂村竹纸的相关性能参数见表4.5。

表4.5 银厂村竹纸的相关性能参数
Table 4.5 Performance parameters of Bamboo paper in Yinchang Village

指标		单位	最大值	最小值	平均值
厚度		mm	0.245	0.158	0.197
定量		g/m^2	—	—	42.7
紧度		g/cm^3	—	—	0.217
抗张力	纵向	N	8.9	5.9	7.5
	横向	N	4.7	3.0	4.2
抗张强度		kN/m	—	—	0.390
白度		%	23.7	22.7	23.2
纤维长度		mm	4.94	1.38	2.58
纤维宽度		μm	23.6	5.3	13.9

由表4.5可知，所测银厂村竹纸最厚约是最薄的1.55倍，经计算，其相对标准偏差为13.5%，具有较大偏差。竹纸的平均定量为42.7 g/m^2。所测竹纸的紧度为0.217 g/cm^3。

银厂村竹纸有明显纵、横向，经计算，其抗张强度为0.390 kN/m，抗张强度值较小，这说明银厂村竹纸不耐抗张，主要可能是由于纸厚薄相当不均匀。

所测银厂村竹纸白度平均值为23.2%，白度低，白度最大值约是最小值的1.04倍，相对标准偏差为1.28%，差别较小。白度较低应是由于用竹子造纸，原料没有经过仔细挑选和蒸煮所致。

所测银厂村竹纸纤维长度：最长4.94 mm，最短1.38 mm，平均2.58 mm；纤维宽度：最宽23.6 μm，最窄5.3 μm，平均13.9 μm。所测竹纸在10倍、20倍物镜下观测的纤维形态分别见图★1、图★2。

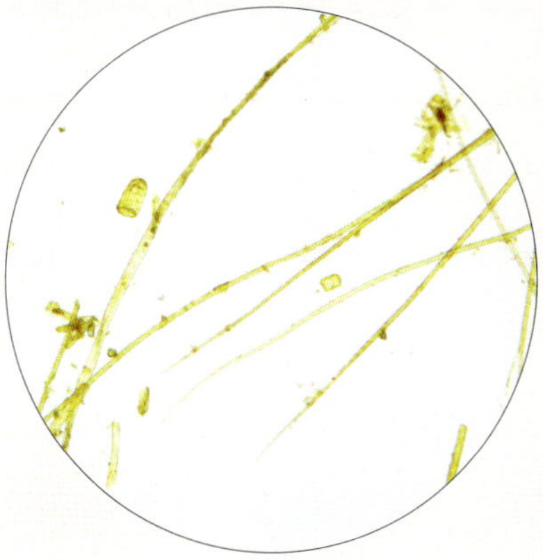

★1

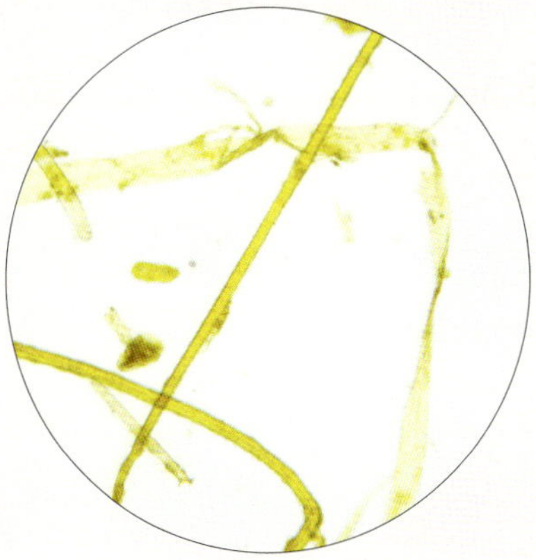

★2

★1 银厂村竹纸纤维形态图（10×）
Fibers of Bamboo paper in Yinchang Village (10× objective)

★2 银厂村竹纸纤维形态图（20×）
Fibers of Bamboo paper in Yinchang Village (20× objective)

五 麻栗坡瑶族竹纸的用途与销售情况

5 Uses and Sales of Bamboo Paper by the Yao Ethnic Group in Malipo County

麻栗坡瑶族竹纸生产地银厂村所造纸规格不一，如邓友品家的纸修边后为41 cm×16 cm，也有更大或更小的纸，但总体上银厂村的纸幅属云南手工纸中较小的规格。同云南省其他地域生产的竹纸用途类似，银厂村竹纸主要用于祭祀，如春节、清明节、端午节、中元节和一些地方上的民俗活动。

银厂村生产的纸通常送到铁厂、太平等周边村寨的乡间市场售卖。以前，纸工将4只纸作为1担，挑到市场上去卖，从而产生了“只”这一有当地独特内涵的纸的计量单位。一个抄纸工一般一天可抄纸6～8只。2008年2月调查组入村考察时1只纸一般售价为10～12元，平均1张纸约为0.04元。按一个抄纸工满额满价计算，一天抄8只纸，一只12元，则一位抄纸工一天造纸可得96元，应该说如果全部能售出，收入还是不错的。

1985年前，每刀纸为40张，后来减少到20张，1995年后又减为12～15张，现在一般是12张。每刀纸的张数不断减少的趋势之所以出现，是因为在市场上零售时，纸最少都是按刀卖的，而随着时间的变化，纸价不断提高，张数逐渐减少可尽量保持每刀纸价格没有太大变化，有利于销售。

六 麻栗坡瑶族竹纸的相关民俗与文化事象

6 Folk Customs and Culture of Bamboo Paper by the Yao Ethnic Group in Malipo County

（一）居室选址风俗用纸

麻栗坡当地的瑶族同胞在选择房屋基地的时候，一般是先凭眼观山水，认为合适后，就会挖一个洞，约碗口大小，然后点香、烧竹纸，祷告祖先和土地神，再放上几粒大米在洞中，用石板将洞口盖上。过3～5天后打开石板看，如果那几粒米完好无损，便可以择吉日破土动工建房子了，如果米缺了或是都不在了，就要另外选址。

（二）祭祀风俗用纸

当地每年正月初一早晨，鸡叫第一遍时就要拿着香、竹纸到取饮用水的地方烧香和纸，之后才能取水。取回水之后，要把之前供在自家神龛上的清水倒掉，换上新水。天快亮时，拿着香和纸到山坡上找花，找到一把小花后，烧香和纸，

⊙1

这叫做“买花”，然后把花取回来放在神龛上，此花代表儿孙给祖先买来的花。

七 麻栗坡瑶族竹纸的保护现状与发展思考

7 Preservation and Development of Bamboo Paper by the Yao Ethnic Group in Malipo County

银厂村竹子资源非常丰富，除了野生竹子外，当地村民也批量栽种，因此造纸原料充足。但当地柴少，烧石灰则跟不上需求，要用其他燃料（如煤）则代价过高，买石灰也会增加成本（包括运输成本），这是银厂村造纸面临的严重问题。

造竹纸的收益较低，以邓友品家为例，4个人农闲时造纸，每年生产300只纸，销售额仅3 000多元。虽然这对于农闲才造纸的村民来说，是家庭经济的一个重要补充，尤其是银厂村至今交通极其不便，目前还有不少青年因长年待在村中务农，也会选择兼业造纸，但随着交通条件的逐渐改善，外出务工收益比造纸收益高，银厂村目前的手工造纸业很可能会逐渐萎缩。

从传统技艺保护的角度来看，麻栗坡瑶族竹纸目前技艺传承的当务之急是积极提高造纸户的收益，这涉及工艺的改进、规范化生产、新消费需求的寻找等多个目标，而这些工作无疑都需要地方政府和社会组织力量来规划和引导。

⊙1 用于祭祀的成品竹纸 Bamboo paper used in sacrificial ceremonies

麻栗坡瑶族竹纸

Bamboo Paper by the Yao Ethnic Group in Malipo County

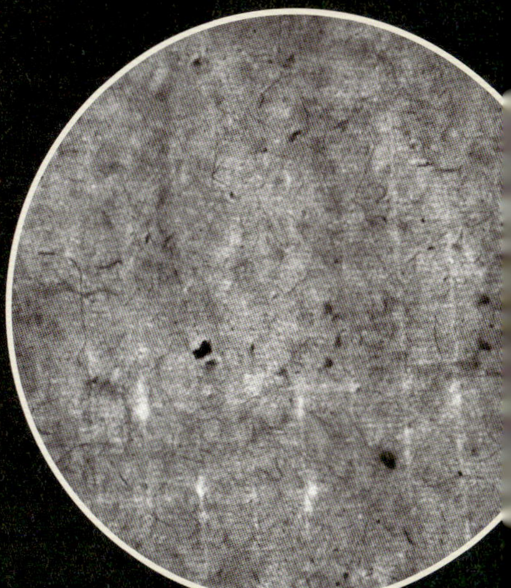

银厂村竹纸透光摄影图

A photo of Bamboo paper in Yinchang Village seen through the light

第五节
西畴竹纸

云南省
Yunnan Province

文山壮族苗族自治州
Wenshan Zhuang-Miao Autonomous Prefecture

西畴县
Xichou County

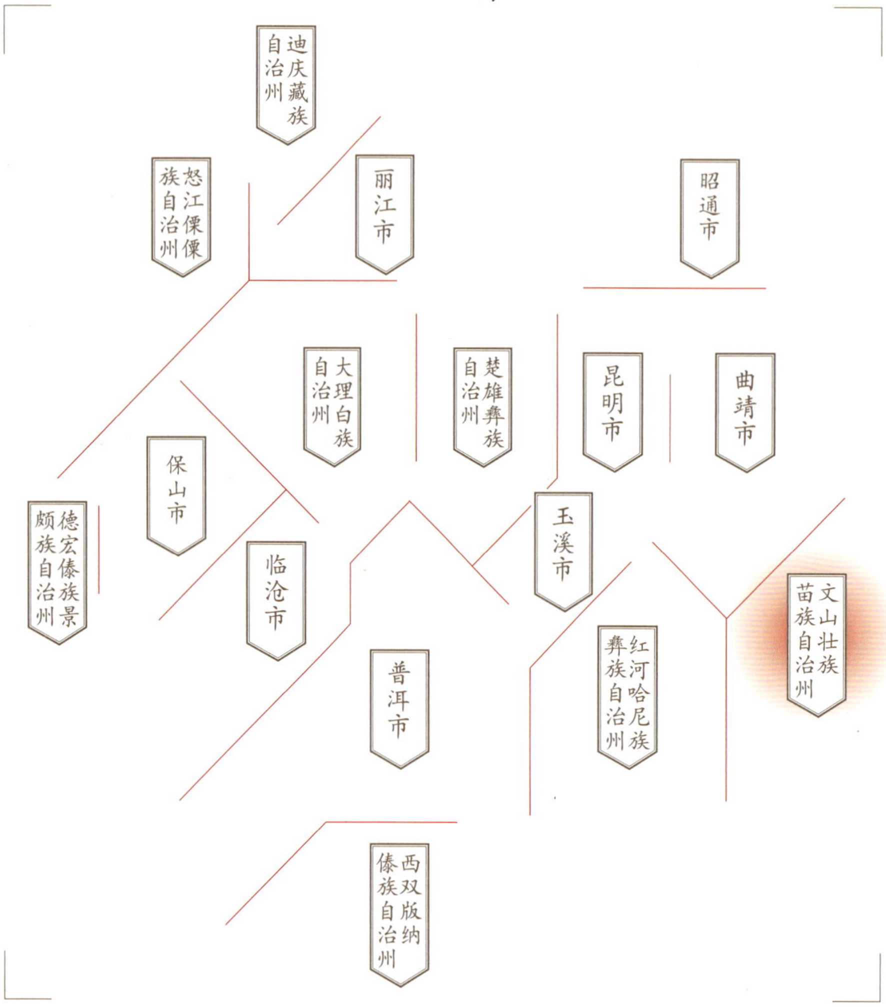

调查对象
法斗乡
坪寨行政村
上新寨自然村
竹纸

Section 5
Bamboo Paper in Xichou County

Subject

Bamboo Paper in Shangxinzhai Natural Village, Pingzhai Administrative Village, Fadou Town

一
西畴竹纸的基础信息及其分布

1
Basic Information and Distribution of Bamboo Paper in Xichou County

西畴竹纸的产地为云南省文山壮族苗族自治州西畴县法斗乡坪寨行政村的上新寨、下新寨、大田、甘子平、柏家、良子、老厂、青角、新田湾、石码头、草果冲、小弯、瑶人山、青家弯、扛上等自然村，造纸点的分布比较集中。主要生产原料有苦竹、薄竹（吊竹）和绵竹，辅料为纸药仙人掌等。当地居民认为，用吊竹造出的竹纸质量最好，色泽和质感均属上乘。

坪寨村本地出产的竹纸主要用作传统祭祀、丧葬、挂礼（民俗人情送礼）以及其他民俗活动。祭祀是最普遍的用途，当地的苗族、壮族、汉族都会买竹纸作为祭祀用品。当地壮族称这种民俗用纸为"洒"，在壮族的祭农节、六郎节等节日中，都要用到大量的坪寨村生产的竹纸。

二
西畴竹纸生产的人文地理环境

2
The Cultural and Geographic Environment of Bamboo Paper in Xichou County

西畴县地处云贵高原南部边缘，地势特征为中北部高，东南与西南低，地形复杂。主要山脉有铁厂山梁，位于境内中北部；万家寨梁子，位于县境西南部；大花山，位于县境西南；上梁大山，位于境内西北部。境内最高海拔1 962.9 m，最低海拔654 m。河流属红河水系，其中鸡街河、畴阳河、盘龙河、达马河是主要河流。西畴县为亚热带低纬度季风气候区，旱季与雨季转换分明，立体气候明显，年平均气温15.9 ℃，年均无霜期340～362天，年平均降水量1 294 mm，相对湿度为82%。

西畴地域在西汉时为牂牁郡都孟县地。南诏时隶属通海都督。元代属临安路。明代为八寨长官司牛羊土司地，属临安府辖地。清嘉庆二十五年（1820年），设安平厅，今西畴为旧日安平厅

路线图
西畴县城
↓
上新寨村
Road map from Xichou County centre to the papermaking site (Shangxinzhai Village)

西畴竹纸生产地分布示意图

Distribution map of the papermaking site of Bamboo paper in Xichou County

考察时间
2008年2月 / 2010年12月

Investigation Date
Feb. 2008 / Dec. 2010

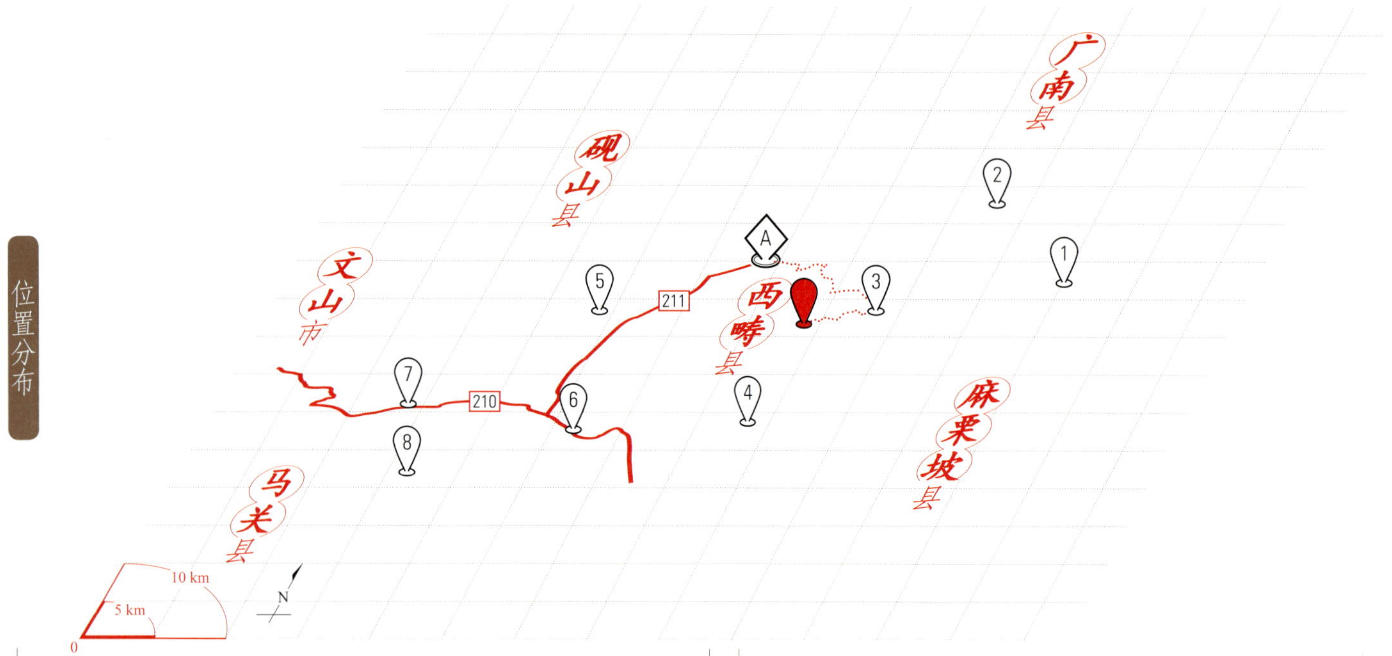

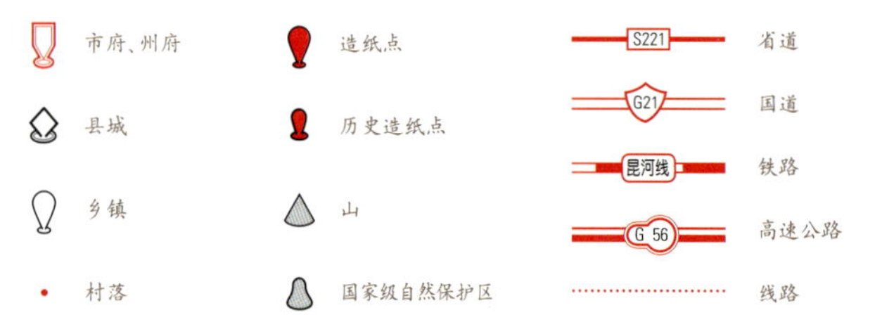

的东安里。1913年、1914年，安平厅先后改为安平县、马关县。1920年由马关县分出普兰行政区地域设西畴县，其县名取自县内西洒、畴阳两区首字，建制延续至今。

法斗是离西畴县城约40 km的一个乡，这里造竹纸的有300多户，分布在各村寨中。2008年2月，调查组主要调查了坪寨行政村上新寨村的竹纸生产。进入坪寨村，迎面就可以看到“全面实施南洋椒、香猪、土纸、水果、竹子五个一工程”的大幅宣传标语。在上新寨一处房子外墙上，调查组还发现了刷有“工农并举，打造‘土纸之乡’品牌”的口号。当地政府不仅将土纸生产纳入乡“五个一工程”，还将手工纸生产当作地方品牌打造，足见法斗乡对土纸生产的重视，这在云南省手工纸调查期间尚属稀见。

坪寨村盛产各种竹子，有吊竹、水晶竹、苦竹、绵竹、大兰竹等，其造纸所用原料正是当地产的苦竹、薄竹（即吊竹）和绵竹。宣传标语中的“五个一工程”，不但包括土纸，也包括竹子，这是不可分割的两个产业。在当地，根据竹子成熟时间，有春料和冬料之分。苦竹一般5～6月成熟，称为春料；薄竹、绵竹均在10～11月成熟，称为冬料。这些竹子作为造纸原料可以混用，一般而言，冬料的用量比春料多。

⊙1

⊙2

⊙1
坪寨村农工产品宣传标语
Slogan about agricultural and manufactural products in Pingzhai Village

⊙2
『土纸之乡』宣传标语
Slogan of "Town of Handmade Paper"

⊙1

⊙2

三 西畴竹纸的历史与传承

3 History and Inheritance of Bamboo Paper in Xichou County

据上新寨村造纸户邓定朝、邓华林介绍，当地造纸技艺祖辈相传，约有140年的历史，至于其来源、传入方式以及沿革脉络则无法详述，地方文献中也未见记载。造纸户一般一年有四个月时间造纸，其余时间务农，有些家庭劳动力多，可有半年时间造纸。除了上新寨村造纸外，坪寨行政村的多个自然村寨也造纸，规模及分布较为可观。但各村所造的纸从工艺、材料到性能和用途几乎相同。

⊙1 竹林 Bamboo forest

⊙2 走访造纸户 Visiting papermakers

四
西畴竹纸的生产工艺与技术分析

4
Papermaking Technique and Technical Analysis of Bamboo Paper in Xichou County

⊙1 ⊙2

(一)
西畴竹纸的生产原料与辅料

西畴上新寨村生产竹纸的主要原料有苦竹、薄竹和绵竹。这三种竹料又有春料和冬料之分。在使用中，薄竹和绵竹可以混合使用。薄竹亦称吊竹，所造纸颜色较黄，适合作为冥纸。同样数量的竹料，薄竹比苦竹产纸量要高。

所用纸药为仙人掌汁，当地把纸药称为“滑药”。制作方法是将仙人掌破开，放入水中浸泡2～3天，仙人掌汁液渗出，使水变得黏稠，用手摸上去感觉很滑即可使用。

造纸所用水为山泉水，调查组入村时实测其pH为6.0，微量元素含量为47 μg/g。

(二)
西畴竹纸的生产工艺流程

据调查，记录上新寨村竹纸生产的工艺流程为：

壹	贰	叁	肆	伍	陆	柒	捌	玖	拾
砍竹	破竹	捆竹	浸泡	洗涤	发酵	二次浸泡	碾料	打槽	加纸药

拾壹	拾贰	拾叁	拾肆	拾伍	拾陆	拾柒	拾捌	拾玖
二次打匀	抄纸	压榨	去料头	撕纸	晾纸	排纸	刮纸	捆纸

⊙1 薄竹 *S.tunghomii* McClure

⊙2 仙人掌 Cactus

壹 砍竹

1

每年5～6月砍苦竹，10～11月砍薄竹与绵竹。砍竹时，选择笋叶基本掉完、当年生的竹子。

贰 破竹

2

将砍下的竹子截成长1 m左右的竹段，再纵向破开。

叁 捆竹

3

将竹片每20～25 kg作为一捆，用竹篾捆起来。

⊙1

肆 浸泡

4

将竹料放入料塘中，每放一层料撒一层石灰，层层码放，每10 kg竹料加1.1～1.2 kg石灰，然后注水浸泡。一般泡半年左右，通常是从当年11～12月间至第二年清明前后。

伍 洗涤

5

将浸泡好的竹料再放入盛满清水的料塘，把附着在竹料上的石灰及杂质洗掉。然后把竹料取出，清洗料塘，再次把竹料放入料塘，加清水洗涤。

陆 发酵

6 ⊙1

把洗净的竹料从料塘中取出，清洗料塘，再把竹料放入料塘，不加水发酵一个月，用塑料布、麻布或芭蕉叶等铺盖，加快发酵过程，防止水分蒸发。

柒 二次浸泡

7 ⊙2

发酵结束后，加水没过竹子，再次浸泡一个月。

⊙2

⊙1 发酵 Fermenting the bark

⊙2 二次浸泡 Soaking the bark for the second time

捌 碾料

8 ⊙3

将料捞起，洗净，并用电动碾料机将竹料碾碎。2006年后上新寨村普遍改用机器碾料，以前则用脚碓舂料。

⊙3

玖 打槽

9 ⊙4

将碾好的竹料放入料槽，加水，用拱耙将料打散。再使捞筋杆在水中按“8”字形把料打匀。

⊙4

拾 加纸药

10

将仙人掌汁加入料槽。

拾壹 二次打匀

11

使捞筋杆在料槽走“8”字形，把料打匀。用捞筋杆把没有打碎的料筋捞出来扔掉。

拾贰 抄纸

12 ⊙5 ⊙6

双手抬起帘架，由外往内斜插入纸浆中，提起，再由内往外没入纸浆，随即平端，左右晃动，抬起左手，使纸浆从帘架右端倾泻而下。然后将帘架放在支杆上，取下纸帘，转身将湿纸反扣在湿纸垛上，再揭离纸帘，即可得到一张纸。一名纸工一般一天可抄纸2 000张左右。

⊙5

⊙6

⊙3 碾料 Grinding the bark

⊙4 打槽 Beating the papermaking materials

⊙5/6 抄纸 Scooping and lifting the papermaking screen out of water

拾叁 压榨

13

抄完纸后，用木榨缓慢压榨，将纸垛里的水分尽可能榨干。

拾肆 去料头

14 ⊙7

纸垛榨干后，松榨，将料头轻轻掰掉。料头可回收利用。

⊙7

拾伍 撕纸

15 ⊙8 ⊙9 ⊙10

用手将纸边揉松，逐张撕开。

拾陆 晾纸

16 ⊙11

将撕开的纸以13张为1刀，成刀地挑晾在屋内竹竿上，天晴时4～5天即可晾干，阴天则需10余天。

⊙8

⊙9

⊙10

⊙11

⊙7 料头 Trimmed deckle edge

⊙8/10 撕纸 Splitting the paper layers

⊙11 晾纸 Drying the paper

拾柒

排　纸

17　⊙12 ⊙13 ⊙14

将晾干的纸收下来，一刀刀理齐、折叠。排纸时，先将1刀纸平放在桌上，右手抬起纸头向内拗，这时1刀纸的纸边会自然对齐，接着左手就势捏住纸边，由右往左翻纸，同时用右手抚平纸面，将每张纸头尾理齐。对齐后，取“比子”作为量尺，将纸从左往右对折至距右侧纸边一个“比子”处。手艺熟练的纸工，也可不用“比子”。

⊙12

⊙13

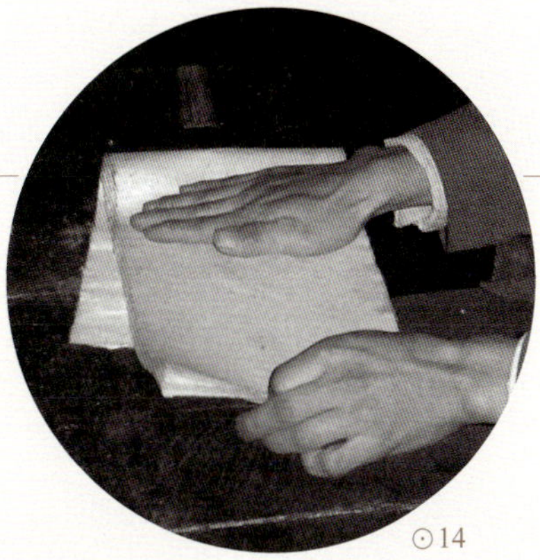

⊙14

拾捌

刮　纸

18　⊙15

将整摞纸压紧，用“擦子”或小刀将两侧毛边刮平。

拾玖

捆　纸

19　⊙16

用竹夹夹好已刮好的土纸，再将纸捆好。

⊙ 15

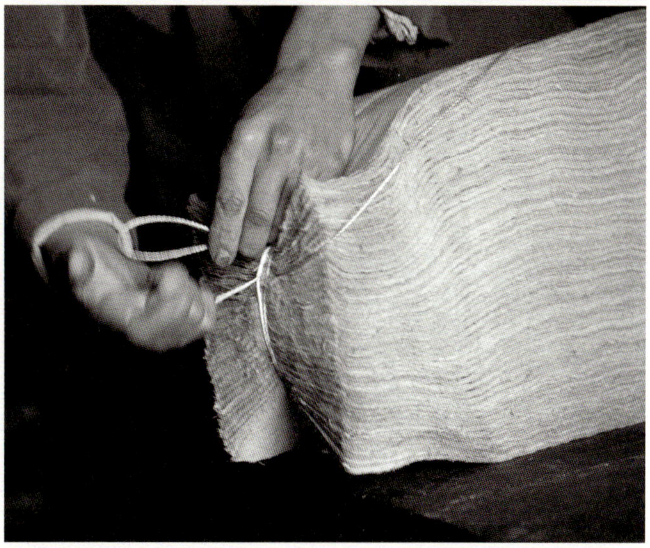

⊙ 16

⊙ 12/14 排纸 Procedures of sorting paper

⊙ 15 刮纸 Scraping the deckle edge

⊙ 16 捆纸 Binding the paper

(三)

西畴竹纸生产使用的主要工具设备

壹 捞纸槽 1

实测邓定朝家使用的捞纸槽尺寸为：长175 cm，宽94 cm，高90 cm。

⊙1

贰 纸药槽 2

实测邓定朝家使用的纸药槽尺寸为：长94 cm，宽67 cm，高90 cm。

叁 "擦子" 3

用钉子在铁片上钉出一排排小孔，凸起的孔洞起到类似锉刀的作用，用于刮纸。

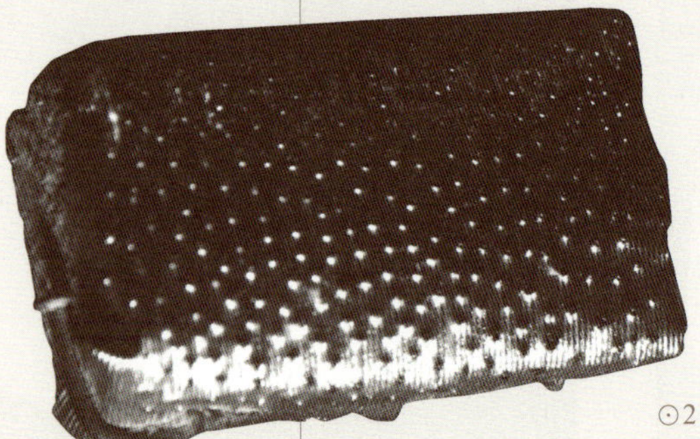
⊙2

肆 "比子" 4

长方形的小木片，排纸时作为量尺用于定位。

⊙3

⊙1 捞纸槽和纸药槽 Trough for papermaking and holding papermaking mucilage

⊙2 『擦子』 Tool for scraping the paper

⊙3 『比子』 Tool for scaling the paper

（四）

西畴竹纸的性能分析

所测西畴上新寨村竹纸的相关性能参数见表4.6。

表4.6 上新寨村竹纸的相关性能参数
Table 4.6 Performance parameters of Bamboo paper in Shangxinzhai Village

指标		单位	最大值	最小值	平均值
厚度		mm	0.174	0.121	0.152
定量		g/m²	—	—	27.2
紧度		g/cm³	—	—	0.179
抗张力	纵向	N	4.6	2.9	4.0
	横向	N	3.7	2.5	3.1
抗张强度		kN/m	—	—	0.237
白度		%	24.4	19.9	23.0
纤维长度		mm	4.39	0.95	2.29
纤维宽度		μm	25.6	7.2	13.9

由表4.6可知，所测上新寨村竹纸最厚约是最薄的1.44倍，经计算，其相对标准偏差为9.76%。竹纸的平均定量为27.2 g/m²。所测竹纸的紧度为0.179 g/cm³。

经计算，其抗张强度为0.237 kN/m，抗张强度值较小，这说明上新寨村竹纸不耐抗张，主要可能是纸的厚薄非常不均匀所致。

所测上新寨村竹纸白度平均值为23.0%，白度较低，白度最大值约是最小值的1.23倍，相对标准偏差为7.44%，有较大差别。这与当地用竹子造纸时原料没有经过仔细挑选，也没有经过蒸煮有关。

所测上新寨村竹纸纤维长度：最长4.39 mm，最短0.95 mm，平均2.29 mm；纤维宽度：最宽25.6 μm，最窄7.2 μm，平均13.9 μm。所测竹纸在10倍、20倍物镜下观测的纤维形态分别见图★1、图★2。

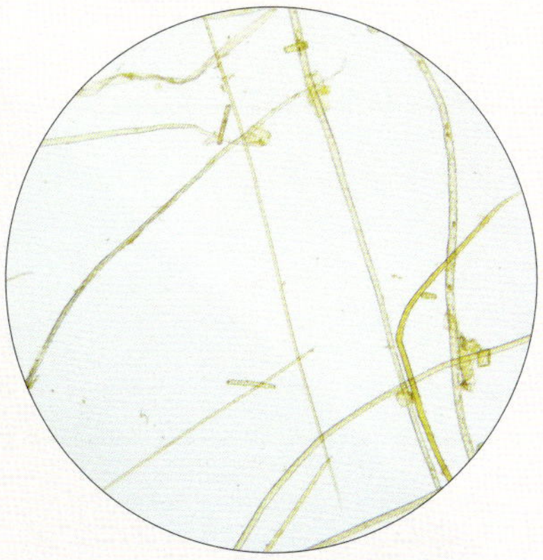

★1

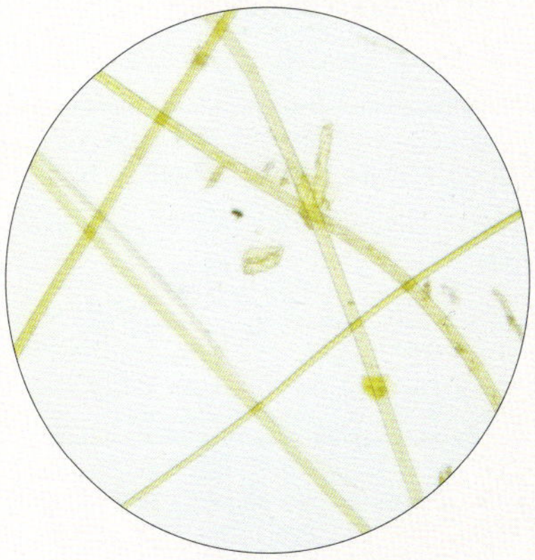

★2

★1
上新寨村竹纸纤维形态图（10×）
Fibers of Bamboo paper in Shangxinzhai Village (10× objective)

★2
上新寨村竹纸纤维形态图（20×）
Fibers of Bamboo paper in Shangxinzhai Village (20× objective)

⊙1
西畴竹纸
Bamboo paper in Xichou County

五
西畴竹纸的
用途与销售情况

5
Uses and Sales of Bamboo Paper in Xichou County

西畴竹纸主要用于祭祀，所以造纸户一般在特定节日，如春节、清明节、中元节前到法斗乡及坪寨村的集市上去交易。当地人过去写字也用这种竹纸，现在除用于祭祀祖先、神灵外，红、白事及挂礼等民俗中也用这种纸。西畴县汉族每户每年用于祭祀的竹纸约为50刀。当地以25刀为1只，4只为1捆，2捆为1担。1980年前，1刀纸20张；1990年后，逐渐减少为18张、16张，现在一般为13张。

西畴竹纸产业目前的造纸经济效益不高，以邓定朝家为例，邓定朝造纸，需要3人砍竹。且据了解，每80 kg竹料可抄造3 000张纸，相当于1担，邓家年产纸量150担左右，按2008年初30元/担计算，造纸销售额仅为4 500元左右，其中还要除去万余斤竹料及石灰等支出，经济效益比外出务工要差很多，所以上新寨的年轻人多数外出务工，愿意继承祖辈技艺的人很少，传统造纸工艺的传承和发展面临着现实经济利益的冲击。

六
西畴竹纸的
相关民俗与文化事象

6
Folk Customs and Culture of Bamboo Paper in Xichou County

西畴当地的壮族人崇敬祖先且推崇多神论，祭拜的神明很多，有土地神、巨石神、龙蛇神、鸟神，还有林神、水神等。祭拜时都要烧纸钱。壮族人每年三月，择吉日上祖坟扫墓。上坟时要为坟填土、插坟标、点香、烧纸钱。

当地的苗族人也有用竹纸祭祀祖先和自然之神的传统。祭祀时在中堂设立神台，即用半刀竹纸折叠挂在堂屋壁上，春节时在纸上点4滴鸡血，中元节再点5滴，每滴血都沾上5根小鸡毛。纸上所滴的鸡血要排成3路，每路3滴，合计9滴，代表4代祖公、5代神婆，目的在于祈求祖先保佑后人平安，消灾除难驱邪赶鬼，使家人得财、得福、得子。

当地的瑶族人信奉多神，通常把神社和神庙设在村子边的大树下，供奉诸神。村民每年上香

⊙ 1

⊙ 2

⊙ 1 / 2 西畴风光

Landscape of Xichou County

烧竹纸，献茶祈祷，保佑家里和村寨中的人畜平安。此外，瑶族人每年二月初要举行扫寨仪式。一方面驱邪赶鬼，让村寨中的人健康、六畜兴旺；另一方面求龙王放水，风调雨顺。祭扫时每户有一人参加祭扫活动，杀猪杀鸡。一人手里端着一碗饭，其余人手持大刀、斧头、棍棒、锄头、纸钱在村中游走，一边走一边跳舞；同时寨子中的各户人家都要展开大扫除，以求得平安幸福。七月初四的祭祖节，要杀鸡煮肉燃香灯，烧纸钱祭献祖宗。八月的卯、辰、亥日“尝新节”，杀鸡鸭、煮新米饭、燃点香灯、烧纸钱祭祖先。

七 西畴竹纸的保护现状与发展思考

7 Preservation and Development of Bamboo Paper in Xichou County

西畴县法斗乡坪寨村竹纸生产的总体情况较为良好，生产和分布的广度在云南竹纸里应列入第一梯队，不仅传承的脉络相对清晰，而且政府的推动意愿和力度可作为云南省其他竹纸产区的政策引导样本。但由于法斗乡竹纸的使用属于民间低端用途，因而经济收益并不好，经不起开放市场与区域交通环境改善的冲击。

法斗乡将土纸和造土纸所用的原料竹子列入“五个一工程”，甚至提出“工农并举，打造‘土纸之乡’品牌”的口号，这体现了乡政府对土纸产业及品牌的高度重视。然而按目前状况，土纸主要用于祭祀，这导致其价格偏高，市场还很容易受到机制纸挤压，如何打造“土纸之乡”品牌是个大问题。如真能落实推动“土纸之乡”品牌，那么由此会带来较大市场需求，进而提高经济效益，传统造纸工艺才会在当代乡村经济业态平台上得到传承和发扬，否则法斗乡坪寨村的土法造纸很有可能逐渐趋于边缘。

竹纸

Bamboo Paper in Xichou County

上新寨村竹纸透光摄影图
A photo of Bamboo paper in Shangxinzhai Village seen through the light

第六节

建水竹纸

云南省
Yunnan Province

红河哈尼族彝族自治州
Honghe Hani-Yi Autonomous Prefecture

建水县
Jianshui County

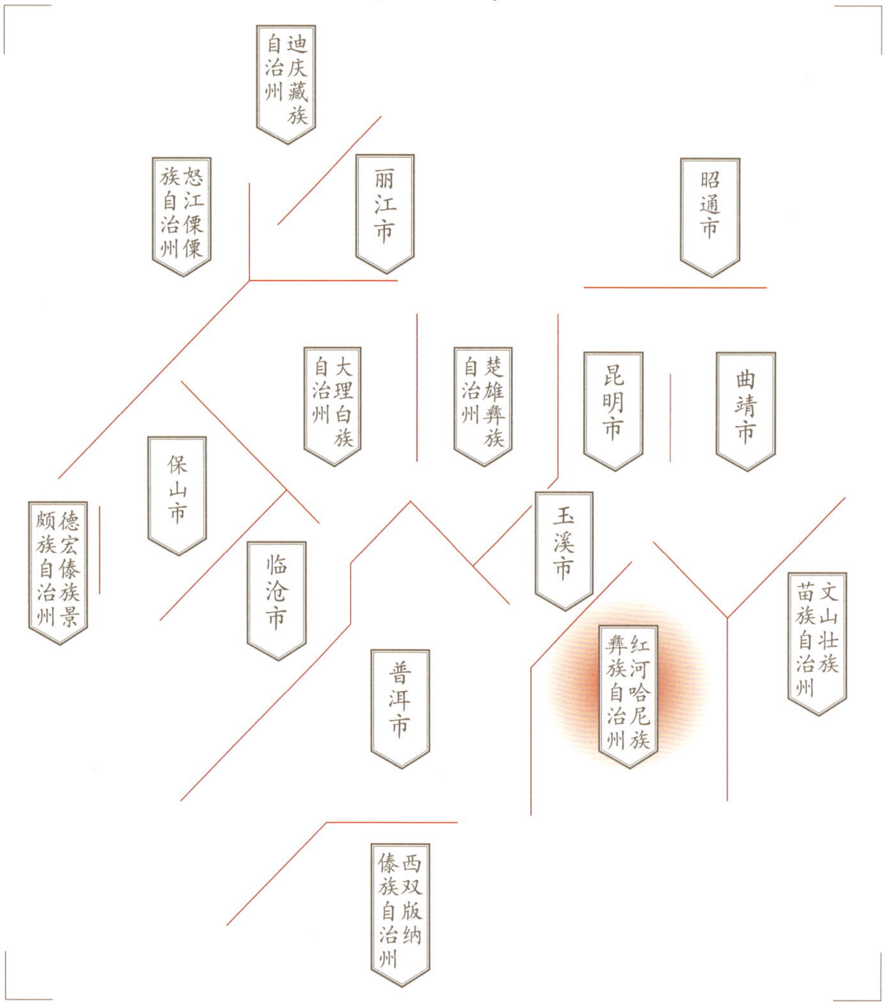

调查对象
坡头乡
太平行政村
太平自然村
竹纸

Section 6
Bamboo Paper in Jianshui County

Subject

Bamboo Paper in Taiping Natural Village, Taiping Administrative Village, Potou Town

一 建水竹纸的基础信息及其分布

1 Basic Information and Distribution of Bamboo Paper in Jianshui County

建水竹纸的主产地是建水县坡头乡太平行政村的太平自然村和普古鲊自然村。造纸所用的竹子在当地被称为大竹，通常在新生竹子还没长出叶子的时候砍伐。建水竹纸纸质相对较好，历史上曾广泛用于包装及书写，现代则主要用于地方性祭祀仪式和丧礼活动。

明万历版《云南通志》卷二及天启版《滇志》卷三中有临安府（今建水）产纸的记载。由此可见，建水县造纸的历史颇为悠久。建水县坡头乡太平行政村太平自然村与普古鲊自然村是滇东南偏远的村寨，距建水县城约55 km，沿途都是崎岖不平的山路。2008年2月，调查组从建水县城驱车到太平自然村的山寨需要三个多小时。太平自然村造纸作坊多设于屋旁的竹林之中，林中多山泉，就泉设坊，用水很方便。

调查组成员在同太平自然村造过纸的老人交流中了解到，本村寨造纸是世代手口相传下来的手艺，有150年以上历史。除太平自然村用大竹造纸外，也有别的村寨利用花木脑山上的滑竹生产土纸。

⊙1 太平村景 Landscape of Taiping Village

建水竹纸生产地分布示意图

Distribution map of the papermaking site of Bamboo paper in Jianshui County

考察时间
2004年10月 / 2008年2月

Investigation Date
Oct. 2004 / Feb. 2008

路线图
建水县城
↓
太平村

Road map from Jianshui County centre to the papermaking site (Taiping Village)

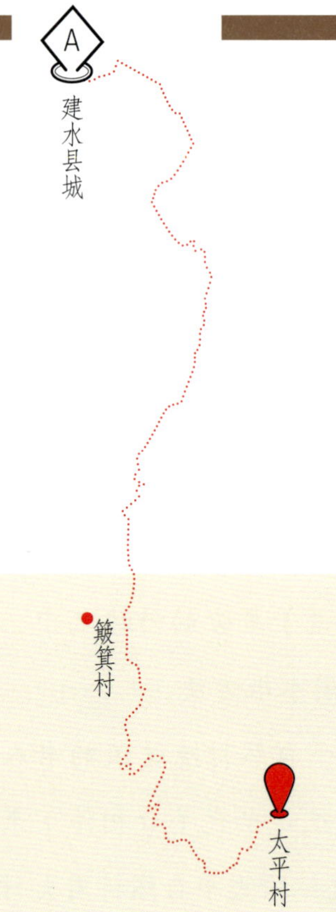

地域名称

A	1	2	3	4	5	6	7	8	9	10	11
建水县 临安镇	盘江乡	岔科镇	面甸镇	普雄镇	曲江镇	南庄镇	甸尾乡	西庄镇	青龙镇	坡头乡	官厅镇

造纸点名称

坡头乡 → 太平村 造纸点

位置分布

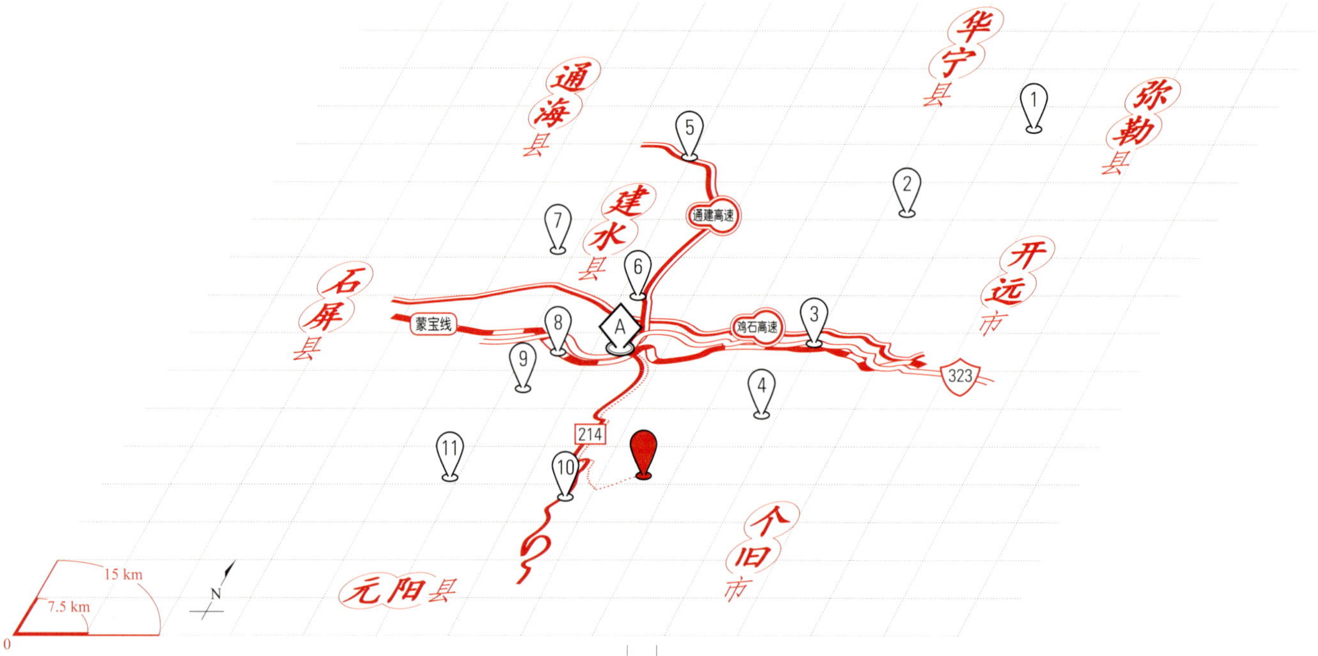

市府、州府		造纸点		S221	省道
县城		历史造纸点		G21	国道
乡镇		山		昆河线	铁路
村落		国家级自然保护区		G56	高速公路
					线路

二
建水竹纸生产的人文地理环境

2
The Cultural and Geographic Environment of Bamboo Paper in Jianshui County

建水县位于云南省南部，西邻石屏县，东接开远市，北依弥勒县，南接元阳县与个旧市，隶属于红河哈尼族彝族自治州。建水县有着悠久的历史，唐元和年间，约公元810年前后在此筑惠历城，后因“建于水边之城”而得名建水。元代以来，建水即已成为滇南政治、军事、经济、文化的中心，明、清两代是临安府城的所在地。建水县古文物遗存丰富，境内有上百处文物古迹，众多古建筑和寺庙，如元代的指林寺、明代的朝阳楼，还有“滇南大观园”之称的朱家花园以及大量民族特色鲜明的民居。汉族传统的祭孔乐舞和洞经音乐，哈尼族的芒鼓舞和长街宴，彝族的花灯和烟盒舞，苗族的踩花山等民族民间文化异彩纷呈。

坡头乡地处红河中游北岸，建水县南部，是原中华人民共和国文化部命名的中国民族民间艺术（哈尼族歌舞）之乡，也是锰业、竹业之乡。乡政府驻地距县城39 km，属典型的深切割中、低山地形，具有“一山分四季，十里不同天”的立体气候特征。位于坡头乡北部的五老峰海拔2 515 m，是建水县海拔最高点，地处乡内南缘红河岸边的阿土村海拔230 m，是全县海拔最低点。全乡年均气温为16.5 ℃，无霜期为307天，全年的平均降水量为1 199.8 mm。

太平自然村属坡头乡太平行政村管辖，位于坡头乡东，地处东经102° 54′，北纬23° 22′，距离坡头乡政府驻地24 km。太平自然村面积3.64 km^2，平均海拔1 495 m，年平均气温18 ℃，年降水量1 200 mm。太平自然村有耕地约2.78×10^5 m^2（人均耕地940 m^2）、林地1×10^6 m^2，农民收入主要来自种植业及特色竹加工业。

⊙1

⊙1 太平村小景 View of Taiping Village

元代建水创建了在中国南方影响很广的文庙学，在中国，现存可见的建水文庙规模仅次于山东曲阜的孔庙。明代以后临安府又相继建了学政考棚、州学、书院、府学等，一时礼学大兴、文风昌盛，成为滇南文化教育的中心，有"文献名邦""滇南邹鲁"的美誉。

1994年1月10日，中华人民共和国国务院批准建水风景名胜区列入第三批国家级风景名胜区名单。建水国家级风景名胜区包括燕子洞、临安古城、红河焕文等三大景区，融溶洞景观、文化古迹和民族风情为一体。著名的燕子洞地下奇观，以古洞厅观、春燕云集、钟乳悬匾和采燕窝绝技著称于世。明末中国大旅行家徐霞客曾慕名而来并写下相关游记文字。

⊙1

⊙1 建水县燕子洞景观 Swallow Cave in Jianshui County

三 建水竹纸的历史与传承

3 History and Inheritance of Bamboo Paper in Jianshui County

建水县在明代为临安府驻地，明万历版《云南通志》和天启版《滇志》都有临安府产纸的记载，以此正史为据，建水县的造纸历史有400多年。建水县坡头乡的太平、普古鲊、绿竹地、小者茶等自然村寨以前均有造纸业，尤以太平、普古鲊最繁荣，曾有300多户从事造纸。20世纪80年代初，这里的造纸户大多已停止生产。

《元阳县志》记载的郭芒才、陈国龙等于清嘉庆七年（1802年），由建水县迁居元阳县嘎娘乡，带去古老的造纸术，使得元阳境内开始有了造纸业。可见建水县的竹纸生产与红河哈尼族彝族自治州另一个目前仍在造纸的元阳县嘎娘乡竹纸的源流关系。

2008年2月，调查组实地调查了建水县坡头乡太平行政村的太平自然村，入村时刚下过雨，道路崎岖不平，且泥泞不堪，车子无法再前行，调查组成员走了近两个小时的山路和梯田才到达太平村。一路上都是茂密的竹林，造纸原料极其丰富，时常可见废弃的蒸煮窑和泡料池。由此推想，这里造纸繁盛时期手工造纸行业的规模应相当可观。

⊙2 ⊙3
⊙4 ⊙5

⊙6

⊙2 废弃的泡料池 Abandoned soaking pool

⊙3/4 废弃的纸槽 Abandoned papermaking trough

⊙5 废弃的蒸煮窑 Abandoned kiln for steaming and boiling papermaking materials

⊙6 竹林 Bamboo forest

四
建水竹纸的生产工艺与技术分析

4
Papermaking Technique and Technical Analysis of Bamboo Paper in Jianshui County

(一)
建水竹纸的生产原料与辅料

建水县太平自然村生产竹纸的原料当地称为大竹，在村子周边分布较广。所用辅料有石灰、藤条灰和纸药杉松树根汁。杉松树根汁是将杉松树根最外面的薄皮去掉，敲碎，放入池中，用水浸泡出汁而得到的。

(二)
建水竹纸的生产工艺流程

太平自然村流传着造竹纸有72道工序的说法。经调查，记录了其主要工序：

壹	贰	叁	肆	伍	陆	柒	捌
砍竹	破竹	剥竹皮	舂竹	晒竹	浸泡	裹石灰	堆放

玖	拾	拾壹	拾贰	拾叁	拾肆	拾伍	拾陆
蒸煮	碎竹	洗涤	二次蒸煮	二次洗涤	窑沤	舂料	打槽

拾柒	拾捌	拾玖	贰拾	贰拾壹	贰拾贰	贰拾叁
加纸药	抄纸	压榨	揭纸	晾纸	撕纸	包装

壹
砍竹

1 ⊙1

每年农历七至八月，将当年生、还没长出叶子的嫩竹砍下，截成长1 m左右的竹段。

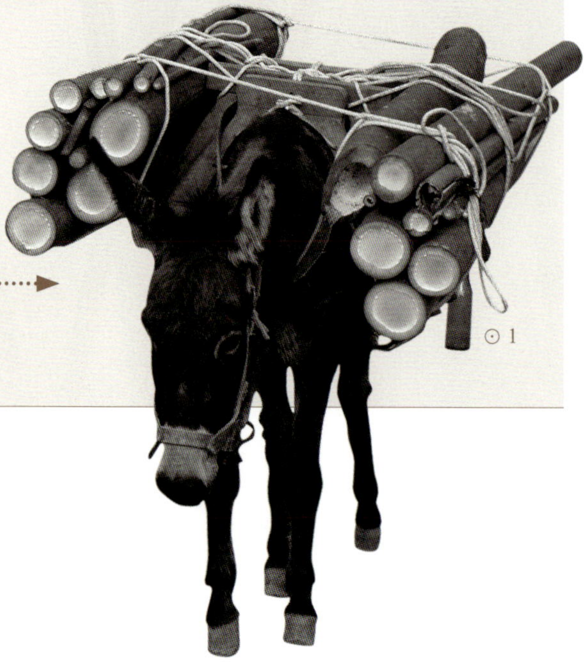
⊙1

⊙1
运竹
Transporting the bamboo

贰 破竹

2

将竹段破成两片。

叁 剥竹皮

3

用刀将竹片表层的绿皮剥去。

肆 舂竹

4

用脚碓将竹片舂裂。

伍 晒竹

5

将舂碎后的竹料捆成把，放在太阳下晒干，当地将晒干后的竹料称为竹麻。

陆 浸泡

6

将竹麻成捆码放在水池中，用清水浸泡约20天。

柒 裹石灰

7

将浸泡好的竹麻取出，浸入石灰浆中，裹上石灰浆。

捌 堆放

8

再将竹麻堆放于泡料池中，发酵约半个月。

玖 蒸煮

9

将发酵后的竹麻放入蒸煮窑中，加清水和适量石灰，蒸煮3天左右。

拾 碎竹

10

用提钩将蒸煮好的竹麻钩出，用脚碓再次舂捣。

拾壹 洗涤

11

将竹麻放入水池中，用提钩不断翻洗，洗涤三次，每洗一次换一次水。一般要四人连续洗十几个小时才能洗干净一窑竹麻。

拾贰 二次蒸煮

12

再把竹麻放入蒸煮窑中，加藤条灰，蒸煮3天后熄火，再焖2天。

拾叁 二次洗涤

13

将竹麻钩放到水池中，不断翻洗，换水三次，把藤条灰洗净。竹麻洗净后当地也称为竹料。

拾肆 窑 沤

14

将竹料再次放入窑中，加入清水和酸汤树的树枝，沤半个月左右。

拾伍 舂 料

15

把竹料取出，放入臼窝，反复舂捣，将竹料捣碎捣融，并用手除去一些老皮层，一人一天可舂约60 kg竹料。

拾陆 打 槽

16

把舂好的料放入抄纸槽中，加水，用木耙把料搅散。打开抄纸槽底部出水口过滤后放出大部分水。

拾柒 加 纸 药

17

抄纸前加入适量水和纸药（杉松树根汁），再用竹棒把竹浆料、纸药和水搅均匀。

拾捌 抄 纸

18 ⊙2 ⊙3

竹料搅均匀后即可用竹帘抄纸，抄好纸后，将湿纸扣在湿纸垛上。

拾玖 压 榨

19

用压板压去湿纸垛的部分水分，再用木榨缓慢将湿纸垛榨干。

⊙2

⊙3

贰拾 揭 纸

20

松榨后，用牛角粗的一端将纸垛划松，将纸揭开一半，对折，用刷子刷平。然后各张依次撕开，两张纸间略有间隔，20多张作为1叠。

贰拾壹 晾 纸

21

将纸一叠叠晾在屋内的竹竿上，天气不同，晾纸时间长短也不同，一般晾一周左右。

贰拾贰 撕 纸

22

晾干后，将纸取下来，一张张撕开并理齐。

⊙2/3 纸帘和帘架
Papermaking screen and its supporting frame

贰拾叁
包　　装

23 ⊙4

30张纸为1刀，一头叠起至中间位置，按刀错落叠放。20刀为1捆。每捆上下各放一块竹片，用竹篾捆好。

⊙4 叠纸示意图 Folding the paper

（三）
建水竹纸的性能分析

所测建水太平村竹纸的相关性能参数见表4.7。

表4.7 太平村竹纸的相关性能参数
Table 4.7 Performance parameters of Bamboo paper in Taiping Village

指标		单位	最大值	最小值	平均值
厚度		mm	0.196	0.118	0.154
定量		g/m^2	—	—	25.4
紧度		g/cm^3	—	—	0.165
抗张力	纵向	N	—	—	—
	横向	N	—	—	—
抗张强度		kN/m	—	—	—
白度		%	23.4	20.5	21.9
纤维长度		mm	2.68	1.38	2.17
纤维宽度		μm	20.1	6.6	13.9

由表4.7可知，所测太平村竹纸最厚约是最薄的1.66倍，经计算，其相对标准偏差为17.9%，具有较大的偏差。竹纸的平均定量为25.4 g/m^2。所测竹纸的紧度为0.165 g/cm^3。

因收集的太平村竹纸量很少，故未测量其抗张强度与抗张力。

所测太平村竹纸白度平均值为21.9%，白度较低，白度最大值约是最小值的1.14倍，相对标准偏差为4.69%，有一定差异。

所测太平村竹纸纤维长度：最长2.68 mm，最短1.38 mm，平均2.17 mm；纤维宽度：最宽20.1 μm，最窄6.6 μm，平均13.9 μm。所测竹纸在10倍、20倍物镜下观测的纤维形态分别见图★1、图★2。

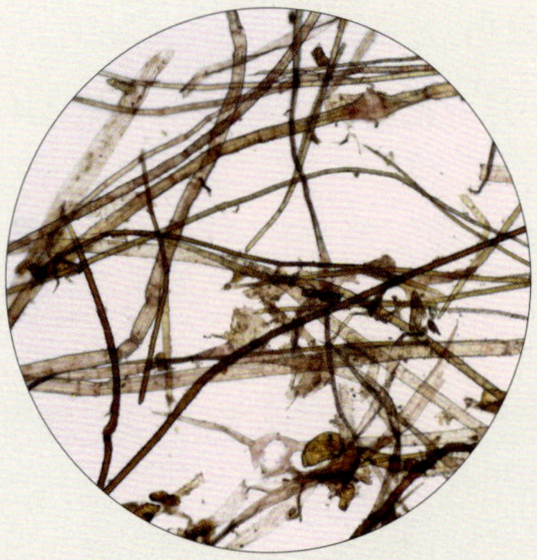

★1

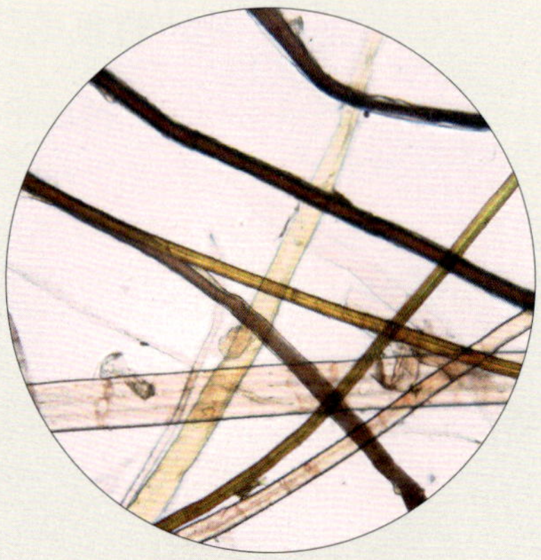

★2

五 建水竹纸的用途与销售情况

5 Uses and Sales of Bamboo Paper in Jianshui County

传统建水竹纸纸质较好，历史上曾广泛用于包装和书写，现代最主要的用途是地方性祭祀仪式和丧礼活动。

20世纪80年代，一捆建水竹纸售价为7.8元。调查组访问了造纸户吴德鸿家，当时吴家一年能造纸100捆左右，年收入约780元，这在当时算是不错的收入。

太平自然村造纸工艺中采用了二次蒸煮的熟料法，需要用到大量竹木柴草。由于大量砍伐，林木资源明显减少。此外，更为严重的是，20世

★1
太平村竹纸纤维形态图（10×）
Fibers of Bamboo paper in Taiping Village (10× objective)

★2
太平村竹纸纤维形态图（20×）
Fibers of Bamboo paper in Taiping Village (20× objective)

⊙1

⊙2

⊙3

纪80年代后，纸的销路逐渐不畅，经济收入也日趋下滑。整个太平行政村1998年前后就基本上停止了造纸。目前的主要经济收入为制作和销售烤肉串的竹针（竹筷子），一人一天可以削十多把竹针，一把（500根）可卖到2.5元，如果全天工作，月收入近千元，比造竹纸收入高，成本也要低很多。

⊙4

⊙5

⊙1／4
太平村家家户户都在用竹子加工烤肉串的竹针
Every household in Taiping Village making bamboo sticks for barbecue

⊙5
调查组成员与太平村造纸户吴德鸿一家合影
A group photo of researchers and papermaker Wu Dehong's family

六 建水竹纸的相关民俗与文化事象

6 Folk Customs and Culture of Bamboo Paper in Jianshui County

(一) 造纸72道工序

调查组到太平自然村考察时，了解到村里流传着一种说法，即造竹纸有72道工序。这是调查组在云南调查时首次了解到造竹纸有72道工序的说法。据进一步的调查考证，太平自然村传统竹纸的主要制作工序有23道，与72道工序有较大的差距。调查组认为72道工序的说法，首先是为了说明造纸工序繁多，工艺精细，造纸极其不易；此外，一些工序可以被拆分成几个小工序，如洗涤和二次洗涤，各需洗3次，则可以作为3道工序。

(二) 珍藏造纸所用牛角

调查组首次在云南发现揭纸工序时用牛角将纸垛划松。该工具较为独特，且整个太平行政村目前已无活态造纸，调查组成员希望购买该牛角工具。出乎意料的是，太平自然村的造纸户愿意将珍藏的竹纸、纸帘、帘架无偿赠送，甚至愿意重新做一个揭纸用的牛角相送，但用过的牛角要自藏。

⊙1

⊙1 提钩头和牛角 Hook and ox horn used in papermaking

七 建水竹纸的保护现状与发展思考

7 Preservation and Development of Bamboo Paper in Jianshui County

林木资源的缺乏，以及民间丧葬用纸消费空间的边缘化，使得建水竹纸手工生产的赢利难度日益加大，并最终迫使造纸户逐渐放弃这一祖传营生手段，选择了新的竹材料加工业。从20世纪80年代起，建水县太平自然村汉族造纸村民与普古鲊自然村哈尼族造纸村民的手工纸生产相继歇业。目前只剩生产工具和若干纸品的遗存，如不采取措施，再过一些时日，估计建水竹纸的业态及文化遗存会完全消亡。

因此，目前建水竹纸保护的当务之急是：首先，进行抢救性的文字与影像记录，使这一业态能够得到博物馆式的技艺与文化传承。其次，谋求手工竹纸新的发展空间，在新的经济环境中实现传统工艺的重生。建水县具有深厚的自然及文化旅游资源，手工造纸曾是建水县颇具影响的重要非物质文化遗产样式，如果能够将二者有机结合起来，造纸则有机会成为一个重要的旅游文化产品。比如将造纸作坊搬迁到主要景区附近，设置相应的展区，使之成为景区的文化旅游内容之一，使其文化内涵与工艺获得活态传承，同时也有可能构建新的文化体验消费模式。

⊙2
太平村村民居住环境
Living conditions in Taiping Village

第五章
滇东北地区

Chapter V
Northeast Area of
Yunnan Province

第一节

罗平白绵纸

云南省
Yunnan Province

曲靖市
Qujing City

罗平县
Luoping County

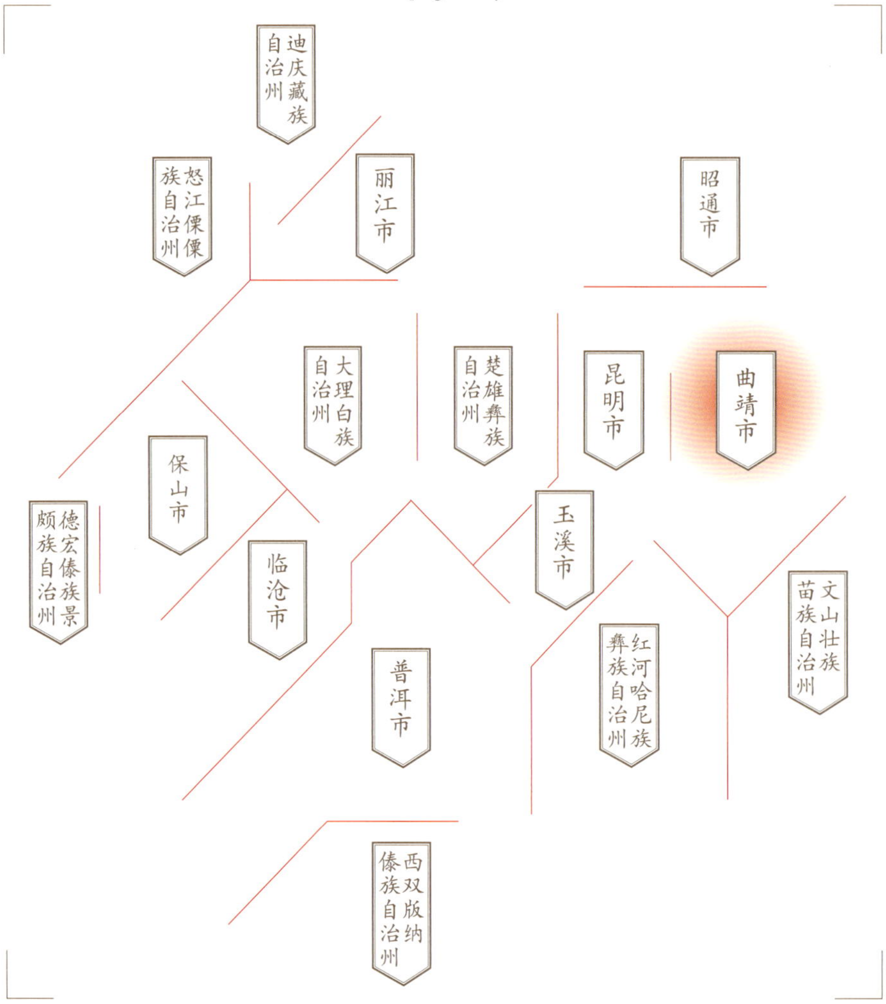

调查对象

板桥镇
募补行政村
募补自然村
白绵纸

Section 1
Baimian Paper in Luoping County

Subject

Baimian Paper in Mubu Natural Village,
Mubu Administrative Village,
Banqiao Town

一

罗平白绵纸的基础信息及其分布

1

Basic Information and Distribution of Baimian Paper in Luoping County

罗平白绵纸当代的代表性产地是曲靖市罗平县板桥镇慕补行政村的慕补自然村，其主要生产原料为构树皮。当地的造纸村民认为，罗平白绵纸制作原料以春构为最佳，皮质较嫩，造出的纸质量上乘。因慕补村不产构皮，造纸户所用的构皮原料是从板桥镇上的集贸市场或附近的彝族、瑶族和白族百姓手中购买的。罗平白绵纸主要用于祭祀，也用于糊窗户、制作爆竹引线、包装及染色扎花等。

罗平县除慕补村生产白绵纸外，从清末至民国，还有老厂乡与钟山乡的落德克村因生产绵纸和草纸闻名，但调查组前往罗平县时，其早已停产。

二

罗平白绵纸生产的人文地理环境

2

The Cultural and Geographic Environment of Baimian Paper in Luoping County

罗平县地处云南省东部，位于滇、桂、黔三省区结合部，有“鸡鸣三省”的民间描述，地理坐标位于东经103°57′~104°43′、北纬24°31′~25° 25′。距昆明市240 km，距曲靖市131 km。东沿黄泥河与贵州省兴义市接壤，南与广西壮族自治区西林县隔南盘江相望，西南邻师宗县，西部和北部分别与陆良、麒麟、富源等区县交界。罗平县地处滇东高原向黔西高原过渡的斜坡上，地势呈西北高、东南低的特征，最高海拔2 467.9 m，最低海拔722 m，平均海拔1 480 m，地形地质结构复杂。罗平县域总面积3 018 km^2，境内除南部八大河一带属南亚热带气候外，其余均为高原季风气候，年平均降水量1 743.9 mm，年平均相对湿度85%，年平均日照时数1 685小时，年平均气温15.1 ℃。

罗平地区早在旧石器时代就有人类活动。

路线图
罗平县城
↓
募补村
Road map from Luoping County centre to the papermaking site (Mubu Village)

罗平白绵纸生产地分布示意图

Distribution map of the papermaking site of Baimian paper in Luoping County

考察时间
2004年3月 / 2008年1月

Investigation Date
Mar. 2004 / Jan. 2008

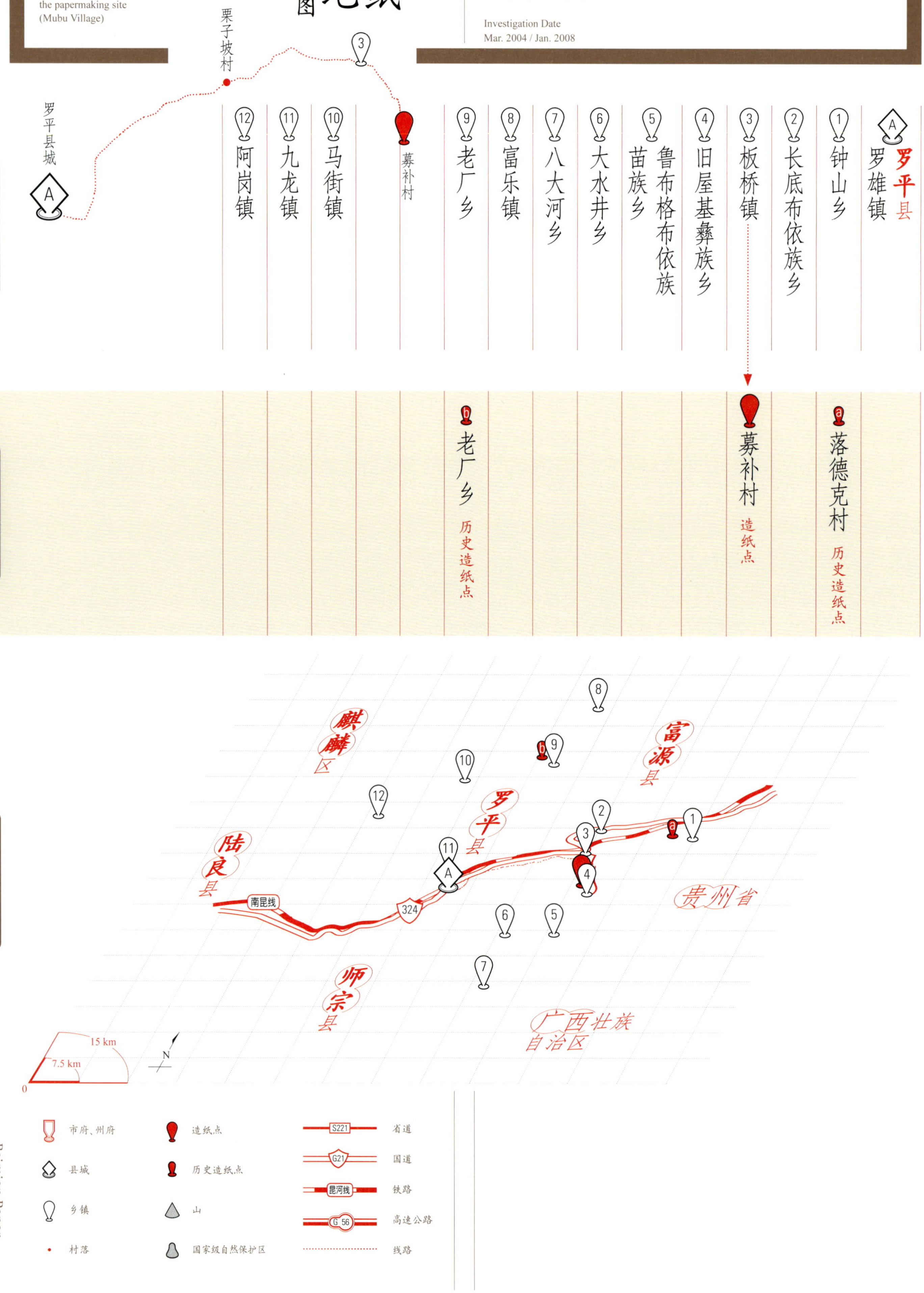

1976年于罗平县牛街（现九龙镇）羊洞发现旧石器时代的打制石器[1]。秦代县境为夜郎国属国辖地。西汉元鼎六年（公元前111年）平西南夷，设牂牁郡，辖17县，县境名漏卧。西晋时县境属宁州，北周属南宁州（东爨），隋代属昆州，改名塔弊纳彝甸。唐代先后属盘州、郎州、罗雄部。宋代属大理国石城郡，元代属罗雄州，明清属曲靖军民府。1913年始称罗平县，属滇中道。1929年废道，直隶省管。1958年10月曾撤销罗平县建制，并入师宗县。1959年1月，恢复罗平县建制至今[2]。

罗平县境内旅游资源丰富，九龙瀑布群为云南省优秀风景区之一；鲁布革小三峡碧波荡漾，多依河风景区风光旖旎。民族风情浓郁，物产富饶，为云南省烤烟、蜜蜂春繁和蜂产品加工基地县。油菜产量居全省之首，200余平方千米的连片油菜花形成著名的油菜花海，每年春季的“罗平油菜花旅游节”盛况宏大，有较强的品牌影响力。

从罗平县城前往板桥镇慕补自然村，行程约30 km，不断跃入眼帘的是孤峰平原式的喀斯特地形，山峰浑圆、低缓，田里大多生长着水稻和油菜。慕补村是汉族居民聚居地，村边有龙潭山泉溪水流过，水质清澈。2008年1月调查组入村调查时，是寒冷的冬季，能够明显看到水面上升腾的热气。溪流两侧相对集中地散落着石质的纸槽，堤坝上到处堆放或摊放着构皮，料池、石甑随处可见。

⊙1

⊙1 罗平油菜花海盛景
Beautiful rape flowers in Luoping County

三 罗平白绵纸的历史与传承

3 History and Inheritance of Baimian Paper in Luoping County

罗平白绵纸的产区主要集中在县境东南部的板桥镇慕补行政村的慕补自然村，关于其手工造纸的起源并未见到明确的官方记载，也未发现民间相关文字描述。

罗平县早期手工纸生产的确切文字记载来自1995年《罗平县志》。据此方志记载，清末至民国时期，县境内先后有板桥镇的慕补村、钟山乡的落德克村以及因造纸而得名的老厂乡等多处生产绵纸和草纸。其中，慕补造纸厂主要生产构皮为原料的绵纸，其他几家造纸厂草纸和绵纸都生

[1] 李燕琴.罗平花灯及其音乐[J].民族音乐,2008(3):51-52.

[2] 罗平县地方志编纂委员会.罗平县志[M].昆明:云南人民出版社,1995:53.

产。1952年前后，纸张生产每年维持在40吨左右。1958年，老厂、钟山、板桥3个公社相继开办造纸厂，当年生产纸张85吨。1961年以后，老厂和钟山造纸厂因原料不足相继停产，生产逐年下降。加之1970年前后纸伞业受到布伞冲击，绵纸需求迅速下滑，至1976年，全县年生产纸张仅0.76吨。1978年造纸业逐渐恢复，板桥造纸厂经技术改造后，开始生产机制包装纸。1980年板桥镇慕补自然村有63户人家从事绵纸的生产制作，年产绵纸1 500～2 000刀（每刀80张，纸张规格为57 cm × 30 cm），除供应县内市场外，还销往邻县市。[3]

2008年1月，调查组采访慕补村村民时，不少造纸户都提到祖先数百年前从四川省迁至此地，带来造纸技术。据该村造纸户辛绍礼介绍，慕补村的造纸技术系祖传。以辛绍礼家为例，就目前他记忆的传承谱系，已在四代以上。另据造纸户徐金谷介绍，徐家从四川到慕补村已有340年，到慕补村就从事造纸。

慕补村不产构皮，该村造纸户所用的构皮原料是从集贸市场及附近的彝族、瑶族和白族农民那里购买的。目前，慕补村有300多户人家，其中20～30户利用农闲时造纸，时间一般是在当年9月至次年3月。相对于1980年前后有60余家造纸，20世纪末有40～50个造纸户而言，该村的造纸业已呈衰落下滑趋势。

⊙1

⊙1 慕补村连片的纸槽
Papermaking troughs in Mubu Village

[3] 罗平县地方志编纂委员会.罗平县志[M].昆明：云南人民出版社，1995:196.

四
罗平白绵纸的
生产工艺与技术分析

4
Papermaking Technique and
Technical Analysis of
Baimian Paper in Luoping County

(一)
罗平白绵纸的生产原料和辅料

罗平慕补村白绵纸的生产原料是构皮，造纸户通常在每年3～4月购买春构皮，相对而言，这种构树皮较嫩，便于造纸；而秋天的构皮较坚硬而难用，当地人称为“火烧皮”。老、嫩构皮都可以造纸，只是老构皮需多放些烧碱，嫩构皮可以少放些。造纸户们一般在造纸季节来临之际（通常是夏秋之交），在板桥镇及周边的集贸市场或附近的彝族、瑶族、白族农民那里买回晒干的春构皮。

慕补村造纸使用的纸药是杉松树根汁或仙人掌汁，在当地被称为“滑水”或“滑药”。就二者而言，造纸户更常用仙人掌汁。据造纸户介绍，仙人掌浸出的汁更清亮、干净。仙人掌汁的制作方法是将仙人掌打碎装入袋中，然后浸泡在滑缸里，经浸泡，仙人掌汁从袋子的孔缝中渗出。慕补村白绵纸制作过程中，纸药是按干构皮与仙人掌10∶1的重量比来配制的。杉松树根汁的制作方法与此相似。

⊙2

⊙3

⊙4

⊙2
运干构皮
Carrying dried paper mulberry bark

⊙3
浸泡仙人掌
Soaking the cactus to make papermaking mucilage

⊙4
浸泡杉松树根
Soaking the cedar pine roots to make papermaking mucilage

(二)

罗平白绵纸的生产工艺流程

经调查，罗平募补村生产白绵纸的工艺流程为：

壹	贰	叁	肆	伍	陆	柒	捌	玖
泡构皮	解皮子	浆皮子	上锅	放锅	蒸皮	下锅	摆大灰皮	晒料

拾	拾壹	拾贰	拾叁	拾肆	拾伍	拾陆	拾柒
浆料	捂料	蒸料	洗料	捞料	漂料	打料	洗料

拾捌	拾玖	贰拾	贰拾壹	贰拾贰	贰拾叁	贰拾肆	贰拾伍	贰拾陆
榨料	打槽	压槽	制滑	加滑	荡槽	抄纸	压榨	扛纸

贰拾柒	贰拾捌	贰拾玖	叁拾	叁拾壹	叁拾贰	叁拾叁	叁拾肆
撕纸	贴纸	晾纸	压纸行子	揭纸	折纸	理纸	捆纸

壹 泡构皮 1

把买来的干构皮一捆捆地（每捆20～30 kg）放在水沟中泡软，一般泡两天即可，冬季时间略长一些。

贰 解皮子 2

将泡软的构皮一捆分拆成10小捆左右。

叁 浆皮子 3

把生石灰放入石灰塘，加水发酵两小时。然后用皮钩将构皮放入石灰塘中，浆上石灰，随即钩出，堆放成垛，并用塑料薄膜将构皮垛盖住，堆放3～5天。以前多用松毛盖垛，以防止构皮垛被晒干。浆构皮时，干构皮和石灰的重量比为2:1。

⊙1

肆 上锅

4 ⊙1

用皮钩将皮子钩到蒸锅中，并整齐地码放，一个人半天时间可钩放1吨干构皮所制得的皮子。

伍 放锅

5

用泥巴覆盖蒸锅中的皮子，并用绳子勒住泥巴，使泥巴不会掉下来。现多用塑料布将皮子包裹严实。

陆 蒸皮

6

用柴或煤蒸料一天一夜，待“锅响”，便停火焐一天，此时蒸好的皮子称为大灰皮。

柒 下锅

7

拆掉绳子，用锄头挖掉泥巴，用棍子将大灰皮从蒸锅中挑出来，一人半天时间即可将一锅皮子挑完。

捌 摆大灰皮

8

将大灰皮挑放到小溪里，用手搓洗、漂荡，并辅以脚力踩踏，之后再将皮料放在石板上，用脚搓揉，再次清洗，便完成对皮料中石灰及外层黑皮等杂质的清理、洗涤。大灰皮洗干净后叫做料。一般两人一天可洗出1吨干构皮的料。

玖 晒料

9 ⊙2

将料搭放在竹竿上、墙头或田埂边等有垂直高度落差便于沥水的地方晾晒。晾晒最好经过几次日晒雨淋，这样造出的纸更白。

⊙2

⊙1 待蒸的料 Papermaking materials for steaming

⊙2 晒料 Drying the papermaking materials

拾 浆料

10

将晒干的料放入池中，浆上烧碱，10 kg干构皮约需用1 kg的烧碱。

拾壹 捂料

11 ⊙3

把浆好的料堆成堆，捂一周以上。

拾贰 蒸料

12

把料整齐码放在蒸锅里，其上用塑料布覆盖，再蒸一天左右。

拾叁 洗料

13

用木棒将料挑出来，再次挑到小溪中任水流漂洗一天一夜。

拾肆 捞料

14

用手将料捞起来，挤干。

⊙3 捂料 Fermenting the papermaking materials

⊙4 打浆机 Beating machine

⊙5 在河水中洗料 Washing papermaking materials in the river

拾伍 漂料

15

洗净的皮料再次放入水池中，加漂白粉漂白，每20 kg皮料加1 kg漂白粉，12小时后再将皮料洗涤干净。

拾陆 打料

16 ⊙4

将漂白洗净的皮料放到电动打浆机里打料，把口袋套在打浆机出口，皮料打融后流入口袋。一般20分钟可打50 kg料。以前人工打碓，50 kg料需三人打两天（一人丢料，两人踩碓），打碓后还需切料。为提高生产效率、降低劳动强度，1986年后多采用打浆机来打料。

拾柒 洗料

17 ⊙5

将5 kg左右干构皮的料装入布袋，将料棒头插入袋中，扎紧袋口，双手抓住料棒头前后撞动布袋，舂约300次，需15～20分钟，使浆料在袋中分散开来，细小的杂质随着每次撞击从布袋缝隙中渗出。袋中料棒头的蘑菇头部分在撞击过程中能起到增大撞击面的作用，加快了浆料的分散。经过袋洗后，浆料更纯净。

拾捌 榨料

18 ⊙6 ⊙7

将袋子置于地上，用脚将料踩成一块块的料子，一般5分钟可踩好一个料子。

⊙6

⊙7

拾玖 打槽

19 ⊙8

取两个料子放入纸槽中，加水，用拱耙用力搅打，将构皮纤维打散、打匀，悬浮在水中。一般两人打槽，一人顺时针打，一人逆时针打，300棍称作一碰，打一碰后休息片刻，整个过程要打三碰，需30分钟。

⊙9

贰拾 压槽

20 ⊙9

打槽后，压上笆子，在其四个角上放压槽石，中间也可压上一块。压十几分钟后，使得抄纸时多余的纸浆沉淀于笆子下，待纸浆浓度不够时，再把压槽石取出来，提起笆子的一角，压下去，反复操作两三次，料子便可较均匀地悬浮起来，随后再放回压槽石，继续下一槽抄纸。据造纸户介绍，最开始抄的即第一槽，一般约120帘，240张纸（一帘二纸），第一槽漂起来的料造出的纸最好，越往后纤维越粗，且有渣，造的纸质量相对较差。

⊙8

贰拾壹 制滑

21 ⊙10 ⊙11

抄纸的前一晚将仙人掌切成小块，放入粉碎机中粉碎两次，其间加适量水，然后将其放入滑缸，用搅滑棍搅拌，静置整晚。有的造纸户怕仙人掌汁太浓，则将一部分碎仙人掌装进袋中，再放入滑缸。若滑缸中仙人掌汁浓度不够，则通过抖动袋子使汁逐渐渗出或再倒入缸中。

⊙10

⊙11

以前制滑用杉松树根，把其外皮去掉，放入滑缸，约15 kg。一般前一晚放，第二天用，共可用四天。1995年左右改用仙人掌。造纸户认为用仙人掌汁抄的纸更滑，光洁度更好。造纸户徐金谷是当地第一个用仙人掌的。但现在徐金谷因仙人掌难砍，已改用滑精，即聚丙烯酰胺。

⊙6 踩料 Stamping the papermaking materials

⊙7 料子 Papermaking materials

⊙8 打槽 Beating the papermaking materials

⊙9 压槽用的笆子和压槽石及帘架 Bamboo mat and stone for pressing the papermaking materials, and the papermaking frame

⊙10 切仙人掌 Cutting the cactus

⊙11 搅滑 Stirring the papermaking mucilage

⊙12

⊙13

贰拾贰 加滑

22 ⊙12

将滑药通过簸箕过滤后加入纸槽，一槽（120帘纸）加两桶仙人掌汁，共50 kg。

贰拾叁 荡槽

23 ⊙13

用帘架上下荡十几分钟，把料子荡起来并同滑药均匀悬浮于水中。

贰拾肆 抄纸

24 ⊙14 ⊙15 ⊙16

当地抄纸主要使用一帘二纸的纸帘。抄纸时将两个刮尺置于纸帘的沿条布上，双手持帘，推开走杆，由外往内挖水，前后晃动几次，帘架尾和槽缸相撞，逐渐使料子从前端流出去，最后一部分水往内流，同时向前挖水，抬起帘子从帘架头（即当头）倒出去，以上叫挖水。接着向前挖少量水，使纸脑子（当地称帘架头端所抄的纸端为纸脑子）略厚，如挖水太多，则纸脑子太厚，浪费原料，以上叫上脑子。然后，由里往外舀水，逐渐抬起帘子，水逐渐往回流，即回水，以上叫盖水。左手将走杆拉回来，将帘架置于其上，取掉刮尺，将帘子翻盖在纸垛子上，将挡头顶着稳桩，对齐纸垛子，双手在纸脑子处由中间往两边按，之后压脑棍，以上叫上垛子。则纸脑子粘在纸垛子上，然后缓缓揭开纸帘，左手同时拔动计数走码。每抄纸100张用一片小绿叶隔开计数。

⊙15

⊙12 纸药槽 Trough for holding the papermaking mucilage

⊙13 荡槽 Shaking the papermaking frame

⊙14 抄纸 Scooping and lifting the papermaking screen out of water

⊙15 扣纸 Turning the papermaking screen upside down on the wet paper

⊙16 纸工左手拔走码 Papermaker counting paper with the left hand

⊙14

⊙16

贰拾伍
压　　榨

25　⊙17 ⊙18 ⊙19

抄完一天纸后，在湿纸垛上盖编织袋（原来放松毛、棕匹）。再分别放上盖板、榨方、枕头、压杆，用榨皮套将压杆和榨滚子绞紧，将榨杆穿在滚子洞里，缓缓加压。先慢后快，共约一小时。压榨过程中要扳三回榨，先压中间，松榨后，将两个纸垛子合在一起，后将枕头移到纸头，再压；第三次则压纸尾。

⊙17

⊙18

⊙19

贰拾陆
扛　　纸

26

第二天上午松榨，将榨好的纸垛搬回，放在斜立的纸架上。

贰拾柒
撕　　纸

27　⊙20

用手先撕开左上角，再顺势将纸从上往下揭离纸垛。若纸垛剩下的纸较少，导致纸垛不能直立时，可用塑料夹子将剩余的湿纸夹在另一个纸垛上或直接夹在纸架上揭。

⊙20

贰拾捌
贴　　纸

28

纸揭下来后，用棕刷将纸刷贴在平整的晒纸板上，刷贴时，每两张纸错开，以便日后撕纸。一块晒纸板大约可刷100张，排成一行，称为纸行子。

⊙17/19 压榨 Pressing the paper

⊙20 撕纸 Splitting the paper layers

⊙ 21

贰拾玖
晾 纸
29 ⊙21

刷完一行后，将纸行子从晒纸板上取下，挑挂在屋内竹竿上晾干。天气晴朗时两三天即可晾干，阴天需五六天。两个料子所造的纸，一人四小时可晾完，如抄不好，或撕得慢，需五六小时。

叁拾
压 纸 行 子
30

将晾干的纸行子收下来，整齐堆放，其上用板子压，一天后即可揭纸。

叁拾壹
揭 纸
31 ⊙22

两人面对面坐着，用手将纸一张张揭开，两小时可揭完一天所抄的纸。

⊙ 22

⊙21 晾纸 Drying the paper

⊙22 揭纸 Peeling the paper down

叁拾贰
折　　纸
32

将1刀（40张）纸的左右各1/4处往里折，再对折，其上用木板压住。

叁拾叁
理　　纸
33

将1捆（10刀）纸放在桌子上，用手将纸尾子剥掉。

叁拾肆
捆　　纸
34

2捆纸间反向摆放，用纸绳捆两道。

(三)
罗平白绵纸生产使用的主要工具设备

壹
蒸　锅
1

以砖石砌成，圆柱形，用来蒸料。皮料码放时，超出蒸锅的部分用塑料布包裹严实。

⊙1

贰
纸　槽
2

由石板制成，长120～160 cm不等，宽约110 cm，高约100 cm。

⊙2

叁
滑　缸
3

由石板制成，用于浸泡纸药。实测样本长90 cm，宽60 cm，高40 cm。

⊙3

⊙1 蒸锅 Wok for steaming papermaking materials

⊙2 纸槽 Papermaking trough

⊙3 滑缸 Trough for holding papermaking mucilage

肆 纸帘 4

竹制，有一帘二纸的长方形纸帘和一帘一纸的正方形纸帘。纸帘左右两边包边的布条为沿条布，上边细竹棒为脑棍，下边细竹棒为尾棍。一帘二纸的纸帘中间布条为隔界。方形纸帘的边长多为：60 cm、50 cm、43 cm。

伍 帘架、刮尺 5

调查测量的一帘二纸帘架，内径规格为81 cm × 53 cm，外径规格为86 cm × 59 cm。刮尺，长49 cm，宽2.5 cm，用于将纸帘与帘架压住，在纸帘的两侧各用一根。

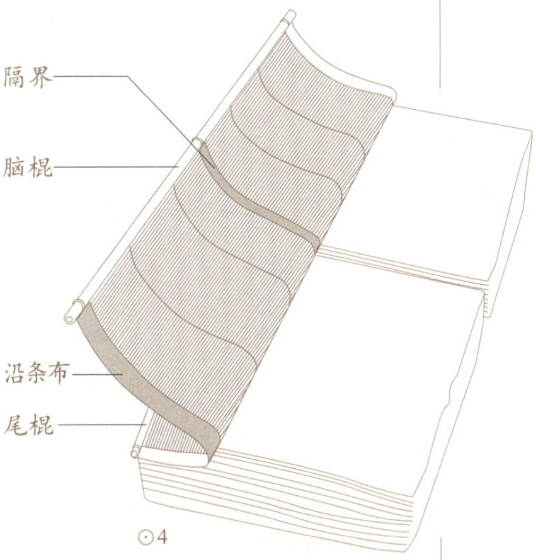

⊙4

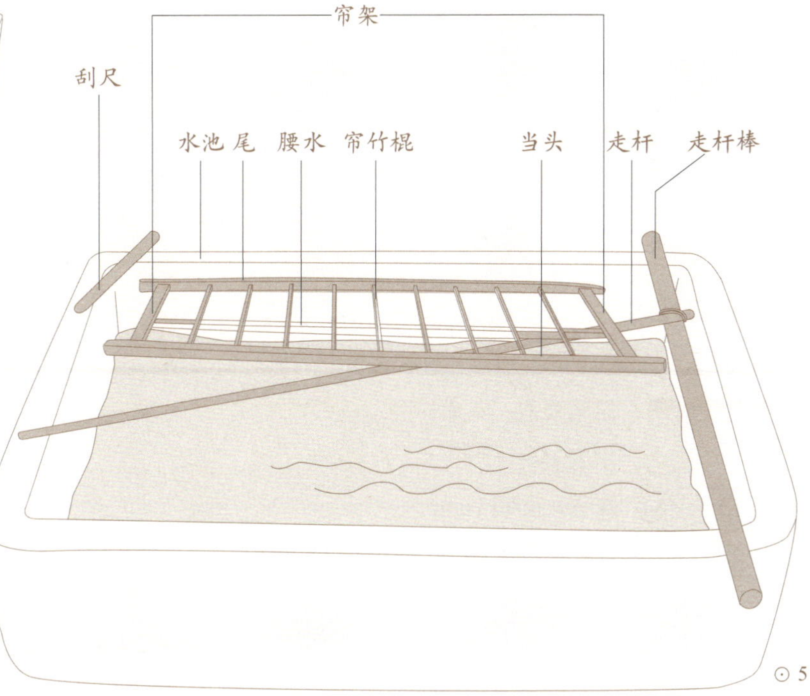

⊙5

陆 走杆、走杆棒 6

帘架架于其上的可活动竹竿叫走杆，其一侧作为支点的木棒叫走杆棒。

柒 笆子、压槽石 7

笆子为竹制，压槽时将压槽石放于笆子的四个角落，中间亦可多加一块。

⊙4 纸帘 Papermaking screen

⊙5 帘架 Papermaking frame

捌 木榨 8

由将军柱、矮人、天平、顺水、榨滚子、压杆、榨杆等组成。

将军柱、矮人
所测将军柱高出台面约110 cm，矮人高出地面约65 cm，尺寸不太严格，此外均有约40 cm在台面或地下。

天平
距台面约65 cm，高度基本一致。如太高则纸垛子往前缩，太低则会往后缩。

顺水
长约115 cm。

榨滚子
长约60 cm。

压杆
长约130 cm，直径约12 cm。

榨杆
长约133 cm，手握处直径约5 cm。

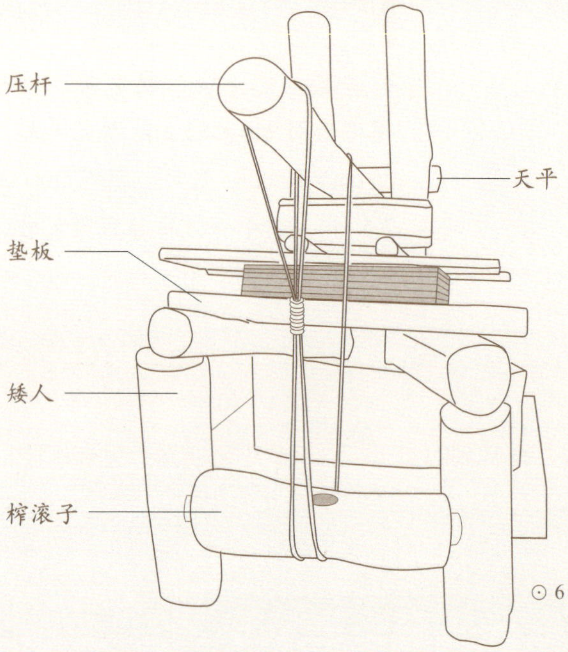

⊙6

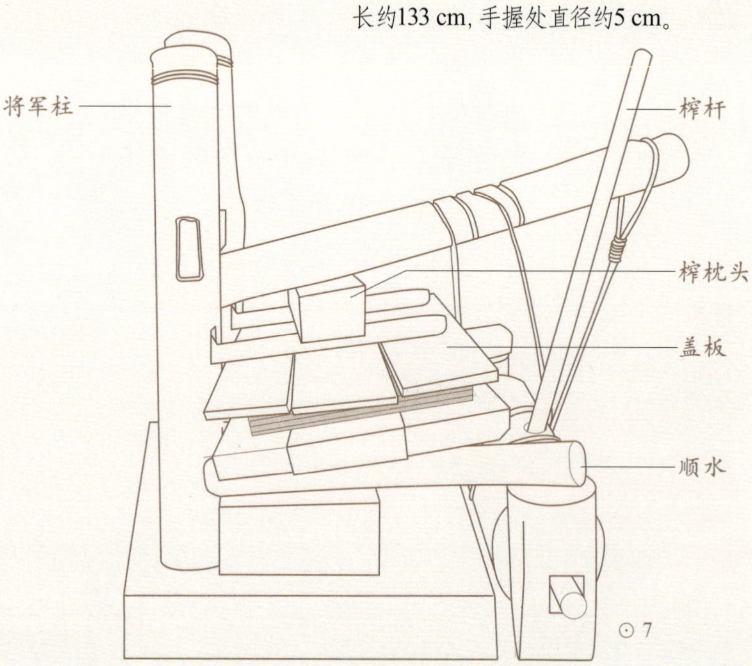

⊙7

玖 料棒头 9

用于洗料。实测样本杆长约115 cm，棒头直径约15 cm，棒头高约7 cm。

⊙8

⊙9

拾 走码 10

用于计数。半圆上10个珠子为个位，直线上5个珠子为十位，纸垛子上的小松针为百位。募补村走码的特色在于个位、十位均双向使用，一般先由左往右拨，再由右往左拨。因此其十位虽然仅有5个，但因双向使用，可表示10个。图示为已抄388张纸。

⊙6/7 木榨 Wooden presser
⊙8 料棒头 Head of the wooden stick for washing materials
⊙9 走码 Counting apparatus

（四）

罗平白绵纸的性能分析

所测罗平募补村白绵纸的相关性能参数见表5.1。

表5.1 募补村白绵纸的相关性能参数
Table 5.1 Performance parameters of Baimian paper in Mubu Village

指标		单位	最大值	最小值	平均值
厚度		mm	0.119	0.075	0.092
定量		g/m^2	—	—	18.5
紧度		g/cm^3	—	—	0.201
抗张力	纵向	N	6.3	4.6	5.2
	横向	N	2.4	1.5	1.8
抗张强度		kN/m	—	—	0.233
白度		%	60.7	59.6	60.0
纤维长度		mm	11.2	2.43	6.18
纤维宽度		μm	20.6	8.4	13.9

由表5.1可知，所测募补村白绵纸最厚约是最薄的1.59倍，经计算，其相对标准偏差为14.6%，厚薄相当不均匀，具有较大偏差，这与纸非常薄有关。白绵纸的平均定量为18.5 g/m^2，亦与纸非常薄有关。所测白绵纸的紧度为0.201 g/cm^3。

经计算，募补村白绵纸抗张强度为0.233 kN/m，抗张强度值较小，这说明募补村白绵纸不耐抗张，主要可能由于纸很薄，同时每张纸厚薄较不均匀所致。

所测募补村白绵纸白度平均值为60.0%，白度较高，且差异相对较小，白度最大值约是最小值的1.02倍，相对标准偏差为0.575%。这应是用纯构皮造纸，且进行蒸煮、漂白所致。

所测募补村白绵纸纤维长度：最长11.2 mm，最短2.43 mm，平均6.18 mm；纤维宽度：最宽20.6 μm，最窄8.4 μm，平均13.9 μm。所测白绵纸在10倍、20倍物镜下观测的纤维形态分别见图★1、图★2。

★1

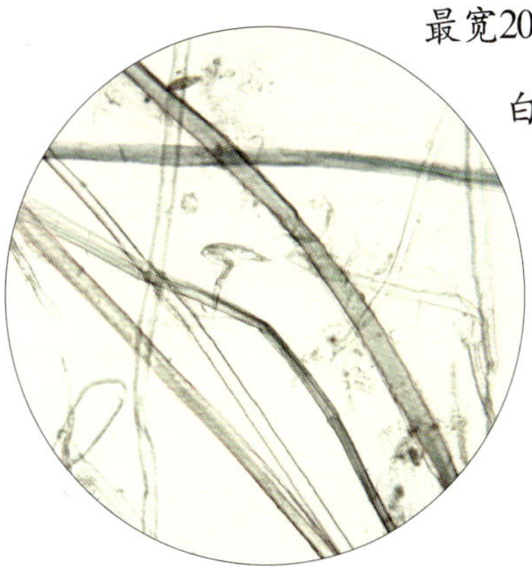

★2

★1
募补村白绵纸纤维形态图（10×）
Fibers of Baimian paper in Mubu Village (10× objective)

★2
募补村白绵纸纤维形态图（20×）
Fibers of Baimian paper in Mubu Village (20× objective)

五
罗平白绵纸的用途与销售情况

5
Uses and Sales of Baimian Paper in Luoping County

（一）罗平白绵纸的用途

1. 茶叶包装

据造纸户介绍，用白绵纸包装茶叶，能较好地保证茶叶品质。茶叶包装可以说是目前罗平白绵纸较为高端的用途，然而调查中也了解到，目前生产这类白绵纸的造纸户并不是太多，普通白绵纸达不到茶叶包装纸的要求。

2. 制作纸伞

罗平白绵纸是历史上制作油纸伞的重要材料，20世纪90年代初还在使用。据《罗平县志》记载，早在民国时期，县城和板桥镇均有私人制作纸伞出售。罗平纸伞以其工艺精湛、造型美观、规格齐全而驰名云南省内外。1952年成立雨伞组，年生产纸伞2.9万把。1956年县城和板桥镇分别成立雨伞合作社，年产桐油小花伞6.7万把，除供应县内市场外，由供销社调往弥勒、路南等县的少数民族地区销售。1968年后布伞大量上市，纸伞销路锐减。1974年仅生产6 000把，不足高峰年份的1/10，雨伞社因此停业。1980年后仅有少数个体经营者生产特大号纸伞提供给临时摊点使用[4]。罗平造纸业曾因制伞业的兴衰而出现起落。

3. 老人过世用纸

主要用60 cm × 60 cm的白绵纸，垫在老人身下，用于吸水，一次用400张左右。此外，还可用白绵纸做灯笼、扎花、鹦鹉、金瓜等。

4. 清明用纸

清明上坟时用于祭拜，是目前罗平白绵纸使用量最大的用途。

[4] 罗平县地方志编纂委员会.罗平县志[M].昆明：云南人民出版社，1995：198-199.

5. 糊窗户

直到20世纪80年代，罗平及周边地市，很多家庭都用罗平白绵纸来糊窗户，过年时换用新的白绵纸。据造纸户介绍，用白绵纸糊的窗户风吹日晒雨淋都不烂。由此可见那时白绵纸质量相当好，具有较大需求量。然而随着玻璃窗的普及，这一用途已逐渐消失。

6. 制作鞭炮引线

20世纪80年代前，鞭炮引线是罗平白绵纸的一个重要用途。据造纸户介绍，用罗平白绵纸做鞭炮引线，点炮后，不会熄火，这保证了鞭炮的质量，也带来了较为广阔的市场和销量。随着机制纸不断发展，这一用途已基本退出市场。

7. 封豆腐缸

罗平白绵纸至今仍用于封豆腐缸，即豆腐做好后，用于封缸。据造纸户介绍，用白绵纸封缸，豆腐不易坏。

8. 包商品

20世纪80年代前，罗平白绵纸曾广泛用于药、糖、盐等商品的包装。

（二）罗平白绵纸的销售情况

罗平白绵纸，一部分是出售给集镇上的摊贩，另一部分是由大的商贩开车上门收购，再销往罗平、师宗、丘北等附近几个县，也有部分居民上门购买。使用人群不仅有汉族，还有少数民族，其中尤以布依族居多。

罗平白绵纸多为正方形，边长有60 cm、50 cm、47 cm、43 cm和40 cm等，通常生产较多的是43 cm长的，造纸户还可以根据客人的需要生产。通常以60张为1刀进行销售，2008年年初的价格为6元/刀。

对于大多数造纸户来说，每个造纸季节需要消耗1 000 kg左右的构皮原料。每50 kg干构皮大

◎1 罗平白绵纸的集市贸易 Baimian paper fair in Luoping County

约能抄出4 000张纸，每人每天可抄1 200～1 500张。据纸工辛绍礼介绍，相对于云南省其他地方的白绵纸，募补村的纸主要用作冥纸，因此工艺上不是特别讲究，质量也一般。如果有客户对质量要求高，他们可以做出高质量纸。辛绍礼的手工纸作坊有4个人，一个造纸季的利润为8 000元左右，虽然销量较好，但由于利润微薄，没有条件扩大再生产。近年，为了降低成本，造纸户们也开始少量使用回收纸进行再生产，但纸的质量又会受到一定影响。由此可见乡土性手工纸的现状，即如果只是低端的祭祀用纸，而没有相对高端的市场需求，即便有一定的工艺技术含量，出于经济效益考虑，造纸户们也只能简化工序、降低技术含量并放松质量要求来降低成本。

六
罗平白绵纸的相关民俗与文化事象

6
Folk Customs and Culture of Baimian Paper in Luoping County

（一）祭祖师爷蔡伦

当地行业传统习俗有三月三祭祖师爷蔡伦，所有造纸户集体杀猪后打拼火，即一起吃饭，就在抄房（即抄纸的地方）吃。

造纸户协商推选一人来牵头，祭祀时需点三炷香，烧三张草纸。牵头人要说“祖师爷保佑，纸做好”之类的话。此外还要说诸如“今年买皮一块八，大家不准添价”的话，这相当于造纸户协商买构皮的价格，对稳定原料价格有帮助。

（二）男女分工

一般男人抄纸，虽也愿意教女人，但女人一般不学。所以大多是男人抄纸，女人晒纸。男女共同打槽、揭纸。以前采用传统工艺打碓时，男人负责踩碓，女人丢料；切皮也由男人来做。

（三）俗语

1. “七十二道手脚，还加一口气”

调查时，很多造纸户都提到造纸有“七十二道手脚”，即七十二道工序。但如上文所记述，记录的造纸主要工序有34道，考虑一些大工序中含有多个小工序，如抄纸工序包括挖水、上脑子、盖水、上垛子、揭纸帘、拔走码等小工序，如按小工序来计算，其工序数量会增加不少。不管罗平白绵纸造纸是否恰好“七十二道手脚”，俗语还是形象地说明了造纸工序多。

“还加一口气”是指所抄的第一张纸若贴不到铺在垫板上的旧纸帘上，需吹口气使之贴上去。

2. “养姑娘莫嫁抄纸匠，扶墙摸壁到天亮，烘笼拴在裤带上”

上述俗语形象地说明抄纸匠工作辛苦，半夜还在干活，太冷，只能把烘笼拴在裤带上取暖。并且抄纸匠地位低下，很多人家都不愿意将女儿嫁给抄纸匠。

3. “造纸是腊肉骨头”

意思是造纸业像腊肉骨头，虽然大家都可以加入，有肉吃，但总的份额并不多。

4. “五块钱就可抄纸”

这是近年出现的俗语。相对来说原料不算贵，纸亦算好卖。前几年原料1元/kg，只需5元钱买原料，可抄1捆（10刀，400张）纸，卖掉后再买原料，再抄纸……在没有其他更好选择的情况下，造纸还算是一种不错的谋生手段。

⊙1

⊙2

⊙1/2
罗平慕朴村的造纸场景
Scene of papermaking in Mubu Village of Louping County

七
罗平白绵纸的保护现状与发展思考

7
Preservation and Development of Baimian Paper in Luoping County

⊙1

（一）罗平白绵纸的保护现状

罗平、师宗、丘北等附近几个县是民俗与民间信仰活动活跃的地区，因此罗平白绵纸的用量很大，罗平白绵纸的生存理应不是问题。但调查组成员从市场调查所得的信息却出乎意料，罗平本地纸在市场上的份额不足1/3，大量纸是从贵州省流通过来的，是什么原因导致罗平白绵纸在其产地处于如此尴尬的境地？调查组成员进行了仔细分析。

1. 造纸效益锐减

21世纪初，随着乡土社会的演化发展，边远村落维持平衡的根基发生了动摇，人们的视野在扩大，人员流动性在增加，创造财富的意识也在不断发展。村民们不再固守此前擅长的、引以为豪的致富模式，种油菜、烤烟及外出务工等较之造纸都能带来更明显和直接的效益，造纸逐渐变成少部分村民农闲时家庭剩余劳动力时而为之的副业。

2. 造纸技艺后继乏人

近年由于受家庭人口变化、子女教育、纸业的经济效益等诸多因素影响，造纸技艺的传承受到前所未有的挑战，各造纸户中的年轻人很少从事此项营生。手工造纸的投入产出比已不足以唤起他们对这项传统技艺的承续热情，这项曾经给家族带来生计的技艺，正在渐渐淡出青年一代的视野。

3. 造纸作坊人力不济

罗平白绵纸是以户为单位独立运作的家庭作坊，他们从采购到生产再到销售都带有传统的个体手工业遗风。在生产经营上，手工造纸户各自为阵，投入的人力视家庭情况而定，家庭成员谁有时间谁做，没有硬性的规定和指标。沿袭着祖先的生产模式，按部就班地进行生产和经营的罗平白绵纸，如能守住技艺、维持家业已属不易，面对同业竞争，更多的是顺其自然。

4. 造纸质量降低

募补村家庭式小造纸作坊造纸多为副业，这使得各造纸户投入的人力、物力难以有可持续的保障，纸张的性能、质量、产量难以提高。而且为了解决劳动力短缺问题，多用机器打浆替代人工碓料；为了降低原料成本，还有造纸户在纸浆中掺入回收纸，造出的纸与传统的纯构皮白绵纸不可同日而语。这种降低品质的行为，影响了社会的认可度，冲击着造纸作坊赖以生存的市场基础和普遍好感。

⊙2

（二）罗平白绵纸的发展思考

1. 政府扶持

罗平县板桥镇募补村的手工造纸规模成片，是当地悠久历史文化的延续，是该地区民族文化多样性和丰富性的标杆样本之一。作为罗平县现存唯一的手工造纸村落，非常有必要设立相应的培育政策，纳入地方文化产业发展规划，就地保护和扶持造纸从业者。同时，也应使造纸户意识到自身的价值和文化责任，以切实维系群体性手工造纸业态。

⊙1 集中连排的纸坊 Papermaking mills

⊙2 募补村的纸坊 Papermaking mills in Mubu Village

2. 特色经营

低品质的手工造纸费工费时，其投入者的劳动力成本和效益、纸的品种与数量，都无法与现代机制纸相抗衡。罗平白绵纸本身用构皮作为原料，同时也有较好的历史品牌，因此，同云南多地较低端用途的竹纸不同，向中高端特色纸品拓展的空间还是很大的。白绵纸在传统祭祀的应用范围内，很难说还有多少生存和拓展机会。手工造纸作坊应思考如何发挥船小好调头的优势，利用白绵纸的优势，积极拓展新的纸品，例如制造仿古纸、艺术纸、装饰纸等中高档特色纸，制作有个性的贺卡、信笺、信封、名片等规模分销产品，让罗平白绵纸与有募古情结和怀旧情感、崇尚乡土与自然的消费者之间形成市场链接。

3. 产业整合

罗平白绵纸要在维系和满足原有消费群体需求的基础之上，拓宽渠道，走特色经营之路，就需要在生产、管理、研发、销售等环节投入一定的人力物力，如此则要打破和整合现行的个体零星生产经营模式。罗平县募补村的现状是小作坊仍呈平行聚团生产，其运营现状是适合整合设计的。调查组建议：一是进行各作坊家庭内部成员的稳定型专业分工整合；二是对各作坊之间的产、供、销协同整合，包括引进外部资金和创意人员，成立一个或多个造纸联社式的产业联合体。

白绵纸

Baimian Paper in Luoping County

慕补村白绵纸透光摄影图
A photo of Baimian paper in Mubu Village seen through the light

第二节

禄丰彝族竹纸

云南省
Yunnan Province

楚雄彝族自治州
Chuxiong Yi Autonomous Prefecture

禄丰县
Lufeng County

调查对象

川街乡
九渡行政村
大九渡自然村
竹纸

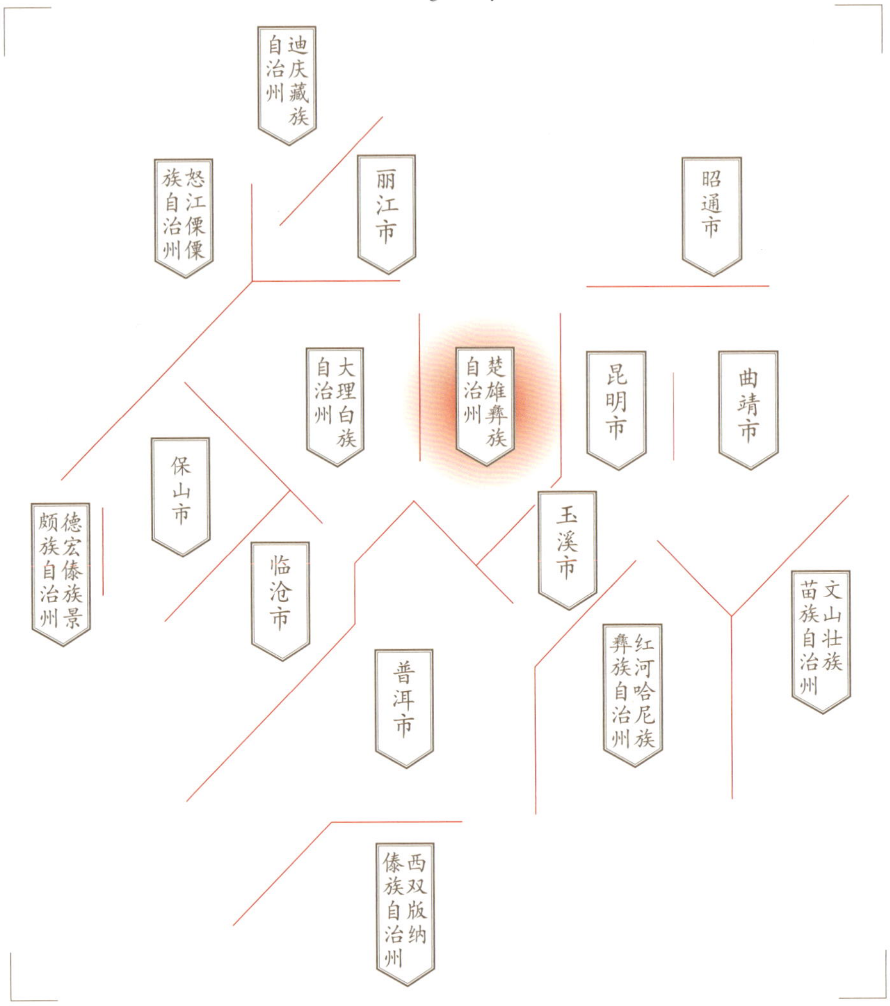

Section 2

Bamboo Paper by the Yi Ethnic Group in Lufeng County

Subject

Bamboo Paper in Dajiudu Natural Village, Jiudu Administrative Village, Chuanjie Town

一
禄丰彝族竹纸的基础信息及其分布

1
Basic Information and Distribution of Bamboo Paper by the Yi Ethnic Group in Lufeng County

禄丰彝族竹纸，是指楚雄彝族自治州禄丰县川街乡九渡行政村大九渡自然村彝族为主生产的手工纸，原料以慈竹和苦竹为主。该种纸质地相对粗糙，目前主要为祭祀、丧葬等活动中焚烧所用。

二
禄丰彝族竹纸生产的人文地理环境

2
The Cultural and Geographic Environment of Bamboo Paper by the Yi Ethnic Group in Lufeng County

公元前4世纪，楚庄跻通滇，今楚雄地域属滇地。汉代分属益州郡和越嶲郡。历经沿革，1949年后，分设楚雄、武定两专区。1953年，两专区合并为楚雄专区，1958年楚雄彝族自治州正式成立，先并盐兴县入广通县，后合并罗次、禄丰、广通三县为今禄丰县。《今县释名》载：“旧为禄琫甸，白村乌爨蛮居之，蛮语石为禄，甑为琫，江中有石如甑，故谓之禄琫，伪为禄丰。”[5]境内居住着彝、汉、苗、回、傈僳等25个民族。

[5] 吕式斌.今县释名：卷六·云南省[M].北平：北平恒和商行,1931:16.

路线图
禄丰县城
↓
大九渡村
Road map from Lufeng County centre to the papermaking site (Dajiudu Village)

禄丰彝族竹纸生产地分布示意图

Distribution map of the papermaking site of Bamboo paper by the Yi Ethnic Group in Lufeng County

考察时间
2008年1月

Investigation Date
Jan. 2008

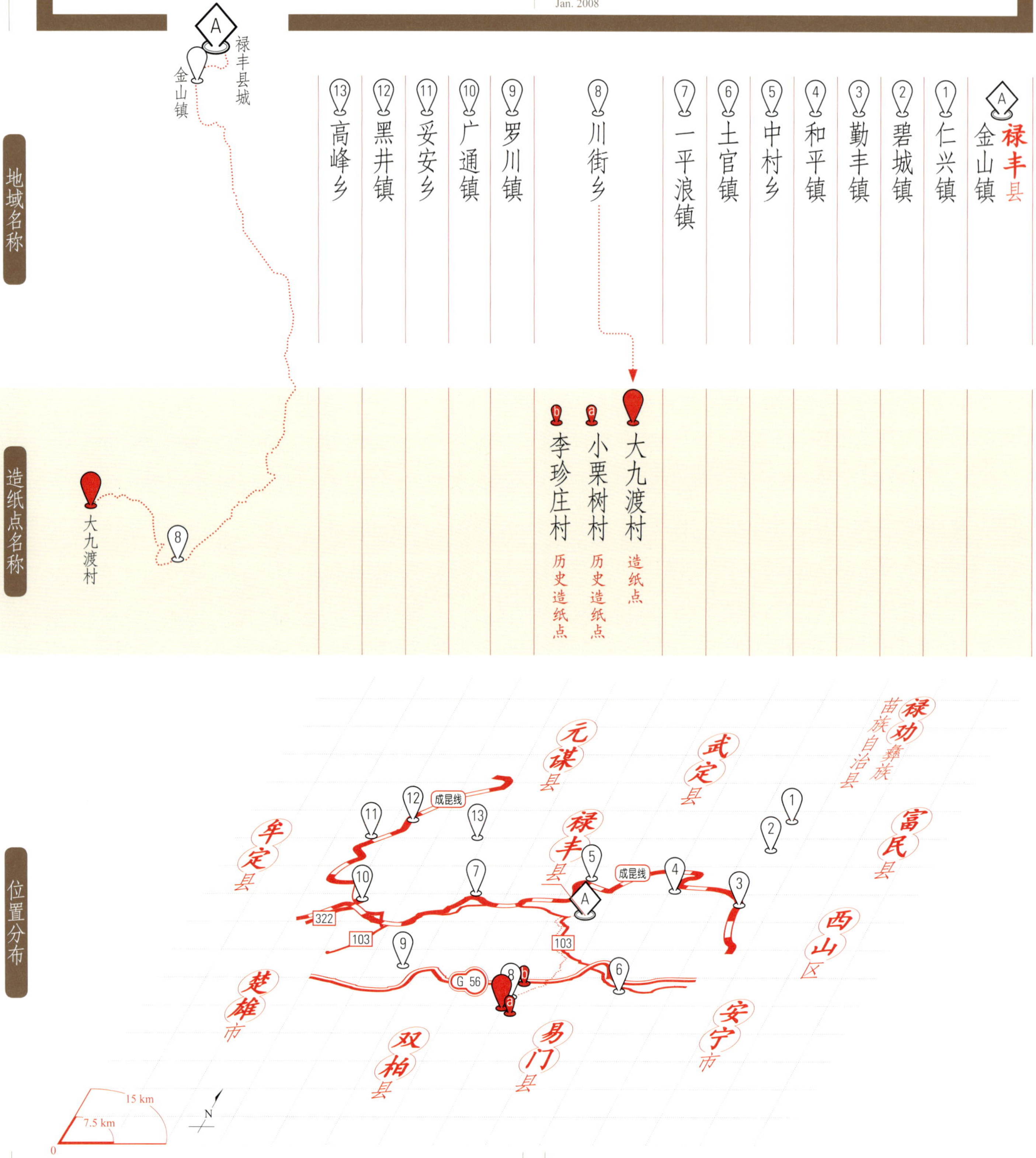

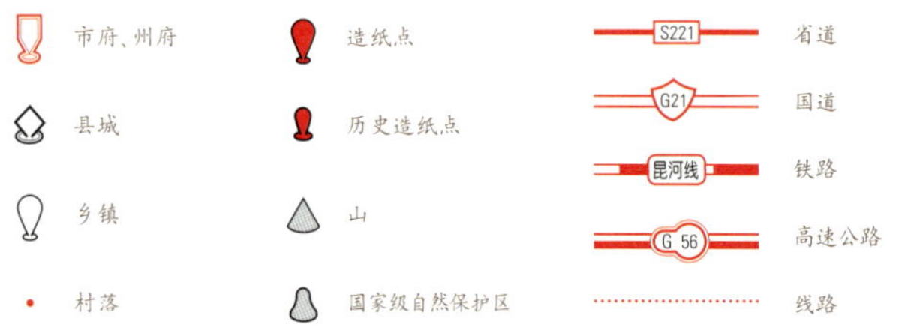

禄丰县城所在地金山镇，是昆明通往滇西方向的必经之地。境内独具特色的古生物资源和历史民族文化资源，是楚雄州乃至云南省“古彝”文化的重要展示窗口。亿万年前的禄丰恐龙化石群有较大的国际影响，这一资源群的保护也使禄丰进入中国国家地质公园之列[6]；距今800多万年的腊玛古猿化石印证了从猿到人的发展历史[7]。现有黑井古镇、炼象关、琅井、魁阁楼等名胜，以及星宿桥、五马桥、向天坟、文笔塔等文物瑰宝；途经禄丰的古代南方丝绸之路及茶马古道留下了炼象关、响水关、星宿桥等一大批历史文化遗产。多民族文化习俗积淀丰厚，尤以高峰彝族火把节的传统祭祀活动最为著名，享有“最正宗的彝族火把节”之誉。

川街乡地处东经24° 53′，北纬102° 02′。2010年2月1日已正式更名为“恐龙山镇”。全乡面积230.8 km^2，最低海拔1 309 m，最高海拔2 269 m，年平均气温17.7 ℃，年平均降水量703.1 mm。

川街乡一带适合种植水稻、玉米、烤烟等农作物，有耕地面积约1.11×10^7 m^2，林地面积约1.07×10^8 m^2。2006年全乡农村经济总收入5 280万元，主要以种植业为主。境内矿产资源较为丰富，现已查明的矿产有盐、煤、铜、铁、芒硝等29种。水资源充足，禄丰境内水流分属长江水系和红河水系。

⊙1

⊙1 川街乡自然风光
Natural scenery of Chuanjie Town

[6] 吴汝康，韩德芬，徐庆华，等.云南禄丰古猿化石地点再次发现腊玛古猿头骨—1981年发掘报告[J].人类学学报，1982(2)：101-108.

[7] 举芳.云南禄丰新石器时代遗址[J].考古，1983(7)：664-665.

三
禄丰彝族竹纸的历史与传承

3
History and Inheritance of Bamboo Paper by the Yi Ethnic Group in Lufeng County

目前，关于禄丰彝族竹纸起源的文字资料多指向清末民国初期，有关的文字记录主要有三处。其一是1997年版的《禄丰县志》；其二是费孝通、张之毅先生1939年在禄丰县川街乡九渡行政村李珍庄自然村（当时属易门县管辖）调查乡村手工业的田野报告；其三是1995年版的《楚雄彝族自治州志》。

禄丰竹纸的发端应当是一个持续多年的过程，清代末年开始陆续有四川造纸工匠到禄丰一带自设或协助当地人设造纸作坊。1995年版《楚雄彝族自治州志》记载："楚雄州土纸生产始于晚清，距今已有120多年历史。以竹麻为原料，用石灰沤制成浆，铺在竹帘上自然干燥成土纸。其特点是柔软、吸水性强。年产量达150万刀，主要销往昆明、东川等地。民国时期，禄丰县九渡村有50余人从事土纸生产，年产量达10万刀，主要销往昆明。此外，镇南、永仁、武定等县的山区也有土纸生产，但数量不多。"[8]

1997年版《禄丰县志》记载："罗川、川街沿星宿江两岸盛产竹子。1913年有四川人到川街乡李珍庄建纸坊制土纸，后小湾溏、张汪、大小栗树、九渡等村先后仿造。"[9]

1939年费孝通、张之毅先生在禄丰县川街乡九渡行政村李珍庄自然村调查乡村手工业的基础上完成了《易村手工业》的田野报告，其中记述："在民国初年（1913～1914年）的时候，有四川人来此帮本村人开设了几个作坊做熟料纸。当时熟料纸销路不好，所以不久便停工了。到1928～1929年，才改造生产生料纸，生料纸销路好，到1934年作坊数目才增加起来。"

[8] 楚雄彝族自治州地方志编纂委员会.楚雄彝族自治州志：卷三[M].北京：人民出版社，1995：510.

[9] 禄丰县地方志编纂委员会.禄丰县志[M].昆明：云南人民出版社，1997：196.

张之毅先生到禄丰县川街乡九渡行政村李珍庄自然村一带考察了大量的手工纸作坊。仅李珍庄一地就拥有9个造纸作坊。其中6个设在本村，2个设在对江的广村，还有1个设在大江西岸北首的一个村子里。“以易村（此处易村为田野调查报告虚拟的村名，应指代九渡村李珍庄）作中心，在半径五十里的一个圈子内，属外村人所有的纸坊，一共有二十三个。”[10]李珍庄村9个造纸作坊每年用竹料十余万千克，生产土纸11.5万刀，收入2.3万元，除去成本4 000元，每个作坊平均纯收入2 100元左右。如此推算，当时这一带方圆百里年产土纸40～50万刀。

调查组在禄丰了解到当地手工纸的民间传说：古代某年，四川省闹饥荒，许多能工巧匠逃荒到云南。当年四川省会理县一位造纸师傅来到川街乡，看到这里有丰富的竹资源，于是决定留下来向村民传授造纸技术，川街乡的造纸业由此发展起来。民国年间，川街乡李珍庄生产的土纸会运销到附近的姚安、楚雄、禄丰等县市的街上销售。当时的土纸市场很繁荣，在川街乡李珍庄

⊙1

⊙1 禄丰九渡风光 Scenery of Jiudu Village in Lufeng County

[10] 费孝通，张之毅. 云南三村[M]. 天津：天津人民出版社，1999：288-319.

村出现了一批靠造纸、卖纸致富的作坊主。1950年以后，李珍庄村土改时被划为地主和富农的有14户，约占全村户数的30%，这些富裕户多数都和土纸产业有联系。

20世纪50年代初，“土纸生产一度兴旺。1953年全州产量达260余吨，占全省总产量的10%左右。农业合作化后，销量减少，产量下降，1957年只产150吨。20世纪50年代末，土纸生产停滞。20世纪60年代前期有所恢复，全州有土纸专业合作社6个，分布在大姚、永仁、南华。此外，姚安、楚雄、禄丰、武定均有作为家庭副业的土纸生产。全州年产量约150吨（含禄劝县）。1967年后，土纸产量大降，市场供应紧张。1971年后又逐步恢复生产，到1977年，总产量又恢复到400吨（其中，禄劝县家庭副业生产的土纸就占全州总产量的70%）。专业社的土纸却因成本高、运输难而逐渐停产。随着机制卫生纸的兴起，土纸销路日窄，到80年代初，土纸生产日渐萎缩，销量大减”[11]。

1958年成立人民公社后，川街乡开始发展竹编业，人民公社为了做大编织业，出现了盲目滥砍竹子、糟蹋原料的现象。半年多时间砍掉李珍庄村五六年所需的竹料。1962年国家政策改变后，在调整产业的过程中，川街乡许多乡村的土纸作坊停业，导致土纸供不应求，价格高涨。李珍庄村留下的两个土纸作坊没有停产，并在这一阶段成为供不应求的造纸点。

1980年以后，又一轮破坏竹资源的行为给川街乡的竹纸生产带来了冲击。当时，造纸中心区的李珍庄村开始推行联产承包责任制，但做法是只把田地承包到户，没有涉及竹林。乡民一窝蜂地去砍竹子。等到基层政府干预时，李珍庄村原来茂密的竹林资源已所剩无几。这一次的破坏性砍伐几乎摧毁了李珍庄村土纸原料基地，土纸作坊从此倒闭，直至2008年初仍没有恢复。调查时李珍庄村已没有一家造纸作坊了，70年前欣欣向荣的土法造纸手工业已经消失，取而代之的是能让村民获得更高经济收益的大棚种植业。

⊙1

⊙1 川街乡的造纸作坊
Papermaking mill in Chuanjie Town

[11] 楚雄彝族自治州地方志编纂委员会.楚雄彝族自治州志：卷三[M].北京：人民出版社，1995：511.

四
禄丰彝族竹纸的生产工艺与技术分析

4
Papermaking Technique and Technical Analysis of Bamboo Paper by the Yi Ethnic Group in Lufeng County

(一)
禄丰彝族竹纸的生产原料和辅料

禄丰九渡村彝族竹纸原料为当地所产的苦竹、慈竹等。广泛分布在星宿江两岸，绵延数公里。

九渡村制作竹纸所用的纸药由仙人掌掺少量杉松树根混合而成。造纸户认为杉松树根质量好，但产量少；仙人掌有充足的数量，但质量却不如杉松树根，将两者混合可以达到较好的效果。

⊙2

⊙3

(二)
禄丰彝族竹纸的生产工艺流程

据考察，禄丰九渡村彝族竹纸的生产工艺流程为：

壹	砍竹
贰	破竹
叁	捆竹
肆	晒竹
伍	二次捆竹
陆	下料
柒	泡料
捌	洗料
玖	发汗
拾	洗塘子
拾壹	漂清水
拾贰	捞料子
拾叁	碾料子
拾肆	打料子
拾伍	放干
拾陆	加纸药
拾柒	捞纸筋
拾捌	舀纸
拾玖	榨纸
贰拾	分纸坯
贰拾壹	抽纸头
贰拾贰	刮纸筋
贰拾叁	牵纸
贰拾肆	晾纸
贰拾伍	收纸
贰拾陆	揭纸
贰拾柒	包装

⊙2 杉松树根 Roots of cedar pine

⊙3 仙人掌 Cactus

壹 砍竹

1 ⊙1

每年12月至次年2月间，砍伐生长半年左右且尚没长叶子的嫩苦竹。同时把直径小于1 cm的竹尖去掉，截成约1.5 m一段。一人一天可砍300～400 kg。竹子太嫩，得纸率太低；竹子太老，则不容易碾碎。若是一年以上的老竹子，可将其青皮去掉后，用篾芯来造纸。

⊙1 慈竹 *Neosinocalamus affinis*

⊙2 竹片 Lopped bamboo slices

贰 破竹

2 ⊙2

砍竹当天将竹段拉回家，用刀划成2 cm左右宽的竹片。破竹须及时，否则竹子干了则不易破开。

叁 捆竹

3

用竹篾将竹片捆成直径约30 cm的捆，大约40 kg。

肆 晒竹

4 ⊙3 ⊙4

将成捆的竹片靠墙上或放地上晒一个月左右，将竹片晒干。遇雨天要收起来，或用塑料布遮盖。若被雨淋，竹片会发霉，所造的纸颜色发黑。

⊙3/4 晒竹 Drying the bamboo slices

伍 二次捆竹

5

竹片晒干后重量仅为原来的一半，捆好的捆变得松散，需将竹片重新捆紧，此时竹片捆直径仅约20 cm。

陆 下料

6

将成捆竹片一层层整齐码放于石灰塘中，在每层竹料上铺一层石灰，竹片最上面用稻草盖严并用木棒、石块压住，再灌满水。最多放三层竹片，干竹片和所用石灰的重量比为1：1。大的石灰塘可放200多捆，小的放50～60捆。

柒 泡料

7

⊙5 ⊙6

10天后，用锄头搅拌、脚踩，将块状石灰弄散，使石灰水更好地浸泡竹片；再过15天，重复一次。泡料共需三个月。

⊙5

⊙6

捌 洗料

8

一人用锄头将竹料竖在石灰塘四周内侧并敲打，一人用盆将塘里的水往竹片上浇，洗干净上面的石灰，将石灰留在塘里。两人合作一天可以洗完一塘料。

玖 发汗

9

将一塘料码成一堆，其上盖稻草，发汗一个月。

拾 洗塘子

10

用铲子除去石灰塘里的石灰渣子，再用清水将石灰塘清洗干净。两三人一天能够洗完。

拾壹 漂清水

11

将料子放入清水塘中，最多放三层，上用稻草盖，再用木头、石头压，加清水浸泡。一般夏天浸泡两个月，冬天浸泡三四个月。

拾贰 捞料子

12

用手将料子捞起来，从中间折断，放在簸箕里，挑到碾房。

⊙5/6 浸泡池中的竹料
Lopped bamboo slices in the soaking pool

拾叁 碾料子

13 ⊙7

将料子置于碾槽中，用牛牵动石碾碾压。碾料过程中，一人一边驱赶牛前进，一边不断用叉子将竹料往石碾中间拨，并不时观察料子的干湿程度，如料子变干则不易碾压，需往料子上洒些水。一般一天碾三挑料，约130 kg，可抄3 400张纸。竹子的生长时间、泡竹时的石灰用量及浸泡时间长短等都会影响碾料的难易程度，一般竹子嫩、浸泡时石灰多、浸泡时间长的料碾起来会容易些。好碾的竹料，碾5～6小时即可完成，难碾的则需7～8小时。

⊙7

拾肆 打料子

14

将碾好的料子放入捞纸槽中，加入清水，然后用拱耙打槽，使竹料纤维分散悬浮。

拾伍 放干

15

将槽内的水从槽底的孔洞放掉，使竹料静置、沉积。

⊙8

拾陆 加纸药

16 ⊙8

第二天早上，先加约1/3槽水，用拱耙拱，再加10小桶水、40～50小桶滑药，如纸槽大，需多加滑药。再次拱散，使竹料纤维均匀地悬浮在水中，再加入约20 cm高的水，即可开始舀纸。在后续的舀纸过程中，需凭经验，适时补充纸药。

拾柒 捞筋

17 ⊙9 ⊙10

用捞筋棍在捞纸槽中来回搅动，没有碾碎的竹料会随水流附着在捞筋棍上，随时取出。未碾碎的竹料可再次碾碎后利用，像竹节等不易利用的部分则丢弃。

⊙9

⊙10

⊙7 碾料 Grinding the papermaking materials

⊙8 加纸药 Adding in the papermaking mucilage

⊙9 捞筋 Picking out the impurities

⊙10 未碾碎的竹料 Unground bamboo materials

拾捌
舀纸

18 ⊙11～⊙17

舀纸时，先将纸帘放在帘架上，左手抓住帘架及纸帘的边缘，右手抓住帘架上的把手，抬起帘架，由外往内，将帘架斜插入纸浆中，提起，再从左往右送水，送水平稳，纸才均匀，否则会一边厚一边薄。然后将帘架放在支杆上，取下纸帘，转身将湿纸反扣在榨纸板的湿纸垛上，揭离纸帘，再将纸帘放在帘架上，至此完成一张纸的舀纸工序。

⊙11

⊙12 ⊙13
⊙14 ⊙15

⊙16

⊙11/17
舀纸
Scooping and lifting the papermaking screen out of water and turning it upside down on the wet paper

这里的一垛纸在之后的工序中可分成两垛，当纸垛舀到一半时，在纸垛上放一张普通干纸，再舀纸时，先舀一张厚纸壳，这样便于分垛。厚纸壳可于第二天放在碾子或纸槽里再用，也可用来捆纸。舀纸时，左边是纸头，略厚，便于撕纸；右边为纸尾。一天一人可舀3 000多张纸，中途休息时，要在纸垛上放上纸帘、木板、石头压紧。

⊙18

拾玖

榨　纸

19　⊙18 ⊙19

舀好一垛纸后，用木榨缓慢将湿纸垛中的水分榨出，经过2～3次松榨、紧榨的过程，纸垛降至原来约1/3高时可完全松榨，共需一小时左右。

⊙19

贰拾

分　纸　坯

20

松榨后，将纸垛掰成两块纸坯。

贰拾壹

抽　纸　头

21

将纸坯放到板凳上，用抽坯方（木制，长方形，长约50 cm，宽约8 cm）抽纸坯除纸尾外的三边，使之蓬松。

贰拾贰

刮　纸　筋

22

用刮子刮纸坯的三边，将纸筋刮掉。

贰拾叁

牵　纸

23

从纸头处将纸撕开约1/3，往纸尾处折，6张作为1刀。每2张纸错开大约1 cm，之后将整刀纸牵离纸垛、对折。

贰拾肆

晾　纸

24　⊙20 ⊙21

牵好若干刀纸后，将纸一刀刀挑晾在屋内的竹竿上，再用棕刷就势在刚因卷动导致卷曲的纸头处由上往下刷几下，使卷曲处尽量平整。天气好时，纸一天即可晾干。九渡村有些造纸户还保留有火墙，然而火墙已不使用，据了解主要是由于燃煤价格上升，且所造纸张主要用于祭祀，对质量要求不高，为降低成本，改为直接在屋内竹竿上晾干。

⊙20

⊙21

⊙18/19 待榨的湿纸与榨纸的木榨 Wet paper to be pressed and the wooden presser

⊙20 晾纸 Drying the paper

⊙21 废弃的火墙 Abandoned drying walls

贰拾伍 收 纸 25

将晾干后的纸一刀刀从竹竿上取下，放在地上。

贰拾陆 揭 纸 26 ⊙22

将1刀纸一张张揭开，在木板上用手将纸两头理齐，折成4折，叠好。

贰拾柒 包 装 27 ⊙23 ⊙24

50刀为1捆，理齐后用竹篾捆扎。调查时已更多使用塑料带子捆扎。

⊙22

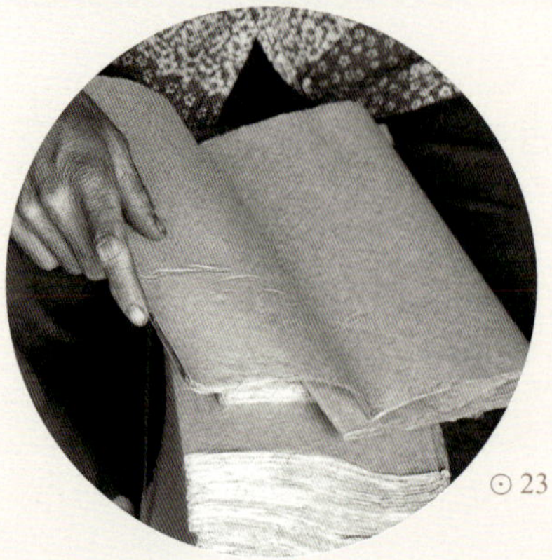

⊙23

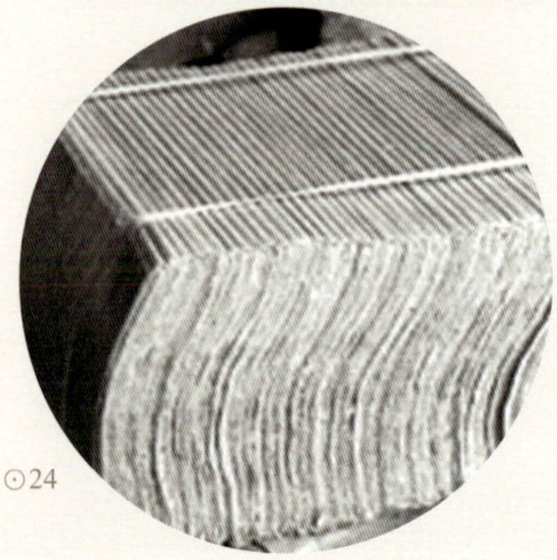

⊙24

(三) 禄丰彝族竹纸生产使用的主要工具设备

壹 纸 帘 1

该地所用纸帘主要从四川购买，多为长78 cm、宽26 cm的纸帘，用这种纸帘所造纸的规格通常为60 cm × 25 cm。

⊙25

⊙22 揭纸 Peeling the paper down

⊙23/24 包装成捆的纸 A bundle of paper

⊙25 纸帘 Papermaking screen

贰

石碾、碾盘

2

石碾与碾盘是配套使用的，在九渡村，有不同规格的石碾、碾盘。调查组测得有内径80 cm、外径172 cm与内径72 cm、外径144 cm等不同大小的碾盘，碾盘内纹路基本相同。调查中测得一石碾的上圆直径44 cm、下圆直径54 cm、高37 cm。

⊙26

叁

捞纸槽、纸药槽

3

纸药槽与捞纸槽相连，一般在捞纸槽左边，大小不等。调查组成员现场测量了两组槽：

捞纸槽规格为
180 cm × 100 cm × 100 cm，
纸药槽规格为
85 cm × 100 cm × 100 cm；

捞纸槽规格为
170 cm × 90 cm × 100 cm，
纸药槽规格为
107 cm×90 cm×100 cm。
可见规格的标准性不强。

⊙27

(四)

禄丰彝族竹纸的性能分析

所测禄丰大九渡村竹纸的相关性能参数见表5.2。

表5.2 大九渡村竹纸的相关性能参数
Table 5.2 Performance parameters of Bamboo paper in Dajiudu Village

<table>
<tr><th colspan="2">指标</th><th>单位</th><th>最大值</th><th>最小值</th><th>平均值</th></tr>
<tr><td colspan="2">厚度</td><td>mm</td><td>0.244</td><td>0.153</td><td>0.188</td></tr>
<tr><td colspan="2">定量</td><td>g/m²</td><td>—</td><td>—</td><td>37.3</td></tr>
<tr><td colspan="2">紧度</td><td>g/cm³</td><td>—</td><td>—</td><td>0.198</td></tr>
<tr><td rowspan="2">抗张力</td><td>纵向</td><td>N</td><td>7.9</td><td>6.0</td><td>7.0</td></tr>
<tr><td>横向</td><td>N</td><td>4.2</td><td>2.5</td><td>3.4</td></tr>
<tr><td colspan="2">抗张强度</td><td>kN/m</td><td>—</td><td>—</td><td>0.347</td></tr>
<tr><td colspan="2">白度</td><td>%</td><td>19.9</td><td>19.2</td><td>19.6</td></tr>
</table>

⊙26 石碾和碾盘 Stone roller and its board

⊙27 捞纸槽和纸药槽 Troughs for papermaking and holding the papermaking mucilage

续表

指标	单位	最大值	最小值	平均值
纤维长度	mm	2.85	0.68	1.48
纤维宽度	μm	23.1	7.2	12.8

由表5.2可知，所测大九渡村竹纸最厚约是最薄的1.59倍，经计算，其相对标准偏差为17.5%，厚薄具有较大偏差，这应与竹纸没有经过蒸煮，同时用牛碾碾料有关。竹纸的平均定量为37.3 g/m^2。所测竹纸的紧度为0.198 g/cm^3。

大九渡村竹纸有明显纵、横向，经计算，其抗张强度为0.347 kN/m，抗张强度值较小。这说明大九渡村竹纸不耐抗张，主要可能是纸厚薄不均匀，且纤维分散性差所致。

所测大九渡村竹纸白度平均值为19.6%，白度低，白度最大值约是最小值的1.04倍，相对标准偏差为0.911%，白度低应是由于用竹子造纸，原料没有经过精工细作，同时没有经过蒸煮、漂白等所致。

所测大九渡村竹纸纤维长度：最长2.85 mm，最短0.68 mm，平均1.48 mm；纤维宽度：最宽23.1 μm，最窄7.2 μm，平均12.8 μm。所测竹纸在10倍、20倍物镜下观测的纤维形态分别见图★1、图★2。

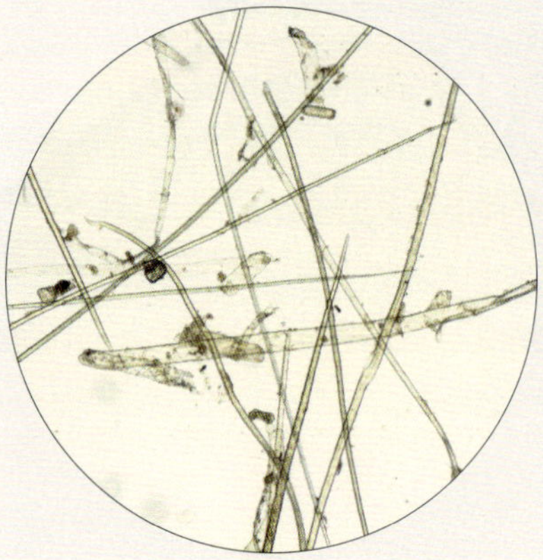

★1

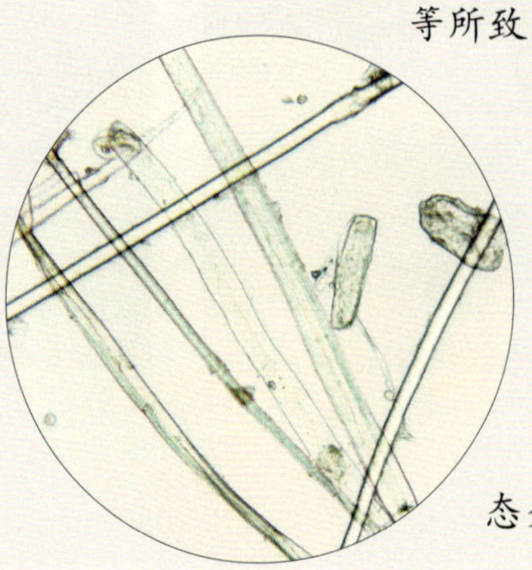

★2

★1 大九渡村竹纸纤维形态图（10×）
Fibers of Bamboo paper in Dajiudu Village (10× objective)

★2 大九渡村竹纸纤维形态图（20×）
Fibers of Bamboo paper in Dajiudu Village (20× objective)

五 禄丰彝族竹纸的用途与销售情况

5 Uses and Sales of Bamboo Paper by the Yi Ethnic Group in Lufeng County

（一）禄丰彝族竹纸的用途

1. 制作冥纸

禄丰彝族竹纸的主要用途是制作用于祭祀、丧葬等活动的冥纸。尤其是每年中元节，各家各户都烧竹纸祭祖，需求量很大。禄丰彝族竹纸曾经是很大产量的传统手工业产品，其作为冥纸销售不仅是在本乡本县，在历史上曾是供应云南昆明、东川等中心文化区的主流产品。

2. 书写用纸

历史上，绝大多数彝文文献是书写在纸上

的，彝文文献以纸张为载体，不仅使彝文符号载体得到发展，也使传播学习更加便利，体现了彝族文化在该方面的演进已到了一个较好的水平。一般彝文文献所用的纸张有竹纸和绵纸，禄丰县及楚雄州一带的彝文纸书文献则用本地产的竹纸居多，其重要产地为川街乡的九渡村。据调查中村民回忆，以前将1刀（20张）纸订起来，对半裁开成40张，用于写毛笔字。1949年以后随着机制纸的普及，土制竹纸便不再用于写字了。

3. 抄经用纸

历史上，楚雄州僧侣们习惯用上好的竹纸书写经书，而这种上好的竹纸主要产于九渡村。据李晓岑、朱霞1998年的入村调查，彝族造纸户佘进安回忆，在他爷爷那一辈时，九渡村所造竹纸相当一部分是供写经用，不像今天基本作为冥纸用[12]。

（二）禄丰彝族竹纸的销售情况

据2008年初本调查组的入村调查，大九渡村造纸一般是碾、抄、晒各一人。以造纸户何春寿家为例，一年可生产3万刀纸，销售额为9 000～10 000元，平均每刀纸价格在0.3～0.4元，按6张为1刀计算，每张为0.05～0.07元。相对来说，耗费的劳动力相当大。由于所造的纸主要用于祭祀焚烧，价格低廉、收益偏低，再加上机制纸的冲击，九渡村造纸的村民已越来越少。

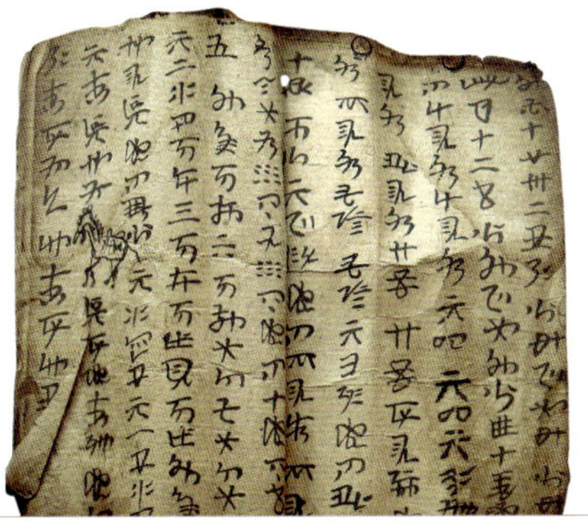
⊙1

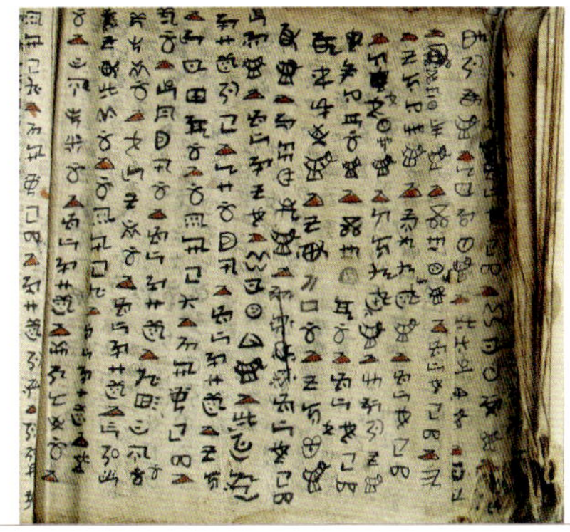
⊙2

六
禄丰彝族竹纸的相关民俗与文化事象

6
Folk Customs and Culture of Bamboo Paper by the Yi Ethnic Group in Lufeng County

（一）造纸户祭蔡伦

1949年以前，造纸户在家祭蔡伦菩萨，祭祀时需有酒、菜、饭，并烧当地造的竹纸。1949年以后不再行此祭礼。

（二）造纸相关俗语

1. 干掉亏掉一半多

当地造纸户间流行的行业习语，是指湿竹晒干后，重量减少一半。

⊙1/2 用禄丰竹纸抄写的彝文文献
Books written in the Yi ethnic language on Bamboo paper in Lufeng County

[12] 李晓岑，朱霞.云南少数民族手工造纸[M].昆明：云南美术出版社，1999：32.

2. 老人不在烧千张

据九渡村张光福介绍，如有老人过世，必须烧1 000张当地造的竹纸，不能多，也不能少。

（三）相关造纸习俗

历史上，禄丰丧葬祭悼活动用纸焚烧的习俗一直昌盛，只有在1949～1978年间因提倡移风易俗，改良丧葬方式而受到一定抑制。1980年后，小规模的传统习俗有所复苏。悼念活动需要扎花圈、写挽联，农村则一般是一升米两刀土纸的祭奠仪式。

清明节，当地人都会在门前插柳，并于清明节前后三天上坟扫墓添土，安碑挂纸。十月初一，为朔日，也是当地人祭奠祖先的日子，当天需要焚香化纸以表纪念。

禄丰及川街乡一带的人，在祭祖先亲人和敬神时对用纸有一点区别，通常敬神用纸在制造时会加一些姜黄，将纸染成黄色，习称“姜黄纸”，专供敬神所用。

⊙1 禄丰竹纸 Bamboo paper in Lufeng County

七
禄丰彝族竹纸的保护现状与发展思考

7
Preservation and Development of Bamboo Paper by the Yi Ethnic Group in Lufeng County

据调查组考证，禄丰彝族竹纸在当代衰退主要是因为其用途逐渐退化到几乎全部用于祭祀。祭祀用纸质量要求不高，从长远看，影响了造纸工艺的改进和市场空间的拓展，使得禄丰彝族竹纸这一经典产品失去了持续的生产优势，在与当代机制竹纸的竞争中陷入高投入低产出的困境。

总结禄丰彝族竹纸的现状并思考其未来的传承发展，以下问题引发了调查组的进一步关注：

禄丰彝族竹纸业态目前面临的最大压力来自高中端需求开发的缺失，以及优质竹纸工艺恢复的缺失。禄丰彝族竹纸在历史上曾作为抄经纸、文献纸、书写纸使用，其价格空间自然较好，而今天只剩冥纸这一用途，其利润空间显然会在机制纸的大规模制造挤压下丧失殆尽，造纸户也会因难以谋生而失去坚持下去的动力与信心。同时，只存活于小区域民俗用途的竹纸也较难借力非物质文化遗产保护及发展文化产业的政策获得更好的文化价值和经济效益。

作为彝族手工造纸的代表性样本之一，九渡村造纸业态及其相关工艺文化应该系统纳入非物质文化遗产保护体系，使传习制度得以早日确立。同时，像费孝通等先生撰写《易村手工业》报告一样，大九渡村造纸业迫切需要学术界和文化机构从传承角度留下影像与业态文字描述一体的当代记录。

竹纸

Bamboo Paper
by the Yi Ethnic Group
in Lufeng County

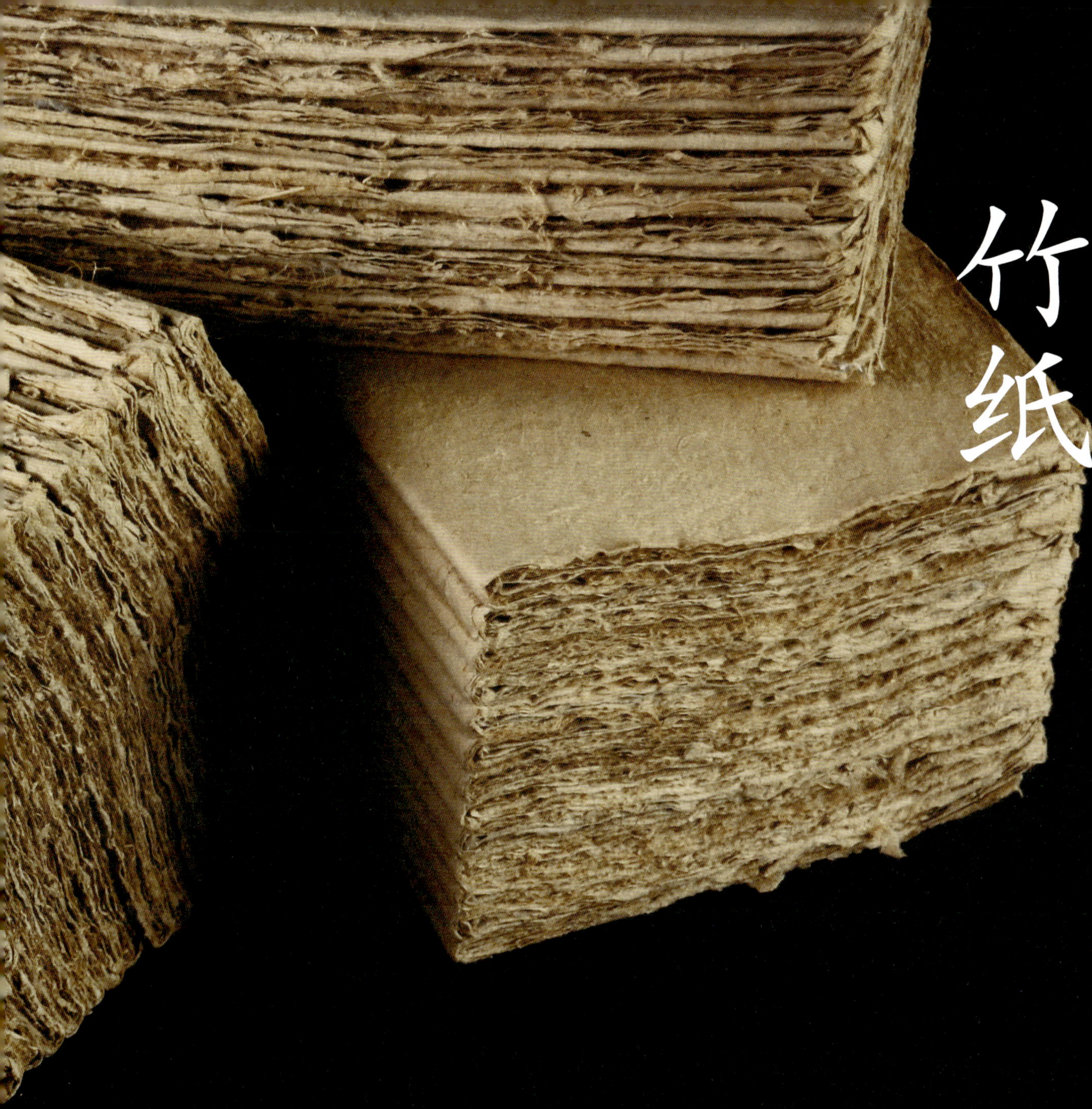

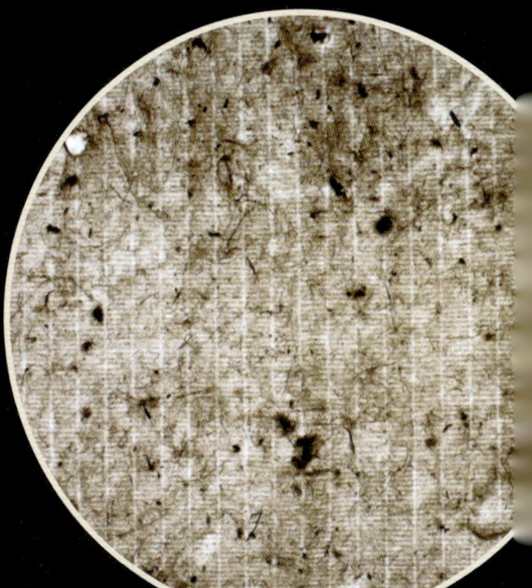

大九渡村竹纸透光摄影图
A photo of Bamboo paper in Dajiudu Village seen through the light

第三节

巧家手工纸

云南省
Yunnan Province

昭通市
Zhaotong City

巧家县
Qiaojia County

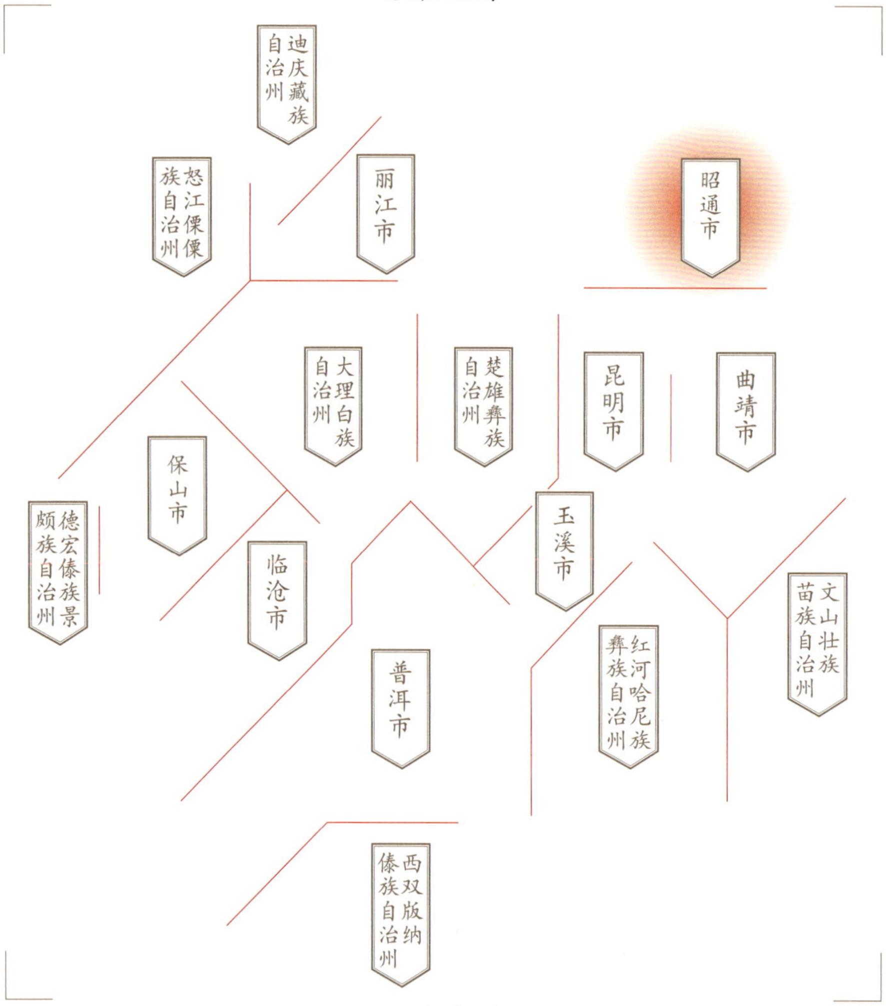

调查对象
东坪乡新街行政村『阿白沟宣纸』

调查对象
小河镇绵纸

Section 3
Handmade Paper in Qiaojia County

Subject

"Abaigou Xuan Paper"
in Xinjie Administrative Village,
Dongping Town

Mian Paper
in Xiaohe Town

一
巧家手工纸的基础信息及其分布

1
Basic Information and Distribution of the Handmade Paper in Qiaojia County

巧家县位于云南省东北部的昭通市，县域内的手工造纸主要集中在县东部区域牛栏江河谷的小河镇境内，主要产品为竹纸与绵纸两类。此外，东坪乡的新街行政村，则在1978～2006年间生产过名为“阿白沟宣纸”的山草纸。

小河镇坐落在牛栏江边，背靠大山面对江水，是手工造纸的理想场地。小河镇一带竹子、构树及龙须草等造纸原料十分丰富，山上的丰富山泉给造纸提供了便利，而且水的品质较高。小河镇造纸业传统皆为汉族经营，造纸流程主要由男人负责，女性通常只做辅助性工作。

二
巧家手工纸生产的人文地理环境

2
The Cultural and Geographic Environment of the Handmade Paper in Qiaojia County

巧家县位于云南省东北部、昭通市西南部，地处东经102°52′～103°26′、北纬26°32′～27°25′，与四川省凉山彝族自治州的会东、宁南、布拖、金阳及云南省的东川、会泽、鲁甸、昭阳8个县（区）接壤，县域面积3 245 km²。

巧家县境内水资源丰富，发展林业的条件较优越，森林发育繁茂，全县森林综合覆盖率38.4%。巧家县国家级自然保护区——药山保护区，是重要的生态旅游资源；境内的金沙江梯级电站——白鹤滩电站提高了水电资源的开发利用程度。

巧家县除多山多水的环境外，河谷气候也相当典型，金沙江河谷热区和东部的牛栏江河谷热区几乎包围了整个巧家县域，全县18个乡镇中的14个都处于两江河谷流域中。全县80%以上的人口和经济总量，特别是全县的农业作物（主

巧家手工纸生产地分布示意图

Distribution map of the papermaking sites in Qiaojia County

考察时间
2011年8月／2013年7月

Investigation Date
Aug. 2011 / Jul. 2013

路线图
巧家县城
↓
新街村＋小河镇
Road map from Qiaojia County centre to the papermaking sites
(Xinjie Village and Xiaohe Town)

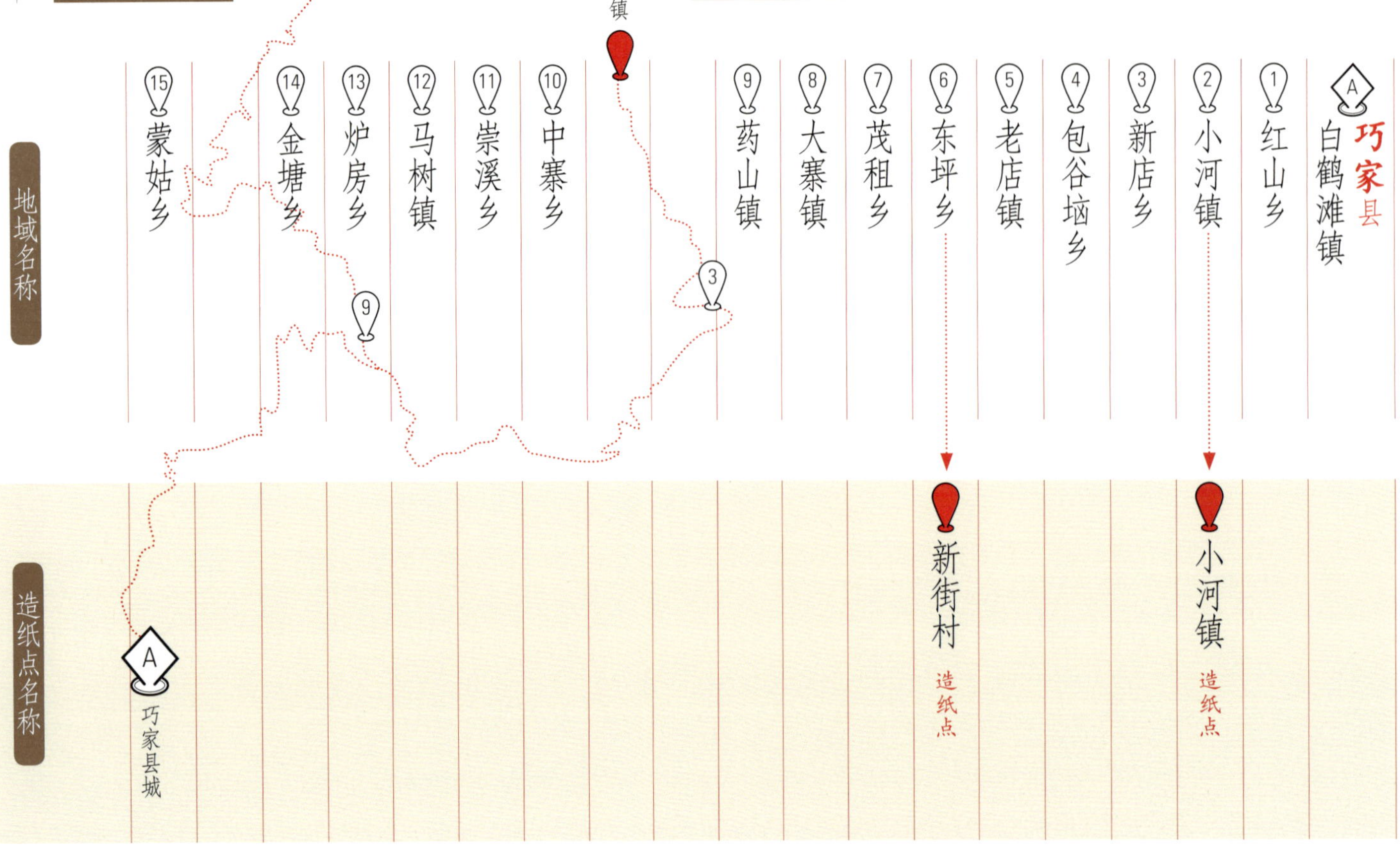

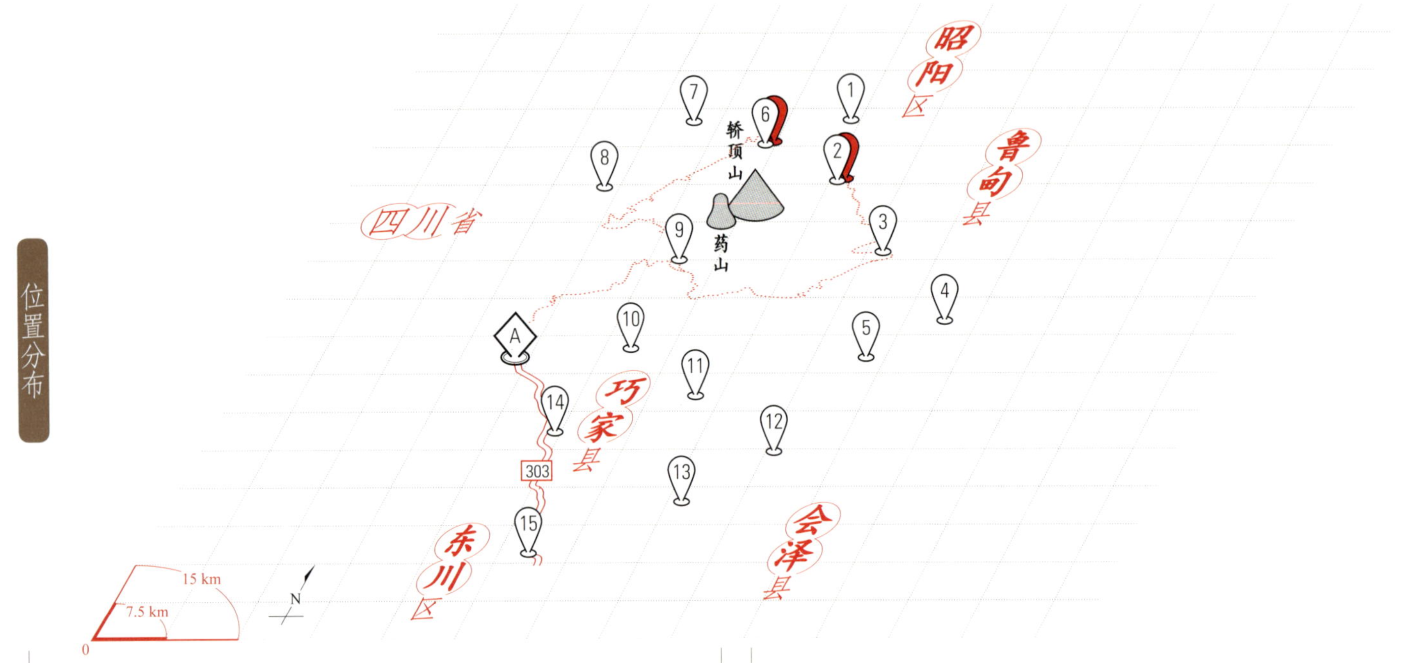

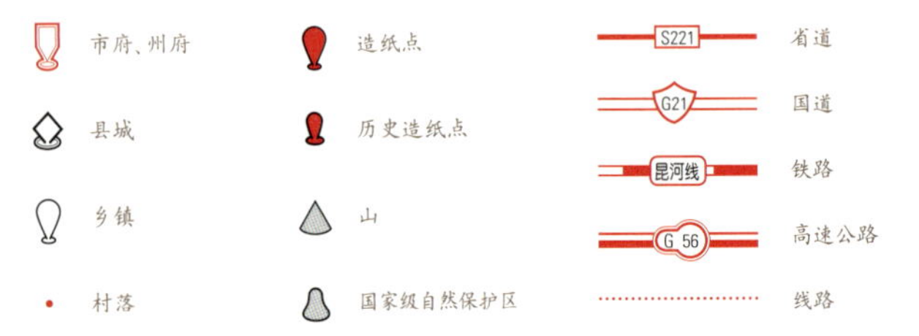

要为水稻）产区及主要的经济作物等都在两江河谷热区。两江河谷热区除传统的粮食和蔗糖生产外（巧家小碗红糖和工艺糖狮子为地方特产），在烟叶、花椒、蚕桑等经济作物，以及柑橘、石榴、芒果、香蕉等优质水果方面也有较广泛的种植。不过，巧家县虽然有植桑的传统，却未闻有以桑树皮生产桑皮纸的信息。

据第六次全国人口普查数据显示，巧家县总人口为53.36万，是一个民族多样性非常典型的西南少数民族县域，包括彝族、白族、傣族、壮族、回族、傈僳族、拉祜族等20多个少数民族，以及并不占主流的汉族。

该地人文历史景观与文化事件丰富多彩，知名度较高的如：

（一）巧家药山文化

药山是古代盛产铜、铅、银的巧家堂琅山的主峰，山体面积220 km^2，药山轿顶峰为滇东北最高峰，海拔4 041 m。药山以盛产药材而出名，著名的野生药材资源有柴胡、党参、贝母、天麻、虫草、仙茱、刺参、黄连、龙胆草等，在中药材市场上享有盛名。药山原始森林覆盖面积大，主要树种为以乌蒙冷杉为主的针叶林和以高山栎为主的阔叶林，大面积野生珙桐群落国内外罕见，瑰丽奇异的高山岩石奇景则令人流连忘返。2005年8月，药山国家级自然保护区获中华人民共和国国务院批准设立。

⊙1
⊙2

⊙1 巧家县的连片桑树 White mulberry woods in Qiaojia County

⊙2 位于巧家县城的堂琅广场 Tanglang Square in Qiaojia County

（二）彝族“六祖分支”民族文化发祥地

巧家县的堂琅山彝语称洛尼山，历史资料与彝族民间传说均记述为先祖阿普笃慕主持六脉部族四方开辟疆域的民族中兴光大之地。阿普笃慕是滇、川、黔、桂四省区彝族共同尊奉的族先，阿普为老祖宗之意，笃慕为人名，为传说中彝族始祖希慕遮的第三十一代孙。阿普笃慕成年后，遇洪水泛滥，笃慕带领部落先民由祖居地迁往洛尼山一带（即今堂琅山）避水。大洪水退后，由于洛尼山不宜于居（四川凉山彝族《指路经》记：“去兮去兮，欲行路边站。堂琅山之旁，除秽摇神扇，倘若不摇扇，难把秽来除。”[13]），大约在周平王（前770年至前720年在位）年间的公元前760年，阿普笃慕在堂琅山主持召集了一次部落大会，将彝族民众分成6支，由他的6个儿子带领走向四方寻求宜居之地：老大慕雅切与老二慕雅枯率开部落和乍部落向滇中地区拓展；老三慕雅热和老四慕雅卧率糯部落和恒部落沿金沙江流域向川地大小凉山拓展；老五慕克克率布部落向滇东北及黔地的兴义、毕节一带拓展；老六慕齐齐率默部落向桂地的隆林一带拓展。在彝文传承的古代典籍《六祖分支》《我祖魂光辉》中都记述了彝民族文化史上这一重大的历史事件，而事件发地源正在今巧家县境内，因而对彝族而言，堂琅山是具有极大意义的共同的祖山。在今天的巧家县城，已建有纪念性质的堂琅广场。

三 巧家手工纸的历史与传承

3 History and Inheritance of the Handmade Paper in Qiaojia County

据巧家民国年间的县志记载，造纸术传入巧家地域约在明清之际，之后逐渐成为一项传统的手工产业。巧家县主要生产的纸品种大类有绵纸和草纸（即竹纸），它们都属于中低档品质的日常生活用纸，其中草纸当地习惯称为“土纸”。20世纪40年代初，手工造纸曾是巧家地方百姓和政府重要的经济来源。1942年刊印的《巧家县志》记载：“工艺事业其遍于全县，而工人较多者首推织布，次如七、十两区造土纸。”而“巧家县各种工业概况表”中列出的信息表明：

[13] 张庆芬.浅谈彝文古籍《指路经》[J].云南民族学院学报，1989(3):66-68.

⊙1

土纸在七区、十区出品数量，“每日可造纸一担”“销县内及东川、昭通等地”，其中县内销售三分之二，县外销售三分之一。“每担值银五元。”“工户全县约一百家，每家工人数五人。工人工资每日银一角。”造纸业创造的可观收益使地方政府当局看到了开拓财政收入来源的希望。在“杂捐”一节记述道：“县地方行政范围甚大，需款甚多，公产收益常不敷支，而各项政务又不能不办。于是，因地制宜，而有各项杂捐之抽收。清季尚少，及入民国则名目繁多至二十余种。”其中，“土纸捐”及纸厂所捐名列其中。甚至，政府还打起了“官纸专卖”的主意。附记中列出了每年“官纸专卖”的收益：“杜典契官纸价之收入，就案册稽核，近数年来，约每年售获新币二百余元。”[14]

1952年，该地纸坊有100多处，从业139户，396人。所生产的纸全由供销社统购统销。1960～1970年，当地政府响应上级政策，大搞“以粮为纲”，乡村手工艺等小生产型经营业态受到抑制，土纸作坊基本全部关闭，巧家县的手

⊙1
巧家金沙江风光
Scenery of Jinsha River in Qiaojia County

[14] 陆崇仁，汤祚.云南省巧家县志[M].民国三十一年（1942）铅印本.台北：成文出版社，1974：511，514，377，369.

工造纸一度陷入消亡状态。

进入20世纪80年代，私营造纸作坊又发展起来，但消费业态已有较大变化，由于机制纸的普及，手工造纸产品已非提供为书写及日常交流所用，而是以满足民间祭祀活动需求为目标。以1990年的情况为例，小河镇土法造纸有132户，从业人数145人，产值15.31万元，年产竹纸600担。此后，随着市场的不断萎缩，造纸作坊、从业人数都在不断减少。另一方面，由于巧家县居三省交界之地，邻近的四川省、贵州省优质手工纸的传入，也导致本地祭祀用土纸的市场大不如前，生产的竹纸不再向会泽、昭通等地销售，仅满足本县小区域的需求。2006年，小河镇引入造纸机，6家机制土纸作坊代替了过去的传统手工作坊，手工土纸作坊因生产力落后，几乎全部歇业停产；2011年调查时，传统手工竹纸的生产已全部停止。经实地调查，记录其主要传统工艺流程为：砍竹→破竹→石灰浸泡→洗涤→漂白→二次洗涤→舂碓→加纸药→捞纸→榨水→晾晒→理纸。

除了以竹子为主要原料的土纸外，小河镇还是生产以构皮为原料的绵纸基地。历史上绵纸在当地人的日常生活中曾有很多应用，但由于机制纸的出现并覆盖了传统绵纸的很多用途，绵纸的应用范围也已经较小了。2010年，小河镇造绵纸的手工作坊不过五家，其中有两家只是在有丧葬活动需要用纸时，有人上门订购才临时生产。

从巧家县及小河镇的手工造纸历史与传承情况看，虽然具体起源及传入的年代不详，但地方史志记载为明清时期，小河镇造纸户的记忆年代也久远，据此推断数百年应该是有的。作为云南省东北部著名的手工造纸基地，小河镇的手工造纸技艺传承曾经是规模化的集体延续状态，但时至今日已因机制纸的传入和传统纸品在功用上的边缘化而日渐衰微。

在巧家县，除了小河镇生产绵纸和草纸，在东坪乡的新街行政村曾经生产过闻名一时的阿白沟书画纸，当地人称“阿白沟宣纸”，今已完全歇业，是一个短暂历史阶段的产品。

东坪乡新街村是一个长约4 km的狭长坝子，

⊙1

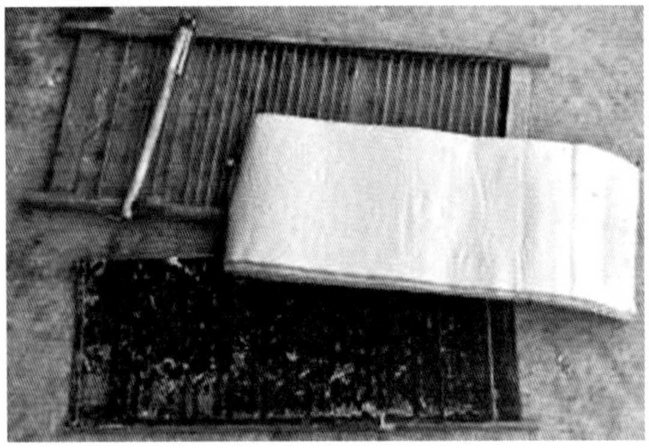

⊙2

⊙1
造纸户保留的纸帘和帘架
Papermaking screen and its supporting frame

⊙2
小河镇手工竹纸
Bamboo paper in Xiaohe Town

⊙3

⊙4

新街河直穿坝子而过，流经老街村汇入金沙江。因清代新街村一带为东坪的阿白土司居住地，故有阿白沟之名。阿白沟的彝语之意为“在山下的水沟”，山水条件皆备，适宜手工造纸。

1987年，新街村民许世成前往四川省夹江县学习书画纸生产技艺，并于当年回乡在阿白沟河边的一个陡坡上建起了造纸小作坊，经过数年实践，到1992年成功生产出巧家“阿白沟宣纸”，并以“巧家县国画纸厂”名称取得销售许可证开始经营。

“阿白沟宣纸”的主要生产原料是龙须草，巧家当地也称莎草、山草，纸坊所在地东坪乡一带多有出产。龙须草分布广泛，抗旱耐瘠，易于种植，既是干热河谷地区不可多得的自然生态保护屏障，也是宜于造纸的原料。从原料来看，“阿白沟宣纸”与使用青檀树皮和沙田稻草为原料的宣纸有本质差异。

2006年，在生产经营了19年后，许世成的“巧家县国画纸厂”最终歇业。许世成一家在经营这一作坊期间，造纸曾是其一家5口人的全部生活来源，许家一个当年在云南的美术学校上学的孩子，学费与生活费都是靠卖“阿白沟宣纸”来支撑的。其实，名声颇大的“巧家县国画纸厂”在生产正常时也只有一间约10 m^2的工作坊，一块不足30 m^2的院坝，以及一处名为石灰窑龙滩水的洗泡龙须草的水源。

2006年作坊停产后，许世成留下2万多张待销售的书画纸。这一年，许世成51岁。在许世成造书画纸的同时，巧家县并没有其他作坊生产这种纸，因而许家纸坊又被冠以“滇东北唯一一家手工宣纸作坊”之名。

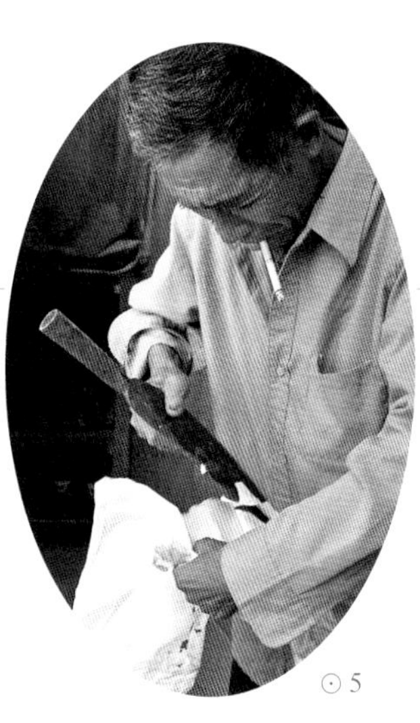

⊙5

⊙3 『阿白沟宣纸』书画作品 Calligraphy on "Abaigou Xuan Paper"

⊙4 『阿白沟宣纸』成品 "Abaigou Xuan Paper"

⊙5 许世成在演示造纸工序 Xu Shicheng demonstrating the papermaking procedures

由于调查时“阿白沟宣纸”完全停产，相关工艺记录已无法获取，因此在采集纸样后，对该纸品作了如下的技术分析与纤维测试。

所测巧家“阿白沟宣纸”的相关性能参数见表5.3。

表5.3 “阿白沟宣纸”的相关性能参数
Table 5.3 Performance parameters of “Abaigou Xuan Paper”

指标		单位	最大值	最小值	平均值
厚度		mm	0.080	0.065	0.070
定量		g/m^2	—	—	26.3
紧度		g/cm^3	0.405	0.329	0.376
抗张力	纵向	N	20.0	16.9	18.2
	横向	N	10.2	8.9	9.6
抗张强度		kN/m	—	—	0.927
白度		%	65.0	64.2	64.6
纤维长度		mm	5.83	1.97	3.53
纤维宽度		μm	12.0	3.0	7.3

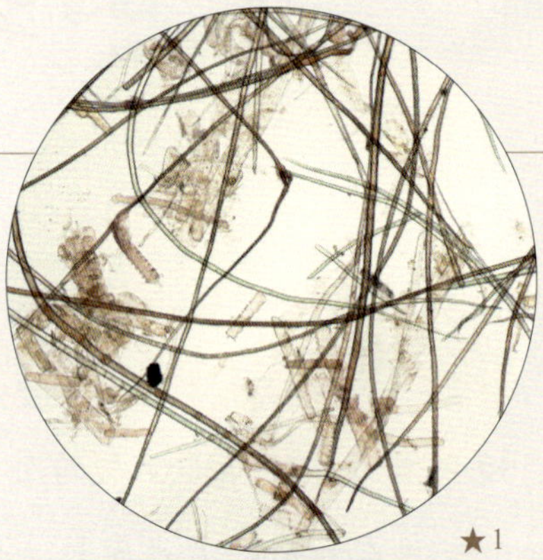

★1

★2

由表5.3可知，所测“阿白沟宣纸”最厚约是最薄的1.23倍，厚薄有一定差异，其相对标准偏差为0.007%，偏差很小，这应与所测“阿白沟宣纸”很薄有关。“阿白沟宣纸”的平均定量为26.3 g/m^2。所测“阿白沟宣纸”的紧度为0.376 g/cm^3。

“阿白沟宣纸”纵、横向抗张力有明显区别，经计算，其抗张强度为0.927 kN/m。

所测“阿白沟宣纸”白度平均值为64.6%，白度最大值约是最小值的1.01倍，相对标准偏差为0.28%，白度较高且差异较小，这应与“阿白沟宣纸”经过蒸煮、漂白有关。

所测“阿白沟宣纸”纤维长度：最长5.83 mm，最短1.97 mm，平均3.53 mm；纤维宽度：最宽12.0 μm，最窄3.0 μm，平均7.3 μm。所测“阿白沟宣纸”在10倍、20倍物镜观测的纤维形态分别见图★1、图★2。

★1
『阿白沟宣纸』纤维形态图（10×）
Fibers of “Abaigou Xuan Paper” (10× objective)

★2
『阿白沟宣纸』纤维形态图（20×）
Fibers of “Abaigou Xuan Paper” (20× objective)

⊙1 调查路经的巧家山区公路
Country road the research group rode down in Qiaojia County

四 巧家绵纸的生产工艺与技术分析

4 Papermaking Technique and Technical Analysis of Mian Paper in Qiaojia County

⊙1

⊙2

（一） 巧家绵纸的生产原料与辅料

巧家绵纸的生产原料为构树皮，所使用的纸药是仙人掌。据巧家县小河镇造纸户介绍，泡一池仙人掌汁一般可用一个月时间，在用到最后五天左右时，仙人掌汁液浓度会变低，此时需加些新的仙人掌浸泡。

（二） 巧家绵纸的生产工艺流程

经调查，记录巧家县小河镇绵纸的生产工艺流程为：

壹	贰	叁	肆	伍	陆	柒
浸泡	浆构皮	蒸料	洗涤	漂白	制浆	洗料

拾肆	拾叁	拾贰	拾壹	拾	玖	捌
包装	晾晒	揭纸	榨水	抄纸	加纸药	打槽

壹 浸泡

1 ⊙3

造纸户把买来的成捆干构皮解开，浸泡在水中。浸泡时间的长短视季节不同而异，夏天一般3天即可，冬天需5～8天。

⊙3

⊙1 构树 Paper mulberry tree

⊙2 仙人掌 Cactus

⊙3 构皮 Paper mulberry bark

贰 浆构皮

2 ⊙4

将构皮捆成小捆，用铁钩钩起并浸入石灰浆中，随即钩出堆置于石甑的甑桥上，堆放半个月左右。此处石甑体积不大，构皮码放往往超出石甑顶部，超出部分用塑料布包裹严实，再用重物压住顶部。

⊙4

叁 蒸料

3

待构皮变软后，在石甑底部注入清水，燃柴蒸9～12小时。

肆 洗涤

4

钩出蒸好的构皮，放入清水中反复搓洗，并拣除黄褐色外皮及杂质。再将构皮放入石甑中，加满清水浸泡一天，用棍棒搅拌清洗，然后把水放掉，如此反复多次。

伍 漂白

5

将构皮取出再次放入水池，加入一定量石灰，漂白构皮。

陆 制浆

6

将漂白好的构皮清洗干净，然后用脚碓将构皮舂融，一人踩碓，一人翻料。

柒 洗料

7 ⊙5

将皮料放入布袋中用清水冲洗，洗净为止。

⊙5

捌 打槽

8

将洗净的纸料放入捞纸槽中，加清水，用竹棍搅打，使纸料悬浮于纸槽中，然后打开纸槽下部的漏水孔，通过过滤将纸槽中的水放掉。

⊙4 石甑 Stone utensil

⊙5 洗料 Washing the bark

玖

加纸药

9

再次往纸槽中加入清水，用竹棍搅拌，加入仙人掌汁再次搅拌，使其均匀分布于水中。

拾

抄纸

10 ⊙6

右手握住帘架的提柄，左手将帘架与纸帘边抓牢，抬起帘架，双手前伸，由外往内舀两次水，接着前后振荡几次，使纸浆均匀分布于纸帘上。将纸帘反扣在纸垛上，揭起纸帘，一般500张湿纸作为一个纸垛。

⊙6

拾壹

榨水

11 ⊙7

在湿纸垛上放废旧纸帘、盖板、码子等，用扳杆逐渐加压，使纸垛中的水分缓慢流出，经过几次松榨、紧榨的过程后，静置一个昼夜。然后松榨，将纸垛抬起放到纸架上。

⊙7

拾贰

揭纸

12 ⊙8 ⊙9

用手将纸从上往下一张张地揭下，成叠放置。

⊙8

⊙9

⊙6 抄纸 Scooping and lifting the papermaking screen out of water

⊙7 木榨 Wooden presser

⊙8/9 揭纸 Peeling the paper down

⊙10

拾叁 晾晒

13 ⊙10

将揭下来的纸一沓沓地搭放在竹竿上，自然晾干。

⊙11
⊙12

拾肆 包装

14 ⊙11 ⊙12 ⊙13

纸晾干后取下，理齐，点数后叠起捆扎。

⊙13

⊙10 晾纸 Drying the paper

⊙11 理纸 Sorting the paper

⊙12 数纸 Counting the paper

⊙13 包装 Binding the paper

（三）

巧家绵纸的性能分析

所测巧家小河镇绵纸的相关性能参数见表5.4。

表5.4 小河镇绵纸的相关性能参数
Table 5.4 Performance parameters of Mian paper in Xiaohe Town

指标		单位	最大值	最小值	平均值
厚度		mm	0.230	0.096	0.145
定量		g/m^2	—	—	25.0
紧度		g/cm^3	—	—	0.172
抗张力	纵向	N	15.2	9.3	12.6
	横向	N	14.7	8.7	11.1
抗张强度		kN/m	—	—	0.790
白度		%	39.9	38.5	39.1
纤维长度		mm	8.37	2.43	4.78
纤维宽度		μm	20.3	6.6	14.5

★1

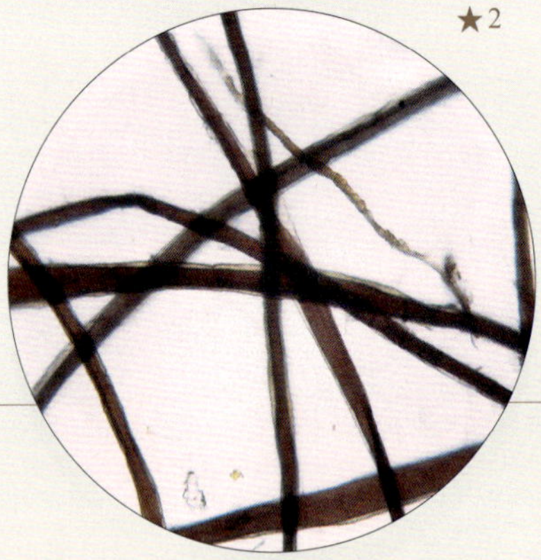

★2

由表5.4可知，所测小河镇绵纸最厚约是最薄的2.40倍，经计算，其相对标准偏差25.5%，厚薄极其不均匀，具有非常大的偏差。绵纸的平均定量为25.0 g/m^2。所测绵纸的紧度为0.172 g/cm^3。

经计算，其抗张强度为0.790 kN/m，抗张强度值较小。

所测小河镇绵纸白度平均值为39.1%，白度一般，白度最大值约是最小值的1.04倍，相对标准偏差1.06%，差别较小。

所测小河镇绵纸纤维长度：最长8.37 mm，最短2.43 mm，平均4.78 mm；纤维宽度：最宽20.3 μm，最窄6.6 μm，平均14.5 μm。所测绵纸在10倍、20倍物镜下观测的纤维形态分别见图★1、图★2。

★1 小河镇绵纸纤维形态图（10×）
Fibers of Mian paper in Xiaohe Town (10× objective)

★2 小河镇绵纸纤维形态图（20×）
Fibers of Mian paper in Xiaohe Town (20× objective)

五 巧家手工纸的用途与销售情况

5 Uses and Sales of the Handmade Paper in Qiaojia County

巧家县手工纸在手工纸文化兴盛的历史阶段主要有以下用途：

（一）丧葬、祭祀用纸

这是巧家县手工纸的传统用途，包括竹纸及绵纸。今天，巧家县小河镇手工纸的主流用途便是丧祭用纸了，但这一用途也已面临机制与半机制纸的强劲冲击。

（二）捆钞用纸

这是绵纸的主要用途，因为绵纸韧性好、结实，用来捆扎钱钞较为适宜。这也是云南省绵纸较为常用的领域。据小河镇造纸户介绍，这一用途约起源于民国年间，今日则随着机制纸的流行而不断衰落。

（三）书写用纸

小河镇的绵纸曾用于书写契约和作为学生的作业本，以及抄写大字报等，这是曾经的主流用途。据造纸户们回忆，20世纪60～70年代，他们还做过大尺寸的绵纸。目前，这一主流用途已基本消亡。

（四）包装用纸

历史上，小河镇生产的绵纸也用于一些生活用品及小食品的包装，20世纪70年代后改用机制回收纸做包装纸。其中一个很重要的影响因素是成本，因为机制纸成本低、产量高，手工绵纸因缺乏竞争优势而退出历史舞台。

（五）书画用纸

这一用途是由“阿白沟宣纸”形成的，但时间晚至1992年才开始（这一年许世成生产出了“阿白沟宣纸”），但龙须草制作的书画用纸销路未能较成功地打开，而且中国泾县、夹江、富阳等中心纸产区的以山草浆板为主原料书画纸的覆盖性优势已遍及全国。

历史上巧家县手工纸除满足本县需求外，还销往邻近的会泽、昭通等市县。当代巧家手工纸市场已经不需要捆钞纸了，书写也不用手工纸了，只有冥纸还在使用，消费需求减少了2/3。巧家县手工纸用途日趋缩小，市场不断萎缩。此外，邻近的四川省、贵州省手工纸对本地消费市场的侵蚀也很明显。绵纸只供应本县，主要用于丧葬、祭祀。

六 巧家手工纸的相关民俗与文化事象

6 Folk Customs and Culture of the Handmade Paper in Qiaojia County

（一）男人掌握流程技艺

巧家县小河镇的汉族造纸与云南傣族造纸等以女性为中心不同，主要由男人负责，整个造纸技艺流程中的重要环节均由男性主持，女性一般不介入传承系统，只做一些备料及晾纸、理纸的工作。

（二）传自中原的丧葬用纸习俗

巧家县的汉族，历史上均由北方的中原地带迁来，其葬俗中有一种非常特殊的用纸习俗与西南少数民族大不相同，即人死后入棺前，需要大量地使用当地手工生产的绵纸垫棺。具体方式是将整张绵纸对叠成三角形，然后重叠对称地叠放在棺材底部，由于垫棺用纸铺垫面积大，一次性用量通常在千张以上，形成了巧家县绵纸的规模性消费需求。

七 巧家手工纸的保护现状与发展思考

7 Preservation and Development of the Handmade Paper in Qiaojia County

（一）关于手工竹纸业态

随着造纸机的引入，小河镇土纸作坊2006年后已停止生产手工竹纸。由于还存在一定的需求量，机制与半机制竹纸则全年生产。

在云南省低端纸市场，占最大份额的是竹纸。它的需求量大、成本低，主要用途是丧葬祭祀和焚烧，所以对质量要求不高，适合机器大规模生产。2000年以后，云南省的大部分区域都新建了机器造竹纸的作坊，以很快的速度逐渐代替了原来的手工竹纸作坊，建水、屏边、文山、楚雄、大理，这一系列的替代与半替代情况都非常相似。因为云南省的竹纸本身特色不鲜明，其当代用途又非常单一且品质低，很容易被机器造纸的显著优势取代。目前看来，机制竹纸替代手工竹纸的趋势一时难以扭转。

庆幸的是，虽然小河镇手工竹纸停止了生产，但停产的时间还不长，竹纸的手工造纸技艺尚未从民间消失。调查组的及时发现和记录，将有助于这一工艺的博物馆式影像保存。

（二）关于手工绵纸业态

1. 业态得以保存的原因

据说巧家县内的汉族最早都是从北方迁来的，对传统办丧事很看重，家里再穷都不得马虎。因此，办丧事时作为入棺前垫棺材用纸，消费量大，这是巧家手工绵纸生产业态及消费空间仍在当代延续留存的主要原因。

2. 当前需求与生产情况

巧家县城及小河镇周边乡镇居民都有对绵纸的需求，会通过各种渠道来小河镇购买。通常会到纸坊或造纸户家中购买，也有造纸人送货上门，或是拜托过路车辆的驾驶员帮忙送纸。根据调查组2011年8月及2013年7月数次入造纸点调查掌握的情况看，由于绵纸的造纸户已较少，生产出的纸数量少，因此通常需要提前打电话预订，

⊙2

⊙1

⊙1/2
机制土纸造纸机及生产的纸
Papermaking machine and machine-made paper

以下单订制的方式作为重要生产经营模式；另一方面，小河镇造绵纸户的生产业态是以务农为主，农闲时才造纸，因此与长年造纸并以此为主业的模式不同，其产品的稳定性及产量均立足于辅助性经济收益的定位。从保护与发展的层面来看，小河镇绵纸的用途虽然已有萎缩，但仍因小区域民俗的较强支撑而具备单一用途的市场需求。但随着民俗的演化及丧葬习俗的改革，这一单线悬挂的生产技艺很有可能较快面临传统消费需求消失的态势，从而濒临业态难以立足的绝境。从当前来看，小河镇绵纸生产户已陷入不再以手工造纸为主要经济来源或技艺无人继承的状态，向机制纸坊转向或寻求更高收益的谋生之道已成为较普遍的选择。

3. 传承发展的思考

从生产性保护的立场审视小河镇绵纸技艺的传承，当务之急是以地方政府文化遗产保护或特色文化旅游产品扶持专项基金的形式扶持一两户手工造纸家庭，可以考虑以挂牌生产及定向补贴的方式长年造纸，改变目前农闲或有人要纸时才临时生产的局面，使技艺在保护性经营的环境下保持相对恒定的传习状态，避免出现造纸业态突然中止的情形。

（三）关于“阿白沟宣纸”业态

“阿白沟宣纸”作为直接源于四川省夹江书画纸的当代产品，其特色及区域文化性都是相当显著的，虽然生产的历史较短，且2006年已完全歇业，但从文化遗产传承的角度来看，仍有积极关注和促进的使命与空间。

“阿白沟宣纸”的生产场地（作坊及石灰窑）仍存在；技艺持有人、造纸户许世成及以往曾与许世成合作经营“巧家县国画纸厂”的当地退休教师杨作堂等仍健在。许世成家中及巧家县第一中学老师徐有林家中均存有当年生产的批量“阿白沟宣纸”，因此，该技艺业态的记录传承甚至复活均具备现实条件。

巧家县的龙须草产量很大，在很多乡镇均满山连片，而且无论是“阿白沟宣纸”，还是中国其他区域的书画用纸，龙须草都是重要的原材料之一。

巧家县小河镇手工生产的竹料土纸与构皮料绵纸当前因用途萎缩与低端化陷入困境，而源于中国西部纸都夹江技艺系统的巧家阿白沟书画纸则实际上开启了滇东北手工纸中高端应用的一种当代途径，如果对巧家县自产自销的造纸技艺及消费空间进行整合，则有可能开发出新的手工纸当代生产性传承的市场与产品。

⊙3

⊙3 造纸户废弃的纸槽 Abandoned papermaking trough

『阿白沟宣纸』

"Abaigou Xuan Paper"

『阿白沟宣纸』透光摄影图
A photo of "Abaigou Xuan Paper" seen through the light

巧家 481

绵纸

Mian Paper
in Qiaojia County

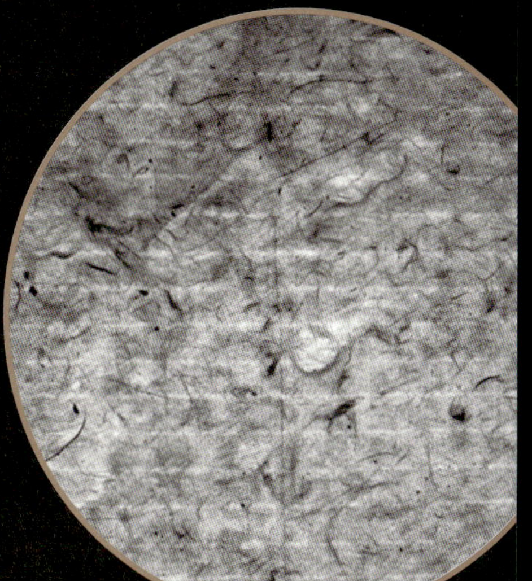

小河镇绵纸透光摄影图
A photo of Mian paper in Xiaohe Town seen through the light

Introduction to Handmade Paper in Yunnan Province

1. History of Handmade Paper in Yunnan Province

Yunnan is a province in the People's Republic of China, located in the far southwest of the country. The province embraces 25 ethnic minorities with the population of each exceeding 4 000. Due to the location, natural environment and social development of the region, handmade paper in Yunnan is diversified and complicated. The regional culture combines Han culture, Tibetan culture, and other Southeast Asian cultures, while topography and separate status, caused by poor mobility capabilities, contribute to the local culture. Currently, traditional handmade papermaking mills and the skills to produce it are still preserved in the region, which is a vivid example of the vibrant cultural traditions.

Yunnan Province enjoys a colorful and long history of handmade paper. The source of handmade paper in the province has been explored in academia, yet the sound conclusions in key fields of historical studies have not been achieved. For instance, it is commonly held that the skill can be traced back to the Dali State period (937~1254), yet a thorough exploration into its development has always been eluding. Thus, based on an exhaustive survey of related literature, this study implements the fieldwork measures and clarifies the papermaking history of Yunnan Province, aiming to further research in related fields.

1.1 Development of Handmade Paper in Yunnan Province before and in the Yuan Dynasty

A literature survey reveals only sporadic and vague records before the Yuan Dynasty. Specific recording of handmade paper in Yunnan Province emerged since the Yuan Dynasty, and developed in the Ming and Qing Dynasties with more comprehensive records. The following literature verifies that handmade paper was created before the Yuan Dynasty, and some key skills existed then.

Table 1.1 Part of the literature on handmade paper in Yunnan Province before and in the Yuan Dynasty

Serial number	Period	Quotes on handmade paper	Source of literature
1	Three Kingdoms Period	Liyan, the local military officer wrote a six-page letter to officer Kai, elaborating on the interests and stakes, yet he only received a one-page reply.	*Entry Lyu Kai* in the *Shu Volume*, *History of the Three Kingdoms*, by Chen Shou of the Jin Dynasty
2	Three Kingdoms Period	Zhuge Liang, the genius, drew maps for the ethnic groups.	*Nanzhong Volume*, *Local History of Southwest China*, by Chang Qu of the Jin Dynasty
3	Jin Dynasty	A god called Yellow Stone lives in a stone house in Jun Mountain of Yunnan Province. In sacrificial ceremonies, one hundred pieces of paper, a pair of writing brushes and a bar of ink stick should be offered.	*Essentials of Kyushu* of *Imperial Readings of the Taiping Era*, compiled between A.D. 977 and 983 during the reign of Emperor Taizong of the Song Dynasty, by Li Fang, etal. of the Song Dynasty
4	Nanzhao Period	In Nanzhao, generals and officials wrote on yellow hemp paper.	*History of Hanlinyuan* (*Imperial Academy*), by Li Zhao of the Tang Dynasty
5	Nanzhao Period	In Nanzhao, local officials wrote on yellow hemp paper.	Volume 64 of *Yuhai* (*Encyclopedia of the Song Dynasty*), by Wang Yinglin of the Song Dynasty
6	Five Dynasties Period	Paper used in Nanzhao was as thick as leather and one volume was colored.	*Nanzhaoman* of *History of the Five Dynasties*, by Wang Pu of the Song Dynasty
7	Song Dynasty	People there were civilized. They worshipped Buddha and chanted the sutra, which was recorded with golden and silver characters on Bi paper.	*Zhiman Volume* of *Customs of Guangnanxilu* (one of the 15 regions in the Song Dynasty, including Guangxi Zhuang Autonomous Region and areas of Leizhou Peninsula and Hainan Island), by Fan Chengda of the Song Dynasty
8	Song Dynasty	Southwestern Chinese ethnic groups are usually bare footed and have their hair tied. They wear cotton calico, covered with felt, and carry knives and crossbows. Their hair is tied using white paper,	*Geographical Notes on Lingnan Region,* by Zhou Qufei of the Song Dynasty

(Continued)

Serial number	Period	Quotes on handmade paper	Source of literature
		and claim that they are still mourning for Zhu Geliang, the genius. Businessmen traded incense, goat, chicken, knives, felt and local herbs for silk, leopard leather, books and other scarce goods.	
9	Yuan Dynasty	Lijiang City is famous for gold, horse, hound and paper…	Volume 7 of *Geography of the Yuan Dynasty*, by Bolanxi, etal. of the Yuan Dynasty

Based on literature review, the earliest handmade paper in Yunnan Province can be traced back to the Three Kingdoms period (220~280). The users of the handmade paper, such as regional military officers Liyan, Yongkai, and Zhuge Liang the genius all belonged to the upper ruling class. There is a possibility that handmade paper of Yunnan came from the Central Plains. Despite the fact that some experts doubt whether the "map" in "Zhuge Liang the genius drew maps for the ethnic groups" was drawn on real paper, most possibly the rulers of the age had employed paper as a means of communication. The skill needed to make the handmade paper, accompanied by the conquering of southwest regions, which raised the civilization status of the region.

More positive interaction proceeded between handmade paper and local customs as sacrificial ceremonies and art of calligraphy developed since the Jin Dynasty. According to *Essentials of Kyushu*, at that time "in sacrificial ceremonies a hundred pieces of paper, a pair of writing brushes and a bar of ink stick should be offered", which verifies "the importance of paper in sacrificial activities". On the other hand, "a hundred pieces of paper" demonstrates the popularity of paper at the time. Cuan Monument, the tombstone of General Zhenwei inscribed in the year of 405, now listed in the national key cultural relics. Fully developed in East Yunnan regions at that time, the calligraphy in the monument also illustrates that calligraphic crafts during the Jin Dynasty had reached a new level. Evidences revealed from the ancient sacrificial practices and Chinese calligraphy show that local handmade paper had greatly developed to meet the local needs.

Nanzhao Period (738 ~ 937) is an important phase in the history of Yunnan Province, which coexisted with the Tang Dynasty in the Central Plains. The period witnessed great development in economy and culture, with the Erhai Lake and Dianchi Lake regions stepping into unprecedented prosperity in agriculture, husbandry, and commerce. In the period handmade paper was widely used in writing and daily life. Historical literature recorded that "in Nanzhao, generals and officials wrote on yellow hemp paper". During the Five Dynasties period, paper used in Nanzhao was "as thick as leather, and one volume was colored", a typical feature of Dongba paper by the Naxi Ethnic Group and double-layered Baimian paper by the Dai Ethnic Group, while the Central Plains used thin paper. During that period, colored paper had appeared, which illustrates the diversity of handmade paper in Yunnan Province at that time.

子皮邏閣立
皮邏閣 封雲南王
皮邏閣唐元宗戊辰開元十六年即位年三十一歲開元
十八年滅五詔自稱南詔王先是蒙氏恐三十七蠻部不
服選親族爲五詔未幾五詔抗命邏閣遂賂劍川節度使
王昱求合六詔爲一昱奏於朝許之邏閣乃豫建松明大
樓祀祖於上使人論五詔曰六月二十四日乃星回節
大理郡志漢元封間棗榆嫌阿南者爲酋長曼阿娜之妻
娜爲漢將郭世忠所殺欲妻南南曰能從三事當許汝一
作幕次祭故夫一焚故夫衣易君新衣一令國人皆知我
以禮嫁忠如其言明日聚國人張松幕祭其夫下置火南
藏刃出俟火熾焚夫衣卽引刀自斷其頸仆火中時六月
二十五日也國人哀之故歲以是日燃炬弔之名爲星回
節云是又當爲二十五日
當祭祖不赴者罪四詔聽命惟越析詔波衝
之兄子于贈遠不赴會而遼賧詔豐哶孫波邏遼之妻慈
善者止邏遼勿赴遼不聽慈善不得已以鐵釧穿於遼臂
而行二十四日邏遼及施浪詔施望欠弟施望千浪穹詔
豐時孫鐸羅望蒙嶲詔嶲輔子羅原皆至邏閣所邏閣偕
登樓祭祖祭後宣胙食生歠酒迫暝四詔盡醉邏閣獨下
樓焚錢遽縱火火發兵圍之四詔皆焚死邏閣遣使至四
詔所報焚錢失火四詔被焚狀令各詔收骨四詔妻至賧

30 29

An unofficial historical record of Nanzhao by Yang Shen, which relates the story of Emperor Pi Luoge

According to the unofficial historical records, Emperor Pi Luoge of Nanzhao built a sacrificial tower, namely Songming Building, brewing a conspiracy to unify the six dominant tribes. He "commanded the other five tribe heads to offer sacrifices in the Songming Building to their ancestors". After the sacrificial ceremony, Emperor Pi Luoge left, claiming that he should burn the joss paper as sacrifices, while actually he set fire to the Building. The tribe heads were too drunk to leave and all burned to death. Hence, the six tribes were unified through the nefarious trick. Similar descriptions were found in other historical materials, which prove that joss paper was widely used in Nanzhao sacrificial rituals.

During the Song and Yuan dynasties, handmade paper prospered with the development of inscription skills. In the Song Dynasty, paper made in Sichuan Province thrived, while the skills inevitably influenced its neighboring province, Yunnan. Trades and cultural communication between the ethnic groups promoted the development of handmade paper. For instance, businessmen "traded incense, goat, chicken, knives, felt and local herbs for silk, leopard leather, books and other scarce goods". "Books" here are printed on handmade paper. It is recorded that "the local ruler of Yunnan visited the Central Government during the Song Dynasty, and brought back 1 465 volumes of *Tripitaka* which were stored in Wuhua Building". Therefore, it can be claimed that the communication of Buddhist scriptures also accelerated papermaking and printing skills in the region.

The Bai Ethnic Group worshipped Buddha. During the Dali State period, governed by the Bai Ethnic Group, markets were set for horse trade by the South Song Dynasty in current Hanyuan County of Sichuan Province and other places. "People of the Bai Ethnic Group were civilized. They worshipped Buddha and chanted the sutra, which was recorded by golden and silver characters on Bi paper." Bi paper was a kind of high quality colored paper used for copying Buddhist scriptures. It further proved the technique of handmade paper at that time had reached a higher level. Handmade paper was used more than printing and writing during this period. It was employed in daily life as well, e.g., "Southwestern Chinese ethnic groups are usually bare footed and have their hair tied.

They wear cotton calico, covered with felt, and carry knives and crossbows. Their hair is tied using white paper, and claim that they are still mourning for Zhu Geliang, the genius". Handmade paper became the symbol of tribal customs and in some cases even the signal of a nationality identity. From its popularity we can infer that handmade paper was most possibly a local product.

The Yuan Dynasty witnesses an important phase in the development of handmade paper within Yunnan area. According to volume 7 of the *Geography of the Yuan Dynasty* compiled during the Yuan Dynasty, "Tong'an Prefecture (present Lijiang City) is famous for gold, horse, hound and paper." Scriptures unearthed from a stupa and currently kept in Cultural Relics Administration of Dali Bai Autonomous Prefecture include words like "produced by Xuanhua Temple", and "written by some Sanbo disciples". Archaeological studies reveal that at least in the year of 1366, Buddhist scriptures had been mass produced in the Xuanhua Temple in Heqing County. After the establishment of the Yuan Central Government, economic and cultural exchanges between the Mainland and Erhai Lake region greatly increased. For instance, Lords of the Dali Prefecture, the Duans and the Gaos had their *Tripitaka* printed in Hangzhou City of Zhejiang Province, on high quality Baimian paper produced by the Bai people of the Erhai Lake Region.

1.2 Development of Handmade Paper in Yunnan Province since the Ming Dynasty

During the Ming Dynasty, Yunnan enjoyed dazzling prosperity of handmade paper according to literature analysis. Zhang Xiumin, states in his *Chinese Printing History*, that the major places where handmade paper originated during the period are "Jiangxi Province, Zhejiang Province, Fujian Province, with Sichuan Province and Yunnan Province following on the list". Handmade paper produced in Yunnan Province earned a reputation for "being thin, transparent, and easy to preserve, which marks a significant advance in handmade paper compared with the Yuan and Song Dynasties", as commented by a scholar named Xie Zhaozhi of the time.

During the Ming Dynasty, handmade paper in Yunnan expanded geographically. According to *Annals of Yunnan* during the reign of Wanli Emperor of the Ming Dynasty, cities such as Dali, Yongchang, Menghua, Lin'an and Shunning all produced handmade paper. For instance, Menghua produced Qing paper, while Beisheng (present Yongsheng County) produced "Cang paper, which was quite popular and sold very well". According to *Geography of Yunnan*, by Liu Wenzheng during the reign of Tianqi Emperor of the Ming Dynasty, handmade paper was produced in regions like Dali, Lin'an, Yongchang, Chengjiang, Menghua, Jingdong cities and Beisheng County, with Dali being the epic centre of papermaking production. During this period handmade paper flourished and expanded from west Yunnan to other areas of the Province.

During the Ming Dynasty, papermaking became an important local economic activity. Therefore, more detailed descriptions could be traced in historical books concerning papermaking skills.

Brief of Yunnan recorded the details of key papermaking procedures and skills at the time. For instance, "the raw materials of Qing paper in Dali, which was known for durability, consisted of bamboo and paper mulberry, and only used greasy water from the Yaoshi's (pharmacist) well". "White rice flour paper" used rice flour in its making process.

Annals of Chuxiong County compiled by Chongqian of the Qing Dynasty recorded such a story: Yang Shaoxian, the Deputy Administrator of Chuxiong County, "taught the villagers of Bashao Town to cut bamboo so as to make paper in exchange for money on their errands to catch bandits in Lukui Mountain of Xinping County during the reign of Emperor Wanli of the Ming Dynasty". However, it's not clear how they obtained the skills. We can only derive that local officials played important roles in promoting the handmade papermaking economy.

Jingdong City during the Ming Dynasty produced abundant "dye and paper for local use, which was greatly used and praised in the capital city of the Province.

As the papermaking centre, the Erdong Region of Dali City had places named Xiaozhifang (small papermaking mill) and Dazhifang (big papermaking mill), which was recorded in *Xu Xiake's Travels*. Naming a place with paper highlights the importance of handmade paper in the region.

During the Ming Dynasty, Yunnan handmade paper enjoyed extensive uses. Apart from being used for printing and copying Buddhist scriptures, handmade paper was employed widely in daily lives of the local people. For instance, Straw paper and Tinfoil paper were used for sacrificial ceremonies. In Lantern Festivals, the locals made paper lanterns in various shapes of fish, dragon, horses, and firecrackers. Therefore, paper had become an integral part of the local custom, casting a broad and far-reaching influence on local people's lives at the time.

The Qing Dynasty celebrates the first summit in the development of handmade paper in Yunnan Province. It is recorded that "many places in Yunnan Province made paper out of paper mulberry bark", e.g. , "The Baoshan and Aowalu regions, were able to produce paper with significant durability out of paper mulberry, which was sought after by sculptors of the time", according to *Annals of Xuanwei County*. *Annals of Yunnan Province* recorded that "Mianbai paper produced out of paper mulberry bark in Heqing County and Tengyue Town was also known for its durability, while Shenwen paper produced in Shunning (now Fengqing County) was well-known for its smooth and fine qualities. White paper produced out of paper mulberry bark in other local regions such as Yanfeng, Zhenxiong, Zhenkang, Mengdingba possessed even better durability than kraft paper produced abroad. The kraft paper made by the Baiyi people of Zhenkang County could be traced back to the late years of Nanzhao, and most counties at the time could produce handmade paper".

In the Qing Dynasty, there were detailed records of the paper industry in local chronicles in Yunnan Province, except for a few rural areas like Lushui County, which clearly stated "No paper industry". It can be concluded that handmade paper skills were very popular at the time.

After the Qing Dynasty, there were more diversified raw materials available for handmade paper in Yunnan Province. Originally, the bark of the paper mulberry tree was mostly used. This has been recorded: "Yang Chaojun advocated papermaking, with the paper mulberry bark as raw material". However, since the late Ming Dynasty, papermaking with sole bamboo fiber had become popular, as it increased productivity. However, it is worth noting that bamboo was hard to find at the late Qing Dynasty in some areas of Yunnan Province, as a result of large consumption of bamboo. According to the *Annals of Maguan County in Yunnan Province*, during the Republican Era, "in the old days, there were abundant natural bamboo forests; therefore, lots of paper made locally was exported to other counties after it met the local needs. However, the natural bamboo forests have recently become almost non-exist, and no new planting has taken place. As a result, the paper price had soared due to the lack of raw material and it was barely sufficient for local supply. Nevertheless, since there are plenty of mountainous areas and bamboo trees are not hard to plant and grow, people can take immediate measures to prevent this industry from extinction."

In the *Annals of Yunnan Province*, there were many records about different types of handmade paper, such as "White paper, Straw paper, Tinfoil paper" produced in Heqing, Qing paper in Jingdong, "Qing paper and White rice flour paper" in Dali, and "double folded paper" which is quite sturdy in Xiaoxilian of Tengyue Prefecture, and Mian paper in Aowalu.

Different kinds of handmade paper have different qualities and uses. "In Heqing and Tengyue, people used bark of the paper mulberry tree to make Mianbai paper for printing because of its toughness and durability. Handmade paper was very popular in the markets, especially those made in Heqing." In Xinping County, "people used bamboo to make handmade paper due to its thickness despite its dark color." In Shunning County, "people used White paper and Straw paper to print spring couplets and door gods; and also used colored paper to print numbers, which stands for good fortune." "Straw paper came from Axiong Town in southern district." "Bamboo was used as raw material of handmade paper. It was a necessity for cleaning and wrapping and burning in the funerals as handmade paper could not be used in study for its simple process and rough nature." In *Travel in Yunnan* by Chen Ding during the Qing Dynasty, there was an interesting event. The Yi people once caught a big bee and fastened its waist with a long thread and colored paper. They then freed the bee and let it fly in the sky. It indicates that colored paper had existed in the Yi area, at least before the late Qing Dynasty. At that time, paper with special uses had appeared, such as paper felt, oiled paper, paper armor and paper clothes. In the *Annals of Guangxi in Yunnan Province* (present Luxi , Shizong, Mile counties) of the Qing Dynasty, specific uses of paper felt was not mentioned. However it is most likely that it was similar to the sleeping quilt in Manzhao Village of Xishuangbanna Prefecture.

According to the *Annals of Fujian Province* during Emperor Qianlong of the Qing Dynasty, there were paper quilts in Yunnan and Fujian. In the *Annals of Guangxi Zhuang Autonomous Region*, it was recorded that there were paper armors in Yunan and Guangxi. In *Research on Yunnan* by Fengsu during the Qing Dynasty, it was also recorded that "Neng Qian, who was an eunuch, was in charge of Yunnan affairs at that time. He was very greedy and established his tyrannical regime over Yunnan Province. As time went by, he intended to rebel against the emperor and began to make paper armors, which were very strong, worth 100 liang of silver each". Apparently, paper armors were made of paper. As far as requirements for the paper, there are great differences among different types of paper. Not only was Dali paper used for writing in daily life, but it was also a tribute to the emperor. In *Series of Yangji Study*, paper tributes from all provinces were recorded. "There are lots of Four Treasures of the Study in the royal palace. As for paper, we have numerous types, including silk letterhead, as well as various paper from Huibu and Dali." It can be concluded that Dali paper was very famous processed paper and sent as a tribute to the royal palace throughout the Qing Dynasty.

With the prosperity of handmade paper, the paper industry played a very important part in local economy in ancient Yunnan Province. In most parts, its manufacturing is still self-sufficient. It is recorded in the *Annals in Xuanwei County*, "people living in Baoshan and Aowalu make paper during their agriculture leisure time. Every year, the production of more than two hundred bunches could not cater for local needs." "A local country gentleman, Yang Chaojun, who lived in Aowalu where many people were unemployed, was very kind-hearted and helpful. He called upon the unemployed to engage in the paper and incense industry, by making use of rich local raw material so that they could earn their living." Using bark of the paper mulberry tree as raw material, we can see from the statement "production process is quite fine and clean" that it was high quality. Straw paper plants were seen at several different places in the southwest Cang Mountain. During the reign of Emperor Daoguang in the Qing Dynasty, Ji Zaisi was famous for making Macaogou paper (bark of the paper mulberry tree as its raw material), whose descendants were in the paper business and became giants in Yunnan Province.

In the beginning of the Republican Era, handmade papermaking in Heqing entered an unprecedented era. In Heqing, papermaking sites of Straw paper and Mian paper were located at Lingdipo, Longzhu, Houbenjing. They produced about 3 000 tuo (50 kilograms per tuo) of Straw paper and more than 1 000 tuo of Mian paper. In Maguan County, "bamboo was used as raw material of handmade paper. In the old days, there were rich resources due to vast bamboo forests which resulted in the extra paper manufactured in Heqing being exported to other counties".

With the development of handmade paper skills and the paper economy, paper is playing a more and more important role in local customs and daily life. In the annals of the Qing Dynasty, there is an increasing number of paper-related customs in Yunnan Province. See the table below.

Table 1.2 Paper-related folk customs of Yunnan Province in the Qing Dynasty

Serial number	Folk customs	Quotes on handmade paper	Source of literature
1	Scarificial ritual	In February and October, people in a family clan will gather in the clan hall to worship ancestors by sacrificing pigs and sheep. The celebration usually lasts one or two days. Those not belonging to a family clan will go to graves at the suburb to worship ancestors, bringing wine and meat, hanging paper on the graves, performing a kneeling down and four bowing rite.	Ma Taiyuan *Annals of Xinping County in Yunnan Province* (1933) Taibei: Chengwen Publishing House, 1967:128

(Continued)

Serial number	Period	Quotes on handmade paper	Source of literature
2	Sacrificial offerings	The funerary objects consist of paper men, golden hill, silver hill, string of joss paper, scattered joss paper, lion, elephant, deer, horse, palanquin, and so on, all of which are decorated by bamboo silk paper.	Chen Zonghai, Zhao Duanli (Qing Dynasty) *Annals of Tengyue in Yunnan Province* (1887) Taibei: Chengwen Publishing House, 1967:715
3	Door gods	Lanterns are hung up on Lantern Festival. The next day, old couplets and door gods were taken down and burnt with used paper during the new year. It is called "lantern burning" on lantern show, and "door gods burning" in ordinary household. On Ghost Festival (July 15th according to the lunar calendar), people prepare clothes for the dead, buy joss paper and set the memorial tablet so as to worship parents who have passed away, which is called "welcoming ancestors". Usually, they welcome parents on the 12th night since they have passed away. At 3:00 pm of the 14th day, they seal the joss paper, clothes, golden and silvery Tinfoil paper, with their parent's names on it, and put it on the path. Then they kneel down and burn it, crying loudly. For those newly passed away, these will be done one day before the routine or on the first day of the lunar calendar.	Liu Peilin, Zhu Guangnai (Qing Dynasty) *Annals of Xuanwei County in Yunnan Province* (1934) Taibei: Chenwen Publishing House, 1967:718
4	Seeing Gods away on Ghost Festival	Ghost Festival falls on the 15th of July according to the lunar calendar. There is a custom that paper clothes are stuck on the wall until the 15th day. Then joss paper and paper clothes are burned together. Gods are sent away until 3:00 pm of the 15th day. People burn paper clothes, joss paper and paper ingot, which is called "seeing ancestors away".	Yuan Jiagu, Xu Shi (Qing Dynasty) *Annals of Yiliang County in Yunnan Province* (1921) Taibei: Chengwen Publishing House, 1967:44
		"Worship Etiquette" on the 15th of July, gods are seen away. People put joss paper into paper bags with their ancestors' names on and then burn them.	Li Yulan, Gan Mengxian (Qing Dynasty) *Annals of Zhennan Prefecture in Yunnan Province* (1892) Taibei: Chengwen Publishing House, 1975:144
5	Wedding & funeral	On the wedding day, bridegroom asks for the birth date of the bride first. On the day of a funeral, people use paper and bamboo to make burial objects.	Yuan Jiagu, Xu Shi (Qing Dynasty) *Annals of Yiliang County in Yunnan Province* (1921) Taibei: Chengwen Publishing House, 1967:34-35
6	Worshipping ancestors on Ghost Festival	On Ghost Festival, people make a pilgrimage to ancestors' temple to worship or burn paper clothes and joss paper. At night, lamps are released on the river.	Ren Zhongyi (Qing Dynasty) *Annals of Pingyi County in Yunnan Province* (1705) Taibei: Chengwen Publishing House, 1975:134
		Two days before the Ghost Festival, wines and fruits are displayed to worship ancestors in the clan temple. Sometimes, paper clothes or joss paper are burnt for the dead.	Yin Chenjun *Annals of Lushui in Yunnan Province* (1932) Taibei: Chengwen Publishing House, 1975:159
7	Sacrificial ceremony	If relatives died recently, people begin to cry aloud holding bottles and urns. Then they will go to a river and throw joss paper into the water. Once the paper soaked in water, they take water back to wash the body. The ritual process is called "buying water". Without the rite the	Lin Zexu, Li Xiling (Qing Dynasty) *Annals of Guangnan Prefecture in Yunnan Province* (1905) Taibei: Chengwen Publishing House, 1967:48

(Continued)

Serial number	Period	Quotes on handmade paper	Source of literature
		neighborhood will think people did not treat the deceased person with filial piety.	
8	Gift paper	The bridegroom's family makes out a list of wedding gifts including gold, silver, jewelry, paper, candles, ingot, money to thank the matchmaker, and so on.	Zhang Weihan, Tong Zhenzao *Annals of Kunming City in Yunnan Province* (1924) Taibei: Chengwen Publishing House, 1967:69

Seen from the literature in Table 1.2, people during ancient times in Yunnan Province could not live without paper on the special occasions such as worship, festival, marriage, funeral, and other routines in their daily lives. The influence of handmade paper affected every aspect of people's life in Yunnan Province and became a part of their daily life. To some degree, it even turned into important features of regional and national culture.

The popularity of handmade paper gave rise to many paper-related industries. A large part of scriptures and annals in Southwestern areas of China were printed or written on Baimian paper during the Ming and Qing Dynasties. On the one hand, handmade paper was still prevalent in printing and cultural communication. On the other hand, more and more paper-related handicraft industries had appeared in local society. For example, in Zhennan Prefecture, "people took part in farming and manufacturing. Men beat tin to foil, women stuck tinfoil on paper, and made joss paper for praying". "Local people turned Tinfoil paper into an industry, produced specially for worship." In Xuanwei County, "more than thirty or forty households ran paper binding businesses from city and county statistics", but "all in very small scale investment". Stated in the sample section in annals, "Xu's family is most famous for their firecracker business in the city. There are also many other people working in the same business. About twenty households participated in city and county". This type of business gives evidence of the prosperity of paper industry at the time. Yet, if the purpose of papermaking was only to meet the local requirement, the artisans would be lacking in setting a higher goal of innovation. Although traditional skills were handed on from generation to generation, lack of motives resulted in unsustainable growth and prevented the innovation and future development of handmade paper industry. Ancient people became aware of it. In the *Annals of Chuxiong County*, records said that "in the fields of handicrafts like pottery making, metal smelting, and carving, artisans of generations simply passed down traditional skills without any reflection on innovation. Thus, these handicrafts were of coarse quality. However, these skills were beneficial to people's lives. Local people were very superstitious, engaging in illegal worship. Men hammered foils while women made paper ingots with foils". However, the skills of papermaking were developing so slowly that it weakened its competitiveness with folk handicrafts. It was hard for papermakers to compete with those from other places, especially when new foreign technology appeared; this resulted in handmade papermaking skills losing their advantages. As early as the Ming Dynasty, it was recorded that paper in Yunnan Province was durable but with poor color. Several hundred years later, there were still comments that "in all paper types, paper in Yunnan had the most durable feature similar to silk but its color was far inferior to that from Yuezhong (Japan). As a result, although there was a sharp improvement in handmade paper technology and manufacturing sites in Yunnan Province, it could not compare with Sichuan Province and its neighboring area as a whole. According to the *Annals of Yunnan Province* during the Republican Era, "most paper in Yunnan came from Sichuan Province". During early years, the statistics of *Table of Imported Commodities in Lunan County* in *Annals of Lunan County* showed "refined paper of 780 jin was imported from Sichuan and crude paper of 1 320 jin was from Qujin". In the *Annals of Kunming City in Yunnan Province* (1924), statistics showed "in the local area, about 50 households ran paper business on their own, with capital ranging from 500 yuan to 10 000 yuan. Papermaking in Yunnan Province was limited and most paper was shipped from Sichuan, Guizhou or foreign countries".

In history, many ethnic groups in Yunnan Province, including the Han, Bai, Naxi, Dai, Yao, Hani, Tibetan, Yi, and Miao, have records of papermaking. It plays a key role in the cultural heritage and development of each group. Meanwhile, it has influenced and enriched handmade paper culture of all ethnic groups in the area. Rich and colorful handmade papermaking cultures have come into being during its process of handing down, which is an important heritage and component of handmade paper culture in China.

2. Current Status of Handmade Paper in Yunnan Province

During the long historic process, people of all ethnic groups in Yunnan Province created colorful handmade paper with diversified types. The usage includes writing, drawing, daily use, festival, game, religious ceremony, funeral, worship, military equipments, and so on. Handmade paper is used in variety ways in people's daily life.

With the increasing development of social economy, technology and culture, the application field of handmade paper has been narrowed as a result of quick development of mechanical papermaking and other replacements. Many varieties of handmade paper have vanished from history. Nowadays, handmade papermaking skill has become an intangible cultural heritage requiring urgent protection.

2.1 Ethnic Diversity of Handmade Papermaking Cultures in Yunnan Province

Featured by high mountains, deep valleys, crisscrossing rivers, Yunnan has great difficulty in exchanging commodities because of inconvenient transportation. Local people utilized local material to manufacture paper in order to meet their own needs. The variety of the geographical environment and customs leads to diversity and complexity of handmade paper in Yunnan Province, which also bestows paper its unique ethnic personality and geographic feature.

The inaccessibility of Yunnan Province, along with regional culture and other habits slowed down the industrialization of machine-made paper. Nowadays, Yunnan still has some traditional papermaking mills using ancient papermaking technology. Thus, handmade paper in Yunnan is still one of the live fossils for research, on traditional papermaking skills.

There are still a number of handmade papermaking mills in Yunnan Province. In January 2003, some members of our project began to carry out research work on handmade paper in the Yunnan area. From January 2008 to July 2013, project members formed teams and travelled many times to Yunnan (including 12 cities, 21 counties and 25 papermaking villages) to conduct a systematic investigation through recording, words, photos, and videos; therefore we properly recording the present situation of the handmade paper industry in Yunnan Province.

Based on collected information on handmade paper, Bai, Dai, Miao, Yao, Hani, Yi, Naxi, Han and other ethnic groups still grasp traditional manufacturing skills of handmade paper. A racially diverse culture contributes to the rich characteristics of handmade paper in Yunnan Province, which is distinguished in Chinese handmade papermaking culture.

Most of the time, people manufactured paper during slack season or before the trading. The main purpose is to earn money to supplement family income and partly to meet their personal needs as well as their relatives and friends. The production unit is usually a one-household mill. Individual papermaking village usually remains self-sufficient. For instance, paper made by Xishuangbanna Dai Autonomous Prefecture is not for selling. Every year, each household produces about twenty sheets of paper, in order to meet their own family or the neighborhood needs.

Fixed or movable papermaking screens are used in the handmade papermaking process in Yunnan Province and they both have many ways of manifestation. As far as papermaking skills employing fixed screen are concerned, people of the Dai Ethnic Group (represented by Mangtuan Natural Village, Mengding Town, Genma Dai-Wa Autonomous County) don't move the papermaking screen while people of the Naxi Ethnic Group move the papermaking screen when they are making Dongba paper. Miao people in Xinmiao Village, Nalong Natural Village, Mohan Administrative Village, Shangyong Town, Mengla County ladle paper pulp over the papermaking screen time and time again. On the other hand, there are a multitude of ways movable screen can be employed to make handmade papers, such as using raw material with or without being fully steamed; picking up paper from the stock by raising the screen flexibly or hanging the screen with the help of a string on a beam; or getting one piece of paper or several pieces by setting the distance among bamboo sticks per screen. These papermaking methods continue to be passed down in their independent and complete form, which displays a vivid image of handmade papermaking skills.

Table 1.3 Yunnan handmade papermaking villages investigated in the project

County (Prefecture), City	Papermaking village (Factory)	Research time
J Yulong Naxi Autonomous County, Lijiang City	11 Kenpeigu Natural Village, Baimai Administrative Village, Daju Town	January 2003 to August 2011
Ancient City Area, Lijiang City	12 Zhonghe Village	January 2008
F Jianshui County, Honghe Hani-Yi Autonomous Prefecture	7 Taiping Natural Village, Taiping Administravie Village, Potou Town	October 2004, February 2008
G Pingbian Miao Autonomous County, Honghe Hani-Yi Autonomous Prefecture	8 Dimi Natural Village, Dimi Administrative Village, Xinxian Town	November 2004, February 2008
H Yuanyang County, Honghe Hani-Yi Autonomous Prefecture	9 Zhichang Natural Village, Jiudu Administrative Village, Ganiang Town	February 2008
A Maguan County, Wenshan Zhuang-Miao Autonomous Prefecture	1 Banpo Natural Village, Tangfang Administrative Village, Nanlao Town	November 2004, February 2008
B Malipo County, Wenshan Zhuang-Miao Autonomous Prefecture	2 Yinchang Administrative Village, Liuhe Town	February 2008
C Xichou County, Wenshan Zhuang-Miao Autonomous Prefecture	3 Shangxinzhai Natural Village, Pingzhai Administrative Village, Fadou Town	February 2008, December 2010
D Luoping County, Qujing City	4 Mubu Natural Village, Mubu Administrative Village, Banqiao Town	March 2004, January 2008
I Lufeng County, Chuxiong Yi Autonomous Prefecture	10 Dajiudu Natural Village, Jiudu Administrative Village, Chuanjie Town	January 2008
K Shangri-la County, Diqing Tibetan Autonomous Prefecture	13 Baidi Administrative Village, Sanba Naxi Town	January 2008
L Heqing County, Dali Bai Autonomous Prefecture	14 Longzhu Administrative Village, Songgui Town	January 2008
Heqing County, Dali Bai Autonomous Prefecture	15 Lingdi Administrative Village, Liuhe Town	
M Yunlong County, Dali Bai Autonomous Prefecture	16 Shanggou Natural Village, Maosheng Administrative Village, Biaocun Lisu Town	September 2009, July 2013
N Tengchong County, Baoshan City	17 Yuquan Xuan Paper Factory, Guanyintang Community, Tengyue Town	
Tengchong County, Baoshan City	18 Longshang Community, Xinzhuang Administrative Village, Jietou Town	January 2008, December 2011
Tengchong County, Baoshan City	19 Chayuan Mountain Village, Jietou Administrative Village, Jietou Town	
O Genma Dai-Wa Autonomous County, Lincang City	20 Mangtuan Natural Village, Zheha Administrative Village, Mengding Town	January 2008

County (Prefecture), City	Papermaking village (Factory)	Research time
S Menghai County, Xishuangbanna Dai Autonomous Prefecture	24 Manzhao Natural Village, Mansao Administrative Village, Menghun Town	February 2008
T Mengla County, Xishuangbanna Dai Autonomous Prefecture	25 Nalong Natural Village, Mohan Administrative Village, Shangyong Town (old Mohan Town)	August 2009, November 2010
P Lancang Lahu Autonomous County, Pu'er City	21 Mangna Natural Village, Mangjing Natural Village, Mangjiao Administrative Village, Shangyun Town	February 2008, July 2013
Q Menglian Dai-Lahu-Wa County, Pu'er City	22 Mangjing Natural Village, Laga Administrative Village, Mangxin Town	February 2008, July 2013
R Jingdong Yi Autonomous County, Pu'er City	23 Sanying Administrative Village, Dajie Town	August 2011
E Qiaojia County, Zhaotong City	5 Xiaohe Town 6 Xinjie Administrative Village, Dongping Town	August 2011, July 2013

2.2 Diverse Papermaking Materials and Processes

Classified in raw material, Yunnan handmade paper consists of Bast paper and Bamboo paper. The raw material of Bast paper is bark of the paper mulberry tree, *Wikstroemia* branches and *Edgeworthia gardneri*. The paper of mulberry tree is used most widely in Yunnan Province presently, and is used in religious scriptures, calligraphy, drawing, funerals, worship, packing, folk customs, and daily life (such as making umbrellas). In recent years, the rising of the Pu'er tea industry increased the production and sales of Baimian paper made of paper mulberry bark, which is used in Pu'er tea packing. Now, Pu'er tea packing is the largest market for Baimian paper. *Wikstroemia* is grown on the barren land of limestone in the valley of Jinsha River, 2000 or 2500 meters above sea level. There is a limited number of *Wikstroemia delavayi Lecomte*, and it is the unique raw material of Dongba paper by Naxi people. Bast fiber of *Edgeworthia gardneri* belongs to thymelaeaceae family, which is a wonderful raw material for papermaking, employed in Bast paper of Tengchong County.

The raw material of Bamboo paper is bamboo. Bamboo is widely distributed throughout Yunnan Province, having a variety of types including Mao bamboo, *Pleioblastus*, *P.flexuosa A.et C.Riviere*, Long bamboo, Lan bamboo, Diao bamboo, Jizhua bamboo, Chilan bamboo, Mian bamboo, Hui bamboo, *Neosinocalamus affinis* and Hua bamboo. Comparatively, contemporary handmade Bamboo paper in Yunnan Province has a narrow application, as it is mainly used for joss paper at funerals. When machine-made joss paper was produced on a large scale, it began to raid the handmade joss paper market fiercely. At present, middle-aged adults and the elderly still have the habit of using handmade joss paper. With the decreasing number of this group, the sales of handmade joss paper will inevitably drop gradually. The handmade Bamboo paper industry in Yunnan Province is having more and more difficulty to surviving with the decrease of traditional Bamboo paper sales channels.

There is a wide variety of handmade paper types and papermaking methods in Yunnan Province. In the case of accessories, papermaking mucilage is sometimes used, and sometimes not. The usage of papermaking mucilage manifests the feature of utilizing local material to the upmost extent. There are a lot of papermaking mucilages, like the root of cedar pine, cactus, vine of star fruit, "Mian Hua Hua", and "Teng Zi Hua", etc. There exists raw material papermaking (represented by Jiudu Village of Lufeng County) and processed papermaking (represented by Mubu Village of Luoping County) in the aspect of material processing. In the case of processing ways, people use water, feet, hands or the ox to grind the material. As for calendering tools, there are china bowl, stainless steel bowl, round aluminum cap, cappie, plastic comb, cobblestone, rubber roller, rubber stick, and so on. In terms of drying methods, there are many ways to dry paper, such as in the shade, under the sun, or on drying wall. Like handmade papermaking cultural museums with rich collections, multi-national handmade papermaking skills in Yunnan Province are representative samples of the multi-national intangible cultural heritage.

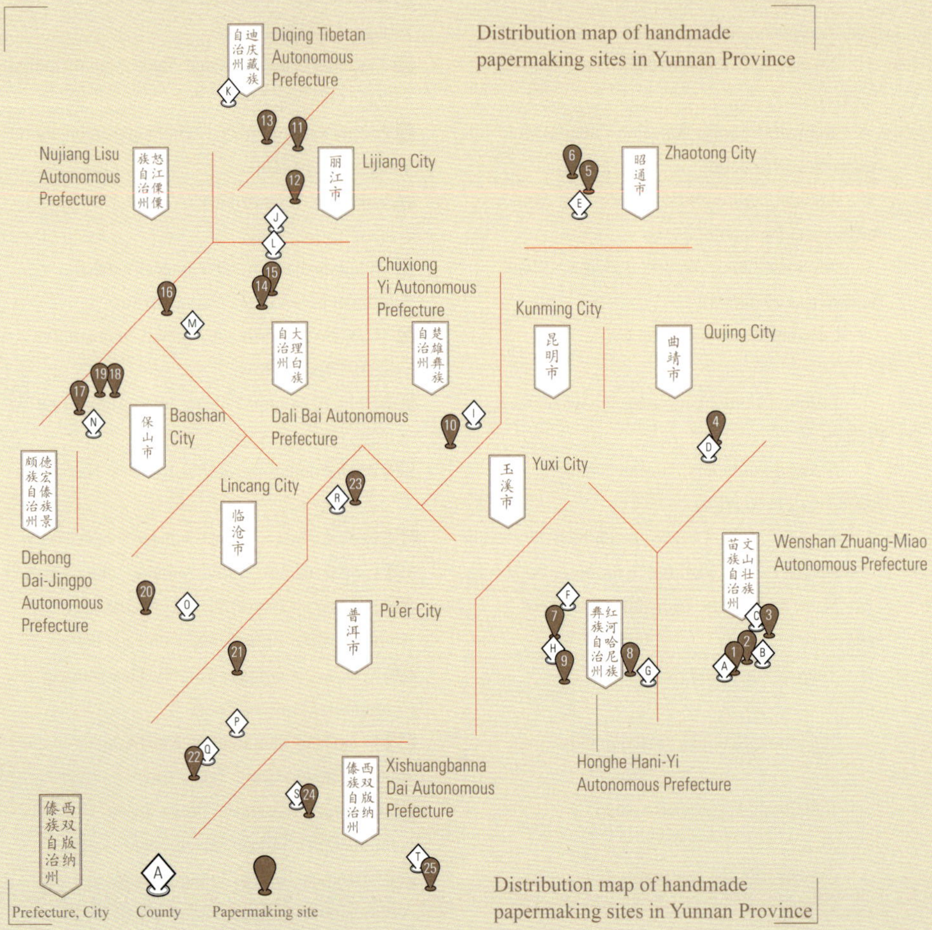

Distribution map of handmade papermaking sites in Yunnan Province

Distribution map of handmade papermaking sites in Yunnan Province

3. Preservation and Researches of Handmade Paper in Yunnan Province

3.1 Current Status of Handmade Paper Cultural Heritage in Yunnan Province

Yunnan Province has taken some measures to protect the handmade paper craft at an early stage. In May 2000, the Yunnan National People's Congress reviewed and approved first local regulation of China's Intangible Cultural Heritage—*Regulation on Protection of Traditional Folk Culture in Yunnan Province*. This was the first time China incorporated folk culture into formal legal protection. In 2004, China Ministry of Culture included Yunnan as one of pilot provinces of three state-level protection of Intangible Cultural Heritage.

In 2006, China had begun to implement a protection system for Intangible Cultural Heritage on state-level, province-level, city-level and county-level across the nation. The productive protection pattern to protect Intangible Cultural Heritage was proposed. In the same year, papermaking skills of the Dai Ethnic Group (Lincang City in Yunnan Province) and the Naxi Ethnic Group (Shangri-la County in Yunnan Province) were included in the first batch of lists of state-level intangible cultural heritage.

3.2 Literature Review of Handmade Paper in Yunnan Province

3.2.1 History and Research Results of Handmade Paper in Yunnan Province

Chinese Traditional Handmade Paper Dictionary, compiled by Wang Shiwen in 2001. The dictionary surveys handmade paper history in China, from ancient times to present day. In the book, the details of raw materials, skills, characteristics and usages of handmade paper are presented, including those of Yunnan handmade paper.

A Preliminary Study on the Sources of Handmade Paper by Minority Groups in Yunnan Province, written by Wang Shiwen. The paper explores the sources of handmade paper by the Bai Ethnic Group, Dai Ethnic Group and Naxi Ethnic Group in Yunnan Province.

History of Papermaking Industry in Yunnan Province, compiled by Yunnan Provincial Papermaking Association. The book reviews the papermaking history of Yunnan Province, focusing on both handmade paper and the papermaking industry.

Retrospect and Prospect of Handmade Paper in Yunnan Province, written by Wang Shiwen in 2005. The paper concludes the characteristics in terms of the development and production of handmade paper in Yunnan Province.

Development of Science and Technology in Yunnan Province, and *Handmade Paper by Ethnic Groups in Yunnan Province,* written by Li Xiaocen and Zhu Xia in 2000 and 1999 respectively. Both books research the history of handmade paper in Yunnan Province, and new data have been discovered.

Studies on Papermaking Skills of Ethnic Groups in Yunnan Province, and *Cradle of Papermaking in Asia,* written by Zhu Xia and Li Xiaocen in 1999 and 2001 respectively. The papers explore the Asian papermaking traditions, proposing that papermaking skills employing a moveable screen originated from China while papermaking skills employing fixed screen originated from somewhere near India or Pakistan.

Paper and Traditional Culture of Yunnan Province, written by Yang Yusheng in 2005. The paper studies the important role that handmade paper plays in Yunnan cultural customs, such as making Jiama (print colored gods on paper), painting and printing.

Moreover, works by Pan Jixing (*History of Science and Techonlogy in China—Papermaking and Printing*, 1998), Qian Cunxun (*Paper and Printing,* 1990), Zhang Binglun (*The Complete Works of Chinese Tradition Crafts—Papermaking and Printing*, 2005), etc. all contribute to studies on handmade paper in Yunnan Province. It can be claimed that in the field of handmade papermaking history studies, a series of achievements have been accumulated.

3.2.2 Current Status, Distribution and Skills of Handmade Paper in Yunnan Province

Studies on Yunnan papermaking skills originated in the early Republican Era, when Fan Jintai published the mimeographed version of *Papermaking Industry in Heqing County of Yunnan Province* as one volume of the serial reports on Yunnan industries and mines, in 1931. A systematic yet original investigation was conducted on handmade paper in Heqing County, hence preserving valuable first-hand data. In the early 1950s, Wang Shiwen also implemented large-scaled investigations; however, the results were not published until half a century later.

After the 1980s, Tang Li from Australia studied the papermaking traditions and skills of ethnic groups in Yunnan. A map was drawn accordingly, and major achievements had been included in *Material Civilization of Yunnan Province: A Survey of Technologies in Daily Life*, published in 2000.

Ever since the year of 2000, more researches have emerged on handmade paper.

For instance, the research group led by Li Xiaocen published a series of papers based on literature analysis, exploring the papermaking skills held by Yunnan minority groups, whose studies caught broad attentions from home and abroad. Exquisite studies on papermaking traditions were also implemented on such groups as the Bai Ethnic Group, Naxi Ethnic Group, Yi Ethnic Group, Dai Ethnic Group, Hani Ethnic Group and Yao Ethnic Group, and a series of research results were published.

Handmade Paper of the Bai Ethnic Group, written by Zhu Xia and Li Xiaocen in 1998, studies Baimian paper and Bamboo paper by the Bai Ethnic Group in Heqing County, and proposes suggestions on their preservation.

Exploring into Dongba Paper of Naxi Ethnic Group, written by He Hong in 2001, presents the characteristics and history of Dongba paper. The source of handmade paper by Naxi Ethnic Group is discussed, the raw materials, tools and making processes are also illustrated.

Handmade Paper by Naxi Ethnic Group, written by Li Xiaocen in 2003, proposes that handmade paper by the Naxi Ethnic Group was influenced by the papermaking method of employing fixed bamboo screen from the Tibetan, and by the method using a movable screen which is popular in Central China, based on surveys of Daju Town, Yulong Naxi Autonomous County and Dayan Town of Lijiang City, and Sanba Town of Shangri-la County. These features endow the paper with a unique value in the history of Chinese handmade paper.

Zhu Xia, in her paper of 2003, also analyzes handmade paper of the Dai Ethnic Group in Mengding Town, Gengma Dai-Wa Autonomous County, and points out that they employed the fixed screen method, which was rare in China. Moreover, a development plan of handmade paper of the Dai Ethnic Group is proposed.

A Guide to Handmade Paper in Yunnan, written by Yang Jiankun in 2005, elaborates on such themes as "paper, war and Buddhism" "paper, tradition and ethnic

A Guide to Handmade Paper in Yunnan by Yang Jiankun

Proceedings of the International Seminar of Handmade Paper in Mekong Region by Yunnan Provincial Museum and Yunnan Cultural Heritage Research Centre

groups". He also draws a distribution map of handmade paper in Yunnan Province. Abundant pictures and concise descriptions are employed to introduce handmade papermaking skills and culture, which endow the book with a unique charm.

Huang Shengmao and Huang Xiaoying researched handmade paper in Jietou Village and Guanyintang Community of Tengchong County respectively, and published their studies in 2007 and 2009. The papermaking processes of these villages are depicted, and suggestions on preservation and development have been proposed.

Fan Jialu and Zhang Cheng in 2009 studied Dongba paper by the Naxi Ethnic Group, and held that the processes employed both fixed and moveable screens, as an intermediate form instead of a combination of the advantages of the two skills. This hypothesis provides insights into the developing history of handmade paper.

In 2005, the International Seminar of Handmade Paper in Mekong Region was held in Kunming, the capital city of Yunnan Province, sponsored by Yunnan Provincial Museum and Yunnan Cultural Heritage Research Centre. The invitees communicated their studies from various perspectives on handmade paper produced by ethnic groups in Yunnan Province, and elaborated on their studies especially in terms of the skill studies. Studies include *New Skills Employed in Dongba Papermaking by the Naxi Ethnic Group* by Chen Dengyu, *Sources of Dongba Papermaking Skills of the Naxi Ethnic Group* by He Hong, *A Survey of Handmade Paper by Ethnic Groups in Yunnan Province* by Luo Yu, *A Comparative Study of Handmade Paper by Dai Ethnic Group in Gengma County and by Naxi Ethnic Group in Lijiang City of Yunnan Province* by Mu Jiyuan, which illustrated further achievements in the field of studies on handmade paper in Yunnan Province.

Based on Luo Yu's study published in 2005, by 2003 about 30 handmade papermaking mills with typical ethnic features existed in villages of Yunnan Province. For instance, the mills in Liuhe Yi Town of Heqing County, Dali Bai Autonomous Prefecture; Menghun Town of Menghai County in Xishuangbanna Dai Autonomous Prefecture; Mengding Town of Gengma Dai-Wa Autonomous County, Lincang City; Malipo County, Wenshan Zhuang-Miao Autonomous Prefecture; Jingdong Yi Autonomous County, Simao City (present Pu'er City); Baidi Town in Zhongdian County, Diqing Tibetan Autonomous Prefecture; Daju Town in Yulong Naxi Autonomous County of Lijiang City; Jianshui County, Honghe Hani-Yi Autonomous Prefecture, etc. According to the survey, in many regions handmade paper is greatly challenged by a modern way of life and production, facing the threat of extinction. Therefore, it is of great importance to study the handmade papermaking skills and culture in these regions as a part of Chinese traditional Intangible Cultural Heritage.

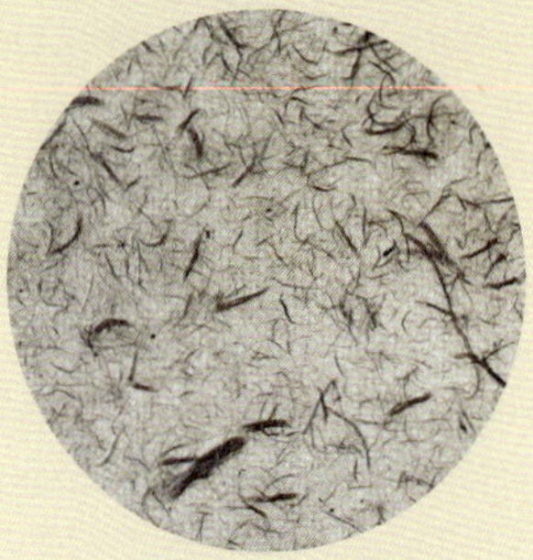

Jiexiang paper, handmade employing *Edgeworthia gardneri*, by Herantang

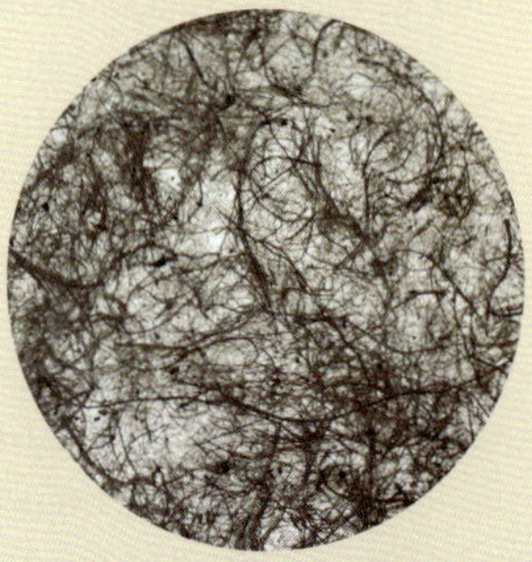

Gexiang paper, handmade employing vine of *Pueraria loabata*, by Herantang

Yunnan Papermaking Culture Communication Centre of Ethnic Groups was founded in Kunming in the year of 2005. Co-founded by Yunnan papermaking researchers, papermakers and culture disseminators of ethnic groups, it is a new research effort worth mentioning in the field. Its preliminary accomplishments include its initiator, Yang Jiankun's book *A Guide to Handmade Paper in Yunnan Province*.

In 2010, the Centre set up an institute for making and researching a new-form handmade paper, entitled Herantang of Kunming City. It aims to combine modern elements with traditional handmade papermaking skills and its culture communication, and to introduce handmade paper products to modern life. Gao Jinrong of Bai Ethnic Group, from a well-known Baimian papermaking family of Lingdi Village in Heqing County, serves as the key figure in the institute.

Papermaking skills employed by Herantang incorporate those from various papermaking sites in Yunnan Province. This practice is quite different from other handmade paper traditions, which are usually limited by the specific local papermaking skills. Herantang is featured by its two-phase production process. The first phase includes the procedures of picking papermaking materials, soaking, steaming, washing and drying, which are undertaken by papermaking material origins and papermaking mills. In the second phase, Herantang works on the processed dry papermaking pulp and finishes the following procedures of picking, soaking, beating, scooping, flatening, lifting paper out of water, drying, calendering, peeling paper down and sorting. Herantang handmade paper is an initial attempt to systematically study handmade papermaking skills of various ethnic groups in Yunnan Province.

Currently, research priorities on handmade paper in Yunnan Province have been extended from skills and literature analysis to in-depth investigations, the physical and chemical analysis, and protection studies, though the trend remains a preliminary one. So far, no achievement has been attained in the physical and chemical analysis or protection studies, and no database has been set up on handmade paper in Yunnan Province. As a result, researches on Yunnan handmade paper in terms of its scientific connotation and diversity based on scientific research norms have not been derived yet. Moreover, fundamental works on protection studies call for refinement.

图目
Figures

表目
Tables

术语

Terminology

地 理 名 Places

汉语术语	英语术语
Term in Chinese	Term in English
阿白沟	Abaigou Village
坝　达	Bada Scenic Spot
白地村	Baidi Village
板桥镇	Banqiao Town
半坡村	Banpo Village
保山市	Baoshan City
茶马古道	Tea-Horse Ancient Road
茶盐古道	Tea-Salt Ancient Road
楚雄彝族自治州	Chuxiong Yi Autonomous Prefecture
川街乡	Chuanjie Town
大街乡	Dajie Town
大具乡	Daju Town
大具乡白麦村	Baimai Village, Daju Town
大理白族自治州	Dali Bai Autonomous Prefecture
大理白族自治州文管所	Cultural Relics Administration of Dali Bai Autonomous Prefecture
大围山	Dawei Mountain
大纸房	Dazhifang (big papermaking mill)
迪庆藏族自治州	Diqing Tibetan Autonomous Prefecture
底咪村	Dimi Village
洞景佛寺	Dongjing Buddhist Temple
嘎娘乡	Ganiang Town
高黎贡山	Gaoligong Mountain
耿马傣族佤族自治县	Gengma Dai-Wa Autonomous County
观音山	Guanyin Mountain
观音塘社区	Guanyintang Community
鹤庆县	Heqing County
红河	Honghe River
红河哈尼族彝族自治州	Honghe Hani-Yi Autonomous Prefecture
建水文庙	Confucian Temple in Jianshui County
建水县	Jianshui County
界头村	Jietou Village
界头乡	Jietou Town
景东彝族自治县	Jingdong Yi Autonomous County
九渡村	Jiudu Village
肯配古自然村	Kenpeigu Natural Village
澜沧拉祜族自治县	Lancang Lahu Autonomous County
丽江市	Lijiang City
临沧市	Lincang City
灵地村	Lingdi Village
六合乡	Liuhe Town
龙珠行政村	Longzhu Administrative Village
禄丰县	Lufeng County
罗平县	Luoping County
麻栗坡县	Malipo County
马关县	Maguan County
曼扫行政村	Mansao Administrative Village
芒角行政村	Mangjiao Administrative Village
芒井村	Mangjing Village
芒团村	Mangtuan Village
芒信镇	Mangxin Town
勐海县	Menghai County
勐混镇	Menghun Town
孟定镇	Mengding Town
孟连傣族拉祜族佤族自治县	Menglian Dai-Lahu-Wa Autonomous County
磨憨村	Mohan Village
墨　江	Mojiang River
募补村	Mubu Village
那么果河	Nameguo River
南捞乡	Nanlao Town
南溪河	Nanxi River
坪寨村	Pingzhai Village
屏边苗族自治县	Pingbian Miao Autonomous County
坡头乡	Potou Town
普洱市	Pu'er City
普古鲊自然村	Puguzha Natural Village
巧家县	Qiaojia County
曲靖市	Qujing City
三坝纳西族乡	Sanba Naxi Town
三营村	Sanying Village
上新寨村	Shangxinzhai Village
上允镇	Shangyun Town
尚勇镇	Shangyong Town
松桂镇	Songgui Town
太平村	Taiping Village
腾冲县	Tengchong County
腾越镇	Tengyue Town
藤条江	Tengtiao River
天保口岸	Tianbao Port
文山壮族苗族自治区	Wenshan Zhuang-Miao Autonomous Prefecture
西畴县	Xichou County
西双版纳傣族自治州	Xishuangbanna Dai Autonomous Prefecture
香格里拉县	Shangri-la County
小河镇	Xiaohe Town
小米地村	Xiaomidi Village
新现河	Xinxian River
新现乡	Xinxian Town
新庄村	Xinzhuang Village
瑶　山	Yao Mountain
银厂村	Yinchang Village
玉龙纳西族自治县	Yulong Naxi Autonomous County
元阳县	Yuanyang County
昭通市	Zhaotong City
遮哈村	Zheha Village

纸厂村	Zhichang Village

纸　品　名 Paper names

汉语术语 Term in Chinese	英语术语 Term in English
“阿白沟宣纸”	“Abaigou Xuan paper”
白绵纸	Baimian paper
白　纸	White paper
邦抗纸	Paper made in Bangkang Village
碧　纸	Bi paper
彩　笺	Colored paper
沧　纸	Cang paper
草　纸	Straw paper
川　纸	Paper made in Sichuan Province
傣族白绵纸	Baimian paper by the Dai Ethnic Group
傣族构皮纸	Bast paper by the Dai Ethnic Group
东巴纸	Dongba paper
粉　纸	White rice flour paper
观音堂大白纸	White paper made in Guanyintang Community
黄麻纸	Yellow hemp paper
机制纸	Machine-made paper
甲　马	Jiama (print colored gods on paper)
柬　纸	Jian paper
姜黄纸	Paper dyed by Jianghuang, a kind of herb
捆钞纸	Paper for binding money
马槽沟纸	Macaogou paper
芒团纸	Mangtuan paper
门丞纸	Paper door gods
绵白纸	Mianbai paper
绵　纸	Mian paper
缅　纸	Mian paper, i.e. Bast paper by the Dai Ethnic Group
冥　纸	Joss paper
牛皮纸	Kraft paper
皮　纸	Bast paper
青　纸	Qing Paper
染色纸	Dyed paper
色　纸	Colored paper
申文纸	Shenwen Paper
手工纸	Handmade paper
书写纸	Writing paper
双抄纸	Double folded paper
腾冲绵纸	Mian paper made in Tengchong County
“腾冲宣纸”	“Tengchong Xuan paper”
土　纸	Handmade paper
锡　纸（锡箔纸）	Tinfoil paper
香格里拉纳西族东巴纸	Dongba paper by the Naxi Ethnic Group in Shangri-la County
宣　纸	Xuan paper
彝族竹纸	Bamboo paper by the Yi Ethnic Group
油　纸	Oiled paper
藏　纸	Tibetan paper
者干纸	Zhegan Paper
竹　纸	Bamboo paper

原料与相关植物名 Raw materials and plants

汉语术语 Term in Chinese	英语术语 Term in English
薄　竹	*S.tunghomii* McClure
草木灰	Plant ash
齿兰竹	Chilan bamboo
翅果麻	*Kydia Calycina* Roxb.
楮　皮	Paper mulberry bark
慈　竹	*Neosinocalamus affinis*
次氯酸钠	Sodium hypochlorite
大　竹	Da bamboo
滇结香	*Edgeworthia gardneri*
吊　竹	Diao bamboo
构　皮	Paper mulberry bark
构　树	Paper mulberry tree
构树皮	Paper mulberry bark
谷皮树	Gupi tree (paper mulberry tree)
郭纱树	Guosha tree (paper mulberry tree)
滑　水	Huashui, papermaking mucilage
滑药树	Huayao tree, raw material of papermaking mucilage
鸡爪竹	Jizhua bamboo
碱性鹅黄	Auramine (light yellow)
碱性嫩黄	Auramine (bright yellow)
聚丙烯酰胺	Polyacrylamide
苦　竹	*Pleioblastus*
兰　竹	Lan bamboo
澜沧荛花	*Wikstroemia delavayi Lecomte*
柳构皮	Paper mulberry bark
龙须草	*Juncus effusus*
龙　竹	Long bamboo
毛　竹	Mao bamboo
绵　竹	Mian bamboo
棉花滑	Mian Hua Hua (dialect, papermaking mucilage)
青檀树皮	Wingceltis bark
荛　花	*Wikstroemia delavayi*
桑科构树皮	Paper mulberry bark
沙罗单竹	*S.tunghomii* McClure
沙田稻草	Straw grown in the sands, raw material of Xuan paper
杉松树根	Cedar pine root
杉树根	Redwood root
杉松根	Cedar pine root
酸汤树	Suantang tree
藤子滑	Teng Zi Hua (dialect, papermaking mucilage)
甜　竹	Tian bamboo
仙人掌	Cactus
杨桃藤	Vine of starfruit
柘　皮	Paper mulberry bark
纸　药	Papermaking mucilage
竹　麻	Papermaking material

工艺技术和工具设备 Skills and tools

汉语术语 Term in Chinese	英语术语 Term in English
白　度	Whiteness
拌　灰	Stirring plant ash
剥　皮	Stripping the bark
踩　料	Stamping the papermaking materials
叉　子	Pitchfork
抄　纸	Scooping and lifting the papermaking screen out of water
抄纸法	Papermaking skill employing fixed screen
舂　碓	Pestle
舂　料	Beating the bark
舂纸棒	Beating stick
舂纸桶	Vessel for beating papermaking materials
舂　竹	Beating the bamboo
槌料制浆	Hammering the materials to make pulp
打　槽	Beating the papermaking materials
打　浆	Beating the papermaking materials
打　料	Beating the bark
吊　帘	Hanging screen
叠　纸	Folding the paper
堆　沤	Stack retting
二次浸泡	Soaking the bark for the second time
二次洗涤	Washing the papermaking materials for the second time
二次修边	Trimming the deckle edge for the second time
二次蒸料	Steaming the materials for the second time
二次蒸煮	Steaming and boiling the materials for the second time
发　酵	Fermenting the bark
拱　耙	Rake
固定式纸帘	Fixed papermaking screen
刮　皮	Stripping the bark
挂　纸	Hanging the paper
滚　筒	Roller
滑　缸	Trough for holding papermaking mucilage
划　竹	Splitting the bamboo into two pieces
活动式纸帘	Movable papermaking screen
火　墙	Drying wall
机器打浆	Beating the papermaking materials with a machine

浆构皮	Fermenting paper mulberry bark to make pulp
浆石灰	Adding in limewater
浇 纸	Pouring the pulp on the papermaking screen and flattening it with hands
浇纸槽	Papermaking trough
浇纸法	Papermaking skill employing movable screen
角磨机	Grinder
脚 碓	Foot pestle
搅拌棒	Stirring stick
揭 纸	Peeling the paper down
揭纸刀	Wooden knife for peeling the paper down
浸 泡	Soaking the bark
砍 竹	Lopping the bamboo
炕 纸	Drying the paper
烤 棚	Drying shed
烤 纸	Drying paper over fire
扣 纸	Turning the papermaking screen upside down on the wet paper
捆 纸	Binding the paper
捆 竹	Binding the bamboo
捞 筋	Picking out the impurities
捞筋棒	Stick for picking out the impurities
捞 纸	Scooping and lifting the papermaking screen out of water
捞纸槽	Papermaking trough
捞纸法	Papermaking skill with lifting and shaking procedure
理 纸	Sorting the paper
晾 干	Drying the paper
晾 晒	Drying the paper
晾 纸	Drying the paper
料 塘	Pool for soaking the bark
木 棒	Wooden stick
木 榧	Wooden mallet
木 榨	Wooden presser
碾 料	Grinding the papermaking materials
牛 角	Ox horn
牛 碾	Grinding the materials by cattle
排 纸	Sorting the paper
泡料池	Soaking pool
漂 白	Bleaching the papermaking materials
破 竹	Lopping the bamboo
敲 打	Beating the papermaking materials
染 纸	Dying the paper
揉 团	Balling up the bark
晒 皮	Drying the bark
晒 纸	Drying the paper
生料造纸法	Papermaking skill with unprocessed materials
石 礅	Stone block
石 碾	Stone roller
石 甑	Stone utensil
熟料造纸法	Papermaking skill with processed materials
水 槽	Water trough
水 碓	Hydraulic pestle
塑料梳子	Plastic comb
抬帘抄纸	Papermaking with a movable screen
提 钩	Hook
洗 涤	Washing the bark
响 棒	Stirring stick
修 边	Trimming the deckle edges
压 榨	Pressing the paper
压 纸	Pressing the paper
砑 光	Flattening the paper
窑 沤	Fermenting the papermaking materials in the kiln
一帘多纸	Papermaking screen which can make multiple pieces of paper at one time
造纸技艺	Papermaking technique
榨 水	Pressing the paper
蒸 料	Steaming the materials
蒸 竹	Steaming the bamboo
蒸 煮	Steaming and boiling the materials
蒸煮锅	Wok for steaming and boiling the bark
蒸煮窑	Kiln for steaming and boiling the bark
纸 槽	Papermaking trough
纸 垛	Paper pile
纸 帘	Papermaking screen
纸药槽	Trough for holding papermaking mucilage
制 浆	Making pulp
竹 篓	Bamboo basket
煮 料	Boiling the materials
棕 刷	Coir brush

历史文化 History and culture

汉语术语 Term in Chinese	英语术语 Term in English
白 族	The Bai Ethnic Group
踩花山	Caihuashan Festival
草纸厂	Straw Paper Factory
长街宴	Changjie (long street) Banquet
尝新节	Festival of Tasting New Food
朝白水	Pilgrimage to Baishuitai
大理国	Dali State
傣 族	The Dai Ethnic Group
东巴祭师	Priest of the Dongba Religion
东巴教	Dongba Religion
东巴文化研究所	Research Institute of Dongba Culture
二月节	February Festival
焚化的祭奠用品	Burned sacrificial offerings
焚纸衣楮镪	Burning paper clothes and joss paper
仡佬族	The Gelao Ethnic Group
国营屏边县纸厂	State-run Paper Factory in Pingbian County
哈尼族	The Hani Ethnic Group
汉 族	The Han Ethnic Group
红白喜事	Wedding and funeral
花街节	Huajie Festival
火把节	Torch Festival
祭 祀	Sacrificial ceremony
祭祀祖先	Worshipping ancestors
祭祖节	Worshipping Festival
叫 魂	Calling souls back
晋 代	The Jin Dynasty
离娘节	Festival of Leaving Mothers
礼品用纸	Gift paper
六月节	June Festival
买 花	Buying flowers
芒鼓舞	Manggu Dance
湄公河区域国家手工造纸国际学术研讨会	International Seminar of Handmade Paper in Mekong Region
绵纸垫棺	Placing Mian paper at the bottom of a coffin
苗 族	The Miao Ethnic Group
民国时期	The Republican Era (1912-1949)
明 代	The Ming Dynasty
冥财焚化	Burning joss paper
冥 品	Sacrificial offerings
冥 物	Sacrificial offerings
纳西族	The Naxi Ethnic Group
南 诏	Nanzhao Period
牛王节	King Ox Festival
盘王节	King Pan Festival
屏边县纸厂	Paper Factory in Pingbian County
羌 族	The Qiang Ethnic Group
荞菜节	Buckwheat Festival
巧家县国画纸厂	Painting and Calligraphy Paper Factory in Qiaojia County
清 代	The Qing Dynasty
三 国	Three Kingdoms Period
丧葬祭品	Sacrificial offerings
丧葬祭祀	Sacrificial ceremony
上 坟	Visiting a grave to honor the memory of the dead
烧纸钱	Burning joss paper
手工业土纸合作社	Handmade Paper Cooperative Factory
宋 代	The Song Dynasty
送 葬	Taking part in a funeral procession
隋 代	The Sui Dynasty
唐 代	The Tang Dynasty
腾冲县玉泉宣纸厂	Yuquan Xuan Paper Factory in Tengchong County

退　鬼	Keeping ghosts away
五　代	Five Dynasties Period
新庄村传统古纸协会	Traditional Handmade Paper Association in Xinzhuang Village
瑶　族	The Yao Ethnic Group
彝　族	The Yi Ethnic Group
元　代	The Yuan Dynasty
元夕门神	Door gods on Lantern Festival
云南省造纸学会	Yunnan Provincial Papermaking Association
云南文化遗产研究中心	Yunnan Cultural Heritage Research Centre
藏　族	The Tibetan Ethnic Group
纸　马	Paper horse
中国科学技术大学手工纸研究所	Handmade Paper Institute of University of Science and Technology of China
中国科学院昆明植物研究所	Kunming Institute of Botany, Chinese Academy of Sciences
中华傣家造纸第一村	The Best Papermaking Village of the Dai Ethnic Group in China
中元祭祖	Worshipping ancestors on Zhongyuan Ghost Festival
中元节送神	Seeing Gods away on Zhongyuan Ghost Festival

后记

作为系统工程的第一步（不包括团队成员更早时间的田野调查工作），从2008年1月至2016年3月，我们对《中国手工纸文库·云南卷》的研究也已历时9年。其间，深入云南省各手工纸造纸点的调查采样以及一次又一次的补充调研、求证贯穿始终，直到2016年春天，这种意在求准确、求完善的田野采集与试验分析仍在进行。

由于田野调查和文献梳理大多由多位成员协同完成，且前后多次的补充修订也并非出自一人之手，因而即便有田野调查标准、撰稿标准及样稿，本卷的信息采集方式和表述风格依然存在多样性。针对这一状况，初稿形成后，统稿工作小组从2011年3月到2016年6月共进行了9轮统稿，最终形成了完整的书稿。虽然我们仍感觉本卷会有进一步修订完善之处，但《中国手工纸文库》的第一步总要正式迈出去，这样整体工作才能顺利推进，因此诸多的未尽之义与未尽之力便只能心怀遗憾了！

本卷书稿的完成依靠的是团队各位成员全心全意的投入与认真不懈的努力，特在此对各位同仁的工作做如实的记述。

Epilogue

Library of Chinese Handmade Paper: Yunnan initiates our serial handmade paper studies. From Januray of 2008 to March of 2016, nine years have passed and our fieldwork efforts can even be traced back to earlier years. The research members explored into and combed over papermaking sites in Yunnan Province during those years, and their efforts did not stop until the Spring of 2016.

Modification of the book has been a challenge to our research members because the fieldwork and literature surveys were undertaken by different groups of researchers, and it was difficult to stick to a uniform research perspective or a coherent writing style. Therefore, nine rounds of modification efforts from March of 2011 to June of 2016 have contributed to this version for publication, though the version can never claim perfection. As the first volume of *Library of Chinese Handmade Paper*, this book is our initial step in this promising systematic research, though we still harbor regret for any possible errors.

This volume acknowledges the consistent efforts and great contributions of the following researchers:

云南卷全部工作分工

总　　序　　汤书昆

编撰说明　　汤书昆、陈　彪、李宪奇

第一章　云南省手工造纸概述

陈　彪、刘　靖、李宪奇、汤书昆

第二章　滇西北地区

第一节　香格里拉纳西族东巴纸
田野调查　汤书昆、杨建昆、陈　彪、周先稠、刘　靖、朱信龙、张燕翔
撰　　稿　汤书昆

第二节　玉龙纳西族东巴纸
田野调查　杨建昆、蓝　强、杨　洋、张　娟、高洁恒
撰　　稿　杨建昆、汤书昆、陈　彪、张　娟、杨　洋

第三节　鹤庆白族白绵纸
田野调查　汤书昆、杨建昆、朱信龙、高锦荣、陈　彪、刘　靖、周先稠、张燕翔
撰　　稿　朱信龙、汤书昆、陈　彪

第四节　鹤庆白族竹纸
田野调查　汤书昆、杨建昆、高锦荣、陈　彪、朱信龙、张燕翔、刘　靖、周先稠
撰　　稿　朱信龙、陈　彪、汤书昆

第五节　云龙白族绵纸
田野调查　汤书昆、蓝　强、高洁恒、高锦荣
撰　　稿　汤书昆、高洁恒

第六节　"腾冲宣纸"
田野调查　杨建昆、周先稠、朱信龙
撰　　稿　周先稠、杜军和、陈　彪

第七节　腾冲绵纸
田野调查　周先稠、朱信龙、杨建昆
撰　　稿　周先稠、杜军和、陈　彪

第三章　滇西南地区

第一节　耿马傣族白绵纸
田野调查　汤书昆、陈　彪、刘　靖、张燕翔、杨建昆、周先稠
撰　　稿　汤书昆

第二节　勐海傣族白绵纸
田野调查　陈　彪、刘　靖、张燕翔、杨建昆
撰　　稿　陈　彪、陈　佳

第三节　勐腊苗族竹纸
田野调查　杨建昆、高锦荣、陈　彪
撰　　稿　杨建昆、陈　彪、汤书昆

第四节　澜沧傣族白绵纸
田野调查　陈　彪、刘　靖、张燕翔、杨建昆、汤书昆、蓝　强、高洁恒
撰　　稿　陈　彪、刘　靖、汤书昆

第五节　孟连傣族白绵纸
田野调查　陈　彪、刘　靖、张燕翔、汤书昆、蓝　强、高洁恒
撰　　稿　陈　彪、张燕翔、汤书昆

第六节　景东白绵纸
田野调查　杨建昆、高锦荣
撰　　稿　杨建昆、汤书昆、陈　彪

第四章　滇东南地区

第一节　元阳竹纸
田野调查　张燕翔、陈　彪、刘　靖
撰　　稿　张燕翔

第二节　屏边竹纸
田野调查　张燕翔、陈　彪、刘　靖、杨建昆、高锦荣
撰　　稿　张燕翔

第三节　马关竹纸
田野调查　陈　彪、刘　靖、张燕翔、杨建昆
撰　　稿　陈　彪

第四节　麻栗坡瑶族竹纸
田野调查　陈　彪、刘　靖、张燕翔
撰　　稿　陈　彪

第五节　西畴竹纸
田野调查　陈　彪、刘　靖、杨建昆、高锦荣
撰　　稿　陈　彪

第六节　建水竹纸
田野调查　张燕翔、陈　彪、刘　靖、杨建昆
撰　　稿　张燕翔、陈　彪

第五章　滇东北地区

第一节　罗平白绵纸
田野调查　朱信龙、周先稠、杨建昆、陈　彪、高锦荣
撰　　稿　朱信龙、汤书昆、陈　彪

第二节　禄丰彝族竹纸
田野调查　陈　彪、刘　靖、张燕翔、杨建昆、高锦荣
撰　　稿　张美丽、陈　彪、汤书昆

第三节　巧家手工纸
田野调查　杨建昆、汤书昆、蓝　强、高洁恒
撰　　稿　杨建昆、汤书昆、陈　彪

后　　记　　汤书昆

云南省手工纸的相关技术工作

实物纸样测试分析
陈　彪、张美丽、李金海、朱　赟、汪盼盼

手工纸分布示意图绘制
吕　旻、张燕翔、杨春勇、杨　凯、赵　勇、汪　儒、任文龙

实物纸样纤维图及透光图制作
张燕翔、杨春勇、陈　彪

实物纸样拍摄
黄晓飞

实物纸样整理
汤书昆、陈　彪、朱　赟、王圣融

英文翻译　　方媛媛、刘　丽

图目录　　汪　儒

表目录　　罗文伯

附录及参考文献整理
王　雷、谢起慧、朱安达、李　昂

统稿主持　　汤书昆、陈　彪、刘　靖

统稿阶段其他参与修订增补相关内容的人员
祝秀丽、陈敬宇、罗文伯、朱安达、李　昂、朱　赟、黄飞松、朱信龙、柯资能、周海仪、季婧雅、方　薇

All Assignments in *Library of Chinese Handmade Paper: Yunnan*

Preface

written by Tang Shukun

Introduction to the Writing Norms

written by Tang Shukun, Chen Biao, Li Xianqi

Chapter I Introduction to Handmade Paper in Yunnan Province

written by Chen Biao, Liu Jing, Li Xianqi, Tang Shukun

Chapter II Northwest Area of Yunnan Province

Section 1 Dongba Paper by the Naxi Ethnic Group in Shangri-la County

Fieldwork undertaken by Tang Shukun, Yang Jiankun, Chen Biao, Zhou Xianchou, Liu Jing, Zhu Xinlong, Zhang Yanxiang, and written by Tang Shukun

Section 2 Dongba Paper by the Naxi Ethnic Group in Yulong County

Fieldwork undertaken by Yang Jiankun, Lan Qiang, Yang Yang, Zhang Juan, Gao Jieheng, and written by Yang Jiankun, Tang Shukun, Chen Biao, Zhang Juan, Yang Yang

Section 3 Baimian Paper by the Bai Ethnic Group in Heqing County

Fieldwork undertaken by Tang Shukun, Yang Jiankun, Zhu Xinlong, Gao Jinrong, Chen Biao, Liu Jing, Zhou Xianchou, Zhang Yanxiang, and written by Zhu Xinlong, Tang Shukun, Chen Biao

Section 4 Bamboo Paper by the Bai Ethnic Group in Heqing County

Fieldwork undertaken by Tang Shukun, Yang Jiankun, Gao Jinrong, Chen Biao, Zhu Xinlong, Zhang Yanxiang, Liu Jing, Zhou Xianchou, and written by Zhu Xinlong, Chen Biao, Tang Shukun

Section 5 Mian Paper by the Bai Ethnic Group in Yunlong County

Fieldwork undertaken by Tang Shukun, Lan Qiang, Gao Jieheng, Gao Jingrong, and written by Tang Shukun, Gao Jieheng

Section 6 "Tengchong Xuan Paper" in Tengchong County

Fieldwork undertaken by Yang Jiankun, Zhou Xianchou, Zhu Xinlong, and written by Zhou Xianchou, Du Junhe, Chen Biao

Section 7 Mian Paper in Tengchong County

Fieldwork undertaken by Zhou Xianchou, Zhu Xinlong, Yang Jiankun, and written by Zhou Xianchou, Du Junhe, Chen Biao

Chapter III Southwest Area of Yunnan Province

Section 1 Baimian Paper by the Dai Ethnic Group in Gengma County

Fieldwork undertaken by Tang Shukun, Chen Biao, Liu Jing, Zhang Yanxiang, Yang Jiankun, Zhou Xianchou, and written by Tang Shukun

Section 2 Baimian Paper by the Dai Ethnic Group in Menghai County

Fieldwork undertaken by Chen Biao, Liu Jing, Zhang Yanxiang, Yang Jiankun, and written by Chen Biao, Chen Jia

Section 3 Bamboo Paper by the Miao Ethnic Group in Mengla County

Fieldwork undertaken by Yang Jiankun, Gao Jinrong, Chen Biao, and written by Yang Jiankun, Chen Biao, Tang Shukun

Section 4 Baimian Paper by the Dai Ethnic Group in Lancang County

Fieldwork undertaken by Chen Biao, Liu Jing, Zhang Yanxiang, Yang Jiankun, Tang Shukun, Lan Qiang, Gao Jieheng, and written by Chen Biao, Liu Jing, Tang Shukun

Section 5 Baimian Paper by the Dai Ethnic Group in Menglian County

Fieldwork undertaken by Chen Biao, Liu Jing, Zhang Yanxiang, Tang Shukun, Lan Qiang, Gao Jieheng, and written by Chen Biao, Zhang Yanxiang, Tang Shukun

Section 6 Baimian Paper in Jingdong County

Fieldwork undertaken by Yang Jiankun, Gao Jinrong, and written by Yang Jiankun, Tang Shukun, Chen Biao

Chapter IV Southeast Area of Yunnan Province

Section 1 Bamboo Paper in Yuanyang County

Fieldwork undertaken by Zhang Yanxiang, Chen Biao, Liu Jing, and written by Zhang Yanxiang

Section 2 Bamboo Paper in Pingbian County

Fieldwork undertaken by Zhang Yanxiang, Chen Biao, Liu Jing, Yang Jiankun, Gao Jinrong, and written by Zhang Yanxiang

Section 3 Bamboo Paper in Maguan County

Fieldwork undertaken by Chen Biao, Liu Jing, Zhang Yanxiang, Yang Jiankun, and written by Chen Biao

Section 4 Bamboo Paper by the Yao Ethnic Group in Malipo County

Fieldwork undertaken by Chen Biao, Liu Jing, Zhang Yanxiang, and written by Chen Biao

Section 5 Bamboo Paper in Xichou County

Fieldwork undertaken by Chen Biao, Liu Jing, Yang Jiankun, Gao Jinrong, and written by Chen Biao

Section 6 Bamboo Paper in Jianshui County

Fieldwork undertaken by Zhang Yanxiang, Chen Biao, Liu Jing, Yang Jiankun, and written by Zhang Yanxiang, Chen Biao

Chapter V Northeast Area of Yunnan Province

Section 1 Baimian Paper in Luoping County

Fieldwork undertaken by Zhu Xinlong, Zhou Xianchou, Yang Jiankun, Chen Biao, Gao Jinrong, and written by Zhu Xinlong, Tang Shukun, Chen Biao

Section 2 Bamboo Paper by the Yi Ethnic Group in Lufeng County

Fieldwork undertaken by Chen Biao, Liu Jing, Zhang Yanxiang, Yang Jiankun, Gao Jinrong, and written by Zhang Meili, Chen Biao, Tang Shukun

Section 3 Handmade Paper in Qiaojia County

Fieldwork undertaken by Yang Jiankun, Tang Shukun, Lan Qiang, Gao Jieheng, and written by Yang Jiankun, Tang Shukun, Chen Biao

Epilogue

written by Tang Shukun

Other related works

Sample test analysis undertaken by Chen Biao, Zhang Meili, Li Jinhai, Zhu Yun, Wang Panpan

All the distribution maps drawn by Lyu Min, Zhang Yanxiang, Yang Chunyong, Yang Kai, Zhao Yong, Wang Ru, Ren Wenlong

Pictures showing the fiber of various types of paper taken by Zhang Yanxiang, Yang Chunyong, Chen Biao

Sample images photographed by Huang Xiaofei

Paper samples sorted by Tang Shukun, Chen Biao, Zhu Yun, Wang Shengrong

Translations undertaken by Fang Yuanyuan, Liu Li

List of figures written by Wang Ru

List of tables written by Luo Wenbo

Appendix and references organized by Wang Lei, Xie Qihui, Zhu Anda, Li Ang

Modification efforts directed by Tang Shukun, Chen Biao, Liu Jing

Zhu Xiuli, Chen Jingyu, Luo Wenbo, Zhu Anda, Li Ang, Zhu Yun, Huang Feisong, Zhu Xinlong, Ke Zineng, Zhou Haiyi, Ji Jingya and Fang Wei also contribute to the final modification work

统稿工作中，汤书昆、陈彪、杨建昆、刘靖、李宪奇、张燕翔作为统稿主持人或重要内容的负责人，对文稿内容和图表的修订增补、表述和格式的统一及准确性的核实做了大量基础性的工作，这是本卷能够以今天的面貌和质量呈现的重要环节。没有统稿人员力求完善和一丝不苟的工作态度，本卷不可能达到目前团队及同仁认同的出版水准。

除了向全体参与田野调查、纸样采集与提供、稿件撰写与修订统稿的同仁深深致谢，还向为该项工作提供了专项支持的中国科学院昆明植物研究所杨建昆先生（杨建昆为书稿提供了丰富的手工纸田野调查照片）、云南省手工纸研究中心高锦荣先生（高锦荣为调查提供了若干很有价值的工作思路与行动协助）、杭州品享科技有限公司苏洪波、卢勇跃先生等纸样测试分析专业人士表示感谢！此外，美国罗格斯大学亚洲语言与文化系教授 Richard V. Simmons，以及学生 Lucas Richards 对书稿英文部分提出了宝贵的修改建议。部分内容在撰写过程中，对陈彪基于本项目组云南省田野调查整理的博士后出站报告《云南手工纸调查研究报告》有所参考，在此一并予以说明。

汤书昆

2016年12月于中国科学技术大学

Tang Shukun, Chen Biao, Yang Jiankun, Liu Jing, Li Xianqi, Zhang Yanxiang, who were in charge of the fieldwork research writing and modification, made crucial contributions to the completion of this book. Without their unremitting and meticulous efforts, the completion of this volume would have been elusive and would never have gotten recognition from academia.

Moreover, we owe gratitude to the following researchers: Yang Jiankun, from Kunming Institute of Botany, Chinese Academy of Sciences, provided handmade paper fieldwork pictures in abundance, collected over a long period; Gao Jinrong, from Yunnan Handmade Paper Research Centre, contributed quite valuable ideas; Su Hongbo and Lu Yongyue from Hangzhou Pinxiang Technology Co., Ltd. provided professional help with paper test analysis. We should also thank Richard V. Simmons, professor of Asian Language & Culture at Rutgers, the State University of New Jersey, and his student, Lucas Richards, for their valuable suggestions in modifying the English parts of the book. We have also referred to Chen Biao's Postdoc Report, *Yunnan Handmade Paper Research Report*, which is an achievement based on our research.

Tang Shukun
University of Science and Technology of China
December 2016